北京大学心理学教材

情绪心理学

孟昭兰　主编

图书在版编目(CIP)数据

情绪心理学/孟昭兰主编. —北京：北京大学出版社，2005.3
（北京大学心理学教材）
ISBN 978－7－301－08633－9

Ⅰ. 情… Ⅱ. 孟… Ⅲ. 情绪-心理学 Ⅳ. B842.6

中国版本图书馆 CIP 数据核字(2005)第 005077 号

内 容 提 要

本书共分三部分，分别论述了情绪心理学的研究发展和理论基础；情绪的发生、分化与社会化；情绪心理与社会生活的方方面面。本书在写作过程中，力求介绍完整、准确，涵盖最新研究结果，是国内为数不多的情绪心理学的论著之一。本书既可作为本科生教材，又是情绪心理学研究者的参考书籍。书中第三篇"情绪与社会生活方面"，邀请各领域专家撰文，理论清晰，与实际生活联系紧密，对生活中各方面有很多的技术指导意义。

书　　　名：情绪心理学
著作责任者：孟昭兰　主编
责 任 编 辑：陈小红
标 准 书 号：ISBN 978－7－301－08633－9/C·0319
出 版 发 行：北京大学出版社
地　　　址：北京市海淀区成府路 205 号　100871
网　　　址：http://www.pup.cn
新 浪 微 博：@北京大学出版社
电 子 信 箱：zpup@pup.cn
电　　　话：邮购部 62752015　发行部 62750672　编辑部 62752021
　　　　　　出版部 62754962
印　刷　者：河北滦县鑫华书刊印刷厂
经　销　者：新华书店
　　　　　　787 毫米×960 毫米　16 开本　21.75 印张　445 千字
　　　　　　2005 年 3 月第 1 版　2025 年 6 月第 16 次印刷
定　　价：52.00 元

未经许可，不得以任何方式复制或抄袭本书之部分或全部内容。
版权所有，侵权必究
举报电话：010－62752024　电子信箱：fd@pup.pku.edu.cn

序　一

这是一部由北京大学心理学系孟昭兰教授多年来研究和主编的综合著作。它概括了情绪心理学的各个方面。承蒙主编的惠顾，使得我有先睹的机会，可惜由于我的视觉的衰退不能在有限的时间内精读，仅仅匆匆地翻阅了各章的内容。但是我特别地细读了主编所写的前言，对本书有了全面的认识，体会到本书在当前出版的价值。它不仅是一本很好的教科书，也是一般需要理解自己的情绪，与如何调整自己的情绪，以保持身心健康者应该阅读的书。

情绪和意识，自我意识问题是心理学中的老问题，也可以说是一个核心的问题。但是由于它的复杂性和其本质的主观性，以致从理论上到科学的方法上都遇到了很大的困难，所以心理学在这方面的研究进展很不顺利，甚至受到过行为主义心理学家们的忽视。近数十年来，随着认知科学的研究发展，人们开始觉察到研究情绪和意识功能的重要性，因而研究的著作也逐渐多了起来。但国内心理学的研究和教学工作还显得有点落后，所以本书的出版可起到推动作用。希望不辜负编著者的苦心与执著，使学习心理学和对情绪心理学感兴趣的人都能读到此书。

从事其他工作的人如能读此书，即使不能读懂全部章节，也可以从几章中获得对自身情绪活动和调节方法的知识。这将有益于自身的修养和处理人际的关系。一个人如能做到"穷则独善其身，达则兼善天下"，除了有渊博的知识之外，还要有很好的道德修养。而修养则与善于调整和控制自己的情绪——特别是负面的情绪——有极密切的关系。如果说，过度的悲伤能转化为忧郁而可能发展成为病态情绪，严重的恐惧和焦虑会引起慢性疾病，那么，恼怒和愤恨得不到控制则危害更大。人们都知道一个普通的人如果不能控制自己愤怒的情绪，不能找到好的疏导方法，在为情绪扭曲的认识之下，就会由一念之差，做出危及社会的暴行，或造成终身悔恨之事。更可怕的是，如果是一个有至高无上权力的独裁者(君王或领袖)，一怒之下做出不计后果的决策甚至阴谋，影响甚至煽动起盲从的下属或群众，那么小则会影响社会的发展和进步，大则会招来"伏尸百万，流血千里"的灾祸。

这是因为人类的情绪大都是和人的意识和自我意识联系在一起的，而不仅仅是一种单纯的刺激反射行为。情绪在人们之间是可以互相感染的，又可因感染而在人群中传播的。人们的良好情绪氛围可以诱导忧愁的人的心情开朗起来，他人的悲哀也可以引起自己的移情和同情。我国的通俗说法是人有七情：喜，怒，哀，乐，爱，恶，欲。后三种应该说是属于情感或感情范围的，都包含着个人的经历和复杂的心理活动内容。即便是前四种——喜，怒，哀，乐——也是和人们对各种事物的认知相互作用的。所以有一定文化修养的人不仅能善于调整自身的情绪，也能善解别人的情绪，即能"推己及人"，可与人同乐，也可忍让或化解别人的怒火，以及对别人的忧伤有同情和怜悯之心。

我理解孔子倡导的"忠恕"之道，可以说就是以人情为本的。

由此可见，情绪心理在人的整个精神生活中，占有一定的地位，起着重要的作用。也可以说，情绪心理学在整个心理学中是重要的组成部分，是不可缺少的。因此，情绪心理学的研究不可不重视，情绪心理学的教学更不可或缺。现在全国上下正在提倡创建和谐社会之际，此书的出版，为唤起人们对情绪心理学的重视和兴趣，正逢其时。

邵 郊

2005年3月于北京大学中关园

序 二

情绪是一种非常重要的心理现象,它渗透在生活的各个方面,人们所说所做的每一件事无不包含着情绪的成分。情绪反映在生理活动之中,反映在表达方式之中,也反映在个体行为之中;它与认知相生相伴;它跨越文化,跨越人际,将人与人联系了起来。如同生理性的疼痛,情绪使人们获得了关于自身的信息,它融入了人们的主观体验,融入了人类的生存。但由于受到理性主义的影响,情绪往往被视为粗糙的、混乱的和非理性的,需要被压制和控制,因而长期被排斥在科学研究的殿堂之外。

对情绪的探讨可以追溯到古希腊时期。在亚里士多德看来,情绪是高级的认知生活和低级的感官生活的混合体。先于现代的认知心理学,亚里士多德意识到人类情绪的唤起源自人类本身对周围环境的看法。在柏拉图的眼中,情绪却是混杂的、零乱的,远离了人的理性。中国古代医学也曾对情绪进行过探讨,论证了七情——喜、怒、哀、乐、爱、恶、欲对身体健康的影响。

19 世纪末,威廉·詹姆士(William James)将对情绪的研究带入了科学的殿堂,此后的一百多年中,对情绪的理论和实证研究获得了极大的发展。斯托曼(Strongman)在其《情绪心理学》第五版中,从现象学、行为学、生理学、认知、发展、社会和临床等角度总结了大约 150 余种情绪理论。目前,国外有关情绪研究的书籍和文献不胜枚举,专门用于刊载情绪研究的学术杂志也多种多样。而在国内,对这一领域的研究则相对较少,成果不多,与国外相比还存在着相当的差距。

孟昭兰教授多年从事情绪领域的研究,取得了丰硕成果。她在 1989 年出版的《人类情绪》一书,为国内这一领域少有的专著,深受广大读者的喜爱,在短期内即告售罄,目前市场上已很难找到,甚为遗憾。现在,十余年过去了,情绪研究业已取得了巨大的发展,孟教授在前一本书的基础上,进一步深入研究,并吸取当代的最新成果,完成本书的编写,是我国情绪研究领域的一大幸事!

综观全书,该书具有如下一些明显的特点:

1. 涉及的内容广泛,涵盖了情绪研究的各个领域。书中系统地阐述了情绪的内涵与外延,情绪的神经生物学基础,情绪产生的机制,情绪与认知的关系,情绪的发生、发展和社会化,情绪的功能及其对社会生活的影响。

2. 包含了情绪研究的最新进展。如采用认知科学的手段(PET、fMRI)对情绪机制的研究,情绪的功能主义观点,情绪的认知理论,情绪的社会化和情绪调节的研究等。

3. 形式编排得当。作者在书中加入了专栏,对所讨论的问题进行重点说明,在每一章后面附有推荐参考书目和编者笔记,有助于读者学习理解、巩固和进一步地扩充知识范围。

4. 语言精炼而生动，能够强烈地吸引读者。作为一本学术专著，这是非常难能可贵的。

总的来说，我认为孟昭兰教授这本《情绪心理学》在内容上翔实精新，在形式上编排得当，语言生动精炼，是一本不可多得的高校教材，对于在心理学、教育学、社会学、医学、生理学以及神经科学领域从事有关研究的广大学者也大有裨益，是一本必读的重要参考书。

张厚粲

2005年5月

前　言

自威廉·詹姆士时代以来，情绪的神经机制问题已被关注。到 20 世纪 60 年代，心理学，包括情绪心理学，已经得到广泛的发展。80 年代以后，情绪的实验研究已成为研究的主要手段，并出现了大量的成果。近几年来，随着现代高科技的进步，与心理过程相联系的脑科学研究已成为心理学的热门课题，对情绪的神经机制研究已在新的起点上开始。现在我们需要做的是在已有研究成果的基础上，一方面进行情绪，特别是情绪社会化在行为学水平上的研究；另一方面开展情绪的脑科学研究。以便对情绪已有的了解给以神经科学的解释，把对情绪的认识置于更有说服力的科学水平之上。

为什么我如此重视情绪研究呢？自古希腊哲学时代以来，以唯智主义理念为主导的思维路线，对人文科学的影响很大。我国宋、明时期，朱熹、王阳明理学派在我国的影响也是如此。千百年来，中外哲学均把情绪看作非理性的、粗糙的、似动物的现象，心理学因袭了这种牢固的观点。如果说，詹姆士之后情绪生理学研究有了第一次发展，那么，20 世纪 60 年代以后，出现了情绪探究的第二次飞跃，这一点主要表现在理论派别林立并逐渐兼收并蓄，"你中有我，我中有你"，对情绪的性质在总体上达到了较为一致的认识。到了 80 年代，西方哲学从唯智主义转向重视情绪问题，认为单纯科学理性思维不足以成为人的行动的动力；驱使人们行动的是热情、激情和情绪。无论政治行动的启动，经济的决策，重大计划的实施，对民众的动员，都在很大程度上受情绪的支配。如果没有情绪，人们的思维动机将是苍白无力的。从进化的观点看，与有机体形态上的演变相比，情绪从一开始就是驱动有机体为生存而行动的高级动力。情绪是高等动物和人类心理结构中重要的组成部分，在人的心理生活中起着不可或缺的作用。它经常出现在人们心理生活的前沿。

我国已进入信息技术和市场经济时代，社会竞争日趋激烈；人们昔日贫穷、简朴，然而却比较平静的生活被打破，心理波澜和情绪冲突逐渐增多。为适应这种形势，人们的心理活动也必须随之转轨。然而适应却是不容易的。情绪在人的心理生活中无时无处不在起作用，它是检测生命过程、苦乐安危最敏锐的心理标尺。任何年龄阶段的人在任何特定活动领域中的经历和变化，都会产生适应或不适应的情绪反应，需要予以强化或调整。在人们心理生活中建立乐观、进取的体验结构，营造避免或减轻痛苦的心理环境，是建立美好个人生活和健康社会的重要标志。

近年来，随着社会经济体制改革的进行，市场竞争日趋激烈，广大在职人群感受到巨大压力；青少年学生在社会变迁中心理问题有所滋长，偏离社会的行为问题层出不穷，有些已向刑事案件性质上转化；潜在的心理亚健康现象的泛化还远未为多数人所知晓。情绪心理科学知识的普及迫在眉睫，开展情绪研究是我们的责任。社会实践终将推动科学的发展，我们应当迎接挑战。

十几年前,当我撰写《人类情绪》一书时,深感这种需要的迫切;那本书剖析了情绪这一既为人们所熟悉、却又令人迷惑不解的心理现象,供给那些理论爱好者切磋琢磨,也为那些愿意通晓人们情绪生活规律,以便用来解释自身和他人情绪变化的学生和读者提供一些必要的知识。我这样做了,《人类情绪》一书于1989年出版,并在短期内售罄。

如今,十几年过去了,在国内仍然很少有关于情绪心理学的著作。于是,我想在《人类情绪》的基础上,重新写一本书,为服务社会尽绵薄之力。近年来,国外关于情绪理论、情绪社会化和情绪脑科学的研究得到了极大的发展,对情绪本身的研究积累了大量资料。我国学者从教育、文艺等角度撰写关于情绪的著述已有问世;青年学子的注意转向情绪研究已屡见不鲜,他们的研究成果指日可待,情绪研究形势大好。

落笔之际,考虑到实际情况,有几条原则是我在编写本书时所遵循的。首先,鉴于《人类情绪》一书除一些图书馆外,社会上早已无法见到;同时,由于当前教学的需要,本书将写成既是专著,又是教材。有些在前书中论述过的一些基本的理论、方法和基础的实验研究和论述,仍有重要的教学参考价值,我在本书中作了部分保留和精炼的修正。其次,鉴于近十几年的研究进展,我致力于收集新成果于本书中。我把全书分为情绪的基础研究、情绪的分化和社会化以及情绪的社会生活方面三篇。书中增加了情绪的脑神经学和神经化学、情绪社会化与复合情绪等新篇章,尽可能地传递新的研究信息。第三,社会上对各实践领域的情绪问题十分关注,国内也有从事情绪与社会生活研究的专家的研究成果,为此,我邀请这些领域的专家们分别撰写了有关内容,加盟本书。因此,本书的框架比《人类情绪》有所拓宽,我希望它以新的面貌展现在读者面前。

为本书作出贡献的教授如下(按姓氏拼音为序):

郭德俊教授(首都师范大学)撰写情绪调节;

胡　平副教授(中国人民大学)、孟昭兰(北京大学)撰写情绪的个体早期发展;

刘淑慧教授(首都体育师范学院)撰写情绪与运动竞赛;

罗大华教授(中国政法大学)撰写情绪与犯罪;

乔建中教授(南京师范大学)撰写情绪与德育、情绪与教学;

俞汝捷教授(湖北社会科学院)撰写情绪与艺术;

其余各章均为北京大学孟昭兰所撰写。

本书的出版受到了北大出版社陈小红编辑的大力支持,特此致谢。

孟昭兰

2004年12月于北京大学朗润园

目　录

第一编　情绪心理的基础

1　总论 …………………………………………………………………（3）
　　一、情绪、情感和感情 ………………………………………………（4）
　　二、情绪在人的心理结构中的位置及其在心理活动中的作用 ………（8）
　　三、情绪的性质和功能 ………………………………………………（12）
2　情绪理论的演变 …………………………………………………（17）
　　一、早期理论 …………………………………………………………（17）
　　二、情绪的激活理论 …………………………………………………（23）
　　三、情绪的认知理论 …………………………………………………（26）
　　四、功能主义理论 ……………………………………………………（31）
　　五、伊扎德的动机-分化理论 ………………………………………（33）
3　情绪与脑 …………………………………………………………（38）
　　一、情绪生理心理学的理论取向 ……………………………………（38）
　　二、情绪在神经学上的划分 …………………………………………（39）
　　三、情绪脑的神经结构与网络 ………………………………………（41）
　　四、脑的最初情绪系统 ………………………………………………（50）
　　五、杏仁核与海马及情绪与记忆 ……………………………………（55）
4　情绪的主观体验与脑 ……………………………………………（59）
　　一、情绪体验的性质 …………………………………………………（59）
　　二、情绪的主观体验与脑 ……………………………………………（62）
　　三、情绪主观体验的神经化学调解 …………………………………（66）
　　四、情绪的内在体验与外显表情 ……………………………………（72）
5　情绪的外显行为——表情 ………………………………………（77）
　　一、面部表情理论假设 ………………………………………………（77）

二、面部表情的全人类普遍性 …………………………………… (79)
　　三、面部表情的神经生理学证据及其测量方法 ………………… (86)
6　情绪与认知 ……………………………………………………………… (93)
　　一、认知在情绪发生中的作用 …………………………………… (93)
　　二、情绪在认知加工中的影响 …………………………………… (97)

第二编　情绪的发展、分化与社会化

7　情绪的个体早期发展 ………………………………………………… (111)
　　一、情绪在儿童生存和生长中的意义 …………………………… (111)
　　二、情绪发展理论 ………………………………………………… (112)
　　三、婴儿情绪的发生与发展 ……………………………………… (116)
　　四、幼儿的情绪发展 ……………………………………………… (121)
　　五、儿童情绪的社会化 …………………………………………… (125)
8　情绪的分化 …………………………………………………………… (130)
　　一、情绪的进化与分化 …………………………………………… (130)
　　二、内在动机 ……………………………………………………… (133)
　　三、兴趣 …………………………………………………………… (138)
9　基本情绪 ……………………………………………………………… (148)
　　一、快乐 …………………………………………………………… (148)
　　二、痛苦与悲伤 …………………………………………………… (155)
　　三、愤怒 …………………………………………………………… (160)
　　四、恐惧 …………………………………………………………… (161)
10　情绪的社会化 ………………………………………………………… (165)
　　一、社会情境关系与情绪社会化 ………………………………… (165)
　　二、情绪社会化的基本规律 ……………………………………… (168)
　　三、情绪的社会结构论 …………………………………………… (173)
11　复合情绪 ……………………………………………………………… (181)
　　一、爱与依恋 ……………………………………………………… (181)
　　二、焦虑 …………………………………………………………… (187)
　　三、敌意 …………………………………………………………… (194)
　　四、自我意识情绪 ………………………………………………… (198)

12 情绪调节 (204)
 一、情绪调节的涵义 (204)
 二、情绪调节的特征 (205)
 三、情绪调节的类型 (207)
 四、情绪调节的基本过程 (209)
 五、情绪调节的神经机制 (212)
 六、情绪调节与社会适应性和心理健康 (214)

第三编 情绪与社会生活方面

13 情绪与德育 (221)
 一、移情与道德发展 (221)
 二、内疚与道德发展 (226)
 三、情绪与学校德育课程 (233)

14 情绪与教学 (239)
 一、情绪追求与学习动机 (239)
 二、情绪充予与学习过程 (244)
 三、学习焦虑与归因倾向 (246)

15 情绪与艺术 (250)
 一、情绪与艺术创作 (250)
 二、情绪与艺术作品 (256)
 三、情绪与艺术接受 (265)

16 情绪与运动竞赛 (270)
 一、运动员情绪与运动竞赛 (270)
 二、竞赛情绪变化与运动表现 (273)
 三、运动应激与应对 (280)

17 情绪与犯罪 (286)
 一、情绪型犯罪概述 (286)
 二、有关情绪型犯罪的论述 (287)
 三、情绪、情感与犯罪 (290)
 四、情绪型犯罪的心理特点与行为特征 (296)
 五、情绪型犯罪的预防 (298)

18 情绪与健康 ·· (300)
　　一、疾病发生的情绪基础 ·· (300)
　　二、情绪与疾病的因果联系 ·· (301)
　　三、情绪的等级结构与疾病 ·· (302)
　　四、情绪的复合成分与疾病 ·· (303)
　　五、认知对情绪与疾病的影响 ······································ (306)
　　六、情绪疾病——抑郁症 ··· (307)
　　七、基因是致病因素 ··· (312)
　　八、自我调节与健康 ··· (313)

主要参考文献 ·· (318)
后记 ··· (335)

第一编

情绪心理的基础

1

总　　论

　　情绪是日常屡见不鲜并亲身体验着的一种心理活动。它给人们带来快乐和满足，又使人不可避免地遭受苦恼和折磨。随着言语交际，人际间进行着感情交流，无论是外显鲜明的彼此沟通，还是内隐含蓄的互相感染，通过面部表情、声调和姿态动作表达的情绪体验，准确地传递着有时是语言所不能陈述的细密而寓意深邃的信息。

　　但是，小孩子无端的哭闹、少年们的敌意从何而来；青年的烦恼、中年的焦虑、老年的孤独如何克服；还有，夫妻之间的爱情为什么随着共同生活岁月的流逝而有所变化；刚迈进大学之门的学生在兴奋之余为什么深深地体验着失落感；甚至，震撼人们身心的动乱已经过去许久，为什么有时仍会深深触动那感情上的伤痕；成功和成就给人带来鲜明的喜悦和满足，为什么还伴随着时隐时现的忧虑和痛苦；人们在坎坷的岁月中历尽艰辛，为什么其中又蕴含着许多欢乐。类似这样的问题无穷无尽，但是归根结底就是一句话，感情这一心理现象为什么使人如此迷惑不解，这样令人难以琢磨？

　　其实，情绪过程和认识过程一样都是脑的功能。以思维而言，机器可以在一定程度上把它模拟出来，情绪则不能由机器加以复制。情绪是一种多成分、多维量、多水平整合的复合过程；情绪的每一次发生，都融合着生理和心理、本能和习得、自然和社会诸因素的交叠。在发生学和分类学上，情绪的每种构成因素，本身的变化以及各变量之间的交织，或互相加强、或互相抵消、或互相渗透、或互相排斥，这诸多因素的作用和相互影响，科学研究还正在探索。

　　长期以来，由于情绪的主观性特征使实验研究中的条件控制和实验结果的量化分析尤为困难，常常使心理学家在它面前望而却步，其结果导致人们推迟了对它的探索和认识。但是，一百多年来，科学心理学的研究已经走过了一段漫长、曲折的道路，对它的研究已经有了相当的进步。这一进步既体现在研究方法上，也体现在理论建树上。有关的实验研究已为人工诱发情绪建立了许多有用的标准，测量技术已经拥有可供精确分析的仪器设备，多变量同步测量的方法克服着情绪多变量带来的困难。其次，近十几年来，高科技在生物学领域的发展，脑电技术、功能性磁共振技术已用在情绪的神经科学研究之中。

　　情绪理论有一个脉络清晰的发展史，由于其本身的复杂性，历来各派学说林立。近年来,已经摆脱了那种各学派按照自己独家的理论体系去解释情绪的现象,对前人的各种理论观点进行了整理、屏弃和吸收,并加以发展。虽然还有争论,情绪心理学家对情绪性质的认识更加接近,已为情绪的进一步研究打下了可靠的基础。

一、情绪、情感和感情

(一)情绪的属性和定义

情绪与认识不同,它似乎与个体的切身需要和主观态度联系着。从这种联系中可以引申出情绪的两种特殊存在形式,其一为内在状态或体验,其二是外显表情。这是认识过程所不具有的特征。因此,情绪与认识是带有因果性质和互相伴随而产生的。情绪可以发动、干涉、组织或破坏认知过程和行为;认识对事物的评价则可以发动、转移或改变情绪反应和体验。

许多学派给情绪下的定义反映了这些特点和这类关系。例如,功能主义把情绪定义为:情绪是个体与环境意义事件之间关系的心理现象(Campos, 1983)。阿诺德的定义为:"情绪是对趋向知觉为有益的、离开知觉为有害的东西的一种体验倾向。这种体验倾向为一种相应的接近或退避的生理变化模式所伴随。"(Arnold, 1960)拉扎勒斯提出与阿诺德类似的定义:"情绪是来自正在进行着的环境中好的或不好的信息的生理心理反应的组织,它依赖于短时的或持续的评价。"(Lazarus, 1984)这些定义都标示出情绪对人的需要和态度的关系,阿诺德和拉扎勒斯还指出了情绪依此而具有的特点,诸如体验、生理模式、评价等。

另一位学者杨(Young, 1973)在上世纪70年代,给情绪下的定义为:"情绪起源于心理状态的感情过程的激烈扰乱,它同时显示出平滑肌、腺体和总体行为的身体变化。"他把情绪标定出感情过程的扰乱,暗示了情绪同有机体的利害关系和联系。但他更强调情绪的"干扰"性质。这一理论对情绪病理学特别有用。同杨的理论相反,利珀则坚持主张:"情绪是一种具有动机和知觉的积极力量,它组织、维持和指导行为。"(Leeper, 1973)重要的是,他指出了情绪的组织作用的观点。

关于情绪的组织作用的观点应源于情绪的动机性。在汤姆金斯(Tomkins, 1970)强调情绪是有机体的基本动机之后,伊扎德继承达尔文的观点,径直强调情绪的适应性。他指出情绪是动机,并同知觉、认知、运动反应相联系而模式化。伊扎德从功能性的观点出发,他强调情绪的外显行为——表情这一重要变量;通过表情把情绪的先天性和社会习得性,适应性和通讯交流功能联系起来,建立了包容广阔的情绪理论(Izard, 1977, 1991)。按此概述,情绪有如下特性:

1. 情绪是多成分的复合过程 情绪成分包括内在体验、外显表情和生理激活三种成分。(1)认识过程是平淡而无情的,情绪则带有独特的主观体验色彩,具有某种愉快、享乐、忧愁或悲伤等多种享乐色调。每种具体情绪的主观体验色调都不相同,给人以不同的感受。主观体验是脑的一种状态,它所负载的过程就是情绪作为心理实体的具体过程。正是情绪过程的体验感受方面给行为提供动机,对认知和行为起着组织或瓦解的作用。(2)情绪有特殊的外显表现,而每种具体情绪的表现,特别是面部表情,却是特异化的。这些特异化的面部运动模式是各种具体情绪的客观标志。通过情绪的外显表情,情绪的通讯传递作用才成为可能。(3)情绪发生在一定的生理激活水平上。神经系统一定部位的激活为情绪的发生和活动提供能量。从延髓到脑干部位的网状结构上行激活系统经过边缘系统通向高级中枢,直到大脑皮层传送的弥散性冲动支持着脑的一般激活水平和状态,即情绪状态。网状结构的下行神经纤维又把信息输送回来,协调着脑的激活水平和情绪状态,提示各种具体情绪之间的性质差别,并支配着行为。

2. 情绪具有多维量结构　冯特(Wundt)于1896年提出情绪的三维学说。冯特认为感情过程是由三对感情元素构成的。每一对感情元素都具有处于两极之间的程度变化。它们是愉快-不愉快、兴奋-沉静、紧张-松弛这三个维量。每种情绪在其具体发生时,都分别处于这三个维量两极之间的不同位置上。冯特的感情三维理论虽然建立在主观推测的基础上,但它至今仍有理论和实际的意义。后人提出了多种情绪维量量表,应当说都没有离开冯特学说的基础。例如,伊扎德提出的体验量表包括四个维量,其中在快乐度、紧张度、冲动度以外,增加一个确信度,基本上是冯特理论的变种。

冯特之后,施洛伯格(Schosberg)按照吴伟士(Woodworth)早期依据面部表情对情绪实验的分类研究,提出一个按愉快-不愉快、注意-拒绝和激活度的三维量表。迄今为止,最典型的多维量表应以普拉奇克(Plutchik)为代表。普拉奇克经过分类排列,把情绪分为相似性、对立性和强度三个维量。他认为任何情绪的这三个维度都不相同。普拉奇克的理论是建立在进化和适应的观点之上的。因此他更多地使用表示情绪的功能性语言,例如结合或排斥,探索或回避等术语。这一思想体现在他的情绪维量分类上。

维量是情绪的一种特性。虽然迄今提出的维量划分方法是各式各样的,但对认识情绪的特性是有帮助的。而且,理论的建立导致研究方法的确立,维量量表的一个大用处是用来作为具体研究中可依据的测量工具(孟昭兰,1989)。

3. 情绪是生理和心理多水平整合的产物　从进化的观点看,情绪是在脑进化的低级阶段发生的,特别与那些同调节和维持生命的神经部位相联系。情绪作为脑的功能,首先发生在神经组织进化上古老的部位。丘脑系统、脑干结构、边缘系统、皮下神经核团等这些整合有机体生命过程的部位,都是整合情绪的中枢。随着人类的进化,大脑皮质、尤其是前额叶的发展对情绪与认知的整合起着重要的作用。从猿到人的进化过程中,情绪的发生和分化与新皮质的形成和分化直接联系着。如果说,从猿到人的进化有质的飞跃是与人的进化不可分的,那么,人类情绪同动物情绪的质的区别,也是同人类大脑皮质的进化密切联系的。

情绪从种属遗传而来的中枢保持在脑的杏仁核。与由杏仁核为核心的神经环路联系的自主神经系统调节的内脏系统、内分泌系统都参与情绪的发生、维持和变化。这些部位的神经功能不但在高等动物中存在,而且在人类中仍然存在并起着作用。

大脑皮层的高度分化为情绪的分化提供了可能。由皮层运动区支配的躯体骨骼肌运动,尤其是面部肌肉运动,是人类具有多种精细分化的情绪的直接机制。面部肌肉运动之所以构成表情模式,被设想为,是由于从皮层运动区发出的神经冲动与整合先天情绪模式的杏仁核神经环路之间存在着联系,皮层向皮下传送的冲动及其反馈是整合表情和感情体验的完整机制。由此可见,神经系统各级水平几乎都参与情绪的发生和变化之中。每一次情绪的发生都是多级神经生理整合活动的结果(LeDoux, 2000)。

其次,情绪还发生在心理多级水平上。从进化的角度看,任何动物都是在它所处的心理进化阶梯的一定高度上实现它的情绪整合的,例如,爬行类以下的动物只有感觉水平上的趋避反应;爬行类到低等哺乳类动物有知觉水平上的情绪反应;啮齿类动物的情绪反应发生在知觉表象水平上;类人猿则有更分化的、表明其智慧行为的复杂感情。从人类个体发展看,感情可以从感觉到意识,从情绪状态到人格特质的多级水平上并存。

从认识水平上区分,有感知觉水平上的感情反应和认知水平上的感情反应。从社会化程度上区分,有与本能需要相联系的感情反应和与生物-社会性事件相联系的感情反应。从意识水平上区分,有语词意识水平下的感情和语词意识水平上的感情。从情绪存在形式上,可被区分为:(1) 情感反应。这是以面部、声调、躯体等表情体现的对外在影响的适应行为而存在,如快乐、悲伤、焦虑等。(2) 感情状态。如心境,兴趣专注状态。它可以被主体意识到,也可以不被意识到,它似乎成为脑的加工过程的背景;心境也有各种色调,或喜悦,或忧伤,或沉闷,或紧张。(3) 情绪特质。情绪被镶嵌在个性之中,成为个体人格结构的组成成分,它们在个体的整体行为和态度中显露出来。由此可见,情绪包容在广大的认知网络和人格系统中。

当作了如上的分析之后,现在回到情绪的定义上来。实际上,任何定义都不一定十分完善。定义的作用应当是方便于研究,为研究者提供认识的方向,但也会随着新发现而改变。我们曾经试图把情绪描述为:"情绪是多成分组成、多维量结构、多水平整合,并为有机体生存适应和人际交往而同认知交互作用的心理活动过程和心理动机力量。"(孟昭兰, 1989, 1994)。这样的描述既展现了情绪的功能,又囊括了情绪的结构。这样的描述确实是为了依据它来进行研究。本编者认为,只要把情绪的成分、维量、整合水平、适应作用、通讯功能,以及同认识和人格的关系揭示出来,就有可能对情绪这一独具特色的心理现象作出解释。至少在当前的科学水平上,人们将能为情绪之谜打开一个窥测它的奥秘之门,为进一步探索铺筑一条可行的路。

(二) 情绪、情感和感情的概念分析

情绪和情感既是在物种进化过程中发生的,又是人类社会历史发展的产物。对于这样一种在漫长的演化过程中发生的多层次质变的现象,想用一个术语来加以标志是

困难的。因为,当人们用情绪、情感这类术语来表示这一心理现象时,人们心目中所反映的内涵常常是不同的。例如,有时人们把同生物需要相联系而产生的感情反应称为情绪,而把受社会规范制约的感情状态称为情感;另一些时候人们又在标示感情形式时采用情绪,而在标示感情内容时采用情感。由于日常用语或文字描述对概念的使用发生影响等因素,这类用法通常符合习俗和习惯,然而并非科学用语。因此把术语规范化是必要的。

综览有关情绪文献,可以发现,把区别于认识活动、有特定主观体验和外显表现,并同人的特定需要相联系的感性反应统称为感情(affect);感情是标示这一感情性状态和反应的普遍的概念。它一般地包容着情绪和情感的综合过程,既有情绪的含义,也有情感的含义。无论情绪、情感或感情,指的是同一过程和同一现象;在不同的场合使用情绪或情感术语时,指的是这同一过程、同一现象所侧重的不同方面。

情绪(emotion)代表着感情性反应的过程。也就是说,感情性反应作为心理活动的过程,用情绪这一术语来标示。无论在动物或人类,凡感情性反应发生时,都是脑的活动过程。从这个意义上说,情绪术语经常既用于人类,也用于动物。然而把情绪概念限定为它只同有机体的生物需要相联系,恐怕就不正确了。因为人类的生物需要也是受社会历史影响的;人类在高度发展的社会规范条件下,其生物需要含有丰富的社会内容,不可与动物的需要相等同。

专栏

情绪这一术语,按照蒙芮(Murray,1888)字典所述,来自拉丁文 e(外)和 movere(动),意思是从一个地方向外移动到另一个地方。在文字学史上,它用来描述许多领域"动"的现象。例如,在物理学上描述为"雷……引起空气的流动"(1708),"流动"用 e-motion 来标示;"冰在山洞里流……是由于震动"(1758),"震动"一词也是 emotion。在物理学上的这类使用逐渐转到政治和社会活动中,用以表示鼓动或扰乱、动乱。例如,"在伦巴底族人中有……很大的鼓动和扰动","群众的扰动是由于……所引起"(1709)。这意味着,emotion 一词的原义是活动、搅动、骚动,或扰动。后来,这个词用于个体精神状态的激烈的扰动上。例如,"满足的快乐一般称之为 emotion"(1762)。由此可见,情绪是用来描述一种运动的过程。现在它已经被限定运用在表示精神与社会活动范畴,而不再在物理学范畴上使用。把情绪限用在它的活动过程上,这就严格地规定了它的内涵。此外,由于情绪由物质的神经过程所携带,并可以被测量,称之为情绪测量。(参阅孟昭兰,1989,pp.13~14)

情感(feelings)经常被用来描述社会性高级感情。一般认为,具有稳定而深刻社会含义的感情性反映叫做情感,它标示感情的内容(所谓感情的内容并不是指这一反映的语义内容或思维内容,而是指那种带有享乐色调的体验)。当描述对祖国的热爱、对事业的酷爱、对美的欣赏,以及对人的羡慕与妒忌,羞愧与负罪感时,所指的感情内容正是它们所蕴含的深刻体验感受,即情感。因此,作为标示社会内容的情感,其含义着重于对事物的意义体验。然而只要把情感一词规定在体验的范畴上,它就不单单是人类所独具的了。应当说,感情性感受在动物,至少在高等哺乳类动物中,肯定是有的,只是它们不能反映在出声语言中。当高等动物表现舒适或痛苦,尤其是猿猴类表现愤怒、恐惧或快乐时,不能认为它们没有感情性感受。至于前语言阶段的婴儿,对母亲走近身边时表现出的主动微笑和全身活跃,母亲离去时产生焦虑或愤怒,陌生人接近时表现警觉和害怕等等,更加说明了不能认为他们没有感情性内部体验。高等猿类和人类婴儿同他们的母亲的依恋行为是情感体验的典型的外显形式。

专栏

情感这个词,包括一个"感"字,有"感觉"之意;还包括一个"情"字,又有别于"感觉"之解。在俄语中,чувство(情感)与чувствительность(感受性)有着相同的词根;德语中的 gefuhl(感情)也同 fuhlen(去感觉)一词的词源相同;英语中的 feeling 则有感觉、知觉、触觉、同情、体谅等多种含义。这说明情感的概念既包括同"感觉"、"感受"相联系的"感"字,又包括与"同情"、"体验"相联系的"情"字。因此,情感的基本内涵是感情性反应方面的"觉知",它集中表达了感情的体验和感受方面。然而,在高级情感中,人们体验着深刻而稳定的体验感受;责任感、事业心把人带入崇高、深邃的境界。与此同时,它们也是使人激动不已的情绪过程。(参阅孟昭兰,1989,pp.14~15)

二、情绪在人的心理结构中的位置 及其在心理活动中的作用

(一)情绪在人的心理结构中的位置

常言道,人是有感情的动物。这句话如果是指人类同动物的区别,可认为并不十分确切,因为许多动物都有某种程度的感情。但是,从人工智能的观点出发,谓之人是有感情的机器,将是确凿无疑的。因为,迄今为止,机器还没有感情,或者说,机器还不具有人类感情的功能。人工智能的研究所面临的重要问题之一是把动机和情绪引进机

器。否则,机器的功能与真正的人脑功能将无法比拟。

人类感情的发生和发展绝不是偶然的。只要把它放置在物种进化这一更大的范畴中,就能较好地认识感情在人的心理结构中的位置,以及它在人的心理生活中的作用。达尔文曾明确地指出感情和智能等心理功能是在进化过程中获得的。达尔文特别强调了表情的明显的适应性和有用性价值。他的论断暗示了情绪表情不单纯是进化和适应的产物,而且是有助于适应和进化的有效手段。兰格尔认为:人类从动物智力的一般水平上的分离,是由于人类种族在感情上有一个巨大的,特殊的进化(Langer, 1967)。这意味着应当把情绪的发生和发展放在人脑的进化和发展上考察。重要的是,情绪的发生与脑的进化,特别是新皮质及其附属部位的进化是同步的。大脑新皮质在体积和面积上的增长和功能上的分化,以及机体器官、包括骨骼肌系统的精细分化与情绪的发生和分化是一致的。

达尔文的情绪进化观给人们的启示还在于,情绪的发展与脑的联系,情绪的适应性和有用性,也适合于说明个体发展。情绪是人类新生婴儿在前语言阶段为适应生存而从先天遗传得到的重要心理工具。而且,随着人类所特有的社会化进程,随着语言和认识能力的发展,儿童感情也得到发展。作为一种内在心理素质,感情同认知的相互作用,以及它在儿童个性中的构成,主导着儿童的成长。这可以证明,情绪在心理活动中占据着十分重要的位置。

应当指出,不可把情绪单纯地看做病态的、无意识冲动的活动;不应当把它看做单纯的生理激活和能量释放;也不应把情绪看做刺激-反应链上的终端部分,或认知过程产生某种冲突的结果和终结。所有这些论点,不可避免地把情绪引向副现象论。其结果必然是抹煞情绪在心理活动中应有的位置。下列几方面可以作为确定情绪在心理结构中占有重要位置的论据:

● 情绪作为适应的手段,起着驱动有机体采取行动的作用,成为支配有机体随意或不随意的,本能或认知的行为的重要心理能力。

● 情绪作为一种状态,经常存在于脑的活动过程中。给有机体提供注意保持的力量,使有机体专注于外界一定事物,成为有机体认知加工时有利或不利的脑的背景。情绪状态促进或延缓、增强或阻碍加工的效率,影响加工的选择且支配加工的方向。

● 情绪作为一种特质,为构筑人格的框架增添重要的成分。感情特质在人格中的成分使个体具有主动或被动、内向或外向、敏捷或迟钝、易感或沉静等个性特征。

● 情绪作为一种主观体验,为意识提供最初的来源。有机体的内部感觉在脑中的登记,由于有机体器官活动固有的和恒定的节律性,为产生可感受的体验提供了刺激来源,而成为意识成分。例如,在人类婴儿有机体内部器官的正常或异常的活动中所引起的感受变化就是最初的意识。

综上所述,情绪作为基本的心理过程之一,在整体的心理活动中占有一定的位置。它对有机体的生存和生活活动有着重要的价值。这样的设想,为探索情绪的发生和活动规律开辟了广阔的园地,为促进人们对情绪问题的思考提供了新的动力。

(二) 情绪、情感在人的心理活动中的作用

心理活动是负载人的活动的精神支配力量,并制约人的活动。也就是说,环境刺激并不能直接决定人的行动,心理是刺激与反应之间的中介物,这就需要引进动机的概念。动机是心理现象,或说是生理心理现象。在动机问题上,应当避免两种极端的看法。一种是传统地把动机视为生理内驱力,认为生理内驱力是有机体行动的能量来源。这种看法忽视了心理动机对生理内驱力的制约和二者间的相互作用关系。另一种看法是唯意志论的观点。这种观点认为,只有发生在语词意识水平上的动机才是动机,把出现在思想中的意图作为驱动人去行动的动机成分,从而忽略动机的其他形式。换言之,如果我们转换一个位置,就可以看到情绪活动经常出现在人的心理活动的前沿。人们遇事,情绪先被触发,人们做事,首先经受感情体验的监察。这就不难解释为什么在现实生活中,发生那么多的关于情绪情感的疑问。人们享受着感情带给他们的喜悦、欣慰或满足;也经受着感情的折磨、痛苦或失落。诸如这些多种多样的感情体验均介入认知活动,影响着人们采取决策和行为,也就是影响着动机。仅举生活中如下几个侧面作为例证:

1. 行为经济学提出,领导要注重员工的情绪 为发挥下属的积极性,不但要重视他们的知识、技能和经验,还要注意他们的需要、愿望和动机。人们的需要、愿望和动机并不必然反映在他们的语言里,而首先反映在感情中。领导者想要洞察下属是否竭尽全力,衡量的尺度不仅在于他们说些什么,更重要的是观察他们的生产和工作情绪的激励程度。领导艺术体现在善于调动工作人员的积极动机和饱满而持久的工作情绪之中,诸如,领导者了解下属的忧虑,同情他们的艰辛,体察他们的欢乐与痛苦。一旦在领导者与被领导者之间建立了感情上的联系纽带,双方的困难都容易克服。这是因为,工作情绪是工作积极性的直接动机。对于一个领导者来说,从感情上能洞察人和了解人,是他获得成功的重要因素。

2. 某些特定的活动领域存在着特殊的情绪问题 比如在驾驶员和外科医生的活动领域,或人们参加考试和运动竞赛的特定场合,容易产生情绪性应激而导致紧张。在商品经济社会中,竞争是不可避免的,但应在最大程度上防止和避免由此导致的情绪性应激,关键是教导人们学会驾驭情绪。蓬勃有力的精神状态使人心胸广阔,立足稳健,眼望未来。这种精神状态为脑的紧张思维提供了最优越的情绪背景,对思维过程起着良性的组织作用。而人们由于突发的紧张情绪难以经受巨大的精神负荷,处于高度集中状态的思维不能容纳另外的负性情绪干扰;紊乱的情绪能打乱和抑制原来的思维布局,这在各类比赛或考试中很常见,失手往往是由于刹那间的犹豫、紧张等负性情绪干扰所致。

3. 艺术形式中角色的塑造典型地再现了生活中人的感情体验 托尔斯泰艺术观

表明，艺术主要是表现人的感情的。作家、画家、雕塑家、音乐家通过自己的内心感受去塑造人物形象，以感染读者和观众，唤起人们的感情共鸣，丰富人们的感情世界。演员的任务是再现作品中人物形象的思想感情，通过自身的表演去影响观众。按照剧作家和导演们的描述，演员是通过"由内到外"和"由外到内"两条途径去体验角色的。前者是对剧本角色的想像和理解去体验感情，从而激起演员自身的感受体验并表现于表演之中。后者是以表情动作去模拟剧本角色，通过表情激发内心体验去适应角色的形象。两种方法都能激起演员的感情去塑造角色，再现人们生活中的喜怒哀乐、悲欢离合。成功的表演之所以被人喜爱，就是因为它再现了、典型化了人们现实生活中的感情纠葛，通过艺术形式给人以启发和慰藉。艺术是人们生活中不可缺少的部分，人们通过艺术欣赏去体察自身和改善自身。由此可见，通过文学艺术的折射，表明了感情在现实生活中居于多么重要的地位。

4. 人生发展各阶段必会经历各种感情波澜 只要顺应适当和教育得法，使感情得到良好的培育和健康的发展，人们不但过着快乐而有趣味的生活，还能对智能的充分发挥和个性的全面发展产生重要的作用。从新生儿时期开始，感情就介入生活。婴儿是靠自身的情绪反应及其与成人之间的交融，适应着最初的生活岁月。他们随时发出情绪信号，借以反映他们的饱足舒适或病痛饥寒。父母对这些信息予以及时的理解和敏锐的应答，是儿童身心健康的保证。痛苦对成长中的人来说是不可避免的，成人有必要使儿童有能力经受痛苦的困扰，让儿童有着欢乐的童年；帮助青少年顺利地度过成熟期，使青年在面向人生道路的关键时刻，处理好升学、就业、恋爱、婚姻等决定一生的大事；培养他们心地宽广，敬业乐群，乐观、进取的个性和感情特质，帮助他们在生活和事业上有充分的力量去经受顺利或困难，迎接成功或失败。要特别关注中、老年人经受由于年龄带来的情绪纷扰；对离开岗位后的失落感和孤独感有所准备。人类的生活境遇是复杂的，矛盾是不可避免的。人们在不同时期的愿望和要求并不能都付诸实现，不免要经受感情上的波动。生活的美满、事业的成就，使人们感受着欢乐；生活征途上的崎岖，道路的曲折，又使人们咀嚼着痛苦，忍受着感情的折磨。关键在于能驾驭它，有力量承受它和想办法去削弱它。

5. 精神疾病给人带来痛苦 全世界大约有 5% 的人罹患精神疾病，而大多数精神疾病的重要症状是感情障碍。无论轻型情绪障碍或重型精神病，都使患者在感情上遭受极大的痛苦。在这些疾病中，环境因素常常是发病的直接原因。每个人生活经历中的矛盾，人格上的弱点和情绪上的冲突等的交织，在不同程度上经常发生。心理卫生和精神健康的教育帮助人顺应社会，改造自己的处境，把握自己的命运，驾驭自己的感情，是可以减少和减轻发病率和缓解病情的。

以上分析揭示，情绪情感问题经常发生在人们心理生活的前沿，它影响着人们认识活动的方向，行为的选择；它还涉及人格的形成、人际关系的处理。负性情绪给人们带来很多干扰和阻难，给生活蒙上负性的色调。不能设想人永远快乐。生活中的困难，事业上的冲突,人与人之间的矛盾所带来的苦恼是不可避免的。但是人必须学会经历困难、解脱痛苦。儿童时期能得到成人的关爱和得当的抚育,为他们毕生的心理健康打下基础。人们需要这样一种人际环境,使他们能在温暖中忍受痛苦,在容忍中消除愤怒,在信念中克服忧郁,在友善中打消敌意,在得到同情时克服悲伤。这样能帮助人有勇气面对生活,在生气勃勃的人群环境中创新立业,在互相关怀和同情中克服困难。我们需要一种清新的环境,人们在竞争中不能心存恶意,不可有害人之心,消除人们彼此隔离的现象。我们需要建立在感情上把人们集结在一起的社会效应,精心培育人的感情世界。在社会快速发展的时刻,在重视人才、注重智力投资的同时,也要培养精神健康。

(三) 情绪研究对心理学发展的意义

情绪是一种心理过程,是心理结构的组成部分。现代心理学研究的进展已经到了这一步:开展情绪研究不但是不可避免的,而且是刻不容缓的。目前,认知心理学的发展已经与脑神经科学联系起来。人的认识活动是脑的功能,是在脑的一定状态下进行的,也就是在一定的情绪状态下进行的。在一定时期内,认知心理学应当也必然能独立地进行研究,正如情绪研究在一定时期内也是独立地进行的一样。然而,我们要真正说明点什么时,既不能忽视情绪受认知的制约这一方面;也不能离开脑的状态和随时存在的情绪状态,去认识认知过程这另一方面。情绪可能为认知提供操作的背景,影响注意的集中,记忆的储存和提取,干扰或促进思维加工;认知的全过程受着情绪的维持或破坏的影响。同时,心理活动离不开脑的高级部位和低级部位的联系,情绪和认知在联系中互相作用。因此,心理学的现代研究已经到了这一步,要从人脑的整体活动的观点和角度去思考,进行不是抽象的,而是实际的心理学研究。情绪心理学家和认知心理学家的工作要互相了解对方的发展状况和水平,要有互相渗透的方面,在某些研究设计上,要把对方作为变量考虑在内。当前,要强调的是,在开展认知研究的同时,重视和大力发展情绪研究,扩大它在心理学家中的认识和在社会上的影响。还要加强情绪心理学领域的力量,扩大情绪心理学家的队伍,设置情绪心理学研究机构,培养情绪心理学人才。

三、情绪的性质和功能

回首百年来情绪研究的经验,人们认识到,从情绪的功能和作用来认识它的基本性质,可能是一条有效的途径。科学规律的认识总是在其基本属性探讨和实际作用研究的不断交替和互相补充中获得的。综览文献,从种族发生和个体发展的角度去探索情绪的基本性质和功能,为情绪的进一步研究找到了一个探索范围较为深远的起点,从而得以从古代到现代,从动物到人类,从婴儿到成人,在这个广泛的范围内,开创更大的思考余地。

(一) 情绪是适应生存的心理工具

由于神经系统的发展,高等动物的心理功能成为比形态变化更有效的适应生存手段。从进化上说,神经系统的发展是处于更高级的进化阶梯上。例如,鸟类敏锐的视觉适宜于在飞行条件下捕食;哺乳类狐科动物的灵敏嗅觉是觅食、求偶的重要感觉手段。神经系统进化到脊椎动物阶段,高级哺乳类动物的心理能力的发展比形态结构的进化占有更重要的地位,起着更大的作用。例如,随着动物感觉能力的发展,感情性功能成为重要的适应生存的手段。在脊椎动物中可以广泛地观察到所谓"四 F 反应",也就是争斗、逃跑、哺喂和怀孕生产(fight, flight, feeding 与 fecundation)四种感情性反应。在神经系统发展到皮质阶段,这些反应在脑中产生一种感受"状态",这就是最初的感情性反应。上述四种感情性行为就是后来发展为怒、怕、爱等感情的雏形和前身。

生物演化到人类阶段,随着大脑皮质的发展,人类情绪的机制包括了全部神经系统的活动。面部表情的发展和分化,同语言器官的发展和分化相类似,是情绪"器官"的发展和分化。跨文化研究证明,面部表情既具有泛人类的性质,又有文化差异。而各种情绪在人的主观方面所产生的体验,有着不同的适应作用,成为人类生存和协调生活的心理工具。

从某种意义上说,人类婴儿的发育是人类种族进化的重演。儿童心理各时期的发展几乎是心理在种族进化的各个阶段的缩影。人类婴儿的感情性反应在生物遗传的基础上,从降生到人类社会中开始,经历着社会化的进程。然而,新生儿不能独立生存,但在接受成人的哺育时却不是被动的。他们从先天遗传中获得的接受体内外感觉信息的能力,使他们主动地对外界信息发生反应。婴儿的情绪反应是人类的第一个有效的心理适应工具。

(二) 情绪是唤起心理活动和行为的动机

一百多年来,从赫尔(Hull, C.)到弗洛伊德均认为,生物内驱力是动机的基本来源。日常生活中像饥饿、干渴、呼吸、性欲等所引起的紧迫感,都成为理论家们所捕捉的基本例证。赫尔认为,在有机体的生理需要激起习惯行为达到一定的程度,就成为一种反应的潜在的能量,驱策有机体的觅食行动。在生理需要得到满足之后,内驱力的作用及其反应的潜能随之消失。赫尔基于动物实验得出的理论是有缺陷的。因为即使是动物,它们为满足需要而驱策行动的动机,不仅出自生物本能,也出自心理功能。

内驱力作为生理功能的启动与消失,经常是按照固定的生物节律出现的。而在高等动物和人类的生命适应性来说,只有按固定的生物节律出现的内驱力的作用是不够的。以往的内驱力动机理论是把内驱力本身的信号同它的放大器——情绪混淆了,忽视了情绪作为动机的功能作用。例如,有机体在缺水或缺氧的情况下,缺水缺氧的生理需要提供的信息是内驱力;但是在这个过程中,感情上的感受必然附加到内驱力上,并使内驱力得到加强,对内驱力起放大的作用。人体在缺氧的刹那间产生恐慌感,在缺水时产生急迫感。这些感情上的感受和内驱力一样,也是人体需要的反应。人想要喝水的需要、动机和行动,是体液成分变化所提供的驱力信号和急迫感的情绪二者相结合的结果。当体液成分有所变化并感觉口渴时并不立即导致机体衰竭,但口渴的急迫程度却使人无法忍耐,就是因为感情放大了内驱力,从而成为动机力量。内驱力是生理需要,感情是心理反应。人体按生物节律有规则地呼吸或补充水分,内驱力的反应功能相对呆板而固定,而感情反应则不受时间、条件的限制,即使在缺乏内驱力的情况下,感情也可成为足够强烈的驱动力量。人体必须遵循固定的时间节律呼吸和饮水,但并不在固定的时间发生愤怒或悲伤(Tomkins, 1970)。

情绪的动机的作用还体现在人类的高级目的行为中。很重要的一点是,人的目的行为中包含着情绪因素。冯特心理学重视感情在意志行动中的作用。他认为"简单的"意志行为起源于原始感情,可以引起冲动,如好奇;"复杂的"意志则可以引起有意行为和选择行为,并表现出有意识的感情,如愿望或期待,这是人类的高级心理活动。因此严格地说,认识和目的本身并不包含活动的驱动性,促使人去行动的是兴趣和好奇,驱策人去实现目标的是愿望和期待的情绪和激情。实现目的的愿望越强烈,它所激活的驱动力越大。可见,单纯的目的是苍白无力的,意志行动是由人的高级心理活动所整合的社会行为。为实现任何目标的行动,包容着人的认知,决策,感情和动机的整合。认知和情绪的相互作用,才使人的决策生动有力和付诸行动。感情也依赖认知和目的的支撑,感情与认知二者的互相结合才使人在必要时坚韧不拔与克服困难。

(三) 情绪是心理活动的组织者

情绪同认知过程和活动的相互作用有什么规律可循? 近年来的研究证明,情绪不仅对认知活动的作用起驱动作用,还可以调节认知加工过程和人的行为。情绪可以影响知觉对信息的选择,监视信息的流动,促进或阻止工作记忆,干涉决策、推理和问题解决。因此情绪可以驾驭行为,支配有机体同环境相协调,使有机体对环境信息作最佳处理。同时,认知加工对信息的评价通过神经激活而诱导情绪。在这样的相互作用中,认知是以外界情境事件本身的意义而起作用;而情绪则以情境事件对有机体的意义,通过体验快乐或悲伤、愤怒或恐怖而起作用。它们之间的根本区别所导致的后果,在于情绪具备动机的作用而能激活有机体的能量,从而影响认知加工。就此而言,情绪似乎是脑内的一个监测系统,调节着其他心理过程。

上世纪 80 年代,情绪心理学家把情绪对其他心理过程的影响确定为"组织作用"(Sroufe, 1979)。其含义包括组织的功能和破坏的功能。一般来说,正性情绪起协调、组织的作用,而负性情绪起破坏、瓦解或阻断的作用。过低或过高的唤醒水平不如适中的唤醒水平能够导致最优的操作效果。但是叶克斯-道森曲线没有揭示不同情绪色调的操作效果有何不同(Welford, 1974)。

上世纪70年代以来,不少学者开始了具体情绪对认知过程影响的实验研究。鲍维尔(Bower,1981)在心境对记忆的影响的实验中得到这样的结果:成人被试在愉快情况下学习背诵单词,以后在愉快时回忆那些单词比在悲伤时的回忆量要大;而在悲伤情绪下记忆的单词,在悲伤中的回忆量比在愉快时的回忆量要大。另一项实验结果表明,成人被试对童年事件的回忆,处于愉快情绪中的被试,回忆曾经引起愉快的事件的数量,比回忆引起痛苦事件的数量要多;而处于痛苦情绪中的被试,回忆引起痛苦事件的数量多一些。这些实验初步说明了情绪会干扰记忆和回忆。艾森对正性情绪进行了系统的研究(Isen,2000;详见第6章)。孟昭兰进行了多种具体情绪在认知(问题解决)操作中的系列实验(孟昭兰等,1984,1985,1987,1991),显示了情绪对认知起组织作用和执行着监视认知活动的职能,不同性质和不同唤醒水平的情绪起着不同程度的组织或瓦解认知加工的作用。

(四)情绪是人际通讯交流的手段

情绪与语言一样,具有服务于人际间互相交往的通讯职能。二者都有显著的、但又十分不同的外显形式。言语交际以语声(或书写)的形式表达思想,是以说出的(或书写的)外显形式来表述的。然而情绪的外显形式是表情。表情由面部肌肉运动模式、声调变化和身体姿态变化所构成。人们在情绪反应和感情交往中,通过这三种表情的整合,来实现信息传递以达到互相了解。在这三种表情中,面部表情比声调表情和身体姿态所携带的情绪信息更具特异性。诸如喜、怒、悲、惧、惊、厌等基本情绪都有面部肌肉运动的先天模式。因此,面部表情在情绪外显、通讯交往中起着主导的作用。当人们以出声言语传递思想时,感情交流输送着有时是言语所不能直接表达的细微信息。

从个体发展方面来说,感情传递比言语交际开始得早。新生婴儿同成人之间建立的最初的社会性联结,就是通过感情传递,而不是言语交流实现的。幼儿在处于陌生的、"不确定的"情境时,从成人面孔上搜寻表情信息,然后采取行动。这类情绪信息的利用称为情绪的信号作用。情绪的信号作用在很大程度上决定婴儿的生活生存的质量。在确定陌生情境的含义方面,情绪的信号功能起着关键的作用。情绪信号的有效性,有助于促进儿童探索新异情境,扩大活动范围,发展智慧能力。情绪的通讯交流作用还表现在母婴之间特定的感情依恋的联结上。

情绪的通讯交流,不但促进人际间的思想交流,而且还可以引起对方的感情反响和共鸣,相互受到感染,产生同感和移情。爱情与婚姻是另一种天然而又社会化的感情联结形式。恋爱与婚姻是建立在包括文化背景、兴趣爱好、性格气质、社会品德、智慧能力等多方面综合品评和相互协调的基础上的。这种品评不仅建立在认知水平上,而且必然同双方感情上的彼此相融、敏锐感应、互相欣赏、吸引和信赖相融合。这种感情联结的逐步建立是爱情和婚姻的开端,是合乎自然、社会规律的心理感情模型,它为人们走向人生、开创事业打下健康而和谐的心理基础。

以上的表述显示,情绪的几种基本功能揭示了它的一个根本特性,那就是:现代人类每时每刻发生的情绪过程,都是自然的适应性与社会化的综合;是有机体古老的脑(旧皮质和丘脑系统)和现代的脑(新皮质)的共同活动;是人类的自然环境和社会环境对个体发生影响的交织。

推荐参考书

孟昭兰.(1989).人类情绪.上海:上海人民出版社.

Izard, C. (1979). *Human Emotions*. Chapter 1. New York: Plenum Press.

Izard, C. (1991). *Psychology of Emotion*. Chapter 1~3. New York: Plenum Press.

James, W. (1890). *Psychology*. Cambridge: Harvard University Press. Reprinted from the English Edition by Macmilan and Co., Let. 1907. Chapter 25. China Social Sciences Publishing House.

编 者 笔 记

本章对情绪心理学做了概括的介绍。描述了情绪心理学作为一门科学的性质和意义。目的是为初读者引路,为高年级大学生加深理解,也是为了给情绪心理学正名。

编者所遵循的理论路线是情绪的功能性取向,赞同伊扎德的观点。然而詹姆士是功能论的创始人。本书作为编者所著《人类情绪》的更新篇,进一步精练和深化了这一理论,以供与读者切磋。

情绪理论的演变

近百年来的情绪心理学发展史表明,许多学派的代表人物,从各自的立场和侧重面建立假设,形成了各学派林立、多种理论并存的局面。随着时代的变迁和各邻近学科以及心理学本身的发展,后继者往往在总结前人成果的基础上,取其精华,去其糟粕,建立既是综合的、又有自己独特见解的理论体系,形成了合乎规律的演变历程。

一、早期理论

(一) 达尔文学说的启蒙作用

在讲述情绪心理学的起源时,任何人都不得不承认达尔文、詹姆士和弗洛伊德三位伟大学者是生物学、心理学和精神病学的开创者,也是情绪心理学的创始人。达尔文的进化观点认为,情绪作为人类种族进化的证据,可能是人类行为得以延续的机制。他在阐述物种起源和人类进化是适应和遗传相互作用的结果时指出,感情、智慧等心理官能是通过进化阶梯获得的。他在其名著之一《人类的由来及性选择》一书中指出:"尽管人类和高等动物之间的心理差异是巨大的,然而这种差异只是程序上的,并非种类上的。人类所夸耀的感觉和直觉,感情和心理能力,如爱、记忆、注意、好奇、模仿、推理等,在低于人类的动物中都有其萌芽状态,有时还处于一种相当发达的状态。"在《人类和动物的表情》一书中描述了表情在生物生存和进化中的适应价值和有用性,指出情绪是进化的高级阶段的适应工具。他在《物种起源》一书中曾指出:"一切肉体和精神禀赋都将经进化而趋于完善。"在该书的最后,他说,"我看到久远未来的更为重要的研究广阔领域。这个领域的研究将会使心理学建立在必要获得每种心理力量和智能的新知识的基础上。"

情绪心理学发展到今天,证明达尔文关于情绪发生的见解是正确的。然而多年来,达尔文在心理学中被忽视。特别在詹姆士以后,情绪研究集中在外周神经反馈和中枢神经定位的路线上,达尔文的进化观被遗忘了近一个世纪之久。只是在20世纪70年代又被人们所记起,情绪的适应功能和信号传递作用得到了进一步的研究。

(二) 詹姆士-兰格情绪理论

基于达尔文进化论的影响和生物科学的发展,美国心理学家维廉·詹姆士(James, W.)和丹麦生理学家卡尔·兰格(Lange, C.)分别于1884和1885提出相同的情绪理论,后来被称为詹姆士-兰格情绪外周学说。詹姆士指出,按照常识的说法,对外部事件的知觉使人产生情感,随着情感的产生而引起一系列的身体变化。但是,他认为这种陈述是不正确的。他坚持主张,使人激动的外部事件所引起的身体变化是情绪产生的直接原因,情绪是对身体变化的感觉。

专栏

詹姆士写道:"我们一知觉到激动我们的对象,立刻就引起身体上的变化;在这些变化出现时,我们对这些变化的感觉,就是情绪"。他驳斥对情绪的常识性见解,继续写道:"对于激动我们的知觉对象的知觉心态,并不立刻引起情绪;知觉之后,情绪之前,必须先有身体上的表现发生。所以更合理的说法乃是:因为我们哭,所以愁;因为动手打,所以生气;因为发抖,所以怕;并不是我们愁了才哭;生气了才打;怕了才发抖。"他接着解释说:"假如知觉了之后,没有身体变化紧跟着发生,那么,这种知觉就只是纯粹知识的性质;它是惨淡、无色的心态,缺乏情绪应有的'温热'";"我第一步要说明的就是:特种知觉确会在引起情绪或带情绪的观念之先,由于一种直接的物质作用,发生广布的身体变化"。因而他作出结论说:"情绪,只是对于一种身体状态的感觉;它的原因纯乎是身体的。"

詹姆士的理论虽然遭到人们的质疑,但却流传至今,而且被看做第一个真正的情绪学说。这是因为,詹姆士首先提出了情绪的发生与身体变化相联系的论点。这是构成情绪理论重要和必要的组成成分,迄今任何情绪理论都不能抹杀身体变化与情绪发生的联系。实际上,詹姆士理论包含着深刻的内涵。

首先,詹姆士指出,他的理论是指那些所谓"粗糙的情绪",而不是指那些像理智感、审美感那样的"精细的情绪"。那些粗糙的情绪对身体的"扰乱"提供了体验的色调,如果情绪没有这种体验效应,一切都将是苍白的。这种色调有着无数的种类和不同的强度,它们可以是良性的,也可以是负性的。这种给体验赋予色调的观点,为情绪研究提供了广阔天地。

其次,在詹姆士的情绪发生论中,并非只提到自主神经系统的内脏反馈。事实上,詹姆士曾注意到达尔文关于躯体骨骼肌肉系统的活动对情绪发生的作用。詹姆士的理论模式是把自主性内脏系统和躯体骨骼肌肉系统的反馈作用并列的。只是由于那时加上了兰格的观点，人们的注意更加集中在自主神经系统的内脏反馈上，忽视了达尔文的骨骼系统引起的表情活动在情绪发生中的作用，从而影响了后人重视自主神经系统在情绪研究中的倾向。

第三，詹姆士理论在情绪的发生问题上提出了重要的假设线索：(1) 情绪被视为可感受到的意识体验，或者说，可内省的、主观的、在观念中发生的感受状态。(2) 情绪过程包括下列顺序：对刺激事件的知觉和对自主神经系统变化的知觉。这个系统的活动包括在情绪过程之中。(3) 包含着起因的含义。惧怕是因为逃跑引起的，或者惧怕引起的冲动使人逃跑。这个问题暗示了情绪体验和身体反应之间的相互作用。

詹姆士理论本身在情绪心理学中今天仍为人们所铭记。而且，他所涉及的理论线索曾经刺激了大量关于情绪发生机制的生理学研究。因而在情绪心理学发展史上，詹姆士-兰格理论居于不可抹杀的地位。

美国生理学家坎农(Cannon, W.)首先对詹姆士提出批评，在詹姆士逝世后几年发表一本著作，系统地阐述了关于情绪发生的机制，批评并修正了詹姆士的学说。坎农着手于脑的研究，把猫的大脑皮质切除后，并不影响动物表现情绪行为的能力，切除了间脑以上的全部两半球，动物仍表现了怒的释放。根据实验的结果，坎农认为，当受纳器接收的信息通过丘脑部位时，冲动一方面上行传到大脑皮层，另一方面下行激活自主神经系统。皮层兴奋下行时，解除了丘脑的抑制状态，释放了丘脑兴奋。而丘脑兴奋上行到皮层时，皮层感觉与丘脑兴奋的结合，专门性质的情绪体验就附加到简单的感觉上，才是情绪体验产生的机制。据此，他提出了情绪的"丘脑学说"(孟昭兰，1989)。

但是，坎农的理论并不完善，格尔斯曼(Grossman, 1967)对他提出了批评，指出，切除去皮层的动物的全部丘脑，动物仍然有怒反应。只有切除腹部和后部下丘脑，情绪反应才完全消失(孟昭兰，1989)。

在坎农以后，情绪生理学的研究继续前进。无论詹姆士或坎农，都还不足以解释情绪的机制。事实上，脑各级水平整合来自身体内、外的神经信息的过程是复杂的。生理反应是在情绪发生之前，还是伴随情绪而发生，在时间上的确定性是不重要的。情绪不是一瞬间的事情，而可以是经历长时间的过程和体验。在一种情境下，例如，对外界的突然刺激从感觉系统的输入并立即激活自主神经系统，由此而来的反馈立即附加到情绪体验上。在这样的场合，似乎符合詹姆士的思想。然而在另一种情境下，由于皮层认知系统活动的参与，情绪体验则显然发生在自主系统反应之前。据此，坎农就是正确的了。然而，情绪发生的机制，远比他们两人所涉及的方面更为复杂。即使把他们忽略的方面互相弥补起来，也不能得出对情绪发生机制的全面解释。在他们的年代，对大脑两半球及皮层下部位的复杂结构和功能还远没有被揭示出来。

(三) 心理分析学派的情绪理论

精神分析既是一种神经症的心理治疗方法,又是在医疗实践中逐步形成的一种心理学理论。经过 20 年的思考和经验积累,弗洛伊德的精神分析学说成为一门系统的精湛理论。这一理论从外显和内隐的方面描述了内驱力、感情、冲突、心理和人格等现象。可被用来解释神经症和心理异常的起源和发展。从情绪的角度看,弗洛伊德把情绪放置在他的基本概念中,也就是把情绪放在内驱力和无意识的框架之内的。

专栏

1895 年,弗洛伊德出版了《癔病研究》一书。这本书为他此后提出的情绪学说打下基础。弗洛伊德发现,癔病患者在某些精神创伤发生之后,常常有感觉缺失和动作麻痹等症状。这些病人在经过催眠暗示的治疗之后,癔病症状可以得到缓解。在这本书里还有这样一个典型的案例:一个名叫安娜的女青年在护理患病的父亲并经历父亲亡故的不幸之后,出现癔病症状:一只胳臂和部分颈肌麻痹,以至影响吞咽反应。经过催眠治疗后,所有这些症状都消失了。弗洛伊德认为,这些病症是病人过去经历的痛苦情绪在记忆中被压抑或遗忘的结果,癔病症状就是这种被压抑的情绪被隐藏的象征。弗洛伊德认为,只要把这种强烈被压抑的情绪显现出来,症状就能够被排除。他把这一情绪释放过程,称为宣泄(catharsis)。宣泄可以在催眠状态下对病人进行暗示的过程中实现。

其后弗洛伊德发现,有些病人不能被催眠。他转而采用自由联想的方法,让病人去辨认记忆中的压抑情绪。治疗的目的是用言语的判断代替宣泄去揭开这种压抑。因为,人们遭到压抑的感情,可以以其他表达内部心理活动的方式,如语言,表现出来,从而同样可以达到释放的目的。于是,弗洛伊德采用自由联想的方法,专心研究这些转换的机制,从而建立起今天尽人皆知的"精神分析"理论。(参照孟昭兰,1989,pp.51～52)

1. 情绪与内驱力 在弗洛伊德早期工作中,他曾使用过"本能"的概念来解释人的行为。但是他更经常使用的是"内驱力"的概念。他对内驱力的概念可归纳为:内驱力是一种内部刺激,它通过调整活动的方向和类型去影响个体行为;每种内驱力都有一定的来源、目的和对象,来源于内在的生物化学过程;其目的是向外释放,使有机体得到快乐;每种内驱力的对象可能不同,它们依经验的变化而定;内驱力还有一个重要特性,就是可适应性,它能够被转换、定位或替代;在意识中的动机发生冲突时,便出现压抑;而压抑的能量需要释放,这便形成了内驱力。弗洛伊德的自我内驱力包括饥饿、渴和性,还包括攻击和逃避危险的冲动。在他晚年的著作中,弗洛伊德把内驱力归结为模糊而深奥的生与死的两种本能欲望。

弗洛伊德并未把内驱力概念作为情绪的理论概念。但是,在他谈到情绪时,则提出情绪"是一个欲表露的源于本能的心理能量的释放过程"。因此实质上,弗洛伊德对情绪所持的理论即是内驱力理论。他把情绪与动机过程联系在一起,而内驱力则是在此过程中的本源的力。弗洛伊德以内驱力能量释放的精神分析观点,深入地研究过两种主要的复合感情:焦虑和忧郁。他认为焦虑和忧都是由能量压抑所引起,而能量的压抑与释放总是与内驱力的冲突联系在一起的。

2. 情绪与无意识 弗洛伊德有时把情绪与无意识看为是等同的。他经常使用"无意识自罪感"、"无意识焦虑"等概念,并认为情绪可以被压抑到无意识中去。弗洛伊德在面对焦虑症或恐怖症患者时,他使用谈话法从患者的下意识中把他们的恐惧情绪、恐惧的对象揭示出来。

专栏

18岁的患者凯萨琳娜被偶然窥见一对叔叔和侄女间的性行为所惊吓。她感觉受到打击,头脑似乎要爆炸,眩晕,透不过气,几乎支持不住。经过多次谈话,她说出受到打击的事情,并回忆起两年前她曾发现这个叔叔睡在她的床上,碰到她的身体。而这才是问题所在。她所不明白的是过去被压抑的疑虑和恐惧。弗洛伊德认为,揭示出被下意识压抑的疑虑和恐惧是解除女孩痛苦的途径。

但弗洛伊德也意识到,把体验和感情视为无意识的看法是不适当的。他写道:"情绪的实质必然是进入意识之中。因此,把情绪、体验和感情看为是无意识的是不可能的。但是在心理分析治疗中,我们习惯于说无意识的爱、恨、怒等,甚至不可避免地作这样奇怪的联系——无意识的自罪感意识的观念……"。后来他解释焦虑时得出结论却认为,对事件的评价可以是无意识的,但是反应则不可能是无意识的。因此,焦虑往往来自如下的过程:开始是对其感到威胁的事件进行无意识的评价,从而体验到危险,但又无法摆脱困境,消除紧张状态,只好压抑到无意识中去,然后以情绪行为或反应的形式表露出来。弗洛伊德认为:心理过程源于无意识,又能退到无意识;因此情绪是受无意识控制的,但都是在意识中发生的事件。因此弗洛伊德把情绪看做能够释放的过程,也承认情绪活动必须伴随有意识的体验。

一般说来,弗洛伊德所关注的是由冲突引起的负性情绪。他把压抑看做一种防御机制,人们通过压抑这种防御机制而减少负性情绪。但是,情绪的意识性质并不能使压抑为意识所操纵,只有作为本能驱力的理念方面——认识——才能拒绝进入意识。如果压抑成功,理念与驱力的感情成分——情绪——乃互相分离,压抑驱力会拒绝其前意识的宣泄和语词符号的表象。这时驱力动机不再是语词符号性的,压抑从而就会阻止(从本我到超我的)冲突,然而正是压抑使神经和身心症状形成的风险加大。如果压抑不成功,冲突发生在无意识驱力与语词系统之中,情绪就会在意识中形成。由于情绪是负性的并与冲突的理念相联系,它就能缩小自我的功能,也会发生心理健康的问题(Izard,1991)。这就说明,心理防御机制对负性情绪控制的作用并非完善。

(四) 新精神分析学派对情绪的观点

第二次世界大战之后,精神疾患的发病率大大增高,显然是由于战争造成的紧张的结果。这种局面导致精神分析学派的分裂:一部分人从弗洛伊德体系中分出;另一些人则力图在保存弗洛伊德的基本概念前提下,对他的理论进行补充和改进,成为新精神分析学派。

新精神分析学者拉帕波特(Rapaport)接受弗洛伊德的情绪是能量释放、无意识和内驱力等概念。对于能量释放,他认为,外周的自主性变化和感情是同一能量源的两个释放过程,一般说二者是匹配的,但也有不匹配的时候。因为诸如性、恐惧、攻击等情绪行为均依赖于意识的激活。当输入外界刺激时,人立即对它进行意识的、前意识的和无意识的三种评价,假如这三种评价的结果不相匹配,便会产生愿望或冲突,从而导致不同的感情性行为;他强调所有的情绪都与冲突掺杂在一起,形成混合的体验,如焦虑或忧郁。无意识的过程发生在对刺激的知觉之后,在外周神经产生反应之前,情绪产生于两过程之间。由此可见,精神分析学派都承认情绪具有意识体验的成分和无意识过程的参与。

关于内驱力的观点,拉帕波特主张本能内驱力这种能量在心理上可以表现为观念和感情两种形式。这两种形式的能量都可成为行为的动力。观念可以导致行为。但是当观念里没有形成能够引起适应行为时,感情就产生了。也就是说,感情是适应或适应不良的反应。

专栏

新精神分析学派的情绪观

(1) 情绪是一种能量的释放,这种释放会伴随特定的体验和表情;(2) 开始重视情绪行为产生的外因,如对外界刺激的知觉;(3) 动机是一个更为复杂的过程。启动行为的力量可以有观念、感情,情绪等多种形式;行为是受知觉、冲突、观念、感情等因素共同制约的结果;(4) 知觉可以是无意识的过程,是情绪的引发源,但不是决定因素;(5) 注意到意识层中的内容,例如:观念和体验都在意识层中产生;(6) 丰富了对情绪各成分的认识,承认情绪不只是能量,还包括表情、愉快或不愉快的体验的组合物。(参照孟昭兰,1989,pp.54~57)

新精神分析学派把情绪放在更大的心理环境中考虑。认为能量释放,冲动,动机,知觉,认知,意识和无意识均参与情绪的形成,特别强调情绪参与在动机过程中;很多新精神分析学派学者则认为情绪本身就是一种行为动力。

新精神分析学派还把情绪放在人格中来考虑,并涉及情绪在人格结构中的地位,即感情性特征在人的整个相对稳定的心理特征群中的位置。精神分析学派认为,幼儿早期发生的重大情绪性事件,若当时该情绪被压抑,其能量就会固着下来,永久性地成为人格结构的一部分;认为幼儿早期的认知、情感活动同时进行,从而产生认知情感的交互作用,久而久之,即形成所谓认知-感情结构。这些结构固定下来,成为个性的感情特征,它们明显地影响以后社会交往能力的发展和个性的形成。因此,新精神分析学派把情绪放在更长的时间背景上来探讨,注意到情绪或能量释放的途径在个体各发展阶段中的变化。这些都是后来的情绪理论所继承的一些思路。

二、情绪的激活理论

由于达尔文和詹姆士主流学派的影响,情绪的生理学研究已进行了一个世纪。詹姆士-兰格理论成为以后相当时期内情绪研究的主导方向,因此在理论上也首先有所反映。那就是,自 20 世纪 30 年代始,研究者集中注意于生理激活的研究,重视生理激活在情绪产生中的作用,把激活和唤醒概念纳入他们的理论框架中,成为后来许多情绪心理学家构思和概念形成的重要组成部分,成为自 40 年代情绪研究的主要趋势。由神经激活这个单一维量形成的激活论一直延续到 60 年代。在这方面,达菲、宾德拉、温格、杨、林斯里和普里布拉姆扬等都是重要的代表。

(一) 达菲的激活论

达菲在(Duffy, 1962)40 年代初期形成了系统的激活情绪理论,强调以生理激活来解释情绪,从而主张取消"情绪"概念而代之以激活,代表着情绪取消派的明显倾向。达菲理论的关键在于,情绪的发生完全是生理唤醒和神经激活的结果。无论积极的情绪状态或消极的情绪状态,其驱动力都必然来自机体的能量供给,从而情绪变化也是来自机体能量水平的变化。达菲认为情绪代表着所激起的情绪动机,动机实质上就是生理激活所携带的能量。情绪的异常或紊乱,并非表明情绪有什么特殊的功能,而不过是能量水平过高或不足所造成的。她认为,情绪动机向自己预料到的情境去行动,行动的目的是为接近或作用于那些带有积极或消极作用的情境,当在实现愿望的行动受到阻碍时,就会产生愤怒或恐惧等情绪。

(二) 宾德拉的中枢概念

宾德拉(Bindra, 1969)提出一个笼统的"中枢运动状态"的概念,认为神经激活引起中枢运动状态,以此来解释情绪和动机的发生。宾德拉提出,传统心理学把情绪和动机分开,情绪被视为由外部刺激引起,而动机则是由机体内部的冲动所诱发。他则主张情绪和动机不可分,服务于有机体的生存,机体内、外刺激的作用是相互联系的,因此情绪和动机也是联系在一起的。它们之间的联系通过神经系统的和脑的功能作用予以实现,而且发生在中枢过程。中枢运动状态包含着思维的调整和加工;经过中枢过程的调节,自主神经系统和躯体神经系统被发动起来,从而产生一种特殊的运动,就是情绪行为。宾德拉把动机和情绪联系起来的观点暗示了情绪与动机的结合、生理驱力与情绪的结合以及情绪的自然性与社会性的结合。他论证:不能认为情绪行为总是紊乱的、破坏性的;动机是有组织的、有规律性的。情绪的紊乱或组织取决于具体发生的中枢运动过程。宾德拉涉及情绪的多种变量,这就比达菲前进了一步。

(三) 温格的情绪生理心理概念

温格(Wenger, 1956)于 1956 年在他所著《生理心理学》一书中介绍了直接发展自詹姆士理论的情绪观。他做出如下定义:"情绪是由自主神经系统激活的组织和器官的活动和反应。它包括骨骼肌反应或心理活动。"这一定义仍然是按照不同的自主神经系统模式区分不同的情绪,没有涉及情绪的主观感受方面。这种思路导致他的研究集中于内脏变化的测量。可以说,温格比詹姆士在具体情绪上有更多的描述,按情绪的不同性质,区分出几种类别。例如,把恐惧表征为交感系统的强激活和副交感系统减弱的反应模式;愤怒涉及交感和副交感两系统,并有唾液、汗腺分泌和外周血液增加;悲伤是交感系统与副交感系统二者的激活均下降;而性兴奋则开始时交感系统兴奋,其后是副交感系统活动占优势等。

温格提出的理论是尝试区分不同情绪的少数理论中的一种。然而由于他回避了内省概念，而试图通过提供一种以自主性反应模式的术语来区分情绪，就必然引起许多疑问。例如自主神经系统经常处于变化之中。走路、打喷嚏、咳嗽等都可以引起数不清的自主系统变化。如此说来，无论如何区分情绪，忽视情绪的主观状态，如同取消情绪一样而目光短浅。

（四）林斯里的激活论

林斯里(Lindsley,1951,1957)是生理学家。他集中于情绪的神经学研究，发现了脑干网状激活系统(RAS)，提出了情绪与行为的激活理论。他的研究取代了达菲激活论难以测量的广泛的唤醒观点，确定了 RAS 神经激活并伴随着大脑皮层的电模式的改变的现象。他描述了人体内外刺激激活脑干，把冲动输送到丘脑和皮层的机制。这种激活的机制转化为行为冲动表征为情绪激活，在大脑皮层表现为低振幅、高频率和失同步的脑电图模式。林斯里承认激活论不能解释具体情绪。

以上几位激活论者的理论都建立在生理唤醒和神经激活的解说上。随着时间的进展，囊括在各家的理论框架中的因素或成分越多，越接近情绪的复杂性。虽然没有跳出激活论的框架，但对后人都有很大的启发。尤其是林斯里的网状激活论始终是情绪在整个脑弥散性激活来源的根据。后来的学者们把注意逐渐集中在情绪的多种变量上。

（五）杨和普里布拉姆的干扰论

杨(Young)和普里布拉姆(Pribram)是从生理干扰的角度解释情绪的，但他们的理论包容了动机和认知。杨的理论形成于在 20 世纪 40 年代到 60 年代。他认为，感情导致的行为有适应意义并导致动机；感情和动机依赖于认识和记忆；此外，感情有调节作用；感情循着神经激活的规律而发生。这一描述展示，从刺激事件的发生到情绪反应的出现，感情过程作为中间环节，同感知、判断系统发生着多方面的联系，并同神经过程互相影响，由此可见杨是注重情绪的作用的。

杨所描述的感情过程有许多变量，但是他强调神经中枢具有感情上的"紊乱"反应，认为紊乱是情绪的关键因素，从而形成情绪是"扰乱反应"的独特概念。因此，他把情绪定义为"感情性的激烈扰乱"，情绪是对平静状态的破坏。无论是快乐的、或不快乐的情绪，都是一种波澜，一种扰动。

杨对紊乱的起因，进一步作出两点引申和解释：(1) 情绪"起源于心理环境"，这一点暗示情绪同身体生理过程，诸如疼痛、疲劳、饥饿等相区分。(2) 情绪由机体生理变化，如器官和腺体的反应显示出来，与注意或记忆等心理过程不同。但是生理变化和紊乱是如何具体联系起来的，杨却没有作出说明。

普里布拉姆解释了情绪"扰乱"的产生。他认为心理活动在神经中枢是以一种有组织的稳定性为基线的。这个稳定的基线是通过自主神经系统所调节的内部过程进行正常工作。在环境信息使机体处于适宜的协调状态时，机体即处于这一稳定的基线之下。然而当有不适宜刺激输入，机体活动立即超越这一基线，使有机体处于一种不协调的紊乱状态，这时就产生情绪体验。普里布拉姆并没有解释情绪紊乱的机制，但他的解释引发了一个新的概念，即感情体验在机体内似乎是监视脑活动的一种机制，起着监视心理加工的作用。情绪是"监视器"的观点，对后人是有启发的。

三、情绪的认知理论

情绪的当代理论从大方面说，分为认知论和功能主义理论。从认知论的发生和发展中派生了情绪的结构主义。结构主义是以情绪的多成分为出发点，认为单一维度不能解释情绪的构成。随着认知在情绪中的作用的认识，情绪的结构论逐渐形成。例如，阿诺德在提出认知评价论时，指出了认知评价、生理过程和环境三因素在情绪发生中的作用；拉扎勒斯描述了生理的、环境的、行为的和认知评价诸因素为情绪成分。曼德勒主张情绪包括生理的、认知的和意识的成分。伊扎德则提出情绪包括生理的、表情的和体验的三成分。结构主义克服了早期理论单一维度的缺欠。如果说，功能主义让人们认识了情绪的性质与作用，那么，结构主义为人们提供了对情绪的组织构造的认识，为情绪研究打开了思路。实际上，功能主义与结构主义有很大程度的融合，功能主义在研究设计中不能不使用情绪的某些结构成分来进行；结构主义也不能不从情绪的实际作用的角度来考虑。

（一）阿诺德的评价-兴奋理论

情绪与机体生理唤醒有密切的联系，但情绪绝非单纯由生理唤醒所决定。情绪赖以产生的源泉在于情境事件，但在大多数情况下又不是刺激事件直接、机械地决定的。人怎样弄懂当前的情境刺激，它对人有什么意义和作用，都需要通过认知评价来揭示。知觉过程对刺激进行初步的筛选，认知过程按照当前刺激信息，提取信息库中相关的储存，进行加工处理。知觉和认知是刺激事件与发生情绪反应之间必不可少的中介物。这就是阿诺德创建的情绪评价学说。

阿诺德在60年代初期发表了她的两卷巨著《情绪与人格》，首次有代表性地提出了影响深远的情绪评价理论。她继承了当时情绪生理学的全部成果，总结了詹姆士和坎农的争论，从众多学派中脱颖而出。在情绪理论发展史上，如果詹姆士提出的被认为是第一个情绪学说，或"第一代"的情绪学说，那么，阿诺德的理论则应被看做"第二代"的情绪学说。阿诺德的理论已经又被后人大大地发展了。

专栏

阿诺德的评价概念的主要论点

情绪产生于评价过程。阿诺德指出,情绪体验是有机体对刺激事件的意义被觉知后产生的,而刺激事件的意义来自评价。她举例说,在森林里遇到一只熊,会产生极大的惊恐。然而,在动物园里看到阿拉斯加巨熊时,不但不产生恐惧,反而使人产生兴趣和惊奇。这种感情反应的区别显然来自对情境的知觉-评价过程。阿诺德把情绪的产生与高级认知活动联系起来,倡导了一条全新的理论路线,为情绪的研究开辟了一条新的途径。

情绪产生于大脑皮层与皮层下部位的相互作用。阿诺德描述了情绪产生的神经学路径,包容了大脑皮层高级中枢、丘脑系统和自主神经系统联结网,认为情绪性刺激在皮层上产生对事件的评估,只要事件被评估为对机体有足够重要的意义(如遇见熊),皮层兴奋即下行激活丘脑系统,丘脑系统改变自主神经系统的活动而激起身体器官和运动系统的变化。此后,自主神经系统的活动上行再次通过丘脑而达到皮层,并与皮层的最初评价相结合,纯粹的意识经验即转化为情绪体验。当情境刺激被评定并引起情绪之后,认知和情绪的结合诱导人的动机和愿望。如从森林中逃走或接近关在笼子里的熊。因此,情绪可转化为动机。这时人被情绪所激活,整合并组织人对当前境遇采取适当的行动。(参照孟昭兰,1989,pp.76~80)

按照阿诺德的描述,既不同于詹姆士,也不同于坎农,而认为情绪的整个神经通路是大脑皮层兴奋的作用和结果。因此她的理论被标定为"情绪评价-兴奋理论",它实际上包含着环境的、认知的、行为的和生理的多种因素。她把环境影响引向认知,把生理激活从自主系统推向大脑皮层。通过认知评价-皮层兴奋的模式,把认知评价与外周生理反馈结合起来,并据此强调,来自环境的影响要经过主体评估情境刺激的意义,才能产生情绪。阿诺德的理论实际上是现象学和生理学的混合产物。随着认知心理学的发展,评价理论有很大的演变,并分为两大支派。一支为以沙赫特、曼德勒为代表的认知-激活理论,这一支更多地研究生理激活变量和认知的关系。另一支是以拉扎勒斯为代表的所谓"纯"认知论,更多地从环境、认知和行为方面阐述认知对情绪的影响。

(二) 拉扎勒斯的认知-评价理论

在发展阿诺德的评价理论的庞大队伍中,以拉扎勒斯的理论和实验建树最为醒目。

如果说，阿诺德是情绪的认知理论的先驱，那么，拉扎勒斯则是这一理论的集大成者。拉扎勒斯已成为当代认知-评价理论的代表，他建立了一个迄今为止最著名的认知理论框架，形成了一个十分有影响的学派。他的思想体系还有效地服务于社会实际应用，向人们展示了认知-评价理论的重大学术价值，但也暴露了严重的理论缺陷。

1. 拉扎勒斯理论对情绪的总观　　拉扎勒斯宣称："情绪概念在心理学中是重要的、独立存在的领域，对行为的分类和描述是十分重要的"。拉扎勒斯的观点是针对激活理论和动机论的"取消论"而言的。首先，他反对把情绪单纯地归结为生理激活这个单一变量。他主张情绪是综合性反应，包括环境的、生理的、认知的和行为的成分，每种情绪都有它自身所独具的反应模式。其次，拉扎勒斯也不同意把情绪归结为动机或驱力。他认为，如果把情绪归结为动机，将只会引导人们从动机去推测行为的适应或不适应的情绪模式，而不去注意情绪反应的独特性质。拉扎勒斯这两个出发点无疑是十分正确的。但他又认为"情绪概念在心理学中起重要的作用。但是，在心理学的理论体系中，它不是基本的理论构成物"。这样，把情绪排斥在心理学理论体系之外的论断，却是错误的。

拉扎勒斯认为情绪是一种"反应综合征"。他提出，情绪之所以难于下定义，就是因为它不是单一变量。他说道："导致放弃情绪概念的某些建议，既非产生于情绪生理记录仪器不够灵敏，也并非由于人们的内省缺乏准确性，而是由于'范畴的错误'；情绪一词不能归属为一个物，而应归属为一个综合征，像一种病是一个症候群一样。"拉扎勒斯还认为，就像只靠症状学而不了解病源学，就无法完全地了解疾病一样，为要了解情绪症候群，需要对它的反应成分进行分析；要了解情绪的来源，把人和环境之间的相互关系纳入情绪的综合分析之中。他强调提出：人与所处的具体环境对本人的利害性质，决定他的具体情绪；同一种环境对不同的人产生不同的情绪结果，是因为它对不同人具有不同的意义，而种种不同的意义是通过不同人的认知评价来解释的。拉扎勒斯在此提出了他全部理论的主题：情绪是对意义的反应，这个反应是通过认知评价决定和完成的。

2. 拉扎勒斯理论的核心观点　　拉扎勒斯在给情绪下定义时指出三个要点：
- 情绪的发展来自环境信息。
- 情绪依赖于短时的或持续的评价。
- 情绪是一种生理心理反应的组织。

拉扎勒斯的定义是阿诺德理论的直接继承物，但他比阿诺德走得更远。拉扎勒斯与阿诺德的差别表现在：
- 拉扎勒斯很少涉及情绪的生理方面，尽管他把情绪反应的生理成分也包括在情绪定义之中。
- 拉扎勒斯十分注意人同社会环境之间的具体相互作用，从中引出评价、应激和应付三个概念，并对它们作了更深入的分析。

- 认知评价是拉扎勒斯理论的中心主题。把情绪纳入这样一个命题之中：人类为使自身处于良好状态，不断地通过认知结构进行评价并发生反应，情绪被包容在认知之中。拉扎勒斯是更纯的认知派。

3．评价 拉扎勒斯认为，有机体经常搜索环境中他们所需要的东西的线索和他们所必须躲避的危险的苗头，评估那些对他们有重要意义的每一个刺激物。这种评估是不断进行着的，有初评价和再评价之分。

初评价有三种类型：

- 无关。刺激被评价为与人的利害无关。这一评价过程立即结束。
- 有益。情境被解释为对人有保护的价值。这类评价表征为愉快、舒畅、兴奋、安宁等情绪。
- 紧张。情境被解释为使人受伤害，产生失落、威胁或挑战的感觉。严重的紧张性评价表征为应激。它们可以是实际上的，包含着直接行动，如回避或攻击行为；也可以是观念上的。人为了改变与环境之间的关系，用这样的方法去接近或延续现存的良好条件，或去减少或排除存在的威胁。它们带来的冲动以及伴随而来的生理唤醒，形成情绪的基本方面。评价的背景包括着个体的生物成分和文化成分，个体的生活史和心理个性结构等诸多制约因素。

再评价是初评价的继续，它经常发生在对威胁或挑战的评价中。当需要做点什么去处理这些威胁或挑战时，再评价过程就出现了。它估计采取行动的后果，考虑适宜的应付策略，选择有效的应付手段。再评价包括对所选择的应付策略的评价，以及对应付后果的评价。情绪唤醒是通过对情境的再评价并在所产生的活动冲动中得到的，其中包括应付策略、变式活动和身体反应的反馈后果。这样，每种情绪均包括它自身所特有的：评价、活动倾向、生理变化。三者构成一种有组织的情绪反应症候群。三者的具体组合构成的特定模式，就是具体情绪。

4．应付 拉扎勒斯认为："应付是通过改变认知和行为来处理那些被评价为超出个人应变能力的情境的努力。"这个定义有四个要点：

- 应付经常指向于改变认知和行为。
- 应付被限制在评价那些超过个人应变能力的客观要求之内。即应付是对心理应激的应付。
- 应付指向努力去处理、去行动。
- 应付中的处理包括降低、回避、忍受和接受这些应激条件，也包括试图对环境加以控制。

应付是经常发生的。拉扎勒斯把环境事件、认知、评价、情绪、行为、应付行为看做人的社会行为的连续过程。拉扎勒斯将注意力放在"评价—应激—应付"这一行为系列上，把情绪也纳入这一系列之中。应付中处理情境的方式不同，所引起的情绪也不同。忍让的应付方式导致痛苦、压抑；躲避的应付方式引起恐惧、羞惭；接受应激情境产生勇敢行为和乐观、进取倾向。于是,拉扎勒斯把情绪看做认知评价的功能或结果,情绪是由认知决定的。这是正确的,但又不可避满免地忽略了情绪对认知和行动的意义和的作用而走向了副现象论。

综上所述,以拉扎勒斯为首的认知派的理论的重要意义在于:认知-评价理论纠正了传统心理学和哲学把情绪和理智看做绝对立和互相排斥的观念。传统观念认为情绪似乎是不可驾驭的、原始的、似动物的心理现象,而认知和理智才是人类所特有的高级精神力量。阿诺德和拉扎勒斯把情绪的发生紧密地同认知联系在一起,代表着改变这一传统观念的重要支柱。拉扎勒斯引用普里布拉姆的生理学根据作为证明:在种系发生上与情绪发生有关的脑的古老部位,在进化中也得到发展;它们在认知功能的发展上起着重要的作用。因此没有理由把情绪和认知截然分开,更不能把情绪错误地看做特别原始的功能。例如,攻击常被看做本能的原始行为。其实它也是一种多成分反应。攻击必然与愤怒相联系,愤怒的产生以评价中出现的挫折为媒介,挫折才是攻击行为的基本刺激。评价的结果与"想要伤害"的意向相联系时,攻击行为才能产生。攻击行为有其原始发生机制,然而在人类,它的出现包含着许多社会文化内容。情绪同理智一样,是人精神活动的重要组成部分;如果它不同认知、个性特征相结合而构成人类的个性,个人的精神生活不但化为乌有,连人类社会、文化、道德、审美和对真理的追求也将无从产生。

(三) 林赛和诺尔曼的信息加工学说

20世纪60年代,脑的信息加工学说问世,认知心理学应运而生。信息加工论描述了脑的信息加工存在着一个内部结构。认知心理学家提供了对认知过程这个内部结构—对信息的接收,加工,储存和提取—的详尽描述,并把脑的信息加工过程和机体的生理生化活动结合起来解释情绪。在情绪的发生上,它既强调大脑的信息加工,又强调生理激活。因此可以说,信息加工论既吸收了阿诺德的认知-评价论,又接受了杨和普里布拉姆的生理干扰论,解释了杨和普里布拉姆的"干扰"机制。林赛和诺尔曼(Lindsey & Norman, 1977)把情绪唤醒过程转化为一个内部工作系统,即情绪唤醒模型(图2-1)它包括几个动力系统:(1)对外界输入的知觉信息的"知觉分析"。(2)对知觉分析与已建立的内部模式(包括对现在和将来的需要,意向或期望的认知)进行比较与初步加工,即"认知比较器";认知比较器附带着庞大的神经系统和生化系统的激活机构,它们与效应器官联系着。(3)对认知比较进行系统的加工。当前的知觉分析引起过去储存的信息的再编码,导致新的判断或预期。如果知觉分析与预期判断相一致,事情即将平稳地进行而没有情绪发生;若出现足够的不一致,如出乎预料,违背意愿或无力应付时,认知比较器就会迅速发出信息,动员神经过程,释放化学物质,改变脑的激活状态,这时情绪就发生了。认知心理学在情绪发生问题上,既强调了认知加工,又在认知加工中纳入了神经激活的干预。可以说,信息加工论丰富了阿诺德的认知-评价情绪理论。

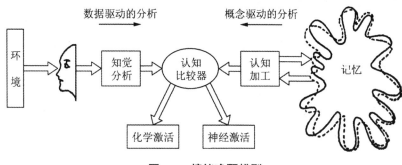

图 2-1 情绪唤醒模型

四、功能主义理论

(一) 情绪的动机理论

1. 赫尔(Hull)的动机观点 从赫尔到弗洛伊德的动机观点都是一致的,即生物内驱力是动机的基本来源。日常生活中像饥饿、干渴、呼吸、性欲等所引起的紧迫感,都成为理论家们所捕捉的基本例证。赫尔认为,生理需要驱策有机体行动的过程是:内驱力激起有机体习惯行为的强度,使之成为反应势能。在生理需要迫切的情况下,产生行为反应的势能增强,从而驱策有机体去行动;在生理需要得到满足之后,内驱力的作用消失,行为反应的势能也随之消失。赫尔基于动物实验得出的理论,哪怕仅就动物来说,也是有缺陷的。因为驱策有机体去活动以满足需要的动机,不仅出自生物本能,而且出自心理功能。

2. 汤姆金斯(Tomkins)的情绪的动机论 汤姆金斯强烈地反对了把动机与内驱力等同的观点。特别强调情绪的动机作用。他认为,内驱力在强度和紧迫性上,作为动机是不够的,无论是弗洛伊德或赫尔,是把内驱力本身的信号同它的放大器混淆了。例如,前一章已提到,有机体在缺水或缺氧的情况下,生理需要提供的信息确实是内驱力。但是在这个过程中,感情上的感受必然附加到内驱力中,并使内驱力得到加强,对内驱力起放大的作用。人体在缺氧的刹那间产生恐慌感,在缺水时产生急迫感。这些感情上的感受和内驱力一样,也是人体需要的反应。口渴本身并不包含"急迫感"这一心理内容,急迫感是情绪。想要喝水的需要和动机驱使人去寻找水的行动,是体液成分变化所提供的驱动力信号和急迫感的情绪二者结合的结果。当体液成分有所变化并感觉口渴时并不立即导致机体衰竭,但口渴的急迫程度却使人无法忍耐。这就是因为感情放大了内驱力,从而成为动机力量。

内驱力是生理需要,感情是心理反应。二者都需要非特异性神经传导的激活作用。但是,内驱力的关键作用仅在于对维持生命提供信息。例如,人体呼吸器官的整个系统都已经专门化,器官按照生物节律有规律地被激活,人体按生物节律有规则地呼吸或补充水分,因此内驱力的反应功能是相对呆板而固定的。而感情反应则具有极大的灵活性,它不受时间、条件的限制,即使在缺乏内驱力的情况下,感情也可成为足够强烈的驱动力量。人体必须遵循固定的时间节律呼吸和饮水,但并不在固定的时间发生愤怒或悲伤。感情活动由什么对象所引起的灵活性很大。任何食物都能满足饥饿的生理需要,但感情表明人对食物的喜好却不同。受虐狂喜欢痛苦和死亡;清教徒憎恨愉快的生活,任何兴奋和快乐均被他们感受为羞耻或恐怖。显然,这些情况不是内驱力所控制的。

3. 冯特的意志论　冯特的心理学观点重视感情在意志行动中的作用。人的目的行为十分重要地包含着情绪因素;情绪的动机作用还体现在人类的高级目的行为中。冯特的一个杰出思想是,"简单的"意志行为起源于原始感情,可以引起冲动,如好奇;"复杂的"意志可以引起有意行为和选择行为。有意行为中表现出有意的感情,如愿望或期待。选择行为中包含着对立的动机斗争,形成意志过程中的决断感情。冯特所指出的有意行为和选择行为,是人类的高级心理活动。然而,其中所谓有意感情和决断感情,已经不是单纯的情绪,而是情绪和认知的复杂结合了。冯特虽然没有做出这样的概括,但是他曾经强调过感情与认识的联系。

笔者从而认为,严格地说,认识和目的本身并不包含活动的驱动性,促使人去行动的是兴趣和好奇,驱策人去实现目标的是愿望和期待的激情。兴趣和好奇属于基本的单一情绪。愿望和期待则是感情与认知的结合。实现目的的愿望越强烈,它所激活的驱动力越大。从这个意义上说,单纯的目的是苍白无力的,它不足以形成强有力的行动动机。意志行动是由人的高级心理活动所整合的社会行为。为实现任何目标的行动,包容着人的认知、决策、感情和动机的整合。认知和情绪的相互作用,才使人的决策生动有力和付诸行动。感情也依赖认知和目的的支撑。二者的互相结合才使人在必要时坚忍不拔与克服困难。

(二) 情绪的功能主义理论的基本思路

近数十年来,人们更加注意到情绪在人们生活中的作用,功能论应运而生。于是,经过近百年之后,达尔文主义重新被关注。功能主义的基本思路来自达尔文的适应原则,情绪是为有机体的生存服务的。在功能派别中,坎普斯、汤姆金斯、伊扎德等都是情绪的功能论者;伊扎德系统地阐述了情绪在种属进化中的适应性,在功能主义者中有重大的影响。坎普斯的情绪定义为,情绪是人对刺激事件意义关系的反应。他解释说,情绪是人与外界事件关系的维持和破坏的过程(Campos, 1989)。这是功能主义的直接表述。对功能论的较为完整的阐述应归之于伊扎德。对面部表情研究的发展,也是根据功能论由艾克曼为代表建立起来的。为了更明确地描述功能派理论,我们引用奥特勒对情绪定义的描述:"情绪经常是在有关重要事件作用下,有意识或无意识地被引起;

情绪的核心是对计划采取某种迅速行动的准备状态;情绪是对某种动作提供紧迫感的在先状态,从而干扰或完成选择性思维过程或行动。不同类别的准备状态(情绪)导致与他人关系的不同态度。情绪经常被体验为一种明晰而可区分的心理状态,时常伴随着身体变化,表情和活动。例如,当你与一位同伴走在路上,一边说话一边要穿过马路时,忽然听到刺耳的紧急刹车声。你们会立刻停止谈话并跳回人行道;这时你会发现心"怦怦"直跳,想到你们会被撞伤,就决定要十分小心,不要在过马路时谈话等。这样的事件过程被评价为重要的,变动着的准备状态,并干扰原来的活动"(Oatley, 1996)。可见,功能主义描述的情绪的适应性在人的生活中随处可见。

五、伊扎德的动机-分化理论

伊扎德明确地表述一切情绪行为都是适应和调节行为,从中引出情绪是行为的驱动力,阐述了情绪本身及其驱动作用的机制。他把情绪过程分解为表情和体验,及其在神经生理上行动的轨迹。除了弗洛伊德赋予情绪以明确的动机性质之外,汤姆金斯和伊扎德的观点均属于这一理论路线。他们的根本出发点是从达尔文的进化观演变而来的。经过行为主义统治心理学的漫长年代,情绪心理学一方面随着认知心理学的发展,走上认知-评价观的道路;另一方面,以汤姆金斯和伊扎德为代表的学者,反转了情绪研究的历史进程,继承和发展了达尔文的理论,从弗洛伊德主义中吸取了一些有益成果,建立了情绪的动机论。伊扎德的理论包括下列三个集中点:(1)动机-分化理论同认知-评价理论相对立,明确提出情绪的作用问题,向情绪的副现象论提出了挑战。它发挥了关于情绪适应性功能的论点,提出情绪是基本动机的醒目命题。(2)继承和发展达尔文关于表情的学说,认真对待表情、特别是面部表情的通讯作用和面部反馈对情绪体验发生的机制问题。(3)从进化的观点引申出情绪的分化观,深化了各种情绪具有不同性质和功能的观点。

(一)情绪的进化、分化和动机

伊扎德指出,情绪的进化和分化与神经系统和脑的进化和分化、骨骼肌肉系统的进化和分化是平行的,同步的;情绪是新皮质进化和发展的产物。新皮质体积和功能的增长有三方面的变化:(1)新皮质体积的增长标示着有机体各部位、器官和组织的分化,以及它们在功能上精细的分化,其中面部骨骼肌系统和血管系统在解剖上的分化,在情绪发生上至关重要。(2)大脑两半球以及新皮质广大区域的形成和分化,标示着大脑高级感觉系统和运动系统的形成和分化;联系感觉和运动的高级联合区的形成与高级心理过程的认知加工器的形成;皮层和皮层下的分化、联系和分工以及大脑两半球之间的联系和分化同情绪和认知的联系和分工的形成。(3)情绪的分化包括:通过骨骼肌随意运动系统实现面部运动模式的分化;以及面部运动模式的皮层反馈机制和体验的产生。在此过程中,网状结构提供的神经激活为情绪提供能量(Izard, 1979)。

伊扎德说明情绪在有机体的适应和生存上起着核心的作用。每一种具体情绪都保证有机体对重要事件的发生敏感,情绪在意识中的存在为对所发生的事件作出反应提供准备。有机体在加工那些对他可能产生某种后果的信息时,促使机体释放能量,增加身体反应的活力。各种情绪的适应作用有所不同,具体情绪以不同的方式并在不同的方向上,促使有机体提高行为的转换力。与此同时,导致作出决策和选择行为的认知能力也随之增加。这一过程突出地显示了情绪的驱动作用。从进化发展的观点看,随着每种新的情绪的产生,具有新特质的动机品种和认知、行为倾向都随之增长。人类的基本情绪及其相互联结和相互作用,为人类生存和适应的动机体验和行为转变,提供了一个庞大的阵容。他的理论称为动机-分化理论。

(二) 情绪的动机系统

伊扎德提出了一个独具特色的情绪动机机系,这个体系是由人格各子系统派生出来的。伊扎德首先系统地阐述了人格的整体结构,同时突出了情绪在这一结构中的位置。

专栏

伊扎德的人格结构

伊扎德指出人格是包括相对独立而又相互作用的六个子系统的复杂组织。这六个子系统是:体内平衡、内驱力(生理需要)、情绪、知觉、认知和动作系统。

● 体内平衡是一个自动化操作和无意识相互作用的系统网。其中,心血管系统和内分泌系统经常与情绪系统相互作用。

● 内驱力系统,最基本的是饥饿、渴、性、呼吸和疼痛。多数内驱力活动没有心理学意义。但例如过度饥渴的内驱力活动,不可避免地会有情绪发生,而且情绪对之起放大或缩小的作用(Thomkins, 1962)。性驱力和疼痛与情绪反应的联系也得比较紧密。危险情境中的逃避驱力可以被恐惧情绪所放大。

● 知觉、认知、动作和情绪这四个子系统在人格结构的相互作用构成人类所特有的个体社会行为。它们之间的相互作用一旦发生不协调时,就可导致失调行为。如失望或无助情绪得不到释放而被压抑,可能导致隔离行为或冷漠感情。青少年的认识、愿望与情绪之间发生的矛盾,是引起偏离或攻击行为的心理原因,还可能形成怪癖性格(Izard, 1979)。

伊扎德提出的六个人格子系统结合成三种类型的动机结构。它们是:内驱力、感情-认知的相互作用和感情-认知结构。

- **内驱力**：内驱力活动随机体组织的需要得不到或得到满足而趋于的提升或下降。它们的发生常常是周期性的,并与体内平衡系统的作用直接联系着。同时,它的发生又同情绪的作用密切相关。情绪是动机系统的重要组成成分,具有一种在个体主观上发生体验的作用。各种情绪体验则是驱策有机体采取行动的动机。
- **感情-认知间的相互作用**：这是动机系统的主要组成部分。成人的多数动机是感情-认知相互作用机制构成的。感情性因素同认知因素之间的无数结合和相互作用,构成人的主要动机系统。事实上,感情-认知的相互作用占据着人脑加工的大部分内容。
- **感情-认知结构**：指的是特定的感情模式与特定的认知定势在长期中结合而形成的心理特征或人格倾向,人格特性在生活历程中固定下来,对行为不但有动机的功能,而且起预示的作用。感情-认知结构的概念中包含着一种动力关系。它一方面是感情性的,另一方面还包括由信仰、价值、爱好、理想所制约的认识二者之间相互影响和相对稳定的关系。由于人格特质中蕴含着浓厚的感情因素,人们可以从中理解人格特质的动机作用。(参照孟昭兰,1989,pp.106~108)

专栏中所提伊扎德的三种类型的动机,在特定环境下和特定时期内,都可以成为行为的决定因素。这些动机可以得到无数的结合,构成情绪动机系统的多样化。伊扎德所提出的人格系统理论框架和动机系统给人们对情绪、情绪和人格的关系以及人格结构本身,提供了一个完整的概貌和新的探索途径。

(三) 情绪系统

1. 基本情绪和情绪系统　情绪分化理论的一个重要命题为,情绪在生命活动中是一个重要的变量,对生命过程起着重要的作用。分化理论把情绪规定为具有生理的、表情的和体验的三成分,把情绪分为基本情绪与复合情绪。每种情绪的原始形式都在进化中有其发生的渊源和适应价值,都有特定的意识体验品性和各自的适应功能。伊扎德提出,人类基本情绪约有8~11种。它们是兴趣、惊奇、痛苦、厌恶、愉快、愤怒、恐惧和悲伤以及害羞、轻蔑和自罪感。基本情绪特有的规定性为：(1) 有特定的神经基础,它们在个体发展中的出现不是习得的,而且生理成熟的自然显露；(2) 有特定的面部肌肉运动模式特征；(3) 有可区分的主观体验。

基本情绪的相互作用,情绪与内驱力的相互结合,情绪与认知,以及与认知结构等多种形式的结合,构成情绪系统。这些心理和生理的多因素间的动力结合,赋予现实的情绪过程以独特的属性或品质如下：(1) 某些情绪可排列为强度系统等级。如兴趣、惊奇、恐惧这三种情绪的基本性质并不相同,但在神经激活水平上,可排列为系列等级。(2) 多数情绪有明显的极性关系。例如,快乐-悲伤,愤怒-恐惧,兴趣-厌恶,害羞-轻蔑等从性质上处于对立的两极。这种对立的关系不是固定不变的,也不是非此即彼,而是有时甚至是可以相互结合的,如"高兴得流泪"。(3) 情绪之间可互相转化或互相叠加。例如,在对新异情境的探索中,情绪可以在兴趣和惧怕之间摆动,产生性质不同的趋近和回避行为。又如愉快和兴趣的叠加导致互相加强和互相补充,维持最佳的认知背景。(4) 情绪的自由度。情绪与按生物节律而发生的驱力不同。情绪可以无限多样、灵活的方式发生。情绪的自由度表现在时间、强度上和密度上(单位时间的强度水平)。还表现在预期性上,以及表现在发生的对象上和目的方向上。(5) 情绪的局限性。情绪也被许多因素所限制。生物节律性活动对它有一定的约束力;由于个体差异以及生理状况,情绪受神经激活水平的限制;个人经验、记忆储存、认知加工的方式,也在一定程度上制约着情绪;社会交往中,情绪受对方投入的情绪性质和程度的限制和言语交际的社会规范的制约。

2. 面部反馈 分化理论与传统的外周反馈理论持对立的立场。汤姆金斯和伊扎德坚持主张情绪产生于面部肌肉模式运动的内导反馈,面部表情行为是情绪体验的激活器,通过情绪外显表情可强化情绪;反之,压抑外显表情会削弱情绪。面部反馈神经通路假设的要点是:皮层运动区外导通路达到面部的神经刺激,有通向下丘脑的先天通路。下丘脑激活先天表情模式。表情活动内导反馈达到皮层感觉区,整合情绪体验。

在涉及外周反馈时,分化理论提出,自主性内脏-腺体系统和脑干网状激活系统是情绪产生的两个辅助系统。内脏-腺体激活有助于提供能量,使有机体支持情绪和与情绪有关的活动,延续和维持情绪活动。网状结构服务于调节和控制情绪的神经成分,作为放大器或"压缩机"而起作用。分化情绪理论因而主张,有机体内脏器官活动的变化在情绪过程中是必要的。面部刺激一般不能维持很长时间,而内脏-腺体活动的延续刺激附加到情绪中,能支持和加强情绪。尤其在强烈的情绪过程中,内脏-腺体系统被激活,内脏节律活动可发生一时性紊乱。这时个体会敏锐地觉知到机体内部运动,如心跳、脸红、出汗等。自主神经系统动员身体能量,促使机体采取行动,这是实现情绪的原始适应功能的必要组成部分。

网状结构提供情绪的神经激活,是情绪兴奋的直接能量来源。汤姆金斯提出,情绪可用单一的神经激活变量来标志。他称这一神经激活变量为"神经刺激密度"。他把神经刺激密度确定为"单位时间内神经放电量"。用神经刺激密度不但可以度量情绪强度或激活程度,而且可以度量某些具体情绪。这个理论假定情绪激活有三个分开来的等级,每一等级都可以放大激活它们的来源。这三个等级是:(1) 刺激放电水平的增加;(2) 刺激放电水平维持恒定不变;(3) 刺激放电水平下降。这三种放电模式同一些具体情绪的发生和维持相联系(图2-2)。

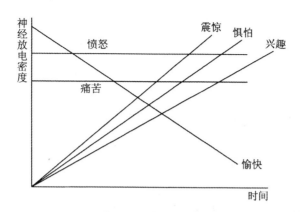

图 2-2 情绪激活器的假设图解
引自 Tomkins, K., 1970

伊扎德为情绪提出了一个完整的理论框架。包容情绪成分、情绪的动机性质、情绪的分类和功能、情绪的过程和面部反馈假说。尤其是,他的面部反馈理论和体验学说对情绪的进一步研究有很大的影响。

从以上对结构论和功能论的描述看,到 20 世纪末,结构论与功能论二者虽各有重点,但又表现了很大的融合。这就是我在前面所说的"你中有我,我中有你"。在本章结束时,编者认为,把功能论和结构论结合起来去认识情绪,对掌握情绪的性质和开展研究是有益的,也是重要的。

推荐参考书

孟昭兰,(1989).人类情绪,第二、三章.北京:北京大学出版社.
Izard, E. (1977). *Human Emotions*. Chapter 1, 2, & 3. New York: Plenum press.
Lazarus, R. (1984). *Stress, Appraisal, and Coping*. New York: Springer.

编 者 笔 记

本章精选和提炼了《人类情绪》关于情绪理论的论述,突出了情绪理论发展的历史沿革。首先,把作为情绪心理学启蒙者的早期学者归纳在一起,试图让读者对情绪的现代理论的理解有一个根基。它们看起来是那样古老,但对情绪心理学的发展却十分重要。其次,由于脑科学的发展,激活论看起来已经过时,但它们在情绪理论发展中的历史作用却是必须知道的;情绪心理学的研究永远离不开神经科学。第三,本章着重介绍了情绪的认知论和功能论。这是迄今为止情绪心理学发展的两大理论体系和理论支柱,它们的相互为用已经把情绪心理学研究引向深入,并与人的实际生活联系得更为密切。

3

情绪与脑

神经生理学和神经生物化学研究在20世纪的成就,在一定程度上把心理学,包括情绪,从神秘莫测中解脱出来,为心理学进入科学殿堂迈进了一大步。自上世纪20年代以来,情绪生理学已被关注。应当说情绪研究的进展是随着神经科学的发展而发展的。近年来高科技的发展,心理学的脑机制研究引起了许多生理心理学家的兴趣。但脑科学的心理学研究范围似乎更集中在认知方面。但已有大量研究表明,情绪在本质上并不比其他心理过程更主观、更复杂。尽管相对来说情绪被忽略,但对情绪及其神经组织的兴趣正在增长。大多数心理学家和情绪心理学家并不认为只有脑科学才能解释心理现象;应当说,没有主观的、行为学的解释而只有脑的知识,心理学将化为乌有。而心理学的、神经学的和行为学的三种指标结合起来,才是探索情绪基本性质和机制的完整途径。

一、情绪生理心理学的理论取向

由于脑科学是生物科学的难点,心理学又是脑科学的难点,心理学的脑科学研究存在着不同的看法和理论取向是自然的。尤其对情绪的主观体验方面的论点令人难以琢磨,理论观点的分歧也常常发生在这里。

(一) 发生情绪论(Generalized Emotion Theory, GET)

经过近半个世纪的思考和近十几年情绪生理心理学的探讨,及其已取得的成就,情绪的脑科学思路逐渐明确起来。以拉德克斯(LeDoux, 1996)为代表,认为情绪发生在脑的认知网络之中。例如,情绪在学习和工作记忆中是必要的成分。他们是一些情绪生理心理学家,与专门的认知心理学家不同,强调情绪在认知中的重要性。但是,他们一般不重视感情的主观体验本质,不接受把感情体验作为有重要功能的情绪属性,甚至屏弃体验作为脑的整个心理机构的一种成分。发生情绪论者的大量工作在研究单一情绪系统,如恐惧,所得的结果认为,情绪是在认知系统中可能出现的一种成分,在特定的情境中可能发生,它们是习得的。因此,发生情绪论者的工作在情绪的神经环路上有很多发现，但很少涉及体验这一情绪的根本话题。

(二) 核心感情程序论(Central Affective Program, CAP)

以麦克林(McLean, 1990)和潘克塞(Panksepp, 1998a)为代表，更多地从情绪进化的角度出发，提出脑存在着一个核心感情程序系统(CAP)，这个系统是脑在进化中发生的各类具体情绪的内在机制。情绪是脑的整体机制最终产生的内在体验状态。情绪虽然是记忆、学习的成分，但不是由它们派生的副现象。核心程序论认为，分类是情绪的主要性质，而不仅是脑的一般激活水平。即使在简单的接近-回避反应中，也包含着具体类别的情绪，如眷恋或恐惧。但是，像麦克林这些相信脑内存在着情绪体验的研究者，坚持认为，在了解任何情绪之前，充分了解每种情绪系统的神经解剖、生理和神经化学基础是十分必要的。因此，在现阶段水平上，GET 与 CAP 的工作有很多关联、重叠和交叉之处。近年的发现很多是相似的和一致的(Panksepp, 2000)。

对情绪的机制，脑科学研究虽然还有很长的路要走，但是，前面章节提到的社会结构论认为情绪体验只不过是想像中的幻觉，神经学研究是无意义的。这种论点使得现代神经科学对情绪机制的研究产生不利的影响。GET 的观点也部分地受神经学家从总体上忽视情绪的看法的影响。然而一些情绪生理学家和心理学家反对这种观点，认为若是如此，大量对动物的情绪研究将是毫无意义的、荒谬的了。实际上，长期以来，从 GET 到 CAP 的探讨，无论从哪种理论来说，都承认情绪是脑的有意识的工作整体操作的重要成分。

二、情绪在神经学上的划分

神经科学的研究进展为心理学家提供了探索情绪机制的条件。人们正在谨慎地测定感情性的东西是如何从神经活动的相互作用中产生的。尽管有些发现还有争论，大多数学者对恐惧，愤怒，悲伤和快乐等情绪的神经学划分是接受的。然而对惊奇、厌恶、兴趣、爱、内疚或羞耻等情绪的看法则不一致。一般来说，把脑的感情过程分为三种类别，或曰三个水平。这种分法有两点需要注意：第一，分类只能说是从神经结构上的相似性与差别来区分的，还不能说是从根本性质上作出的区分。第二，分类不是截然割裂的，它们之间仍然有许多复杂的神经联系，因而某些表达情绪的神经活动，在不同类别上可以相继出现，有时似乎是同时发生的，也就是说这些神经活动之间的联系和影响还难以区分，而且不是作为主体的人所能意识到的。

(一) 一类水平：反射性感情反应

在突然发生的情境刺激下直接产生的情绪反应，如惊吓反射、气味厌恶、疼痛、体内平衡失调如饥渴、对美味的愉悦感等，有着相对简单的神经环路，它们不必经过思维加工而产生,但是也可以与高级的认知过程相联系。如给惊奇、厌恶或轻蔑这些往往自发的情绪反应附加上社会意义,就转化为含有社会意义的惊奇、厌恶或轻蔑。比如,当老人走下楼梯时迈空了一步,会立即产生惊吓反应,甚至有点出冷汗,而接着他才意识到迈空了的这个事实,并产生了自己步履不坚的感叹。这样发生在一瞬间的事情,首先出现的是先天反射性反应,而后才是经过认知评价的情绪。这类情绪反应的机制发生在脑干下部位,包括脊髓、延髓和网状结构。这些部位的神经通道保证信息的传送、能量供给和反射的自动发生。当神经冲动由此传递到高级边缘部位并传达到前脑之后,才能完成上面所说的真正的感叹情绪。

(二) 二类水平:一级情绪

这类情绪产生于脑中间部位神经环路的加工过程中。情绪环路包括扣带回,前额回,颞皮层等高级边缘地带与中脑情绪整合地带;它们位于脑核心部位,称为感觉-运动情绪整合环路。在这些部位协调相关的生理、认知、行为和情绪。在哺乳类生物中产生的诸如恐惧、愤怒、悲伤、兴趣和愉快等情绪就属于这一类;这些是情绪的基本主体,也称作基本情绪。这些情绪占据边缘系统的大部分,这些脑部位是情绪的核心机制。按照上例,真正的感叹情绪是在这里发生的。这个环路有两个特点:第一,它具有承上启下的功能。一方面信息由最低级神经系统输入,另一方面,信息由此向更高级中枢传递。第二,更为重要的是,这个环路本身内部有着复杂的加工机制。环路本身的加工和与前脑之间的输入输出的相互连接时刻改变着情绪的含义。正是由于这些机制,才实现着人类情绪与认知的联系,以及人的情绪的社会化。

(三) 三类水平:高级情感

高级情感的发生机制定位在进化晚期扩展的前脑。人类普遍存在的精细而深奥的社会性情感在这里整合。如羞耻、内疚、轻蔑、羡慕、妒忌、同情等情感,它们必然与高级的认知过程相联系而发生。其中一些是从脑核心部位那些生来固有的环路区域到高级认知部位发生联系,有的则是从认知过程扩展到情绪核心地带的,因而它们更多地被认为是习得的。例如,移情、害羞等情绪可以在上述的环路内直接发生,也可以与认知相联系。但是,诸如人类对社会性价值的渴望与向往,对艺术的创造与追求等,则是人类独有的。那些从人类早期原始的创作或民间艺术到现代音乐、诗歌和舞蹈,则是高级认知性情感与人类的美感体验的结合。它们是专门属于人类的。即使是原始人所发展的艺术形式,也是他们简单的认知与感情的结合(Panksepp,2000)。

上述情绪三级水平的划分,主要是指明其在脑部的大致定位。它们每一次发生都是可区分的,但又是可连续存在着的。它们和其他心理活动一样,是一种过程,是一种情绪流,在人的某种特定的生活情境中发生,对人有一定的意义。因此,当它们进入人的意识时,常常可以连贯起来,表明一定的适应价值。在"9·11事件"发生的刹那,巨大的爆炸声带给大楼内人们的,首先是突然的惊吓,接着是凭借经验的判断:地震! 再接着就是夺门而逃。这时人们经受着真正的应激情绪。只有当跑出楼外,继而眼看着大楼在浓烟中倒塌时,人们在震惊中才意识到事情的严重性:众多人员的伤亡、巨大的经济损失、对恐怖主义的强烈愤恨、受害者持续的伤痛……从而引起人们从政治上的长期思考。极端强烈事件的发生,在一定时间内占据了整个人脑的情绪部位,而且各部位循环地相互作用着①。

三、情绪脑的神经结构与网络

自从詹姆士提出情绪是身体内脏的感觉-运动反应之后,坎农把情绪定位于下丘脑的整合(1929)。在这些理论和研究的基础上,帕佩兹(Pepez, 1937)提出了情绪的"帕佩兹环路"理论。1949年,麦克林在这个环路上附加一些核团,命名为"边缘系统",它包括皮层和皮层下结构,扣带回、海马皮层、丘脑和下丘脑。在一个相当时期里,边缘系统在情绪脑机制的解释上占统治地位。然而自上世纪80年代以来,这个概念由于在结构和功能上的不精确而被置疑。现在,情绪的机构定位,从下丘脑延伸到边缘系统和整个中枢神经系统各水平结构,从新皮质前额叶皮层到脊髓均包括在内。而原来的边缘系统,如海马和乳头体已被证明对认知比对情绪过程更为重要。可是,杏仁核,作为边缘系统的一部分,在许多情况中被牵涉到情绪加工之中。而杏仁核却未被明确地包括在边缘系统的概念之内。其实,边缘系统作为情绪的机构定位存在如此之久,就是由于杏仁核所起的核心作用(LeDoux, 1992)。然而,边缘系统作为一个神经解剖概念,使用起来是有欠缺的。所谓情绪脑很难从解剖学的基础上来确定,它只能从功能性的研究中来认定,也就是由脑结构提供调解某些情绪实际的神经行为上的证据来认定。由于有些神经解剖学家视情绪为难以捕捉,因而最好不要把边缘系统当作"情绪脑"来使用。而且,情绪与调节它的神经结构最终能被功能性神经行为研究所证实(Beridge, 2003)(关于早期对边缘系统的理解,可参阅孟昭兰,1989, pp.143~145)。情绪脑的主要结构涉及杏仁核和以杏仁核为核心的广泛连接的神经环路:前额叶皮层,包括眶额回皮层;扣带回皮层,特别是前扣带回皮层;下丘脑、杏仁核;腹侧黑质(ventral pallidum)、隔区和中脑边缘核团(mesolimbic accumbens)等部位(图3-1,彩图)。

(一) 杏仁核

1. 杏仁核的情绪功能性概念 杏仁核在确定感觉事件的感情意义上起着重要的作用,这一观点已为大多数有关研究者所认可。例如,在人类脑成像(brain image)研究中,人类被试体验到味觉、嗅觉和干渴时,杏仁核的正电子发射断层照相术(PET)信号

---

① 关于情绪的外周神经系统与内分泌系统的调节机制,包括对中枢边缘系统的早期了解均可参阅孟昭兰著《人类情绪》一书,在此将不涉及。本章集中描述脑的核心组织及其情绪机制。——编者

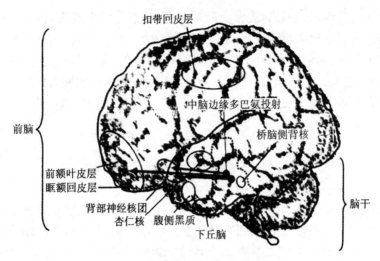

图 3-1 情绪脑的外侧面结构略图
引自 R. Davidson, K. Scherer & H. Goldsmith (Eds.), 2003, p.26。

发生改变。对愤怒和恐惧面孔的视知觉导致人类杏仁核血流改变(Baird, 1999)。用引起不愉快气味诱导杏仁核的功能性磁共振(fMRI)信号在正常人受到抑制,而在恐怖症患者则增强(Schneider, 1999)。更多的研究证明杏仁核是确定刺激奖惩价值的关键结构,是对新异刺激的条件性恐惧、自我奖励脑刺激,以及脑刺激对自主神经系统和行为的情绪反应的关键部位。

杏仁核对情绪的影响,最早是通过灵长类脑颞叶损伤导致行为改变而发现的。杏仁核被损伤的动物明显地失去了对威胁刺激的恐惧反应,称为 Kluver-Bucy 综合征(Kluver & Bucy, 1937)。其后的研究也发现,割裂杏仁核与颞叶的联系仍能发生类似的情绪反应,由此提出了杏仁核损伤或病变影响动物确定刺激的动机意义。而且新近的研究指出,杏仁核损伤并不完全消除习得性情绪和习得性奖励,而这些反应在杏仁核毁坏后得到保留。因而,对 Kluver-Bucy 综合征来说并不像原来发现的那样。灵长类动物对许多条件性恐惧和条件性奖励刺激在杏仁核损伤后仍显示特定类型的恐惧和奖励反应。杏仁核损伤的最典型缺欠只是失去条件性恐惧,如打击与声音同时出现引起动物的僵化或惊吓反应。条件性恐惧反应可能是由杏仁核及其涉及的其他系统导致的(Maren, 1996)。同样,一个对恐惧面孔表情视知觉不能归类的人类患者,可以在语言描述下产生认知,甚至能随意地产生恐惧表情(Anderson, 2000)。然而,另一些研究表明,切除杏仁核破坏了知觉到的刺激的情绪意义,但是这并不等同于破坏了情绪本身。情绪的动机性标靶功能并未被非感情过程所取代,这种标靶功能被认为是由一种注意机制所开启的信息加工,带有自发的性质。而条件性反应的丢失可能说明杏仁核与脑的高级部位的联系。

而且,研究者们也未能肯定杏仁核的解剖组织,而认定这个区域存在着的是多数量的神经核团，每个核团各自的组合均有独特连接的分支(Pitkanen, 1997)。说明了情绪的神经组织的复杂性。那么，杏仁核对情绪的功能是如何进行操作的呢？

2. 情绪的基本环路 杏仁核是通过一种复杂的加工过程评价刺激的。在这个加工过程中，不应把杏仁核理解为仅仅是一个情绪的中心点，而是要把它理解为一种构成情绪的网络性组合连接的组织。杏仁核的操作好像是一个情绪的"计算机系统"，它有着复杂的传递通道，整合着内导外导信息(LeDoux, 1996)。从解剖上说，刺激输入是从感觉系统到杏仁核；输出是从杏仁核上行到脑的高级部位和下行到运动系统，在网络内进行情绪加工。

在强调杏仁核具有对情绪的整合作用以前，许多研究已经揭示，情绪刺激通过感觉丘脑皮层的视、听、身体、姿势等传递到新皮质联合区，在那里接受输入刺激。同时情绪刺激从丘脑部位有通路直接达到杏仁核。这后一通道让我们理解了许多来自皮质已经模式化了的视觉信息到达杏仁核后如何与情绪发生联系。已知，刺激在前脑皮层的每一步都有复杂的传递。例如，视觉区神经元在纹状体皮层可引出简单的(无情绪的)视知觉特征；但通过脑的高级部位才可解释为什么视觉的高级认知信息与情绪相联系。同样，在颞下回皮层也可整合物体的较高级的认知信息，这些在前脑皮层整合的视、听、身体、姿势等信息乃是一般正常的物体知觉和认知的必需结构。但是，伴随着认知加工产生的情绪，却必须有杏仁核的参与。物体信息传递到杏仁核，进而传递到前额叶、颞叶和顶叶的高级复合模式联合区。这些复合模式区域的信息也投射到杏仁核和内嗅皮层。而内嗅皮层是通过杏仁核向海马组织传递信息的内导系统。海马是对各种高级认知过程，特别对记忆和空间思维起重要作用的部位。但海马与杏仁核并无直接联系。海马回下脚是海马主要的外导结构，通过海马回下脚信息又投射到内嗅皮层，从而才能影响杏仁核。这就是情绪与记忆可能发生联系的机制。从此清楚地看到，杏仁核与许多前脑部位构成了一个环路(图3-2)。

这样的描述显示了杏仁核复杂的内导、外导连接。而且，正如上述，割断杏仁核与前脑的模式加工区域的联系产生Kluver-Bucy综合征，这种症状导致不能识别感觉事件刺激的情绪意义而只能保持特定情绪。这个结果表明，杏仁核评价感觉刺激的情绪意义是依赖于来自视觉皮层的模式识别输入的。研究还发现杏仁核神经元对享乐刺激发生反应；杏仁核损伤影响动物学习刺激与奖惩之间的联系。杏仁核还对复杂的社会性事件发生反应。这些反应是杏仁核与前脑新皮质联系的结果。

已有不少研究表明，来自新皮质的复合模式刺激向杏仁核的投射，一种重要的功能是为确定更抽象的过程的情绪意义提供基础。例如，杏仁核接受来自海马的投射，包含着对空间或关系信息的情绪意义的功能。因为已肯定海马对空间或关系信息加工的作用。新近一系列对条件性恐惧的研究表明，海马损伤影响对关系线索的恐惧反应，而不影响对具体刺激的恐惧反应。杏仁核在情绪加工中的作用已被肯定，其内导外导联系模式见图3-2。

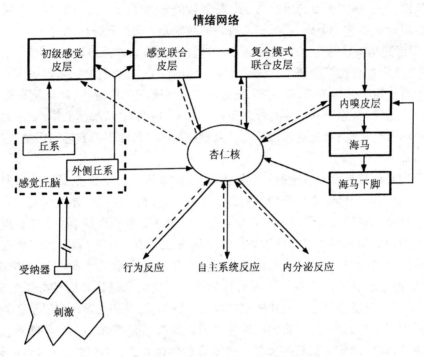

图 3-2 杏仁核在情绪过程中输入输出联系模式图
引自 M.Lewis & J. Haviland, (Eds.), 2000, p.113。

3．双环路 新近研究更加确定了杏仁核是情绪的重要机制。勒德克斯(LeDoux, 1995)描述了感觉刺激向杏仁核传递的另一条路径。这条路径显示:感觉刺激输入到丘脑,一条路径直接到达杏仁核而不必首先传递到新皮质。这条路径能初步地理解听觉模式。另一条路径听觉刺激输入同时传递到中部膝状体的几个平行连接系统,到达初级听觉皮层,这条路径导致对精细听觉的辨认情绪行为。研究表明,在来自听觉皮层投射到丘脑之前而只是丘脑-杏仁核投射就能发生对听觉刺激的条件性情绪反应。丘脑-杏仁核投射是一条"小路",或称"捷径";丘脑-皮层-杏仁核投射是一条"大路",或称"绕行路"。双通道的作用在于:

- "捷径"通道保证更快地检测来自环境的威胁刺激;对低等动物检测环境有重要作用。
- "捷径"对信息的评价是初步的,它对大声刺激在细胞水平上就足以惊醒杏仁核预示危险。但在听觉皮质对刺激的位置,频率,强度进行分析之前,"捷径"还没有准备好确定这个威胁信息的性质去启动防御反应。因此,只有双通道的结合提供的信息才具有整合意义。
- 双通道像是一个干扰装置,通过杏仁核-皮层投射使皮层转移并集中注意于外界的危险刺激。从皮下和皮层两条通路来的感觉信息都在杏仁核集中到它的中心核团。杏仁核的中心核团投射到外侧丘脑,激活自主神经系统,于是个体产生情绪唤醒的行为反应。中心核团受损伤,还使发生恐惧反应的自主系统发生改变。

总之,杏仁核接受各种即时的、想像的和记忆的输入刺激,激活简单的物体特征和物体的记忆表象。所有这些都是激活情绪的关键的标靶信息,它们决定性地说明杏仁核在情绪发生中的核心作用(双通道见图3-3)。

简单说,情绪环路的路径是:情绪刺激从感官经感觉丘脑皮层携带信息首先到达杏仁核并立即触发先天性粗略的情绪。同时刺激从感官经感觉丘脑皮层到达前额叶等高级区域对信息进行加工,并向下传递到杏仁核产生精细的情绪以及对刺激事件意义的意识。

情绪意义信息有通路从杏仁核返回到前额叶内嗅皮层。信息在从感觉皮层传递到额叶内嗅皮层时,经过加工的信息同时传递到海马,在海马启动与当前信息有关的早先储存的

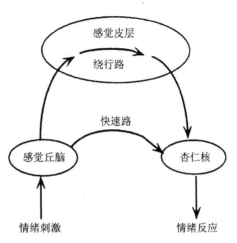

图3-3 杏仁核的感觉输入双通道略图
引自 M. Lewis & J. Haviland, (Eds.), 2000, 1st. p.160。

信息相联系,携带着早先储存的信息又返回到内嗅皮层,进行进一步地加工。这时的认知才是既与过去记忆经验相联系的,又是带有情绪体验的。

外界千变万化的刺激最终与其对人的情绪意义、与人的早先经验、在当前的大脑加工之中进行整合,产生认知性决策并指导行动。

然而,这里所涉及的人类情绪属于情绪等级分类中的一级情绪,也就是人类的基本情绪方面。由于杏仁核环路的广泛联系,发生在高级哺乳类的情绪机制,在人类有其连续性和继承性,从而成为人类情绪的基础。

专栏

大脑组织是人类认识人体自身最后的堡垒。它的组织结构的细密程度和对人类生存发展功能的独特作用已经困扰了人类几个世纪,关键的障碍是科学技术水平尚不足以揭示人脑的奥秘。近十年来神经科学在技术探索上取得了很大的突破。

正电子发射断层照相(positron-emission tomography, PET)术是一种把放射性化学物质注射到大脑一定部位血管中,通过对化学物质的消耗情况,能得出脑区参与思维或情绪活动的断层图式的技术。这种图式的定位对脑科学的基础研究和临床应用有极大的价值。

磁共振脑成像(magnetic resonance imagine, fMRI)技术是一种比 PET 图像更清晰和更快速成像的技术。强大的磁场使大脑(或身体)中的原子细密地排列,磁场的晃动产生信号,这些信号显示大脑的断层解剖结构图像,从而锁定大脑中思维和情绪的部位,其精确度可以达到毫秒。在精神或神经疾病的诊断中,脑成像能以记录 0.1% 秒的速度告诉你大脑的哪一部分在活动,并从患者头皮上的电极获得数据。

大脑由神经元组成。神经元接受信号时到一定限度就释放电位;脑细胞间的连接形成电化学回路,通过神经元间的连接而保留记忆,每一次的重复刺激都会导致已有的排列,重新激活原有的记忆模式。这种神经网络是具有描绘和记忆功能的机构。人脑大约有 1000 亿个神经元和几十亿突触连接,以及各自的基因表达和酶制造系统。

脑成像显示的图形大大超过早先所知的大脑结构划分。刺激脑的一个亮点,会随之点亮数以百计的亮点,表示大脑的整体协作性,没有哪个区域单独执行一项功能。大脑的模块分工似乎都是多面手,会根据当前的需要而执行特定功能。(摘录自:麦克龙,大脑的秘密,英国,《焦点月刊》。《参考消息》转载,2003-04-21)

(二) 眶额回皮层(前额叶皮层)

1. 眶额回皮层(前额叶皮层)的位置与情绪意义 前额叶皮层位于脑的最前方。前额叶皮层腹侧前 1/3 处称作眶额回皮层,位于眼睛与额头位置。眶额回皮层在人类和灵长类(应当说很大程度上是哺乳类)得到了最精细的发展。"眶额回皮层和杏仁核对奖励和惩罚、情绪和动机的特别重要的作用表现为最初的强化作用。然而它们的重要性不仅表现为刺激的最初强化价值,而是执行着原始强化与二级强化之间的模式联系的加工。从而关系到对情绪和动机的刺激价值的加工"(Roll, 1999)。这意味着前额叶皮层是对刺激意义(包括情绪意义)的理解和解释的高级机构。例如达玛修解释说:"眶回或前额叶腹侧中部皮层对情绪的特殊重要性在于:基本情绪确实依赖于边缘系统环路、杏仁核和前扣带回。但是基本情绪的机制并不能包容情绪行为的全部。这个神经网必须扩大,需要以前额叶和身体感觉皮层为中介"(Damasio, 1994)。在这一点上我们把对杏仁核的情绪功能的理解和对前额叶皮层的情绪功能的理解联系了起来。就是说,情绪环路赋予情绪刺激的意义是在通过大脑前额叶皮层的加工实现的(见图3-3)。

2. 眶额回皮层(前额叶皮层)的情绪功能 前额叶皮层是情绪的脑的顶点,是杏仁核环路向新皮质输送感觉和情绪信息的重要部位。多年来的电生理研究表明,动物的前额叶皮层接受条件性奖励和条件性联系刺激,它特别对味觉或感情享受性的奖励,或视觉刺激的预期奖励价值发生反应。特别是,如果刺激的预期奖励价值来回地改变,眶额回皮层神经元随着刺激的改变而改变其反应。如果允许实验猴充分吃饱,眶额回皮层停止对食物的形状和气味的放电,显示出神经反应下降,表现为与食物的被享受价值的消失相一致(动物不再注意食物)。与此相反,大多数脑的其他"奖励神经元"(请注意,下丘脑与杏仁核例外)对此情境则保持恒常反应,即对味觉刺刺激的"感觉性质"而不是对"感情性质"进行编码(Roll, 1999)。说明情绪刺激(饱食享受)和感觉刺激在这里得到区分。当人类愉快地饱食美味之后,食物消失仍报告食物的美味感,而前额叶皮层不再放电。人类的 PET 和 fMRI 脑成像研究发现,前额叶皮层的改变,反应着味觉、嗅觉、触觉、音乐等的愉快或不愉快感受。对曾经受伤的士兵出示受伤时的照片导致士兵产生受伤后应激性失调,他们的前额叶皮层被诱发,表现为 PET 测量血流下降。

眶额回皮层对感觉刺激的情绪反应是来自杏仁核的投射。眶额回皮层或全部前额叶皮层损伤的情绪后果会是怎样呢?对此问题的回答,对前额叶皮层的激活是否确实为情绪的顶点是关键性的。眶额回皮层或前额叶皮层作为对感情事件引发情绪的原因是否是必需的?如果是,那么,失去前额叶皮层,大多数情绪体验和反应就应当被破坏了。然而,前额叶皮层损伤的后果远比失去情绪更难以琢磨。前额叶皮层的功能不仅仅只是在简单而直接的意义上对情绪的理解。

例如,欣快症、无情绪反应均会随着前额叶损伤、尤其是眶额回皮层损伤而出现。研究表明,欣快症与情绪淡漠反应两者的矛盾现象与前额叶皮层的下级部位有关。情绪淡漠与前额叶皮层背部、尤其是前额叶背部中央皮层部位损伤有关。欣快症、冲动性更一般地是前额叶腹部部位、尤其是腹部中央和眶额回皮层部位损伤。从解剖学看,这两部分在鼠类、猴类和人类是可以分开的(Ongur & Price, 2000)。这些部位都有杏仁核投射的路径。

对前额叶皮层损伤病人的一项研究,让患者玩一种有输赢奖励的扑克牌游戏。为了赢对方,他必须作出最好的策略。结果发现,患者最终能够作出最好的策略赢了对方,并能明确地作出解释。但是他们表现出某些缺欠:(1)正常人在游戏中会相对早地做出后续步骤的策略,甚至不能明白地解释这些策略是什么。而前额叶皮层损伤患者则在能够描述这些策略之前,不能作出这些"非意识倾向",即不能作出下一步策略。(2)即使患者能够明白地描述这些策略,他们在游戏中有时仍然不能按照这些策略进行,而作出不明智的决定和招致失败,即使从某种意义说,他们"知道"并能说出这些策略。(3)前额叶皮层损伤患者在做这种游戏时,产生的自主性皮肤电位反应很低。特别在他们使用这些策略失败时,不能产生皮肤电位反应,而不像正常人在失败时产生自发的皮电反应并以此作为下一步的指导线索(Bechara, 1997)。

对此结果的解释在于,失去自发情绪反应,意味着前额叶皮层损伤患者不能产生标定情绪结果的"身体记号"。要知道,身体记号常常是在无意识觉知的情绪事件中产生的生理反应,这种反应作为对进一步活动的关键信息线索起作用。它们有可能影响情绪最后的意识体验(像詹姆士所说的那样),更肯定的是情绪的身体记号——表情——指导着指定的行为策略(Damasio, 1998; Bechara, 2000)。情绪的身体记号的假设明显地指出了前额叶皮层在情绪中的作用。它与一般的额叶损伤导致情绪的丢失不同。前额叶皮层损伤之后,人不能产生某些情绪行为反应,并且不能调节他们自身的活动与这些情绪后果之间的情绪。但是他们并未丢失全部感情反应的能力。他们并未失去基本情绪,甚至未失去学习情绪的能力,他们仍然是有情绪的人。只是有时他们的活动有些奇怪和令人费解。由此可见,与杏仁核联系着的前额叶皮层的功能,在高等动物和人类,已经超越了仅仅为维持生存而起作用的粗略情绪的功能。人类的认知模式化的意义加工赋予情绪以更高级的社会适应的意义是由前额叶皮层以及其他脑的高级部位的功能实现的;是在情绪的低级机构产生的粗略情绪的基础上发生的。

(三) 扣带回皮层

扣带回皮层是位于大脑两半球中央两侧从前到后的长条地带。它的前部特别地牵扯到情绪,并涉及临床上抑郁、焦虑和其他种痛苦状态反应(Davidson, 1999)。PET和fMRI研究显示多种形式的疼痛和痛苦,甚至疼痛的预期也会引起前扣带回右侧皮层的fMRI激活(Hsieh, 1999)。采用鸦片剂酚酞奴(麻醉剂)降低疼痛的PET信号作用在扣带回皮层有所增加。奇怪的是,疼痛主观意识体验的减弱本身引起扣带回的激活,而含氮氧麻醉剂会消除扣带回的PET对疼痛的反应。可见,对疼痛和麻醉的神经编码可能有更复杂的机制。

不过,有研究报告,对皮肤痛刺激使用催眠术诱导无痛可减少扣带回皮层的电诱发。对难处理的疼痛患者施以扣带回皮层毁坏的外科手术经常有治疗效果(Kondziolka, 1999)。扣带回皮层切除术对多种心理失调,如抑郁和强迫症有益(Hay, 1993)。临床抑郁或悲伤也与扣带回fMRI激活有关;消化性失调采用令人不愉快的浓盐水治疗也引起扣带回皮层激活,人的渴感体验会引起强烈的PET信号。可见,扣带回皮层更经常地是对负性情绪起作用。可是,扣带回皮层对其他情绪脑成像研究产生与眶额回皮层或前额叶皮层同样的结果。感情性奖励药剂如可卡因、酚酞奴导致fMRI血流信号增强,说明扣带回皮层对正性情绪也起作用。

(四) 其他部位

1. 背部神经核团(nucleus accumbens) 位于前脑皮层下的前部,包含着多巴胺和类鸦片传递系统,因而具有诱导正性感情的作用。这个部位经常被神经科学家看为奖励和愉快系统的一般流通渠道(Koob, 1997),被称为"正性奖励的感情通道"(Shizgal, 1999)。千百年来药品或毒品成为人类自发的实验园地;采用药品或毒品的研究支持了中脑边缘系统起着产生正性情绪的刺激作用。

背部神经核团、下丘脑和杏仁核的一部分以及桥脑侧臂核团的这个区域是多巴胺的投射区(见图3-1)。多巴胺是"脑的神经愉快传递物质"(Nash, 1997)。虽然长期以来认为,对脑的奖励刺激是被中脑神经核团多巴胺系统所调节的。但是采用电刺激多巴胺投射只产生微弱的神经激活；与此相反，阻断多巴胺受体又导致缺乏享乐感。由此，引起了对这个区域更多的研究。

对药物成瘾者进行多巴胺中脑神经核团的脑成像研究表明，药物对这些成瘾者产生强烈的信号。正常人的娱乐活动也激活背部神经核团的多巴胺系统。在输赢游戏中，赢者的脑背部神经核团释放更大量的多巴胺。这是由于放射性药物的限制减少了多巴胺受体，产生了更多的多巴胺。这些结果似乎表明，多巴胺并不等同于享乐感。伯杰(Berridge, 1998)于是进行动物实验。结果表明，抑制多巴胺递质并不能抑制动物对美味食物的享受测量指标，这使研究者意外地发现多巴胺并不是对食物奖励的享乐影响所必需的。使用抗多巴胺药物或损伤多巴胺神经元，仍然产生对美食的感情性反应。令人费解但十分清楚的是，多巴胺在某些方面是必需的，而伯杰的假设是："多巴胺对要求、需要是必需的，但对喜欢、喜爱却是不必需的。"对喜爱毒品的人的实验表明，抑制多巴胺递质并不能抑制他们报告对毒品的喜好(Berridge, 1998)。伯杰还提出，在厌恶情境下，当实验鼠预期电刺激时，中脑神经核团多巴胺也被激活。由此可见，脑对情绪的正、负性奖惩作用有更大的复杂性。新近的研究发现，中脑神经核团下部有类鸦片受体，它能增加美食的享乐影响。注射吗啡作用于背部和中部核团，以激活受体，就足以使正性感情反应增加(Berridge, 2003)。

2. 外则下丘脑 下丘脑是半个世纪以来最早被认定为与情绪有关的脑结构。切除或损伤外侧下丘脑对动物失去饥饿、性和情绪的动机起关键作用。而切除腹侧中央下丘脑则增加食欲、社交和攻击行为。近年来采用电生理测量外侧下丘脑神经元放电情况，发现动物进食或看到食物形状引起一些神经元放电，实验猴饥饿时比饱食后放电更多(Rolls, 1999)。这样的饥饿-饱食敏感性说明，在人类与动物饥饿时，对食物的主观的或行为的享乐反应有所增加。包括其他对下丘脑的研究引起的动机和行为，肯定地说明下丘脑是产生动机的最原初的物质。但是，电刺激下丘脑是否产生愉快感觉则始终有疑问。例如，电刺激腹侧下丘脑失去了动物对甜食的正性感情反应，而以前的实验则是动物积极觅食和进食。这个在愉快与动机之间的矛盾现象可能提示，下丘脑可能具有引起奖励和动机的更复杂的心理成分的功能而不仅是感觉愉快。比如，刺激可能被中脑神经核团多巴胺系统所调解，激活了进食的"要求"，而不是奖励的愉快享受，尽管这两个过程得到同一后果，但它们仍然有不同的性质和作用方式(Berridge, 1996)。

3. 腹侧黑质(ventral pallidum) 腹侧黑质位于下丘脑前下侧。近年来对它的兴趣有所增加是由于发现它作为前脑的组织是杏仁核的延伸——与杏仁核、神经核聚集体(Accumbens)及其他组织相联系。与下丘脑相同，食物的形状与气味激活其神经元放电，它的独特作用是引起正性感情反应，其神经元被毁坏则失去享乐而引起厌恶反应。切除背部下丘脑而保持它的完整就不引起厌恶。它是脑的惟一的一个点被切除(对实验鼠)后消失对甜食引发任何正性感情的奖励作用的部位。这一点提示，腹侧黑质神经元对甜食的正性感情起关键作用(Panagis, 1999)。至于对人类的作用,由于它在解剖上体积很小而难以进行脑成像观察,而已有的研究表明它对人类正性心境起作用。例如,有时在黑质核团埋藏电极治疗帕金森氏症,能延续几天减少感情性躁狂的发作(Miyawaki, 2000);诱导男性的竞争和性唤醒的 PET 测量发现其血流量增加。总之,腹侧黑质在情绪加工,尤其对正性感情状态起特殊的作用,并可能与许多种情绪有关(Berridge, 2003)。

4. 隔区(Spetum) 早于 70 年代就有报告刺激隔区诱导正性感情。这些报告是对精神分裂症患者及其他患者的脑中埋藏电极测试或药物刺激中得到的(Heath, 1972)。这个研究可能是受 50 年代欧德与迈尔纳(Olds & Milner, 1954)对动物实验所得结果的影响。而欧德与迈尔纳的奖励效应主要是来自外侧下丘脑及其联系通道的刺激。对人类的研究也是由于刺激外侧下丘脑和腹侧黑质的前部和上部,以及背部神经核团而得到的。这些少数的患者最初的反应是良性心境提高和被事物吸引的兴趣的增强。但这个部位的情绪性质灵活多变和难以琢磨。强烈的愉快能被引起的案例是很少见的,而且它的神经解剖基础尚不清楚。它所引起的愉快感可能是涉及这个部位的其他脑神经结构的神经元或其他尚未确定的感觉愉快的神经物质所导致的(Berridge, 2003)。

以上涉及的神经学部位均显示与情绪有关。有的部位,如杏仁核环路,其来龙去脉似乎清楚一些;有的部位,如背部神经核团、外侧下丘脑、腹侧黑质、隔核等区域的神经联系却不十分清楚。这是因为有些研究成果是从电生理学得到的,有的定位是从神经化学研究得到的,如多巴胺系统,神经肽类对情绪的明显作用。正如前述,要了解情绪的神经学奥秘还要进行艰苦的工作。

四、脑的最初情绪系统

这部分将描述基本上属于神经学划分为二级水平的一级情绪。我们试图描述这些情绪的神经系统的大致位置。它们均属于原始的情绪品种,跨着高等动物和人类之间的进化过程中的联系。这使我们既可了解某些高等动物的情绪行为,也可以认识人类情绪的来源。

(一) 寻找-期望系统

半个世纪以来,使用自我电刺激法研究动物的寻找行为效应已有很多成果。开始利用操作条件反射方法,继而使用埋藏电极刺激法,得到了大量的研究结果。这使科学家们很好地了解到,激活某些具体的神经系统部位能在动物身上调节自我刺激的行为。同时,当增加脑的多巴胺系统时,能激起大部分的自我刺激形式。正是这些自我刺激形式调节着哺乳动物的寻找行为。降低多巴胺系统的成分,其唤醒的感情类型与对它的增强同样重要。当这个系统被激起时,感情性唤醒的类型在心理上是相似的,比如它促

专栏

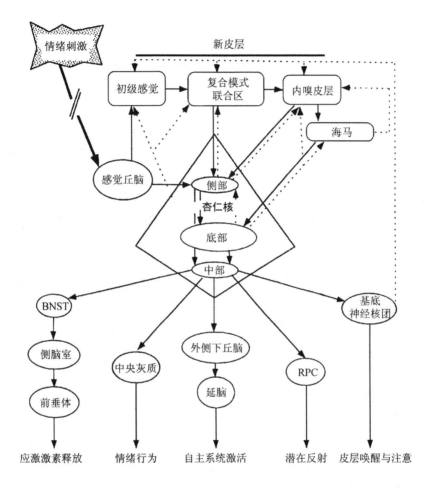

BNST：纹状体末端底核
RPC：桥尾部网状核

图 3-4 条件性恐惧学习的情绪环路

引自 R. Davidson, K. Scherer & H. Goldsmith (Eds.), 2003, p.54。

此图显示，单纯感觉刺激通过丘脑（皮层下路径）和新皮质联合区（皮层路径）的平行投射到达外侧杏仁核。来自内嗅皮层空间关系信息通过海马进入杏仁核底部神经核团。这些核团首要地产生对新皮质的反馈投射（虚线）。内部杏仁核加工则引向中部神经核，这些神经核是杏仁核外导的基地。中部神经核协调卷入防御和唤醒反应的脑干系统。

使所有的哺乳类动物去探索环境。这与科学家通过尝试-错误的方式,从经验中获得知识基本上没什么区别(Panksepp, 1994)。

这个起伏的动力系统的强化作用,其整合性可能更多地与降低而不是与提高这个系统的唤醒相联系。这个系统的起伏,通过内在的学习机制,可调节许多指向目标的行为,这些在动物觅食、求偶活动中是必要的。在人类,这个系统是与脑的高级部位相联系而成为追寻目标的基础。然而,像在精神分裂症的妄想症状中所表现的那样,它的增强能导致某些不正确的想法,坚持肯定某些不恰当的后果而出现某些不恰当的行为。

多年来已完成的许多工作显示,这个系统可被各种不同的正性诱因所激活,尤其在动物早期的片断搜索行为中更容易发生。对于这个曾经有争论的系统的作用,许多研究者的意见已经趋于一致,认为这是一个正性的欲望动机系统。但是这个理解还没有被正式承认,许多心理学家还不能确切地知道如何对待这个重要的脑系统。问题在于,这个系统是否可激起预期-寻找和回避这两种反应。对此,初步的回答倾向于,大多数效果是正性的预期-寻找行为,但也会有些唤醒是厌恶性的,从而产生回避行为。但这并不发生概念上的矛盾,因为成功的回避最终可能在脑内唤醒正性诱导过程,唤起正性的激励过程。

这个系统的脑区定位在腹侧被盖区(VTA),中脑边缘和外侧下丘脑-外周导管灰质(PAG)。(我们将不在此对脑的部位作详尽描述,而只作大略说明——编者)一般地看,这些位置均系脑的较古老部位,它发生在哺乳类动物。这个系统也延续到人类,可以表现为某种程度上带有自发性质的情绪反应。也由于在人的进化中附加了大量的脑组织,增加了由社会经验而来的意识性认知和社会规范对这种情绪的调节,从而导致人类高级的目标指向。

(二) 狂暴系统

对于攻击行为的神经学基础研究,近年来有人采用现代科技持续进行着。多数科学家采取行为学家们使用的"防御系统"这个概念来标定它。然而,它实际上涉及十分靠近、并可区分的两个情绪系统:恐惧与愤怒。正在进行的研究已详细地描述了它们所依赖的神经环路,提出了不同情绪在这里具有可区分的功能(Bandler, 1996)。

狂暴行为在人类是可以被抑制的。狂暴系统定位在杏仁核和海马等分层次部位的许多执行结构中,围绕着氨基酸神经递质(如谷氨酰胺, Glutamate),及其他几种神经肽调节因素一起而建立起来的。杏仁核发挥着使兴奋趋于下降的抑制愤怒的功能,通过一些环路控制着兴奋的作用。这种现象使科学家认为,通过拮抗物的发展,可能产生选择性抗怒剂以抑制狂暴行为。这一点使我们有可能找到人类抑制狂暴行为的脑机制。

考虑到不同种属具有不同的防御关系,脑内可能有包含着可区分的怒与怕之间独立的防御系统。人们预料,它可以产生一定类型的稳定不变性唤醒与混合的感情效能,可导致动物的感觉直接指向迫近的威胁,即恐惧。如果这个系统被肯定,大约可把它定位在靠近海马边缘和下丘脑的不稳定地带——从中部杏仁核到纹状体尾部、中部和外穹隆下丘脑部位。

狂暴通常被看为一种负性情绪。但是也可以把它看为正性的情绪状态。由于它通过寻找-期望系统逐渐发生的欲望条件作用,通过习惯模式化了的有用性价值,可变成一种欲望的工具性反应,借助强化过程,被起伏流动的寻找-期望系统所激活,并产生有可能抑制狂暴而产生期望的适应性行为。

(三) 恐惧系统

一个主要的恐惧系统与愤怒非常相似,位于杏仁核与 PAG 之间,与愤怒相平行(Panksepp, 1996b)。此外,还有谷氨酸胺成分是它的核心。正像大多数情绪系统一样,其主要的神经介质是多样的。包括促皮质激素释放因子(CRF),神经肽类和内源性苯钾类系统。但对情绪系统的动力性中发生的惊慌感情状态进行解说的研究还很少。

大多数研究提及了从海马和皮层到外侧杏仁核通道,在此把有关厌恶性信息线索输送到中部杏仁核神经元,并通过各种整合性的外导成分下行到间脑和中脑核心(LeDoux, 1996)。其他形式的信息,如与厌恶事件相联系的线索,是从海马(Kim, 1992)以及从其他脑的高级部位进入此系统的。另外,脑内是否有几种可区分的焦虑-恐惧系统,是否有复合的认知信息输入到整合的恐惧系统中,已经用脑内 c-fox 表现得到部分回答。它似乎表明,天然的害怕,如个体处于高处的空间,或经典条件性恐惧,能唤醒脑的广泛区域。然而无论如何,脑内肯定存在着独立地调节焦虑的确切系统。

这一研究领域面临的困难之一是,在杏仁核水平以下是否存在着负性功能性质的恐惧环路。遗憾的是,行为神经学家认为恐惧系统的线路只有输出成分而没有整合性或感情性功能。这种观点肯定是错误的。因为有理由相信,"担心害怕"属性的存在,已经由下列研究所澄清:即通过杏仁核以下环路的神经动力作用,可到达与学习相联系的杏仁核环路以及相联系的皮层地带(Panksepp, 1996b)。因此,在杏仁核以下的恐惧环路很可能也能抑制引起习惯行为。这就给我们提示了确定某些动物或人类在面对恐惧情景时产生抑制行为的可能神经路径,从而确定在杏仁核与 PAG 之间的大部神经系统的功能性质是什么:它仅仅是一组行为的,天然的外导单位,还是一种对恐惧的感情性体验活动的整合系统。这个问题由于在杏仁核以下的恐惧环路可能引起行为抑制,就很可能证明在这些环路中有产生恐惧体验的具体位置,但尚待证实。

(四) 育幼系统

在生物进化中鼓励动物彼此照顾的神经环路在脑中产生,这是生物进化的一条重要的必经之路。这种驱动雌雄双方互相接触的机制发生于预先存在的性欲神经环路的基础上。它有助于维持雌性性欲的关键的神经介质——催产素(oxytocin)的分泌,而催产素对初次成为母亲的雌性的母性驱策力起关键作用。同时,它还调节雌雄双方的性感并帮助分泌乳汁哺喂幼体。当幼体刺激乳液分泌,触觉信号传到下丘脑侧脑室(paraventricular)神经元,后部脑垂体神经轴索就释放催产素。然而脑中还有广泛分布的催产素神经元系统,促进分泌营养物。如果这个初为人母的雌性不能感受到脑催产素系统的驱动,她就不会很快地产生母性的机能(Petersen, 1992)。

一项值得重视的发现是,这种对整体性控制分娩和乳汁分泌的激素,对母亲激发喂养幼体的感情性感受也是重要的,催产素能促进子宫和乳腺的平滑肌收缩。另一种主要的激素——催乳素(prolactin)——通过调节感情状态也有助于母亲照顾婴儿。在婴儿出生的前几天,产妇的乳腺通过来自前部脑垂体的催乳素的合成与释放,乳腺分泌就已经被启动而产生。当脑内这种肽准备好母性的驱动力,乳腺催乳素就会促进乳汁的合成。这些神经肽是如何控制这种表示母婴联结特点的哺喂和关爱的微妙感情,对将来的研究仍然是一个挑战性问题(Nelson, 1998)。

(五) 痛苦系统

与社会伙伴隔离的年幼动物因分离的痛苦而叫喊的神经环路在脑的位置已经被确定(Panksepp, 1988)。在前脑,环路由处于纹状体尾部、背部前视区和腹部隔区的底部大量的神经元所表示;在间脑,环路为大多数大量的神经元集中在中海马区;在中脑,最大量的神经元集中在 PAG 嘴的背部;在皮层,前部扣带回被卷进社会性情感的高级整合(MacLean, 1990)。这个系统很可能对社会性动机提供一特殊的心理能量:人只要处在孤独状态中,心理就会受到伤害。

这个系统详细的相互连接尚不清楚。但有些神经化学物质已被确定。向脑内注射谷氨酸胺能激活这种情绪反应,阻断谷氨酸胺受体则会明显地减少分离喊叫。当其他几种肽类降低分离痛苦时,尤其是使用鸦片、催产素和催乳素时,另一种对这个情绪重要的激活器是促皮质素释放因子(CRF)。可以认为,在调节这种社会联结中,化学调节应起主导的作用,但肯定的资料尚不充分。这个系统被发现在早期儿童自闭症的发生中起作用,在治疗中采用鸦片剂受体拮抗物已看到有益的效果(Bouvard, 1995)。

(六) 愉快系统

哺乳类动物脑内存在着作"兜圈子打滚"游戏的基本系统是肯定的。它很可能在脑内组成为快乐的系统。人们对它的脑定位还不太清楚,但有证据提示其关键成分是紧密地与分离痛苦系统连接着。它导致良好的感觉。快乐和悲哀在脑内是紧密地缠绕在一起的。它的脑区域可能在 PAG 腹侧嘴区,在这里脑的刺激产生正性感情反应。一般来说,激活分离痛苦的化学物质会减少动物的游戏,而几种降低分离痛苦的化学物质,特别是鸦片,能增加动物的游戏活动(Vanderschuren, 1997)。近来对幼鼠使用一种逗乐的声音模型,这种模型反射出一种原始的哺乳类的笑声。对这种模型的刺激幼鼠表现了强烈的欲望条件作用和喜欢这种与逗乐模型相联系的刺激。由于这种测量方法比游戏本身更方便使用,它能对社会性快乐提供一条独特的途径(Panksepp,1998,1999)。现在看来许多以社会性为主导的能力也能够通过声音的游戏系统而学到。对于这种主导性是否有内在的脑系统还不为人所知。但也有许多研究介入其中,如在罹患注意缺损多动症儿童中,脑的"兜圈子打滚"游戏系统中产生的活动过多。这个系统可能与精神健康方面的问题有关。

五、杏仁核与海马及情绪与记忆

(一) 杏仁核与海马的联系

1. 杏仁核与海马的联系以及二者相对独立的功能 上文已提到杏仁核在边缘系统环路上的核心作用。这种作用体现在扩大了人类情绪活动的实际意义和功能。例如,情绪是可记忆的;就是因为其可记忆的性质,情绪才有可能具有适应的功能。在情绪性记忆的实验中,观察到杏仁核与海马的间接联系(杏仁核与海马之间无直接联系,情绪信息是通过脑的内嗅皮层而达到海马的——见前文),海马则是记忆的重要机构之一。正是杏仁核与海马的联系,才是情绪性记忆的机制。

为了研究人类在一般恐惧反应和情绪记忆的关系,科学家探索了杏仁核与海马的联系。从动物实验到人类,采用厌恶性刺激事件引起条件性恐惧反应是最方便的实验模型。在动物研究中采用厌恶性食物为条件性刺激,发现杏仁核与海马的相互作用影响着恐惧反应。即诱导动物的习得性恐惧,需要海马的参与。然而在人类的条件性恐惧反应中,则不需要海马的参与。但为获得人类外显记忆及其对意识觉知的有效性,海马是必须参与的部位。例如,在损伤了杏仁核的病人身上测试,在给予情绪的无条件刺激(US)后给予条件刺激(CS),被试并不产生条件性恐惧,但是产生关于两种刺激的语言报告,即认知的说明。这样的实验显示了海马系统 CS 和 US 之间的记忆联系会产生认知,但对 CS 不发生恐惧反应。然而,对患者的海马受到损伤而杏仁核完好测试时,他们不能报告 CS 和 US 之间的关系,但可测到皮肤电条件反应的变化。这说明海马与杏仁核在得到不同类别的厌恶性刺激作用时,是分别独立地进行操作的。即海马对记忆起作用;杏仁核对情绪的发生起作用(Bechara,1995)。这种现象生活中随处可见。例如,当听到某居民对邻居具有某些不安全威胁时,并不见得使我们体验害怕,一旦此人真的成为自己的邻居,才真的害怕了。这就是,在获得某一恶性事件的外在知识时,海马是必然参与的,但得到此信息时,由于没有杏仁核的参与而不产生害怕体验,而后发生的情况则会出现害怕反应,这时杏仁核是恐惧产生的媒介。

实验研究证实了下列现象:告知被试"当看到彩色方块时会受到电击"这样的指令,一般被试,看到呈现彩色方块时均产生恐惧反应,尽管没有一个人受到电击。而杏仁核受损伤的病人,在同样的提示下,对彩色方块则无恐惧反应。一项新的 fMRI 测量表明,杏仁核活动强度与恐惧反应的强度显著相关(Phelps & O'Connor, 1998)。

2. 情绪调节对记忆的影响 上述研究结果提示,依赖于海马功能的厌恶性外显表象会调节和改变杏仁核的活动,杏仁核的活动又会加强或削弱依赖于海马的记忆。这些结果说明了与情绪事件相联系的应激或唤醒能提高对此事件的外显记忆。菲力普斯的几项研究发现,杏仁核损伤患者在应激情境中并不显示外显记忆的提高(Phelps & LaBar, 1998)。因此可以认为,对唤醒事件提高记忆的重要影响因素之一,是杏仁核对海马的调节。另一项 fMRI 研究考察了杏仁核的糖代谢。当给被试看情绪性和中性电影片段作为刺激,发现他们的糖代谢率与以后回忆情绪性事件的效应有正相关,而对中性事件的回忆则无此显示(Cahill, 1995)。

情绪调节海马的记忆功能可能有多种机制,只有其中一部分与杏仁核有关。情绪调节使海马功能得到加强,这种加强是一个长时间的过程。当事件被编码之后的一段时间,海马的记忆才会变得更长久。因此,对情绪性或中性刺激在编码时间过程的不同点上,影响记忆的强度有所不同。按此假设可以证明,应激和唤醒事件比中性事件记忆得更长久。我们知道,人们经历的体验深刻的事件能记得很久,这是情绪的行为研究早已证明了的事实。而神经学研究也证明了这一点。Phelps 和 LaBar 的新近研究显示,以杏仁核损伤患者与正常人相比较,对情绪性词语和中性词语遗忘率的差异,与前面所得结果相同,正常被试与杏仁核损伤被试显示了不同的遗忘曲线:正常被试长时间地记得的情绪词多于中性词,而病人对两种词的遗忘率无区别,他们的长时记忆很少。这证明了人类杏仁核有助于海马记忆功能的加强。

由于道德原因,全部研究对人类均采用低水平唤醒的和低应激刺激,而不能在实验室引发高水平应激或恐惧。动物实验采用高水平应激的确能提高杏仁核的功能,但此时海马功能也受到损害。这一点虽未在人类进行实验来加以证明,但从人们生活中自然产生的强烈的应激和恐惧之中的情况来看,这种高水平应激会损伤人们的海马的记忆过程。实际上证实了人类长期处于应激状态中将损伤海马的记忆功能(Bremner, 1995)。

(二) 杏仁核的评价功能

环境中存在着许多对人的威胁信号或厌恶因素,而人们似乎有现成的预成程序去认识和采取行动去对付它们。这方面有些研究已揭示出,杏仁核在经常发生的环境刺激中具有作出评价的作用。有人报告了采用"可怕面孔"作为刺激的研究,发现被试在对这种刺激的评价中,杏仁核起着关键的作用。一位杏仁核受损伤的女性可以毫无困难地识别并说出人的正常面孔及其面部表情。而当向她呈现可怕面孔刺激时,她却没有产生惊吓反应。fMRI 测试也得同样结果(Adolphs, 1994)。

更多的研究把可怕面孔与正常面孔及其他表情面孔相比较,对可怕面孔产生更多的杏仁核活动。这些发现提示我们,杏仁核活动是一种最初的警戒系统,它使人准备对威胁发生应付反应，这种反应甚至发生在对存在威胁的觉知之前。这可能就是情绪的神经系统"双环路"的作用；在刺激作用开始时，杏仁核似乎可以独立地起作用，显示了杏仁核在进化中获得的功能；其预成的快速反应具有生存意义。

然而，对阿道夫(Adolphs)的研究结果还是有争论的。几项研究发现，不同被试对威胁性刺激的评价有所不同，这个不同是与年龄有关的。杏仁核受损伤年龄小患者比年龄大患者更不能识别可怕面孔，说明这种识别能力，在一定程度上，是在人的成长过程中学习到的。因此，双环路的传导功能可以解释为，人们对威胁情境的觉知是有习得性经验参与的(Anderson, 1996)。所以，杏仁核受损伤的成人仍能识别惊吓性刺激，可能是由于海马的记忆经验起了重要的作用。因此，随着个体的成长，人类杏仁核的一般评价功能应看做是递增的；在杏仁核受损伤后，在海马的参与作用下，还在一定程度上可以保留认识的经验。然而，对威胁性刺激的先天预成功能是否只与与杏仁核有关，它是否有习得性功能，是涉及杏仁核的评价功能的性质的，其含义和重要性还需要更多的研究。

本章概略地描述了情绪的神经结构，以及这些神经结构与某些单一的先天性情绪反应的一般关系，还特别指出了情绪与记忆的联系机制。应当指出，有关情绪机制的研究已经很多，而在我国还是空白。本编者选用这些研究成果只是一孔之见，遗漏很多。只能给有兴趣的研究者提供一个线索，大量的研究还需要我国学者自己进行。

推荐参考书

Beridge, K.C. (2003). Comparing the emotional brains of human and other animals. In J. Richard, K. Scherer & H. Goldsmith (Eds.), *Handbook of Affective Sciences*. New York: Oxford University Press.

LeDoux, J. (1996). *The emotion brain*. New York: Simon & Schuster.

LeDoux, J. (2000). Emotional networks of the brain. In M. Lewis & J. Haviland (Eds.), *Handbook of Emotion*. 2nd. Ed., Chapter 10. New York: Guilford Press.

Panksepp, J. (1998a). *Affective neurosciences: The foundations of human and animal emotions*. New York: Oxford University Press.

Panksepp, J. (2000). Emotions as Natural Kinds within the Mammalian Brain. In M. Lewis & J. Haviland (Eds), *Handbook of Emotions*, 2nd., Chapter 9. New York: The Guilford Press.

编者笔记

本章是近十年脑科学对情绪机制研究的新成果。集中介绍了对杏仁核的情绪功能的新发现，以及与杏仁核相联系的脑的其他部位，如眶额回皮层、扣带回皮层等部位的情绪功能。概述了从发生上看原始情绪的发展及其大致的脑的部位。这对我们理解人类情绪提供了一个生理-心理基础，即提示了人类情绪活动并非某种主观臆测的东西，而是具有神经生理学的根据的。

本章开始说明了情绪发展的三个层次，编者按照这三个层次在不同章节中叙述情绪的发展：第三章,原始情绪;第九章,基本情绪;第十一章,社会化复合情绪。还简述了从海马与杏仁核的联系看记忆与情绪的关系。

本章几乎全部为神经科学的资料,一般读者尽可按自己的兴趣选读。对研究生或教师来说,则可按参考文献深入钻研。推荐读物中,刊载 LeDoux 和 Panksepp 文章的两本手册是可以在国内图书馆找到的。

4

情绪的主观体验与脑

一、情绪体验的性质

情绪的感受是心理活动一种带有独特色调的觉知或意识,是情绪的主观成分,情绪在意识层面上的感受称为体验。不应认为前语言阶段的婴儿和动物具有体验,因为他们还没有语言意识。但不能说他们没有感情和感情性的内在感受。体验的外显方面是表情。当我们揭示体验与表情的性质,就能理解为什么说婴儿以及高等动物,是有感情性感受的,并说明什么是体验。

(一) 情绪体验是脑的感受状态

从神经系统进化的观点看,动物适应生存的趋避行为总要在脑内留下痕迹。生物体经过长期的遗传与变异,这种脑的痕迹成为可遗传的程序化模式。在神经系统进化到产生中枢神经系统的阶段之后,来自外周的神经激活,进入脑的核心部位与高级中枢,在脑内留下的痕迹,就具有感觉的性质。这种感觉不是特异神经通路的感觉(sensations),而是非特异神经通路的感受(feelings)。由于从延髓网状结构的上行激活系统向脑的高级部位输送的兴奋是弥散性的,它影响整个神经系统,并涉及整个有机体。这种弥散性的脑的整体唤醒所引起的感受带有特殊的色调,就是我们统称的感情,也就是情绪。情绪感受从脑的中心环路与皮层和外周神经上下连接,从而把环境信息与生命活动联系起来,影响有机体的目标定向和选择行为。这一过程引发的情绪感受状态,在人类身上终于达到了意识的水平,称之为体验。同样,从个体发展而言,情绪感受的觉知水平随个体年龄的增长而发展,并随着语言能力的获得而达到语词意识水平,也就产生了体验。因此,追根溯源,从发生上说,情绪体验就是达到意识觉知水平的脑的感受状态(feeling state)。

然而,人类的情绪体验在心理上有着多水平的整合,它可以发生在感觉水平,也可以发生在认知水平;可以发生在意识下水平,也可以发生在意识上水平;可以发生在非语词意识水平,也可以发生在语词意识水平。换言之,人类的情绪体验可以在意识水平上出现,也可以在意识水平下出现。但是要指出,有特定含义的体验,不是指语词意识本身,而是指在语词中出现的情绪的感受色调。同样可以说,情绪体验的意义和特色调,不是从认知加工系统获得的,而是从有机体与环境在进化的长期相适应的过程中,在生存和需要的满足与否之中发展而来的。这就是说,情绪之所以成为与认识过程不同的心理形式,其可感受的特定色调及其外显表情是情绪的根本特征,如果说表情是情绪的外显行为,体验则是情绪的心理实体(孟昭兰,2000)。

(二) 情绪体验具有监测功能

生理学家普里布拉姆(Pribram, 1970)从情绪的神经生理学方面注意到,情绪具有一种特殊的监测功能。这种监测功能来自情绪的神经机制的特殊性所导致的感受过程;这种感受过程对整个心理活动起着监测的作用,从而提出了感受体验是心理的监视器的观点。普里布拉姆认为,情绪的感受体验在意识中是持续存在着的。举个通俗的例子:截肢患者痊愈后,被截去部位的疼痛感仍然可能持续存在。这种现象一般被解释为截肢痛的记忆或幻觉的作用。问题在于,是什么引起疼痛记忆的再现或疼痛的幻觉呢?是语词意识吗?要知道,感觉和感受是联系着的,但却是不同的。在记忆或幻觉出现时,无疑是有语词意识参与的。但引起患者并不情愿的疼痛感的驱动因素却是在意识中持续存在着的感受体验。关于疼痛的记忆启动,不但包括疼痛和疼痛记忆本身,而且包括痛苦的感受体验。它是引起疼痛感持续存在的契机,诸如焦虑或忧愁等感受状态,它们一般在脑内以心境背景的形式持续地起着扰动的作用,激活疼痛记忆或形成疼痛幻觉。对此例可以这样理解:情绪或感受体验在意识中的存在具有不同的形式和强度,表现着不同的维量水平,可以处在不同的知觉水平上。急剧、强烈的情绪不能长时间保持,但低强度的情绪感受可以持续存在较长时间。

情绪感受是直接由神经过程诱导出来的。它以脑内一种"感受流"(feeling stream)的活动形式存在着,在意识里表征为一个持续的感受过程。它的性质和强度的变化依赖于情境事件的意义和神经过程。脑内边缘结构和丘脑系统,包括特定的激素和神经化学递质活动,保证感受流的持续存在。例如,忧郁症患者持续地由痛苦和压抑等负性情绪所主宰,焦虑是由恐惧、内疚、愤怒等情绪所控制。它们是由神经和生化过程所主导、并有认知参与的脑的状态,也是人们通常称之为不良心境状态和情绪的病理表现。

20世纪70年代,普里布拉姆曾对情绪体验的监测机制作出解释。但是,在那个时期,根据对脑的研究水平,他只能一般地指出,情绪感受是由一个复合而交互联结的脑核心结构的操纵所产生的。他认为,这些部位的神经元聚合体所具有的敏感性与其控制作用的特殊结合和相互影响,产生一种可能性,即这些脑结构的持续加工成为它不断地监视它们自身状态的最好工具,从而使情绪感受不断地在有机体内外情境作用下协调自身的状态,维持它和改变它本身(Pribram, 1971)。这很可能是情绪感受状态可以在低唤醒水平上持续存在的原因,即心境存在的机制,而且对自身起着监测的作用。

（三）情绪体验具有不变性

情绪体验具有一种独特的性质，即每种具体的情绪体验在主观上可感受的色调是不变的。个人所体验到的每种具体情绪，诸如快乐或悲伤，在色调上没有个体、年龄差异，也没有性别、民族差异。每次引起某种情绪的情境及其所引起的情绪类别、强度和持续时间均可能不同，但其所携带的特定情绪色调永远不变，这意味着情绪体验的泛人类性。

情绪体验的外显行为是表情。有机体从低级到高级的进化过程反映外界事件对有机体的意义的复杂化，并导致情绪的分化。情绪的分化过程也是内在体验和外显表情的分化过程，它们是同步的。在进化中，表情成为先天性固定模式，体验的分化也具有了先天的固定色调。因此，体验色调的不变性来自先天的表情和感受的一致。表情的适应性作用正是由体验的不变性所促成的。比如，新异情境有可能意味着潜在的危险，从而引起恐惧的表情和相应的体验。这种相应的表情和体验永远表征着"危险"这种情境。这种情境引起的表情永远是同一的，同时产生的体验感受也永远是同一的。而高等动物在同种属中传递着"危险"来临的表情（声音）信号，其核心成分正是这种永不改变的情绪感受本身。而在人类，其核心成分则是可意识到的或下意识中永不改变的体验。可以设想，如果对痛苦、厌恶、恐惧等体验所提供的内在感受信息线索是经常改变的，有机体在受到危险或威胁时，它们就不能成为逃避的信号，在个体体验中如何应付这种局面将无所遵循，从而增加受到伤害或遭遇威胁的机会。如果没有情绪体验的恒常不变性，就没有情绪的适应作用。

人与人之间的社会联结，也是由不变的体验感受进行协调的。人类婴儿感情体验的不变性使其对某个特定的人产生依恋成为可能。母婴联结的建立，以及二者之间的感情交流，使人无可怀疑地觉察到情绪感受的存在及其恒定不变性的存在。可以设想，如果婴儿的喜、怒、悲、惧等感受体验，所具有的体验色调每次都是不同的，那么母亲觉知婴儿状态的适应作用就根本不会出现。这种对各类具体情绪的感受体验的不变性，最终使儿童懂得产生愉快或悲伤的原因和结果，并产生对具体情绪的认知和概念。从这个意义上说，情绪的感受体验是观念和概念形成的首要因素。

在社会价值很高的感情体验中也是如此。例如，助人行为、同情不幸者和保护弱小，是人类社会集体生活所应有的特征，也是人类在社会形成过程中获得的行为方式。然而，人类成员得以继承或产生利他行为的可能，是由情绪体验状态的不变性所促成的。这表明，只有在人人对利他行为具有同样的体验，诸如同情心和自我满足感发生的时候，人们才会在相互之间去做扶弱济困、解人危难的事。无论是正性的或负性的情绪，人们只有在能够共享他们所固的感情体验上的恒定不变时，才会获致社会文化进步和促进文明习惯的养成。也就是说，情绪体验的恒定不变性，乃是社会文化、道德素养提高的心理根源之一。霍夫曼指出，同情体验成分的不变性和稳定性是助人行为的心理基础(Hoffman,1983)。表情为同情体验提供人们之间交流和交融的社会性刺激,利他行为是由同情体验诱发的(孟昭兰,1989)。

二、情绪的主观体验与脑

情绪体验的发生,如果没有神经科学的分析,就不能达到对体验的实实在在的了解。维廉·詹姆士关于情绪的外周理论影响了整个20世纪的研究。其实,外周反应在情绪的产生中虽然是存在的,但它却误导了长期的研究方向(LeDoux,1996)。

长期以来,由于还没有一致认同的方法对情绪状态作实验性分析,许多神经学家把情绪性感受放置在科学分析的范围之外;一些脑科学家之间对情绪体验的认识也有不同。有人认为,我们对感情性体验的神经学基础的认识,可能还在被神经动力系统所遮盖着,从而使我们不能清楚地看到。它很可能直接产生于身体器官和其他部分在脑内的神经符号和神经动力系统的表象(Panksepp,1998a)。而另外的科学家则认为,体验可能产生于脑的更高级部位(LeDoux,1996)。确实,研究证据表明,直接刺激大脑皮层并不能促使体验产生。与此相反,脑干的不同部位调节情绪体验的证据更为有力。实验证明,大脑皮质损伤只降低情绪的程度而不具有激发体验感受力的作用。早在几十年前已知,去皮层的动物仍有情绪反应,甚至其激活度更高。但大脑皮质对情绪的调节,如延长或缩短情绪的存留时间,可能有更复杂的机制。为了理解情绪,需要把体验作为情绪研究的许多方面之一。

(一) 方法论基础

在过去,甚至到目前,测量情绪主观感受的惟一方法只能是通过动物的行为改变和人类的语言报告,但这不是令人十分满意的方法。由于非语言优势的右半球经常被语言优势的左半球过度控制,左半球更适合于面对人的社会生活和交往。因此,在研究情绪状态时,采用语言报告的方法可能需要特殊的谨慎。比如,人们的理智思维可以达到人为的控制情绪或掩盖情绪的目的(Ross,1994)。这是我们常见的现象,也是研究方法的困难所在。

考虑到基本情绪状态是一种反应某些类型的外界刺激和认知特性的神经动力系统,为了创建可靠的方法去寻找对感情体验性质的解释,至少有三方面内容我们需要把握和确定:(1)在分析先天的和习得的情绪行为时,探讨情绪过程的实际操作是如何进行的;(2)研究情绪感受操作的脑的物质基础;为此,(3)要尝试去构建一个足够有力的策略以理解高等动物脑中感情体验的性质;因此需要建立一个模型,系统地研究体验的神经学性质,其结果有可能帮助我们揭示人类情绪的机制。

采用脑成像技术研究情绪状态已有很大的进展。但是更常规的方法也不能放弃,如采用脑电图描记方法,可监测到脑的感觉印迹。有人在一定程度上监测额叶皮层α

波,对快乐和悲伤的音乐片段刺激所记录的 EEG 信号产生了一些差异(Panksepp,1997),表现出悲伤音乐促进大脑皮层的唤醒——去同步现象,而快乐音乐则促进大脑同步现象。但是,这个对具体情绪反应的结果仍不够有力。同样,用简短的情绪声音,如快乐-愤怒,愉快-悲伤等的声音,从大脑皮质外层用 EEG 的方法去测量,同样缺乏区别的力度。这可能是由于企图从大脑表层记录得到基本情绪清楚的 EEG 信号指标,必须把电极插入皮层下系统,以求得到不同情绪唤醒的特点。这样做必须严格控制电刺激的具体部位,而且首先要用动物来进行。

考虑到基本情绪状态很可能是古老的脑的功能,有学者指出,需要建立一个模型体系,系统地研究这种脑的状态的神经学动力学性质。在对人的研究中,应当在分子水平上,在测量动物的回避或接近等敏感行为反应的基础上,补充神经药物学的方法,采用各种神经药物制剂,来改变性质相同的神经化学系统,这样可系统地观测到人的心境状态,也就是体验状态和情绪反应(Panksepp, 1993)。已有丰富的资料说明,在人脑中促进 5-羟色胺和多巴胺活动,能导致减弱负性心境,促进正性感情和社交行为(Knutson,1998)。还有些更惊人的发现,采用某些脑化学物质,特别是那些社会上滥用的药物或毒品,能促进脑内多巴胺唤醒水平,表现为兴奋和快乐。

目前发现,少数神经肽类能调节脑的状态。早已知道的是鸦片能短暂地诱导正性心境状态,但是当这种制剂被驱散后,立即产生相反的过程,导致强烈的负性心境。采用抗焦虑药物,通过其脑内的化学受纳器作为刺激物,也产生改变情绪感受的效果。近来发现,阻断 P 物质产生强有力的抗忧郁的效果(Kramer, 1998)。可以预料,分子类制剂可阻断加压素的分泌,这可导致降低雄性的性渴望,而刺激催产素受纳器则导致增进社会性热情和社会性连接。(加压素和催产素都是对情绪状态有影响的神经肽类,详见本书 pp.66~71)。在这种水平上有许多研究的可能性,但不要忘记对特定受纳器和使用的特定量的实验效果,因为许多神经肽受纳器对环境事件和身体条件的影响的不同,其功能有动力性改变。

(二) 情绪感受体验的产生

1. 情绪体验产生的演化观 一种观点是从情绪演化的初级水平来看情绪感受的产生,认为情绪感受发生于脑内最初的神经符号的整体表象与情绪环路唤醒的相互作用。这种观点是这样解释的:脑内最初的神经符号的整体表象是一种虚体映像(virtual body)。这种虚体映像经常处于一种起伏流动的状态,能在中脑和脑干下部自发地激活代表它自身的神经网。情绪性感受的最初来源可能就是来自这种虚体映像。在有机体内外情绪刺激的作用下,脑内产生的神经符号,也就是上面所说的虚体映像,能自发地激活那个代表它自身的神经网,从而建立起流动着的、表征为情绪状态的神经动力系统。这种神经活动的内源性模式在机体组织中起着一种维持稳定基调的作用,并对各种干扰提供一种体内平衡的参照点。最终,那些干扰通过神经系统各个高级层面的相互作用，有机体就会感到一种感情性状态。由于这种感情状态的连续不断的特点，它在脑内意识的工作空间中广泛而持续地活动着。这就是占据脑在心理水平上持续不断的情绪感受的来源，即情绪体验的来源(Panksepp, 1988a)。

这种情绪系统操作所依赖的最为核心的虚体映像可能更多的是依赖于运动系统的活动所构成的。（自然，起初进化的感觉指导系统必须以一定的预先存在的运动能力水平为基础，它们很可能是骨骼肌系统所表达的情绪表情）。在进化着的神经系统中，最初的运动性虚体表象对其他心理行为的发展提供一种实在的基础，对有机体最初的目标指向或回避行为提供一种重要的神经预置机构，这种机构对以后感情发展具有先天预成的性质。这个论点已经把情绪感受与由运动系统表达的身体和面部表情联系起来了。

普里布姆在解释情绪体验的监测机制时，曾经一般地预示，情绪感受是由一个复合而交互联结的脑核心结构的操作产生的。新近的研究证实，这些脑的基本过程发生在中脑和间脑的中间带，这个地带包含着建立情绪性感受的关键神经组织。这些地带紧密地连接着脑的高级区域，如前扣带回和前额叶等区域的情绪调节环路。这些区域有大量的神经纤维聚合到边缘区及其上下行连接，整合着由外感受器而来的信息和通过网状激活系统的兴奋引起的注意和意识活动。这些脑核心结构的特点是由具有短而细的多支纤维构成的神经元所组成。感情的神经电位的组织模式可能只发生在这些多支纤维的神经元之间的平行传导和平行连接上。正是这种处于脑核心部位的神经的繁复、平行传导，调节着脑的弥散性激活状态，它所建立的整合系统就是整体性的感情状态(Panksepp, 1988a)。

由于脑核心部位的神经元聚合体具有多突触结构，它们对血液循环携带的化学物质特别敏感，从而成为一个特殊的感觉受纳器的部位而起作用。这些神经元聚合体所具有的敏感性与其控制作用的特殊结合，成为持续地监视它们自身状态的最好工具，从而使情绪感受不断地在有机体内外情境作用下协调自身的状态，维持和改变它本身。这就是为什么情绪感受状态可以在低唤醒水平上持续存在的原因。它不直接受自主神经系统的影响，而由脑干、皮层下神经核团和丘脑系统的整个环路所直接调节。它不但是心境存在的机制，而且对自身起着监测的作用。由于这些地带紧密地连接着脑的高级区域，如前扣带回和前额叶区的情绪调节环路，它在把情绪的整体感受携带到人类意识中可能十分重要。有理由认为，高级形式意识的产生是基于最初的感情性基础。

这些看法还需要更多的实验来证实。但仍然可以认为，这些高级形式意识产生的基础的任何损伤都会严重地危及意识的高级形式。再有，如果这些区域是一种由进化而来的对其他脑部位提供活动的重要核心，由于记忆的神经机制的作用，即使在脑与输入输出的联系割断后，它可能在个体持续地和清楚地维持着的神经环路中反复回响，并在个体脑中保存着有组织的人类文明。

专栏

为了进一步的研究，明确地确定维持脑组织中的初级过程或核心意识的准则，对我们是有帮助的。进行神经学实验，注重以下三个要点看来是必要的：(1) 选择并确定脑的关键部位。标准是，以最低程度的损伤，在最大程度上影响整个的心理能力；(2) 采用最低程度的外源刺激，无论是电的或化学的，诱发最强和最相近的感情-情绪行为状态；(3) 解剖上，在信息丰富的聚合地带，从脑的其他区域接受最集中的输入和最丰富的输出。目前，这个最初被选定的脑区代表，包括感觉运动中枢（PAG）及其围绕着的组织。脑的这个地带包括建立情绪感受的关键神经组织，甚至涉及与这些组织紧密连接着的脑的高级区域，如前扣带回和其他额叶区域的情绪调节环路。这样的研究是期望把情绪的整体感受携带到人类意识产生的概念中（Panksepp, 2000）。

（三）情绪感受的产生与工作记忆

情绪感受性体验带有可感觉到的特点，科学家断言高等动物在很大程度上感受着舒适，恐惧，愤怒等情绪。感情性感受是人类意识的前身。动物的情绪感受也是一种"意识"，只是它们还没有人类的语言，不能通过人类语言告诉我们它们的感受是怎样的。无论如何，人类脑内情绪系统的活动如何被人本身有意识地所觉知，一些神经生理心理学家假设，意识的产生是与工作记忆一起操作的（Johnson-Laird, 1998）。他们采取一系列有组织的对心理空间的工作进行比较和加以操纵，结果发现，例如，对一个即时刺激的工作记忆与储存在长时记忆（外显）中的相似刺激是在脑的同一区域中进行操作的。这些研究使学者发现了这些记忆的脑部位。

许多关于人类和猿类的工作记忆加工的研究，定位在前额叶皮层，尤其集中在背外侧前额叶区域，包括前扣带回和眶回区域（Baddeley, 1996）。即时刺激与储存的表象通过在前额叶区域感觉加工系统，与涉及海马和有关区域的长时记忆的相互作用，在工作记忆中整合。这表现为短时记忆并进行知觉加工。

这样，把主观感受的发生与工作记忆联系起来的理论假设认为，意识的机制对情绪的主观状态和非情绪的主观状态是统一的；它们的区别在于脑干知觉的时间。如果一个情绪性刺激被激活，如老虎，它所唤起的觉知，进入工作记忆，这个过程可被唤起而无情绪；只有当脑的恐惧系统被激活并附加到知觉信息上，才是恐惧状态发生的条件。这时，情绪状态的激活可以影响知觉和短时记忆的操作和更高级区域的操作。虽然杏仁核并未与背外侧前额皮层直接联系，但它与前扣带回和眶回这两个工作记忆区有联系；这是工作记忆与情绪联系的通道。同时，杏仁核通过非特异神经系统，投射到大脑从而牵涉到皮层唤醒的调节。杏仁核还控制身体反应——自主神经系统、内分泌和行为，所有这些因素间接地影响着皮层加工，如肾上腺素。于是，工作记忆会接受大量不同的输入，这些附加的输入加入到工作记忆表象中时所需要的感情充电就转变为情绪的主观体验。这种关于情绪感受的假设可用于任何情绪。这就是说，情绪感受来自工作记忆发生之时，被脑的情绪系统的启动所占有。总之，这种假设认为，情绪状态与其他意识状态的区别不是基于不同的机制，而是同一意识机制可被任何事件或情绪所启动(图4-1)。

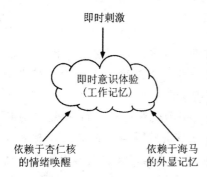

图 4-1　情绪感受产生模式图
引自 M. Lewis & J. Haviland (Eds.), 2000, p.167.

综合以上两种观点，可归纳为几个要点：(1) 从发生上说，意识和情绪感受状态是同源的；或者说，最初的意识就是情绪感受，二者共同地被那种"最初的神经符号的整体表象所形成的那种'虚体映像'所占据"。动物的情绪感受未上升到语词意识水平，可归结为虚体(模糊)意识的萌芽。而人类语言的发生，使人类的情绪感受在语言的逐渐参与下，从"模糊"逐渐清晰而达到语词意识的水平，成为可意识到的体验。在这个意义上，我们看到了情绪体验与意识在发生上的不可分性。(2) 从外来刺激的即时性看，主观感受与感知也是同源的，即在工作记忆发生时如果触发了情绪环路，主观体验就附加在意识上(不过，情绪环路的存在意味着最初的情绪感受已经发生了——见第三章，"双环路")。(3) 以上两种观点可以联系起来，互为补充的。一方面，虚体映像论把主观感受的特殊性从发生上描述得比较清楚，并把最初的情绪感受与意识的发生联系了起来。而从信息加工的观点看，尤其在脑成熟到人类，信息的输入和初步加工的脑的工作基础纳入体验的发生，也是必要的。这样，从发生上把工作记忆的机制与情绪感受发生的机制和意识发生的机制结合起来，就为人类心理、意识的最初的发展展现了一副较为完整的画面。

三、情绪主观体验的神经化学调解

上一章阐述了脑神经科学的情绪机制，有力地证明了脑中存在着从发生上演化的情绪操作系统。虽然神经生物学还没有渗透到情绪的概念领域中，而且不能把从低等动物中的神经学发现直接应用到解释人类的神经心理问题上。但是由于人类与哺乳动物之间在很大程度存在着发生上的同源性，研究成果应该能联系到人类层面上。例如，已知发怒、恐惧、分离焦虑、母性哺喂、紧急预期、愉快等神经环路的存在。从动物模型到人类临床应用上，的确进行了有益的研究尝试(Panksepp, 1991)。应当说，对情绪神经化学的了解还很初步，只是在近20年来得到了哺乳类脑中许多关于情绪的新机制。

这些机制为了解情绪与神经化学之间的联系提供了这些化学物质对情绪所起的激活作用(Panksepp, 1991, 1993)。这里将介绍已知的神经化学物质对情绪体验的发生所起的作用。

(一) 神经化学与情绪能量

从进化的观点可以把情绪看为有机体为适应生存而衍生的一种心理力量或能量。这种力量或能量发生并储存在脑中,体现在动物的本能行为和人类的情绪中。它们的发生机制可能包含着脑内皮层下各个神经环路的各种化学活动。换句话说,神经生物化学已经发展到这一地步,它解释了神经细胞活动的内在机理,深化了我们对情绪体验发生的认识。

正如上所述,脑内最初的神经符号的整体表象是处于起伏流动状态的一种虚体映像。这种虚体映像在皮层下部位自发地激活那些代表它自身的神经网。情绪性感受的最初来源可能就是由这种虚体映像,通过自发地激活了代表它自身的神经网所建立的流动着的神经动力系统(这里重复了本章第二节的描述,为的是从这里引进神经化学在情绪体验发生中的作用)。在这个神经动力系统中,神经化学物质扮演着重要的角色。由于神经化学物质在神经细胞中起着传导的作用,对来自内外环境的各种干扰提供维持生命和体内平衡的警觉参照点。神经化学物质通过神经系统的各级层面的相互加强或抑制的反复影响,能使有机体体验到在最初发生时的那种"模糊"的感觉——感情状态,并在以后进化的时光中,在所演变的脑内意识的工作空间中广泛而持续地活动着。这就是持续的情绪感受的来源,即心境的来源或情绪体验的来源(Panksepp, 1988a)。

神经化学物质存在的证据提示,基本情绪是由长期持续进行的神经环路执行系统所导致的,而脑内广大范围区域神经环路的活动是由这些化学物质广泛分布的效应所控制。正是由于这一点,人的许多生理和心理过程才能承受那些重大生活事件的干预和困扰。就是说,基本情绪系统能唤醒具体形式的觉醒活动,也就是各种形式的激活。它们的特点是一种"状态系统",是一种能通过直接的神经控制和容易扩散到临近细胞的神经递质的控制,与脑的多个层面产生相互作用。例如,这些神经递质可以释放到脑脊液中,脑脊液把这些物质广泛扩散到那些有一定距离的无突触细胞内,促使其产生活动。由于这个"状态系统"能在脑活动的不同层面上产生整体性影响,才能在不同种属的脑形成中产生具体的、各不相同的情绪形式。这些系统适当而及时地对外来信息和记忆痕迹的恢复提供特定状态的编码,对人主观上感受性地、而不是纯理性地认识信息的意义。从而给人类提供一种依赖情绪状态和与体验一致的记忆效应的概念基础(Panksepp, 1993)。这一点要从生理学详细说明还远需要证实。以下把神经化学物质分为两类加以描述,即单纯氨基酸和神经肽。单纯氨基酸是由一个氨基和一个羟基组成的有机化合物;神经肽是由多种氨基酸形成的、具有多种组成形式的化合物。以下首先将涉及单纯氨基酸和生物胺。单纯氨基酸是蛋白质的基本结构单位,如谷氨酸。生物胺是生物体产生的维持生理活动的重要胺类,如肾上腺素、去甲肾上腺素、5-羟色胺。

1. 单纯氨基酸 以谷氨酸(glutamate)为例,谷氨酸是为调节神经传导而产生的神经递质。由于它及其同类是身体的主要营养素,它尤其表达为环境中重要资源的信号,从而有利或抑制争取这种资源的动作模式。谷氨酸是脑内最富于兴奋性的神经递质,它的受体强有力地促成中枢感觉和运动过程,以及更高级的过程,包括感情、记忆和认知活动。由于相当数量的情绪模式是由局部脑供给的谷氨酰胺类受体兴奋剂所引起,许多对情绪的基本动作和计划可能围绕着这类神经递质而组织起来。

谷氨酰胺(Gln)类是脑内代谢的末端物质之一,γ-氨基丁酸(GABA),是脑内最富于抑制性的神经递质。由于谷氨酰胺类和 GABA 是在脑进化中发生较早的化学物质,它们影响许多基本情绪过程的兴奋和抑制控制。GABA 可能参与脑内每种活跃的心理行为过程,尤其强有力地形成对焦虑控制的临床治疗,通过苯甲类(BZ)温和镇静剂促进 GABA 对恐惧环路的抑制(Haefely, 1990)。由于 GABA 产生于即时的能量代谢,它能通过哺喂环路提供长时的抑制控制的信号。从这方面说,它的发生管理整个脑的抑制过程是毫不奇怪的。当有机体获得足够的能量而没有紧急情况在视野中出现时,它们的脑就隐蔽到一般的抑制中——动物就睡着了。

2. 生物胺 脑内儿茶酚胺系统中的肾上腺素(EPI)、去甲肾上腺素(NE)和多巴胺(DA)是交感神经系统的核心代表,它们通过代谢、感觉和运动的唤醒提供整体控制。NE 对感觉唤醒有选择性影响,尤其主导着高级感情情境。例如,NE 使受惊吓的动物特别敏感,而 DA 系统更多地涉及正性心理活动过程,特别主导着对急迫状况预期的调解。人类的正性情绪性反应与高水平 DA 的活动有关,不同形式的抑郁会源于个体的儿茶酚胺系统衰竭。另一些形式的抑郁则由于 5-羟色胺被耗尽(Depue & Iacono, 1989)。虽然脑内 5-羟色胺作为具体情绪的潜在促发剂,如对焦虑即是;但也发现不同的现象。5-羟色胺有大量不同的受体系统,从而导致极大的复杂变化的可能性。一般来说,这个系统导入许多情绪过程的抑制控制(Pankespp, 1993)。

根据现有资料,多巴胺的作用产生下列三种循环效应:

- 快乐刺激→促进多巴胺分泌→诱导更大快乐→进一步促进多巴胺分泌→导致压力的下降;
- 快乐刺激→促进多巴胺分泌→产生相应的动机→促发快乐行为,如:
    进食、听音乐→导致快乐→产生寻求美食和听音乐的行为;
    吸毒→导致快乐→促进多巴胺分泌→诱导吸毒动机
        →促进寻找毒品和吸毒行为;
- 快乐刺激→促进多巴胺分泌→强化免疫系统→起减轻疼痛或起治疗的作用。

乙酰胆碱(ACH)是调解脑内唤醒和注意过程的关键神经递质,对一定的情绪过程有直接的影响,狂怒反应就是由于脑的不同区域释放了 ACH 的兴奋剂所致。胆碱能类卷进调解脑的记忆、警戒活动、具体动机和自我刺激过程。

另外,一种碱性含氮化合物(嘌呤的神经递质)能提供对弱心境加强剂(如咖啡因)的调解,它能阻断这类化学物质的活动。嘌呤的神经递质是一种天然的催眠剂,它一般性地抑制行为的激活,其受体特别在丘脑-新皮质的轴索中被增强,表征为显著地加强觉醒意识。

(二) 神经肽与情绪体验

肽是两个或多个氨基酸通过肽键连接而成的化合物。肽键是由一个氨基酸的羟基与第二个氨基酸的氨基形成的。在脑内,内啡肽是含 27 个氨基酸形成的多肽,具有广泛的生物学的作用,影响身体各生理系统和神经系统的功能。

经过长时期的研究揭示了脑的神经肽系统,理解了它对生理和行为反应的化学过程,包括它对情绪的调解。有些神经肽在激活和抑制具体情绪上起着执行的作用,而另一些则只起辅助作用,如对神经整合过程只起加强或延续时间。有的还能在外周和中枢之间起协调的作用。这一点对詹姆士-兰格理论给予了新的补充和解释。由于许多神经肽物质显示了脑和内脏的关系,在中枢与外周过程之间提供多条"交谈"的通道。由于情绪的特点可为自主神经系统活动所表征,正是神经肽能极大地促进身体各种自主性改变,包括身体温度和心血管效应。因此神经肽物质在外周和中枢之间,在调解情绪性上提供许多潜在的联系(Panksepp, 1993)。

1. 下丘脑神经肽 考虑到神经肽的巨大的多样化系统在情绪控制中的复杂作用还不能作出详尽的描述,在此只能对那些与情绪关系较为明晰的肽类作些介绍。

- 促肾上腺皮质激素释放因子(CRF)。从下丘脑神经元释放出来的 CRF 激活脑垂体肾上腺素的应激反应。靠近 CRF 的神经元通过脑干启动先天脑环路,促使加强一种整合了的中枢应激反应,它的主要影响之一是激活对脑的恐惧/焦虑反应和分离痛苦反应。它的作用是:(1) 它引起恐惧的各种不同的标志,包括僵化、颤抖,伴随着行为上的各种应激举动和焦虑不安(Dunn, 1990)。(2) 它有利于唤起哺乳类、鸟类和啮齿类幼崽的分离痛苦。CRF 在诱导应激性痛苦上起着关键的作用。

多种神经递质之间的作用是复杂的。NE 对 CRF 神经元有直接的抑制效果;而 CRF 神经元对 NE 系统有兴奋影响,它能促使 NE 被耗尽而导致心理抑郁(Risch, 1991)。CRF 的发生被聚合的激素和神经所影响,它的机制提供了一种途径,使应激经验促进脑的活动变化,导致在心理水平上体验绝望。早期分离产生绝望,分离可能有利于 CRF 系统产生持久的神经分泌活动。这个过程使得被分离的个体从抗议转化到绝望——从分离体验转化到抑郁体验(Panksepp, 1991)。

- 催产素(OXY)。OXY 是母性行为的启动者,是接受幼崽和建立社会连接的哺喂感情的启动者,也是接受异性和雌雄两性社会连接感情发生的中介物。由脑的 OXY 活动引起的感情可减少母体对幼崽的虐待和杀害。在分娩过程中 OXY 系统得到增长,随着催乳素效应的出现,对"母性行为何时产生的"这个问题提供了一个潜在的神经化学答案。OXY有助于产生性接受的感情,通过雌雄两性的性接受行为,OXY似乎参与了获得性满足。OXY的释放表现为极大的兴奋反应,促进雌雄两性的性接受行为。在这一点上,OXY有显著的减少分离痛苦的效果。对人类,OXY调节社会性连接和性感受的操作应谨慎地评价。考虑到它有显著地促使勃起反应的能力,可能对某种阳痿的治疗有效。喂奶母亲OXY释放在中枢与外周之间,其协调作用可能对心境情感的分析提供一个天然模型(Panksepp, 1993)。

• 加压素(AVP)。AVP是一种垂体后叶肽。对行为的普遍作用是对记忆的调节,它能唤醒选择性注意和一般性的认知活动。由于它的外周效应可使血压增高,并被评价为与有情绪色调的性质。由于AVP受睾丸酮的控制,在提高雄性的攻击性行为中,AVP起关键作用;相当于增长激动性,是发怒的主观情绪的基础。然而,阉割能使脑内AVP分泌量下降一半;缺乏时动物表现痴呆和胆怯。在人类,AVP低水平却产生正性情绪改变,促进注意和期待在边缘系统的加工,直接与评价情绪刺激相联系。但是,AVP处于低水平时可能导致情绪和认知异常,已觉察到某些抑郁和精神分裂患者的AVP有降低趋势,而补充AVP可有效改善精神分裂的负性症状(Felm-Wolfsdorf, 1991; Brambilla, 1988)。

2. 类鸦片活性肽 类鸦片活性肽主要有三个家族,它们每一个都有具体的遗传来源和明确的受体。其中两个有抵制负性情绪和促进正性情绪的效果,第三个的调解意义尚不清楚。

• 内啡肽。内啡肽存在于脑内,已知为最强有力的类鸦片物质。但与海洛因相比,它还有另外的性质。它使人产生幸福感,愉快、兴奋而轻松。它还能解除负性痛苦情绪,从身体上的疼痛到社会性失落引起的痛苦,例如,分离痛苦能被显著地解除,也能减弱由愤怒导致的攻击性。一般地认为,这种强有力的鸦片剂成为快乐的信号而可以导致体内平衡,使身体免疫力提高。反之愉快状态和笑口常开能刺激内啡肽使免疫系统起作用。这就是良好情绪对慢性病起治疗作用的机制。但是,内啡肽的功能不同于社交聚会、美食引起的快感或性兴奋,它有很强的鸦片麻醉成分(Siegel & Shaikh, 1992)。

• 脑啡肽。脑啡肽比内啡肽的作用要弱,作用的时间也短。它的功能尚不清楚,可能参与短时地愉快反馈,以及来自各感官的即时性欢乐。这种短时作用的鸦片可能成为有利于促进学习发展的传递物质。

• 神经紧张肽(NT)。通过脑的消化路径,NT参与抑制食欲的作用。NT的水平能减弱肥胖鼠过强的食欲,也能减弱它们的活动。这些效应引起对多巴胺活动的调解,还能减弱疼痛敏感性,从而有用于临床神经治疗。它可能是一种心境的稳定剂,但它在精神分裂症与老年痴呆症患者脑中减弱,可能是这类疾病发生的化学因素。因此对NT的研究将来对防止和治疗这些顽症会有用(Levant, et al., 1988)。

• P物质。P物质是最活跃的神经肽类。它的功能尚令人迷惑不解,但肯定有助于调解外周神经系统和解除来自脊椎的疼痛。在更高级的脑环路上可能参与更精细的功能。它可以强化广泛分布于脑的兴奋过程,很好地调解心境和情绪行为。由于每种神经肽都有很多潜在的方面,任何一个分子最终可能产生复合的结果。对 P 物质来说,其某些片段通过其氮端相互作用而产生效应,而其羟端则介入于大多数心理和行为效应。在每个神经肽系统中,受体和传递两端各系统的变化正常地显示为提供极端的功能敏感性(Hall & Steword, 1992)。

总之,考虑到神经肽巨大的多样化系统在对情绪性的控制中的复杂性,以及存在着较难确定的方面(如人从遗传来的主观方面),在此提供的材料的思考性大于实际上基于情绪的分子生物学基础而来的结果。虽然这里提供了实际的基础,还需要进行精细的观察研究。现实的研究已经进入对情绪的神经学分析。以前从行为和心理水平上的分析被已有的这些在分子水平上的理解提高了。我们体验到的情绪肯定地是由外界经验所引起,但它们基本的感情性结构是由神经化学动力学的具体神经环路所建立的。可以确定,神经肽在这些系统中起着核心作用,但仍需要许多神经行为研究去描述它们的具体特征。

专栏

表 4-1 哺乳类动物脑内基本情绪的关键神经解剖和神经化学因素

基本情绪系统	关键脑区	关键神经介质
一般寻找-期望动机	神经核聚合体-腹侧背盖区(VTA) 中脑边缘中皮层外导 外侧下丘脑-外周导管灰质(PAG)	多巴胺(+),谷氨酰胺(+), 多类神经肽,鸦片样物质(+), 神经降压肽(+)
大怒、怒	中部杏仁核到纹状体尾部(BNST) 中部和外部穹隆下丘脑到背部 外周导管灰质(PAG)	P 物质(+),去甲肾上腺素(+), 谷氨酰胺(+)
恐惧、焦虑	中部和外周杏仁核到中部下丘脑和 背部外周导管灰质(PAG)	谷氨酰胺(+),多类神经肽 促皮质激素释放因子(CRF)
性欲、性行为	皮质中间杏仁核 纹状体尾部(BNST) 前视区腹侧中部下丘脑 外侧和腹侧外周导管灰质(PAG)	类脂醇(+),增压素和催产素
抚育、养育	前扣带回,纹状体尾部(BNST) 前视区,腹侧被盖区(VTA);外周导 管灰质(PAG)	催产素(+),生乳素(+),多巴胺(DA) (+),类鸦片(+/−)

(续表)

基本情绪系统	关键脑区	关键神经介质
恐怖、分离	前扣带回,纹状体尾部(BNST)和前视区,背侧中央丘脑,背侧外周导管灰质(PAG)	类鸦片(-),催产素(-),生乳素(-),促皮质激素释放因子(CRF)(+),谷氨酰胺(+)
游戏、快乐	背侧中央间脑,腹侧外周导管灰质(PAG)	类鸦片(+/-),谷氨酰胺(+),乙酰胆碱(ACH)(+),任何促进负性情绪剂均使游戏行为减少

数据引自 Panksepp, 1998a; Watt, 1998。
注:- 表示抑制作用,+ 表示兴奋作用。

四、情绪的内在体验与外显表情

这一节将描述情绪体验与表情的联系与关系。这个话题无论从理论或应用的理解上,都是至关重要的。

(一) 情绪体验和外显表情的先天一致性

有些学者从人的社会化角度研究情绪,赋予情绪无可非议的社会含义,把它看做认知和社会的构成物。例如,艾夫里尔(Averill, 1980)认为,作为社会构成物的情绪体验和表情都是后天习得的,而且体验和表情之间的联系也是习得的。为论证这一理论,他举出无数的例子。诸如妒忌或羡慕、同情或期望、爱与恨这些体验的色调和程序同相关的情境及其认知紧密地联系着。

然而,无论从性质上或从适应的含义上,情绪体验与外显表情行为均具有确定无误的先天一致性。以人类婴儿为例,随着表情类别数目在婴儿个体中的增长,与之相一致的感受体验也同时产生和增加。伊扎德指出,表情和体验的不一致才是习得的(Izard, 1987)。后天习得对表情的修饰,以及表情和体验的不一致正是情绪和认知相互作用的结果。而只有表情和体验的一致性,才会对人的生活活动起动机作用。有人报告过,由兴趣倾向调节的感觉选择定势,可以在出生四个月的婴儿身上发生。实验是在向婴儿呈示"有趣"刺激物(人的面孔)和"无趣"刺激物(几何图形)的比较中,记录被试眨眼运动的振幅和心率速度。结果显示,有趣刺激物比无趣刺激物引起更多的心率下降和更大的眨眼运动振幅。已知心率下降和眨眼运动增大是婴儿注意行为的可靠的客观指标。这一结果显示,某些"有趣"刺激,例如母亲的面孔对婴儿所引起的情绪感受,比无关刺激物,例如几何图形所引起的情绪感受,能够更多地影响其选择性知觉活动。

在这方面,请注意下述事实:三岁前的幼儿,在他们能够明确地描述自身的思想、记忆之前，能够有区别地对客观事物(例如电视动画片显示的愉快、悲伤、恐惧等)的感受状态作出言语描述。无论父母在提高幼儿的记忆和思维能力方面进行多少教导，幼儿对感情体验的理解和命名要比对客观事件本身性质——如颜色知觉、形状知觉的理解和命名早得多(参阅孟昭兰,1989,pp.127~132)。

对于体验和表情的先天一致性的解释，儿童心理学家卡麦克尔(Carmichael,1970)曾经提出一个推测性定理，称之为"母性遗传中的预期功能"。他指出，有机体有许多在生活过程中逐步作出适应反应的心理结构。在一定时期内，它的功能早在它必须实际地起作用之前就已潜存着了。这种预先适应性有助于阐明情绪系统的性质和发生机制。随着年龄的增长，言语能力逐渐产生和提高，自我意识逐渐产生，对表情的认知将得到更快的发展。这就是说，随着儿童认知的发展，表情是可以习得的。而且逐步产生对表情的有意修饰、夸大或掩盖。

专栏

伊扎德曾经提出，由于社会价值标准的存在，人们抑制自身的愤怒表情的情况是经常出现的。他对此作了下列三点分析：

第一，上述情况下，愤怒表情实际上已经发生，只是面部运动的快速变化未为他人所觉察。这种现象称作微瞬表情(micromomentary expression)，一闪即逝。这时，如前所述，被激活的下丘脑及其支配的自主系反馈可以延续已发生的体验，而从体验到表情的神经通道却受到抑制而使表情信息中断。

第二，自皮下中枢的运动信息在传导到面部途中，神经元突触传递全部被阻抑。在这种情况下，体验的发生只能通过触发了的面部反馈的内导通路而实现。于是，出现了情境刺激内导之后的再内导过程。这一内导环路被激活，从而引起皮层整合的体验。这一情况在病理案例中时有发现。

第三，这种情况与记忆有关。在表情活动和体验之间的条件联系是经常发生并贮存在记忆中的。这时，实际的表情反馈没有发生，但记忆中的体验可以被激活。它是通过上述再内导过程实现的(Izard,1977)。

在强烈的情绪刺激下，表情被阻抑意味着正常的外导通路被阻断，神经冲动在一条迂回的道路上进行，这给神经系统带来额外的工作。如果这种额外负担经常发生，无论出于什么原因，它有可能导致心理障碍或心理疾病。由此可见，过度的表情抑制是无益于身心健康的。

还应当注意到,在正常情况下,表情活动会引起相应的的体验。但是在某些不平常条件下,有些表情反馈达不到意识水平。也就是说,不但可以发生没有表情的体验,也可以发生没有体验的表情。伊扎德认为,这种现象也是由抑制引起的。例如由兴趣兴奋的感情状态所占据的认知过程处于最优水平或灵感状态时,有表情抑制支持这一活动的情绪体验本身。这时由于感情活动仍在持续着,网状结构的非特异性激活和脑内情绪环路支持着某种情绪活动的外显特征。集中而繁忙地进行工作的悲伤或忧愁的人,其忧郁体验在这期间被抑制或"忘掉",而他在此时的神态表情仍然有可能被觉察到。但一般说来,意识的这类特殊状态不能延续太久。被抑制的体验会不时浮现。在高度集中的认知活动稍有松弛或间歇的时候,体验就会立即在意识中出现。这种表情和体验相分离的可能性,为情绪社会化中表情被掩盖、夸大或修饰提供了说明,也为人有意改变体验状态的可能性提供了说明。

(二) 内在体验与外显表情在社会交往中整合

当前情绪理论发展的一个突出倾向表现在情绪的社会性上,它扩大了研究者的视野,不再把情绪研究局限于几种基本情绪之内,而在儿童社会化中逐渐产生的诸如爱、羡慕、妒忌、傲慢、内疚等溶入认知评价过程的复合情感,纳入情绪研究的范畴。这样,情绪心理学就成为解释人们的心理发展、心理生活和心理冲突的更加与实际结合的根据;它更好地指导人的心理生活、心理调节,特别能在心理治疗学中起作用。因此,情绪在个体发展社会化方面的研究,确实推动了情绪心理学的发展。从这个意义上说,个体特定的情绪反应可被文化模式所解释,尤其是情绪的"社会结构论"(social constructions)的发展,起着很大的作用(见第9、10章)。但是,社会结构论在情绪体验与表情行为的理解方面却走向了极端。因此顺便就体验与表情的关系上在这里作个交代。

极端的社会结构论把情绪看为一种纯粹的社会结构,排斥内在体验的作用。近年来,有的社会结构论者进一步提出,"体验是一种幻觉"(Averill, 1996)的观点,这就不免走向谬误。情绪的社会化是在儿童的认识发展过程中发生的,受认识水平的制约与调节。情绪社会化确实是人与社会交融并与认知交织在一起的。然而必须明确,情绪首先是相对独立于认知加工的心理过程。情绪先于认知的发生已经可以由生物学作出解释。情绪从进化过程中带来的,超越认知而直接发生的神经机制,已为情绪的脑环路所证实。从进化的观点看,情绪首先是一种先天预置的心理能力,随着儿童认知的发展,情绪亦随之社会化并与认知相结合。但不能把儿童情绪发展的机制看为是一种理智力量日益溶合于人格的一种"社会结构"。这样的理论会导致把儿童的发展"成人化"的看法。儿童的"童稚之心"和"童真"就在于他们幼稚的认识与率真的感情之结合。儿童的人格成长始终贯穿着感情成熟和认知发展相融合的脉络。而且,即使在成人,也不能在其人格的形成中排除感情的独特作用。把相对独立于认知的情绪完全归入于只受文化,环境影响的"社会结构",这种看法无异于取消了情绪以其本质特性在人格形成中的突出作用。

由于社会结构论的影响,突出地表现在表情的"行为生态学观点"(behavioral ecological view)上。行为生态学理论认为,面部表情不是内在感情状态的具体体现,不是感情程序模式的外显(Fridlund, 1996)。这种观点认为面部表现的作用在于:面部信号影响他人的行为是由于人对情绪信号的"解释"和"防范"(vigilance)两方面共同使信号本身发生演变(coevolve),"解释"与"防范"的结合被称为"信号作用生态学"(signaling ecology)。它认为,这种信号生态现象来源于人际间交流对话的平衡,并自然而然地形成一种社会生态系统,成为人际交往中的某种习惯化,礼仪化了的情绪表现方式,成为人们社会交往的工具。但是,信号作用生态学表示,个体在发展过程中所形成的信号生态系统使得人的真实感受(felt)与表情的伪装(false)不再能区分,从而形成一个人整个的"社会性自我",也就是溶入整个人格系统的自我。因此,信号生态观点不反映一个人的"原来的自我",而只反映人在特定情境下人际交往的动机 (Fridlund, 1996)。这种观点歪曲了表情的基本性质。信号生态观点脱离内在体验谈论表情可溶入人格之中,表情已无"真"、"伪"之分。这种解释并不能导致否定体验的存在和表情与体验的一致性的论点。

人际交往中的情绪通讯可以有三种表现形式:
- 可直接受个体的需要和愿望所驱使,脱离社会规范的系绊,正如我们经常在小孩子身上看见的那样。同时,在成人之中,也经常表现着基本的,与婴儿一样纯真的情绪表情和那种先天性直接引起的淳朴的感情体验。
- 可溶合于人格结构之中,而在表现上无真伪的区别;即受社会文化、礼仪、习惯熏陶所塑造的人格,使个体情绪完全溶于社会情境之中。正如某些高尚的情操可以完全溶化那些违反社会道德,表现"不得体"的情绪行为那样。
- 在个体情境与社会情境之间,可能有一定的差距或发生冲突。典型的例子是雇员对雇主的愤怒表情被曲扭了的奉迎笑脸所取代。正是此时此刻,雇员的内在体验与对雇主的外在表现是不一致的。再一个例子是,伤害了他人应该体验歉疚之情。然而,由于为社会所容忍的残酷竞争的现实,忽略教育人去意识自己应有的内疚体验,因此,忽略内在体验存在的理论将导致忽视道德情感教育,人的真情和道德情感将被泯灭,将助长不关心他人的自私心理和自我中心人格的发展。

外显表情与内在体验的整合可归纳如下:
- 表情是情绪信息的携带者。表情的内导与外导是人际感情交流的工具。表情外导是体验的外显行为,内导加强或削弱情绪体验。
- 体验由环境影响通过表情动作的复合内导刺激所引起。体验是带有特定色彩的一种感觉状态。这种状态导致自我觉知,它的产生对其自身具有监测作用。因而,人对自身体验的觉知与监测能对情绪行为和其他行为起调节作用。这一机制使人的情绪控制成为可能。由此显示,体验在情绪系统中起核心作用,体验是情绪的心理实体。

- 体验的自我觉知使人脑内的感情性信息与认知的高级功能相联系。这种联系是情绪受环境,文化因素制约从而实现情绪社会化的机制。诚然,文化塑造人,然而,从心理学而言,文化是透过心理活动而塑造人的。总之,没有感情体验,那些反映人类社会文化的情感和情操就不可能发生。因此,表情、体验、认知及其生物学基础的整合活动是情绪社会化的完整机制(孟昭兰,2000)。

推荐参考书

孟昭兰,(2000).体验是情绪的心理实体——个体情绪发展的理论探讨.应用心理学,第6卷,第2期.

Izard, C. (1991). *The Psychology of Emotions*. New York: Plenum Press.

Panksepp, J. et al. (1993). Neurochemical control of mood and emotions: Amino acids to neuropeptides. In M. Lewis and J. Haviland (Eds.), *Handbook of Emotion* (pp. 87~107). New York: Guilford Press.

Panksepp, J. (1998a). *Affective neurosciences*: *The foundations of human and animal emotions*. New York: Oxford University Press.

编者笔记

应当说,对情绪的主观体验作出科学的解释,证据尚嫌不足。然而近年来神经生理和神经生物化学方面的研究,已经有了良好的开端。

本章从三方面叙述了什么是情绪体验。首先说明体验的性质、功能和特征,体验在心理活动中的作用和在意识形成中的地位。这一点在人们对情绪的主观性特征还不太明了之际,作一点强调的描述是必要的。其次,收集了近十几年来神经生物化学论述,对情绪的重要机制——情绪体验的发生、延续、放大和抑制等作用,作了精练、概略的描述。说明了部分神经化学物质与情绪体验的特定关系,为那些关心情绪的神经化学研究进展的读者提供一些探讨的线索。第三,说明了情绪体验与表情的密不可分的联系,并对当前情绪的社会结构理论作了分析。对于学生来说,至少阅读第一、第二和第四节是必要的。

情绪的外显行为——表情

除了达尔文的创造性观点之外,几十年来大多数心理学家拒绝情绪是以普遍一致的面部行为来表达的观点。几个有影响的研究在特定的人工引发情绪的设计中也没有发现可区分不同情绪的面部反应模式。而人类学家主张不同文化中同类表情具有不同含义的文化相对论观点(Ekman, 1982)。然而,汤姆金斯(Tomkins, 1962)坚持不相信这种整体相对论,坚持情绪的先天普遍性表情和情绪的驱动性理论。汤姆金斯的观点影响了艾克曼和伊扎德对西方和东方被试进行了一系列表情认知和表情行为的研究(Ekman, 1972; Izard, 1971)。艾克曼随后还进行了对新几内亚前文化民族与西方民族各种表情的比较。这些意义深远的发现支持了汤姆金斯的理论和达尔文的早期宣言,并启动了面部表情研究的新领域。追随达尔文理论的学者对此解释为,基本情绪是基于"先天情绪程序"而产生的。这些感情程序被认为,表情的产生,包括着对面部肌肉的自主性神经信息,服从于符合表达规则的骨骼肌随意系统的控制。在理论上被称为"情绪外导假设"。汤姆金斯主张,情绪不但产生面部表情,面部表情也十分重要地影响着情绪,其所形成的理论被称为"面部反馈假设"。伊扎德还设想"情绪是一种独特的神经过程,它诱发外导过程而产生可观察的(也可能观察不到的)表情和可意识到的独特体验"(Izard, 1993)。

应当着重指出的是,研究者从面部表情的性质和交流方式来考虑它的发生机制,不但发展了一些理论假设,而且逐渐形成了一些研究方法。40年来的研究,无论从情绪的适应价值或从信息传递的意义来说,表情已成为情绪心理学理论框架中不可缺少的部分。在对情绪和情绪-认知关系的基础研究本身,对临床心理治疗学上的应用,以及在计算机技术的发展中有着广泛的、工具性的使用价值。例如,在数字艺术设计对人物的制图(如动画)中,对情绪的表达不可避免地要从表情入手。

一、面部表情理论假设

(一) 外导假设

外导假设是指具体情绪的感情程序从脑输出到面部肌肉运动,从而产生各种可清晰区分的具体情绪。外导假设并未能包容面部运动的全部机制,而只涉及它的输入输出方面。许多适合于外导假设解释的研究,可用来检测自发的面部表情与设计为情绪的指标之间的关系(如适宜刺激物,主观体验报告和自主系反应)。这些研究采取了三种测量方法:观察者判断、肌电图(EMG)记录和面部运动客观观察编码。

面部运动客观编码系统一般采取"编码-译码"程序,也称作"输送-接收"程序。这个程序采用录像记录被试(编码者)对引发情绪刺激情境的反应,经记录员(译码者)按标准作出判断。研究表明了记录员能准确地判定所显示的情绪类别,能评定诸如快乐或悲伤等情绪的程度,能辨别被试体验受到刺激冲击的强度(认知辨认),以及辨别体验冲击的强度(体验辨认)(Kraut, 1982)。这些研究起始于上世纪80年代,结果论证了外导假设。

还有一些与外导假设一致的、以编码-译码程序进行的面部表现与自主系激活关系的研究,也得到了相当一致的结果。例如,面部表情与自主系反应呈负相关,即外显较强、表情较多的被试比那些外显较弱、表情较少的被试产生较低程度的自主反应。类似的结果也在面部肌电图记录中得到。但在同一被试对不同情绪刺激的记录表现了相反的结果,即面部反应的强度与自主系反应之间呈现正相关。这些结果得到了两点论断,即,表明了情绪反应类型的个体差异和支持了外导假设。按照这种观点,根据人们的面部反应与自主系反应强度之间的关系,可把人分为表情外化者与表情内化者两类。然而对一个人来说,情绪的增强与面部反应外导的增强是一致的(Adelman & Zajonc, 1989)。

采用EMG技术的做法,是在要求被试做出中性表情和刺激物引发具体情绪表情的情况下,记录被试面孔具体部位得到某类情绪与某块(或某几块)肌肉活动相联系的资料。但由于面部运动在某些情绪之间的某些肌肉存在着重叠现象,尤其是在负性情绪之中,因此,EMG反应还不能得出具体情绪的面孔模式,而只能作出正性与负性情绪的区分。不过有些工作确实得到了比如快乐或厌恶情绪的面部引发表情录像的客观判断与被试的主观报告相一致的结果(Deckers, 1987)。

虽然有些复杂的社会化情绪的研究未能得到外导假设的证据(Chovil, 1991)。但是,对自发表情的研究表明了情绪外导的复杂性。例如,一项对恐怖症患者的研究表明,记录患者面对恐怖刺激时发生的是厌恶而不是恐惧表情;但患者的口头报告却描述了她体验到同等强度的恐惧和厌恶情绪。然而在把刺激强度减弱的再次实验中,被试的内眼角肌的收缩(引起眯眼反应)下降,而内眼角肌的收缩会牵动防御反应中含有的厌恶表情,从而表明在这个个案中厌恶表情产生的根据(Davidson, 1992)。据此,研究者认为,表情模式是一个动力系统。虽然这个动力系统还没有很好地被整理出来,面部表情的动力系统理论目前还没有形成,但可以预期,它将对外导理论目前还不能解释的已有数据,能做出综合解释(Carmas, 1993)。

(二) 面部反馈假设

面部反馈假设主张,面部运动对情绪表达者提供诸如本体的、皮肤的或内脏的反馈,这种反馈影响情绪体验的发生。反馈理论可分为维度假设(dimension approach)与类别假设(category approach)两种(Winton, 1986;Duclos, 1989)。

情绪按照维度有多种分法。目前较多的是把情绪归纳为效能、活动、退缩—接近三个维度。维度论认为,面部运动提供维度之间变化的程度,而不认为情绪是具体的和可区分类别的。如从愉快到不愉快的程度改变即是维度之一,它可由面部运动提供不同的程度指标。而类别论则断定,面部的各种部位的组合产生具体情绪类别,如愤怒、恐惧和悲伤等。类别论认为,像颜色识别一样,不同类别之间的识别是容易的,而同一类别内的(程度)识别则困难。现代计算机制图的研究中使用的是类别假设。在流动的画面设计中,对类别内的辨别方法是,首先确定"两边界点",在这两个刺激点之间,给定一个第三刺激,辨认第三刺激与两个边界点的哪一个更接近,给它找到一个位置,以此一步步地判定类别内的差别,称为"类别边界效应"。这是心理学可采用的一种方法,也是把维度论和类别论结合起来的着眼点。

事实上,以反馈论为出发点所设计的研究拥有两个标准。一个是使用"放大-压缩"标准,通过标靶刺激让被试作出夸大或抑制自发表情,从而得到相应情绪的不同的维量数据。这些研究证实了维度假设。第二个是使用自我报告标准。对类别假设,在标靶刺激作用下,让被试用自我报告方法来评价面部反馈。例如一项研究以音乐为刺激,让被试按照四种负性和三种正性的情绪量表对音乐刺激自己表达的情绪表情作出口头报告,结果证明了类别假设(Duclos, 1989)。

我们将在下面概述面部运动的神经机制的一些研究成果,从中会看到具体情绪有具体的脑部位发生机构,这将是具体情绪系统存在的证据。可以认为,维度论与类别论是可以相辅相成的。在类别内的差别,如情绪强度就可以用维度内的差别来表达。在研究方法的应用上,类别假设可用来测量即时的情绪体验;而维度假设可用于测量持续的心境状态。

二、面部表情的全人类普遍性

(一) 情绪表情与神经系统和脑的进化

表情是情绪的外部表现,是由脑和躯体神经系统支配的骨骼肌运动;情绪也是反应,但是它同行为主义的刺激-反应、输入-输出模式有根本性质的不同。表情的产生有复杂的脑机制,它同脑的过程和情绪体验有不可分割的联系,更重要的是,它参与情绪的发生。

从进化和适应的观点看，表情是进化的产物，也是适应的手段。对面部表情来说，它们同脑的进化，面部肌肉系统的分化和面部血管的分布，以及情绪的发生和分化，都是同步发生和同时进行的。脑的神经过程、表情活动和内在体验三方面的共同活动即是情绪过程(Izard, 1977, 1991)。在物种进化阶梯上，每一阶段都有上述三方面发展一定水平的具体体现。从脑皮质的进化看，无脊椎动物和低等脊椎动物没有大脑皮质，也没有面部肌肉系统；而在脊椎动物的进化上，大脑皮质已经逐步有所发展。爬行类动物已发生初步的皮质；而人类的大脑皮质则发展到最高水平。脑的进化水平与情绪发生的关系可从不同的进化阶段表征出来：

专栏

爬行类。以蛇为例，蛇有开始形成的皮质，但是尚无面部肌肉系统。蛇有明显的趋避行为，其所发出的声音和身体运动，可被看做整体情绪反应，它们是情绪进化的来源，也是情绪的萌芽。

鸟类。在同种属的通讯交往中具有头部和面部的动作特征。这些特征伴随着声音，是求偶的重要信号，也是传递关于危险或安全的重要信号。但是这些头部和面部运动的特征还没有标志出情绪。

哺乳类。以啮齿动物为例，猫、狗、牛、马的面部均有粗糙和分化的肌肉纤维和少量精细的血管。它们有怒、怕等全身表情和部分面部表情。例如猫的怒模式为：弓腰、竖尾、龇牙、嗥叫。高等哺乳动物在育幼和择偶期还有明显的依恋表现。有些家畜表现出明显的对人的依恋，但无明显分化的面部表情。然而，动物在哀鸣中伴随的流泪，以及在依恋中出现的安详反应，都可使人们假设，高等哺乳类动物已经具有情绪感觉的内部状态。

灵长类。几乎所有研究灵长类动物行为的习性学家和动物心理学家，在观察猿猴群居的通讯活动中，都注意到和感兴趣于它们的面部反应和情绪反应。在猿猴的群体中，它们的面部肌肉迅速而瞬变地运动(经常伴随着声音和动作)，似乎在相互输送视觉信息方面起着特别重要的作用。恒河猴已经具有可区分的面部肌肉运动模式，它们在威胁、骚扰、育幼、媾和的通讯交往中起着特殊的作用；不同的面部运动模式提供性质不同的信息。例如，母猴在喂奶时，对趋近它们的对象表现出警觉和愤怒的表情；小猴在呼唤母亲时，出现类似哭的表情；实验研究还表明，当向小猴呈现新异刺激(如熊猫模型)时，小猴出现害怕的表情。这些表情模式维持着猿猴种属内部的群居关系，参与建立和维持它们之间的支配从属等级(孟昭兰, 1989, pp.114~116)。

但是，在猴类水平上，面部表情只有在它同身体活动、声音整合在一起时，才能产生信号传递的作用。它们的面部模式还未达到其分化精细程度足以独立地标示具体情绪的水平。但是，它们的面部肌肉分化的精细程度已经达到可以同身体活动相分离而作出区分的水平，从而能够表现出明显的怒、怕、喜悦、惊奇、厌恶等表情模式。然而同人类相比，无论从表情上，还是从肌肉解剖组织上，猿类都与人类不可同日而语。

在人类身上，大脑皮质在进化中的巨大发展，面部骨骼肌系统和血管系统的精细分化，在婴儿从出生到一岁这个阶段发育成熟。他们在这期间能够显示确切的 8 种基本情绪，分别是：兴趣、惊奇、愉快、痛苦、厌恶、愤怒、惧怕和悲伤。脑、神经肌肉、血管系统和表情的发展是一个连续的过程。到人类阶段，显示了重要的心理学意义。

(二) 基本情绪面部表情—先天的程序化模式

社会生态学对基本情绪面部表情先天性的证据可从社会生态学的研究中看到：

1. 先天盲婴案例证明，先天盲婴可以显露同正常视觉婴儿同样的面部表情 例如，出生三天的新生儿在快速眼动睡眠中出现的微笑面孔，是婴儿处于正常舒适状态的反射性反应，是先天情绪模式的最早显露。对酸、苦溶液的味觉刺激引起的皱眉、纵鼻和转头的厌恶反应，甚至母亲面孔和声音在婴儿面前频繁出现时，引起的欢快反应，凡此在视觉正常婴儿出现的面部表情，在先天盲婴中都能按生长节律出现。这些盲婴同视觉正常的婴儿一样，产生对母亲的依恋，以及愉快和痛苦、惧怕和愤怒等表情。这些案例表明，基本情绪表情是先天、不学而能的。它们在生物-社会联结中发挥着适应的作用。不幸的是，先天盲婴随着表情在通讯交往中缺乏反馈和强化，从而日益显得淡薄。不过，由于情绪的社会化和与成人的交往，随着语言的发展和与成人的接触，盲童的情绪也可得到发展，他们具有同正常视觉儿童同样种类的感情。

2. 跨文化研究证明前文化民族同文化民族的基本情绪表情是一致的 观察表明，他们所显示的面部表情，研究者都能够"读"懂它们。以这些民族的社会行为作参照，可以证明研究者对这些表情的认知是正确无误的。另一类研究表明，给前文化民族讲述故事，让他们再现故事中的表情，所得到的表情反应同文化人也是一致的(Ekman，1989)。实验也证明，中国婴儿同西方标准化的基本情绪的表情模式，以及中国婴儿同中国成年人的基本情绪的表情模式，都是一致的。从婴儿和成人的比较中还发现，社会化了的成人表情中仍然保留着、而且时常显现出基本情绪表情模式(孟昭兰，1985；王垒，1986)。

3. 婴儿前语言发育阶段的基本情绪表情是不学而能的 人类新生儿在相当时期内不具有独立的生活能力。他们在依赖成人照料的全部过程中，与生俱来的遗传-适应能力就是感觉-感情性反应。他们以感情性信号同成人进行交往，通过情绪信息——面部表情和声音——表达他们的情绪，"陈述"他们的状况和需要以获得成人的照料。情绪的信号功能对婴儿的生存起着核心的作用。诸如新生儿时期的反射性微笑、厌恶表情、对饥饿、寒冷、疼痛等表现的痛苦是最灵敏的信号。婴儿的"社会性微笑"是婴儿主动唤醒母亲反应的激活器,是人类婴儿的生物-社会适应的典型例证。另一种先天情绪是兴趣。新生儿对母亲面孔的注视和对视觉追踪是"兴趣"的最初表现。婴儿在视觉集中和追踪时,整个面孔的表情模式保证视觉最大限度地吸取信息。兴趣情绪和注意现象的发生,是人类婴儿先天的适应能力的重要表现(孟昭兰,1992)。兴趣、愉快、厌恶、痛苦、惊奇、愤怒等基本情绪是在感觉-感情水平上发生的,不需认知加工参与;它们是生理成熟和生物-社会适应能力相结合的体现。先天模式化的表情作为无词通讯的主要手段,对人类婴儿的生存和健康成长具有关键性的作用。

(三) 面部表情运动反馈-情绪感受的激活器

詹姆士的内脏反馈理念,作为情绪的发生机制和情绪过程的一部分,始终不可取代。上世纪20年代中期,阿尔波特曾经提出,情绪产生的机制是横纹肌反馈的观点,情绪的分化是躯体运动系统的感觉反馈的功能。阿尔波特写道:"我们提出由躯体神经系统支配的肌肉、韧带和关节受纳器的刺激所产生的输入冲击,附加到表征为情绪的自主神经系统的核心上,从而产生分化的情绪。"(Allport,1924)在阿尔波特以后,开始有人研究横纹肌的作用,即骨骼肌系统的反馈信息所导致的结果,开始了另一条反馈机制的研究路线。汤姆金斯提出并强调了面部表情和面部反馈对情绪发生的特殊重要性(Tomkins,1962)。他解释说,当面部行为对脑的感觉反馈转化为意识形式时,就构成了情绪体验或情绪知觉;具体情绪是先天模式化的,这些情绪模式构成面部反应的定势,储存在皮层下中枢;面部反馈所通过的脑内天然通路,经过下丘脑,携带储存在那里的感情信息,传达到大脑皮质,就是情绪体验或情绪意识。

然而,争论始终存在。直到上世纪60年代,面部表情仍被广泛地认为是一个杂乱无章的、不可靠的系统。研究者举出无数的例子向表情与体验的一致性进行挑战。近来更进一步,宣称面部表情与情绪体验无关,而是被具体事件的社会动机所决定(Freidlund,1992)(见第4章)。尽管面部表情与情绪的其他方面的关系在诸如情绪引发、时间控制和测量等面临着许多困难,新近的一些研究提出了在面部表情与情绪的其他方面之间的一致性和实实在在的联系。玛索默多总结了使用面部编码系统记录表情与体验相一致的十几种研究(Matsomoto,1987)。例如在一个实验中,被试在观看影片后报告了与影片内容相一致的情绪体验(Hess, et al, 1995);当显示微笑的两颊抬起的面容而不显示微笑时,在成年人中感受到正性情绪体验(Kelner et al, 1997);罕有的窘迫感(厌恶地注视和微笑控制)和欢娱感(张口笑)导致不同的口头报告;自发的大笑和微笑被报告为具有可区分的体验和不同的社会相关性(Kelner,1997);对幽默刺激的趣味性,自我报告对幽默和大笑的相关为0.3和0.4(McGhee,1977)。这些被试内设计证明,自我报告测量表达了面部表情和情绪体验更明确的和有力的联系(Rosenberg & Ekman,1994)。

伊扎德就情绪的发生总结出如下假设:(1)情绪是一个过程,它在意识里持续存在。面部肌肉运动是整合情绪的成分之一。(2)在内外情境事件作用下,情绪作为有选择和有组织的功能加工,改变边缘系统和感觉皮层的神经激活状态和活动模式,从而产生被分化了的具体的情绪体验。(3)单独表情成分不能构成情绪,只有当它同神经过程和体验三成分进行整合,情绪才能产生。(4)面部反馈引起边缘结构和皮层的冲动支配下丘脑,下丘脑环路在情绪分化中起重要作用,情绪的先天模式储存在下丘脑及其临近关联的部位(Izard, 1991)。

伊扎德提出了情绪过程的神经机制:(1)有机体内外刺激事件引起边缘系统和感觉皮层的兴奋,改变着神经过程的激活状态,从而影响下丘脑。(2)丘脑和基底神经节激活具体情绪的先天模式,通过第七对脑神经,把由皮层运动区调节的面部表情的神经信息组织起来,导致一种具体的面部表情。(3)面部表情活动经三叉神经传导面部受纳器的冲动,经后部下丘脑达到皮层感觉区。这就是实现面部运动反馈的过程。(4)面部运动反馈的皮层整合,产生情绪体验。

上述关于面部反馈激活情绪的观点根据当代脑神经解剖生理学的资料证明,人类面部有潜在的极度敏感的受纳器,有精细分布的血管系统,精细分化的肌肉纤维分布和神经分布。神经学研究还提供了解剖学证明:皮肤表面有一种低阈机械感觉神经元,它们是面部内导反馈的神经兴奋的导体;一定数量的低阈机械感觉神经元有通向内脏的内导通路,它们还起着激活血管活动的作用;面部与内脏相协调的内导输入有达到丘脑和皮层的先天神经通路。

伊扎德指出,面部表情发生在微瞬之间。从刺激事件到体验产生,它所经历的时间和过程,不是人的意识所能把握的,它的速度以微秒计算。人们一般不能知觉到肌肉运动的感觉,不去意识皱眉或嘴角上翘的肌肉运动。一旦当强烈的情绪刺激唤起交感神经系统的兴奋,有机体整个的生命系统都被牵涉进去,全部生理节律被打乱,高度兴奋或紧张占据整个人。这时,心率加速、面孔发热、呼吸急促、出汗、四肢颤抖等发生。这些机体变化与那些在瞬间发生的面部肌肉动作相比较,更容易为个体所注意和意识。这就是为什么容易把机体反应归结为情绪的原因。然而,在整个神经过程中,自主性唤醒只影响情绪的强度和持续时间,对支持和维持情绪起着重要的作用,它的持续存在会加强和支持已发生的情绪。在情绪发生的整个过程中,由于刺激事件、神经中枢和表情活动、内脏反应,以及它们的反馈,形成连续的循环和相互影响,以致使它们各个部分的作用不容易区分。伊扎德断言,自主性唤醒是情绪的重要伴随物,它在支持和维持情绪的发生中是必需的。但它在情绪的发生中只起第二位的作用。而面部运动反馈为各种情绪的发生从性质上提供资料,表情在情绪产生中起重要作用。归结起来,面部运动反馈和内脏活动反馈,对情绪发生所起的作用是不同的,这种差异集中表现为三点:(1)自主性唤醒过于缓慢,不足以成为情绪的原因;(2)由人工激活单独产生的自主性唤醒,无情绪反应发生;(3)自主性唤醒不能区分精确分化了的情绪多样性,而面部表情的差异与各种情绪的相应体验是一致的。

（四）面部表情的社会化

随着内外刺激的持续作用，由感觉输入诱发的情绪和表情，逐渐显示类别的增长和强度的变化，婴儿情绪和表情的多样性和丰富性与日俱增。这种多样性和丰富性，既表现在基本情绪类别上更多的成熟和显现，增长着它们的适应性功能，又表现为面部表情的社会化。面部表情的社会化包括着几个方面的含义：

1．面部表情的复杂性 随着儿童的身体、认知和语言的成长和发展，处理周围情境和人际关系的复杂化，儿童的基本情绪数量在增长，并产生维量上的变化和复合化，诸如在色调上和强度上的变化和复合化。同时，基本情绪同内驱力的结合，同认知的结合，以及同人格特性的结合，形成人类无限丰富的情绪系统网。鉴于情绪社会化的复杂程度大、变式多，对情绪的了解或对他人表情的辨认，需要在语言的参与下，声调表情和姿态表情协调伴随时，才成为可能。

2．面部表情的随意性 鉴于面部表情是通过骨骼肌系统的随意运动而实现的，随着儿童的成长，表情因情境、人际关系和个人特征的不同，表现上的随意程度随之增大。情绪和表情从它原有的先天反应的特性转化为对社会情境事件反应的一种心理能力。表情反应的这种应变力，来自对社会情境、人际关系的适应，服务于人际交往和社会行为。人在生活中随时需要"处理"自己的情绪表现，以便规范自己的行为，使之适应社会准则和人情习惯。例如，儿童要学会在受轻伤时不哭，在受到威胁时表现勇敢，在别人遭到不幸时表示同情。儿童从三四岁开始形成有意地抑制和掩盖自己表情的能力。此后，儿童修饰自己表情的能力与行为社会化以及人格特性一起得到发展。成人夸张或掩盖面部表情的例子更是屡见不鲜，说明表情的随意性。这种修饰表情的能力，无论是企图改变自身感受，还是以它作为工具去协调人际关系，对任何人都是社会性适应，是情绪原始适应性在人类的延伸。

情绪表情的随意性从儿童时期贯穿到整个成人时期。其可变性具有个体的、年龄的和文化的差异。但是，无论整个情绪系统如何复杂，也无论它们在多大程度上可以被修饰，人们原本的、先天的表情模式仍然在一定条件下表现出来。

3．文化差异影响情绪表达 人类社会的发展和进步是不同步的，由于地区隔离和语言上的差异，文化、习俗和教育逐渐分化而各有不同。在漫长的人类社会历史中，尽管基本情绪的表情是泛人类的，但情绪的信号作用仍然有着一定程度的差异。在大多数情况下，不同民族之间，人们通过表情传递可以达到互相了解；但是在某些局部的、个别的或极端的情况下，如果完全排除语言交际的作用，人们之间的某些表情信号可能是不相通的。

例如，跨文化研究证明，爪哇人的情绪社会化有着十分独特的形式。爪哇人的传统文化要求并训练人尽量控制表情行为。他们不喜欢公开争吵和愤怒时发出高声。爪哇儿童在五岁前不被看做是爪哇人,因为他们还不会控制情绪。爪哇婴儿在放松、温柔和淡漠的情绪气氛中被成人照料。成人对儿童给以淡漠情绪的行为教导,而不采取惩罚和威胁。父母与儿童尽量使他们变得冷淡而含蓄,有节制和有礼貌。又如,位于大洋洲的密克罗尼西亚人,按照他们的文化传统,父母教儿童学会一组情绪术语以指导行为。他们的价值观强调合作、分享、无攻击和等级服从。这些价值观由"Metagu"这个概念来加以表示,它的含意代表着遇到魔鬼、遇到别人发怒或不熟悉的环境时所引起的情绪抑制现象。这种社会化情绪由文化和成人的正面关怀与教导所促成(Ekman, 1989)。

此外,由坎普斯,孟昭兰等领导的一项跨文化表情研究显示了婴儿面部表情的文化差异(Camras, 1998)。这项研究在中、日、美三国婴儿中,以同年龄、同实验程序,各自在本国进行,并由第四方作统一的统计处理,结果显示:(1)在面部运动编码上,显示了中、日、美三国婴儿在人工诱发的具体情绪上是相同的,表情行为的基本趋势是一致的,表明了面部表请的跨文化一致性。(2)在面部行为上,美、日婴儿明显地比中国婴儿表现更多的面部表情。美、日婴儿之间的差别不显著。

专栏

1. 中国长期的封建文化和道德传统对人们仍有深远的影响,以儒家为代表的行为规范和道德标准强调不苟言笑,喜怒不形于色而崇尚情绪抑制,形成了中华民族延续至今的内向、含蓄的民族性格。这导致在情绪表情上形成了内隐和抑制的特征。

2. 上述文化背景反映在家庭和育儿方式上,中国父母在与婴儿的相互交往中较少使用面部表情,而更多地使用语言和声调(邓惠,1986)。当前中国的独生子女受到倍加珍爱而过度保护,幼婴儿的独立活动得到的鼓励不足,由于缺乏探索活动而抑制兴趣,没有探索和冒险的成功与失败,就会延缓欢快与悲伤,恐惧与愤怒,惊奇与爱好的发展。这种传统的影响与当前家庭教养环境,与美国社会鼓励个性和独立性发展,对孩子比较宽容和放任的差异,可能是中国婴儿面部表情活动较少于美国婴儿的主要原因。

3. 至于在亚洲群体内,日本家庭在一定程度上和一定范围内采用西方育儿方式。近年的研究发现,日本母婴之间有频繁的感情接触,鼓励孩子的正性情绪行为。这可能是中、日婴儿情绪行为不同的原因(Camras, 1998)。

本研究者认为,一方面,情绪是人类进化的产物,是泛人类的。因此它是一种生物现象;同时又是历史发展的产物,是在人类社会化过程中表现的社会行为。因此它又是一种文化现象。这两方面的结合与统一,就是心理学所阐述的情绪。然而,本研究意在揭示婴儿表情既有跨文化的一致性,又渗透着深远文化背景的影响和当代社会生态环境的直接作用。随着社会进步和教育方式的改进,我国人们对感情生活的价值观也在改变。培养儿童快乐情绪,鼓励探索兴趣,促进宽容与同情、乐观和进取,发挥主动和独立精神,正在改变着传统文化的某些影响。但情绪行为模式的变化将是一个漫长的过程。

三、面部表情的神经生理学证据及其测量方法

(一) 面部表情的神经生理学证据

第3章详细地描述了情绪的脑机制。对表情的神经学证据的研究实际上也在进行。类别理论家进行的一组研究表明,应用 PET 和 fMRI 脑成像技术,测量了辨认不同的面部表情的知觉引发不同的脑部位活动。有研究表明,对恐惧面孔的知觉能激活左杏仁核(Morris, 1996),布拉尔对恐惧和愤怒面孔反应的测量,发现杏仁核血流量改变;但另一研究显示 PET 测量到对悲伤面孔而不是愤怒面孔的血流量变化(Blair, 1999)。其他对不愉快面孔照片的识别实验也测量到杏仁核的 PET 改变(Lane, 1997)。对不良味觉刺激引起厌恶表情的正常被试,被记录到杏仁核 fMRI 抑制,引起被试的社会性恐惧(Schneider, 1999)。但厌恶面孔激活前脑岛和边缘皮层-纹状体-海马部位(Phillips, 1997)。维量理论家也发现,从高到低的负性情绪面孔刺激的知觉激活杏仁核(Russel, 1997)。对悲伤面孔的知觉激活左杏仁核和右颞叶。愤怒面孔激活眶额回皮层和前扣带回皮层(Blair, 1998)。对扣带回皮层而言,对正、负性情绪表情照片记录到右扣带回皮层 fMRI 激活,尤其对负性面孔的反应更为显著;对快乐面孔左扣带回皮层 fMRI 被激活,而对悲伤面孔则无反应(Phillips, 1998)。

病理方面的研究也证明,对不同的面部表情的知觉也与不同的脑部位联系着。双侧杏仁核损伤破坏了认知恐惧的面部表情和人类声调的能力,但并不损伤认知悲伤的表情(Scott, 1997)。对基底神经节有影响的亨廷顿氏疾病(Huntington's disease)患者不能准确地认知厌恶表情,但能准确地判断其他负性情绪的面部表情(Sprengelmeyer et al., 1996)。双侧杏仁核损伤患者失去了声调听觉认知,可能是由于基底神经节受到损伤(Anderson & Phelps, 1998)。这些研究显示,虽然被试对不同面部表情的知觉可以激活不同的脑区,但是,对被试自己发出的不同表情是否能激活不同的脑区却毫无所知。预期采用脑成像技术对复合情绪的研究,应该能有新的发现(Davidson et al., 1996)。

(二) 面部表情测量方法

面部表情作为情绪的指标如何保持其客观性是情绪测量方法制订中的核心问题。

为此艾克曼和伊扎德按照反馈理论,一方面着重于面部肌肉运动的神经血管活动的客观测量,另一方面致力于对面部肌肉血管活动的客观评定。艾克曼的"面部活动编码系统"(FACS, 1976, 1978)、伊扎德的"最大限度辨别面部肌肉运动编码系统"(Max, 1979)和"表情辨别整体判断系统"(Affex, 1980)等测量程序保证了面部表情判断的准确性。

1. 制定测量编码系统所依据的原则 以艾克曼和伊扎德为代表的工作在解决具体的测量技术上所依据的原则,可概括为如下:

- 所要测量的是面部肌肉运动本身,而不是面部所给予观察者的情绪信息。面部肌肉运动所携带的情绪信息是面部本身运动的结果,二者虽然是不可分的,但面部的情绪信息只是情绪的现象学标准。如果离开对面部本身的测量而直接从情绪信息的意义来估量,恰恰是人们所评论的所谓表情"不客观"的要害。虽然目的是测量情绪的信号意义,但为达到此目的,必须找到面部反应的物质依据。问题在于测量什么和如何测量。那么,要测量的面部本身是什么呢?十分明确,要测量的是面部反应的物质过程,也就是肌肉运动过程。按照情绪和表情产生的神经生理机制,可以严格地捕捉产生它的物质过程。这就引出第二个原则。

- 严格遵循神经解剖学基础。面部反应是严格的物质过程,受神经生理过程的支配;而且,整个的情绪和体验产生的过程,有完整的神经生理学机制。鉴于面部有分化精细的肌肉组织系统和传导灵敏的躯体神经系统的支配,运用现代仪器有可能把一块块肌肉的活动分化出来,也有可能把一块块肌肉的单一活动和互相有牵连的组合活动记录下来。艾克曼的工作在于详细地测量了面部的全部肌肉组织的活动,及其活动所引起的面部各个分别独立的部位变化,以及可观察到的、由这些肌肉活动所改变着的面容。艾克曼据此编制了表情的测量记录手册。面部反应的客观性在于,应用记录手册时,人们所记录的不是情绪本身,而是面部各部位一块块单一的或几块组合的肌肉活动。然后将这些肌肉活动与各种情绪的命名联系起来,这些肌肉单位就成为情绪的标志。测量中完全避免使用诸如"攻击性皱眉"、"不高兴地撅嘴"等推论性术语,集中于肌肉活动本身的辨认,不去理会它的"意义":愉快或悲伤。

- 便于使用。按上述原则所确定的测量技术不是解剖学家能完成的;解剖学只提供面部肌肉组织结构而不涉及它的情绪功能。也不是人类学家所能完成的;人类学只从社会现象学去观察情绪的发生和作用。要把情绪功能与解剖学结合起来,把心理测量放置在它的物质过程的可靠基础上,这正是心理学家的使命。

情绪的界定是如此复杂,制订一套测量的编码系统十分需要。艾克曼和伊扎德的FACS或Max提供了这个可能,观察者只需要经过使用FACS或Max的训练,就能利用手册去作情绪测量,而不必使用像肌电图那样的设备。

2. 关于对面部活动单位的测量 艾克曼制订的FACS是一个尽最大可能区分面部运动的综合系统,一个能区分所有可观察到的面部行为的测量图式。FACS把面部分为额-眉区、眼-睑区、鼻颊-口唇区三个部位,测量了 43 块面部肌肉,它们的各种组合精细地分化了面部骨骼肌的活动,可呈现愉快、惊奇、厌恶、愤怒、惧怕、悲伤、轻蔑 7 种情绪。FACS 把面部活动分割为最小的活动单位,又能把这些活动单位合并起来说明基本情绪的面部表情。

FACS 的制订是研究者刺激一块块肌肉组织,引起它们放电,照相记录此时面容的变化。个别有重叠的肌肉组织难以确切辨认时,也使用神经刺激。但只有在难以确定时才采用。这样得到两种材料,一种是引起活动的肌肉组织列表,一种是引起面容变化的照片。然后把每组肌肉运动与所引起的面容变化进行匹配,识别哪个面容变化是由哪组肌肉运动引起的。由于有时一块肌肉可以分出几个活动,又有时几块肌肉才引起面容的一种变化,因此,FACS 采取的测量是以面容活动为单位,称为活动单位(AU),而不是以肌肉为单位。也就是一个单一活动单位可以包括一块或几块肌肉组织。FACS 共列出 28 种单一活动单位表(见表 5-1)。

表 5-1 FACS*的单一活动单位(AU)列表

活动单位(AU)编号	面部活动编码名称	肌肉名称
1	额眉心上抬	额肌、内侧
2	额眉稍上抬	额肌、外侧
4	额眉低垂	眉间降肌、降眉肌、皱眉肌
5	上眼睑上抬	提眼睑肌
6	面颊上抬	眼环肌
7	眼睑紧凑	眼环肌
9	鼻纵起	提唇肌、提鼻肌
10	上眼睑上抬	提唇肌
11	鼻唇褶加深	观小肌
12	口角后拉	口角迁缩肌
13	面颊鼓胀	口角上提肌
14	腐颊微凹(酒窝)	
15	唇角下压	口角降肌
16	下唇下压	下唇降肌
17	下巴上抬	颏提肌
18	口唇缩拢	上翻唇肌、内翻唇肌
20	口唇前伸	口角收缩肌
22	口唇圆筒形	口环肌
23	口唇紧闭	口环肌
24	口唇压紧	口环肌

(续表)

活动单位(AU)编号	面部活动编码名称	肌肉名称
25	两唇张开	唇压肌、颏提肌放松
26	下颏下垂	咬肌、翼状肌放松
27	口前伸	翼状肌、二腹肌
28	口唇咂啜(吮吸)	口环肌

引自 P. Ekman, 1976。

*:FACS制定了一个手册,它包括单一和复合活动单位列表引起面容变化的详细描述,并提供照片影片相对照,还包括学习使用这一手册的指导。(参考孟昭兰,1989, p.214)

研究者发现,多数面容变化是几个活动单位合加在一起才发生的。从而又把那些可明显辨认的合加在一起的活动单位列表。共有19种这样的复合活动单位,对每个复合活动单位都作了同单一活动单位同样的详细的描述。合加在一起的各个活动单位之间存在着主导、次要、竞争、对抗的关系,从而规定了在这种情形下测量的规则和方法。例如,当一个活动单位显示为明显的活动迹象为主导活动单位时,则略去对显示的不明显的、次要的活动单位的记分。

3. 关于对情绪的测量　为了使面部运动编码系统用于解释情绪,伊扎德制定了两个互相补充的测量系统。一个是为保证客观性和精确性的微观分析系统,即"最大限度辨别面部运动编码系统"(Max)。它和FACS出自同一目的,是一个以面部肌肉运动为记录单位,测量面部各区域的肌肉运动的精确图式。另一个是保证Max有效性的宏观分析系统,称为"表情辨别整体判断系统"(Affex)。它提供关于面部表情模式的整体面貌。

Max把面孔分为额眉-鼻根区、眼-鼻-颊区、口唇-下巴区三个部位,列出29种面部运动记录单位,编成号码,每一号码代表面孔某一区域的一种活动(见表5-2)。Max可用来测量兴趣、愉快、惊奇、厌恶、愤怒、惧怕、悲伤、轻蔑、痛苦等9种基本情绪表情。

表 5-2　Max面部运动分区记录及编号

编号	眉	额	鼻根
No 20	上抬、弧状或不变	长横纹或增厚	变窄
No 21	一条眉比另一条眉抬高		
No 22	上抬、聚拢	短横纹	变窄
No 23	内角上抬、内角下呈三角形	眉角上部额中心有皱纹	变窄
No 24	聚拢、眉间呈坚直纹	眉件呈坚纹或突起	
No 25	下降、聚拢		增宽

(续表)

编号	眼	颊
No 30	大眼睑与眉之间皮肤拉紧、眼睛大而圆,上眼睑不抬高	
No 31	眼沟展宽,上眼睑上抬	
No 32	眉下降使眼变窄	
No 33	双眼斜视或变窄	
No 36	向下注视、斜视	上抬
No 37	紧闭	
No 38		上抬
No 39	向下注视,头后倒	
No 42	鼻梁皱起(可作为从 54 和从 59B 的附加线索)	

编号	口-唇
No 50	张大、张圆
No 51	张大、放松
No 52	口角后收、微上抬
No 53	张开、紧张、口角向两侧平展
No 54	张开、呈矩形
No 55	张开,紧张
No 56	口角向下方外拉,下颊将下唇中部上抬
No 59A = 51/56	张开,放松,舌前伸过齿
No 59B = 54/66	张开,呈矩形,舌前伸过齿
No 61	上唇向一方上抬
No 63	下唇下降、前伸
No 64	下唇内卷
No 65	口唇缩拢
No 66	舌前伸、过齿

引自 Max, pp.6～12。

情绪表情是由这三个区域的肌肉运动的各种组合而成的。例如,No 25 为额眉区的双眉下压、聚拢;No 33 为眼鼻区的眼变窄,微眯;No 54 为口唇区的口张大呈矩形。这三个区域的肌肉活动组合起来,即 No 25 + No 33 + No 54 就表示了愤怒的表情(孟昭兰,1989, p.216)(图 5-1)。

Max 的材料包括一个手册和一套录像。手册是为训练记录员学习所用,还包括练习方法和达到学会标准的要求。训练用录像带进行,学习以达到标准的 80% 的一致性为合格。达到标准意味着受训练者可作为测量面部运动的可靠记录者。

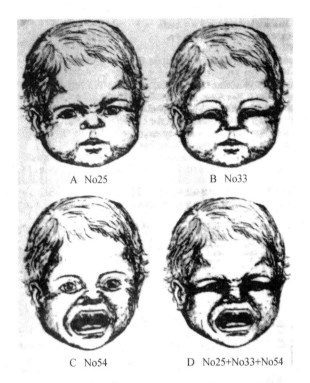

图 5-1 眉-额、眼-鼻、口-下巴三部位组合的表情

引自 Izard, C., 1979, pp.108~109;见孟昭兰,1989, p.218。

为了证实受训练者具有从面容整体来辨认表情的可能性,又制定了从面容整体表情的检测方法,这就是 Affex。Affex 以 Max 为基础,组合面部运动,描述基本情绪。受训练者按照 Max 的编码系统,整合面部不同部位的信息,直接判断面部表情类别。受训练者在通过 Max 测试之后才可以接受 Affex 的训练。也以达到标准的 80% 一致性为合格。Affex 与 Max 之间的可靠性是通过观察者使用 Max 和另外的观察者使用 Affex 的辨别一致性来证实的。通过 Max 与 Affex 结合使用的检验,Affex 和 Max 的可靠性得到了证实,那么,经过训练的观察者就获得了辨别面部肌肉运动模式的能力,也获得了从面容整体来辨认表情的能力。人们一般均能通过他人的面容的整体变化来识别他们的情绪,Max 与 Affex 的联合使用成为客观测量面容整体变化的工具,这就说明,从面容变化的整体来识别表情得到了客观化而避免主观判断的基础。

(三) 面部表情判断的准确性

艾克曼和伊扎德的测量程序保证了面部表情判断的准确性。在以后的实验应用中也得到了检验。特别是进行了专门判断 FACS 准确性的检验研究。有的工作是在不同的判断者之间作比较;有的是在情绪表达者的体验报告与判断者的评定间作比较。例如，让被试对给定的一系列情绪刺激——作出面部反应，在每一次反应后，让他们随机地以"真实地"和"不真实地"报告自身的体验，并把被试的报告结果与判断者的评定作比较。结果证明判断者从被试面部反馈的信息可以检测"真实的"或"不真实的"报告。近期的研究证实了这两个测量程序对被试自发表现的窘迫和欢娱两种相对立的情绪上作出了可靠的判断(Keltner, 1995;Gonzaga, 2000)。

推荐参考书

孟昭兰,(1987).为什么面部表情可以作为情绪研究的客观指标.心理学报,第20卷,第2期.

Carmas, L. (1993). Facial expression. In M. Lewis & J. Havalland (Eds.), *Handbook of Emotion*. Chapter 15. New York：The Guilford press.

Ekman, P. (Ed.), (1982). *Emotion in the Human face* (2nd ed.). Cambridge, England：Cambridge University Press.

编者笔记

本章着重于阐述作为情绪的外现行为——表情——的意义。首先，强调表情不仅是人际交流的信号，而且是情绪发生的激活器，是构成情绪的重要成分的观点。其次，阐明表情的全人类普遍性和文化差异；指出基本面部表情是先天的程序化模式的论点。介绍了资料尚属不足的表情的神经机制。第三，本章不但说明了表情的功能性意义，而且指出了它在情绪研究上的工具价值。表情作为测量的工具，提供了情绪研究客观化的证据。由于读者一般对表情的测量方法比较生疏，在此作了较为详细的介绍。

6

情绪与认知

自20世纪70年代情绪心理学家注意到情绪对认知的影响以来,情绪与认知的关系问题引起了情绪心理学家与认知心理学家们的极大关注,并在情绪心理学家中以及情绪心理学家与认知心理学家之间展开了激烈的争论(Zajonc,1980,Bower,1981,孟,1985)这一现象反映了情绪与认知两过程不可分离的事实,认识到把情绪与认知联系起来进行研究势在必行。特别在认知心理学发展起来之后,以信息加工的观点看人脑整体上的心理操作,不可避免地要面对情绪的存在和对认知加工的作用。情绪心理学认知派拉扎勒所持的关于情绪是认知的结果或功能的观点、曼德勒把情绪和动机结构纳入整个信息加工系统的作法,代表着从认知方面向情绪接近的研究倾向。而伊扎德等动机派则以感情与认知相互作用为核心的人格结构观,代表着从情绪方面向认知接近的研究倾向。不少情绪心理学家已经在理论探讨和实际研究中涉及情绪与认知相互关系的研究。80到90年代情绪与认知关系的研究大量涌现,例如,霍夫曼总结了大量的研究结果,提出了有关情绪与认知相互作用的系统理论,阐述了情绪在认知过程中发生的进程及其相互作用(Hoffman,1986)。艾森则系统地研究了正、负性情绪,尤其是正性情绪对认知的影响(Isen,1984,2000)。90年代以后,认知与情绪之间的关系问题,也就是哪一个发生在先的分歧已经趋于一致,即时间上哪个在先并不重要,关键是认知加工过程不可避免地有情绪介入,对认知给以正面或负面的影响;同时,情绪的发生虽有其先天的一面,一般来说,它经常又受认知过程的调节。

一、认知在情绪发生中的作用

(一)信息加工的不同等级水平对感情性反应

按照信息加工理论,霍夫曼把认知调解情绪的心理过程划分为三种不同水平的加工图式:(1)物理刺激直接引起感情性反应;(2)物理刺激与表象的匹配诱导感情性反应;(3)刺激意义诱发感情性反应(Hoffman,1986)。实际上,从这三种加工水平引起的感情性反应在适应水平上也有相应的等级差别。

1. 物理刺激直接产生感情性反应　外界物体的物理性质如声、光、嗅、味等刺激在脑内的感觉登记可直接引起情绪。这类刺激可能是无条件性的，也可能是条件性的。在早期婴儿身上出现的许多感情性反应肯定是无条件性的。例如，不良味觉刺激引起新生儿厌恶表情反应；产院婴儿室内一个婴儿的哭声引起许多婴儿的痛苦反应等；3个月婴儿对视觉轮廓模糊的阴影诱导恐惧反应；4个月婴儿对限制其肢体活动产生愤怒反应等，在开始时也是无条件性情绪反应，属于感觉-感情水平反应。在成人，某些原发性厌恶或惊吓反应也可以是无条件的。至于条件性刺激引起的感情反应，小孩在医院看见身着白大褂的人向他走近时产生害怕躲避反应，是典型的条件反应性感情的例证；母亲的悲伤表情和身体接触已成为8个月的婴儿警觉和恐惧表情的条件性刺激(Campos, 1983)。成人身体某部位的疼痛被诊断为严重疾病时产生的条件性焦虑能加剧疼痛感。

2. 物理刺激与表象的匹配所产生的感情性反应　婴儿在物体刺激同内部表象相匹配的条件下，产生图形再认或识别的能力。这种能力的产生与感情反应之间的复杂性与记忆储存的数量和信息的性质有关。刺激同内部图式匹配产生的感情反应有几种不同的情况。霍夫曼首先对两种图式作了区分：一种是由感情反应所形成的图式，即被充予了感情的(affectively charged)图式，或被称为"热"图式；另一种是对没有引起过感情反应的物体所形成的图式，即中性图式，或称"冷"图式。依据这两种图式与新的刺激的匹配或不匹配，将会产生引起感情反应的四种情况：

● 刺激与充予感情图式相匹配。情绪反应同原来充予的感情性质相一致。例如，母亲面孔在婴儿脑中的图像是在以前充予过感情的，母亲的出现使婴儿产生期待的愉快反应，而且任何与母亲面孔图式相匹配的刺激(如母亲的声音)都能使婴儿产生享受和愉快的情绪。

● 刺激与充予感情图式不匹配。情绪反应同原来充予的感情性质不一致。例如，走近婴儿的人的面孔与母亲的面孔不相匹配，婴儿产生的就会是警觉、痛苦或恐惧反应。

● 刺激同中性图式匹配。产生中性反应。例如，刺激同未经充予感情的图式相匹配，一般不产生感情反应。但是扎恩斯曾经发现，重复地接受同一刺激，有时会发生喜爱感情，称为"仅仅暴露"效应，意即刺激物重复地暴露于人，就能引起感情反应。如婴儿对重复出现的生疏玩具，也会产生兴趣情绪。

● 刺激同中性图式不匹配。依具体情况可以产生正性或负性情绪。如，刺激的新异性可引起感情反应。其感情的性质视新异性的程度和强度而定。许多实验证明，新异性刺激同已有图式具有中等强度和较小强度的不一致时，可产生中等程度的不安或兴趣，它提供一种试图对新异物进行探索的动机。而过强的刺激差异则可引起负性的恐惧情绪或回避倾向。

3. 刺激意义引起的感情反应　当刺激以超越其物理属性的意义作用于人时，导致一种更高级的认知加工。这种高级的认知加工模式与刺激结合的变式更加多样,以致产生感情反应的机会和可能性就更大了。霍夫曼对此提出两种加工模式以揭示刺激意义的认知基础。

其一是归类。信息加工把输入的材料分为许多项目,例如分为对象、事件、活动等项目,并按项目的物理属性、功能属性分档归类,也可按刺激项目同个人的利害关系分档归类。刺激由于纳入某种归类中而获得该档类别的意义。然而,当刺激按其对个体需要或经验、社会标准、人际关系,而不是按其物理属性或功能属性进归类时,那些能满足个人需要和符合社会标准的对象、事件或活动,就被纳入产生满足、愉快或期待、期望的类属。同样还有产生恐惧、愤怒、忧伤或失望的项目等。这类归类是在刺激引起满意或不满意的体验的基础上形成,并已经按过去产生的情绪已经归类,新的刺激在归入该档时可以产生同样的体验。

按照弗洛伊德的焦虑理论,一种活动图式可能充予正情绪,也可能充予负情绪。这是因为,这种活动曾经与愉快和随之而来的惩罚相联系。从而对于焦虑患者来说,曾经有过引起愉快情绪的刺激,由于另外的联系而在焦虑项目中归类。这是产生焦虑感的来源之一。

其二是评价。评价所导致的感情反应,可由评价刺激事件发生的原因、评价事件发生的后果,以及同标准相比较这三种加工模式而来。

- 推测事件原因引起的感情效果。对同情心的研究,揭示了它们之间的联系。同情心的产生在于,他人的不幸处境是其所不能加以控制或无力加以改变的结果。如果这种处境是其本人所能驾驭或问题能由他本人加以解决的,同情就不会产生。例如,老师常常对智能低下的学生得到坏分数而产生同情和怜悯,但是对于有能力的学生由于不努力而得到坏成绩则不会产生同情。对这两个情境所产生的不同情绪反应,是来自对学习成绩不佳的原因的推论。另外,对事件原因的推论所导致的感情反应也取决于认知水平。例如,小孩摔倒而引起疼痛时向父母发脾气,这是由于他以为摔倒的原因来自父母。又如,幼儿发现母亲不愉快的面容,以为是自己做错了什么事,因而产生早期的自罪感。这些现象说明,幼儿语义推论的逻辑思维还处于低下水平。

- 评价刺激事件后果的感情效果。刺激事件对个体有什么影响,其影响是当前的还是未来的,是短暂的还是持久的,是重要的或无足轻重的,是有利的或有害的等等,都可作为事件对个体的后果而被评价;并且可因评价的不同而产生不同的感情性反应。对刺激后果的评价所产生的感情反应决定于认知水平。例如,身体某部位的疼痛感觉当个体怀疑为严重病症时,可由被料到的后果而引起严重的焦虑;而同样的疼痛感觉发生在儿童身上,其所引起的则仅仅是身体这一部位的疼痛本身。

- 刺激事件与标准相比较,也是产生感情性反应的原因。例如,成人事业的成败是按照社会标准来衡量和评价的,从而使人产生正性的或负性的情感体验。然而人们掌握的标准并不一定一致,这常常是引起社会矛盾和人际关系冲突的原因。科研成果长期未为领导所承认,会导致发明者本人内心的痛苦;一旦当这一成果得到社会的承认,发明者本人就容易体验辛劳之后的成功喜悦;他们的痛苦与快乐是科学研究的价值决定的。改造犯罪分子的立足点之一是帮助他们在道德感的范畴中建立评价标准,并按他的感情变化作为改正的检验标准之一。因为只有按照社会准则要求自己的人,才能在把自己的行为与评价标准相比较中产生认罪的自罪感,并在超脱了犯罪意识之后产生重新做人的喜悦。

(二) 非情绪性刺激的转化与感情性反应

霍夫曼指出,并非所有的刺激都能同感情的产生相联系。但是,刺激以某种方式转化为另一方式时,这种转变了的刺激,按照上述三种产生感情性反应的信息加工模式,就有可能发生感情性反应。这种刺激的转化有三种方式:(1) 刺激并列;(2) 刺激构造;(3) 刺激的语义解释。

1. 刺激并列　什么叫刺激并列?如果把一个刺激放在另一情境之下,原来并未与感情发生联系的刺激可以引发感情反应。移情现象是刺激并列的明显例子。移情是在他人感情的感染下产生相似于他人的感情体验。这是因为,当一个人想像在别人身上发生的事情归结在自己身上时,本来处于某种情绪情境中的对方,并不构成刺激而引起他的感情性反应;可是当他想像到把自己设身处地地与对方并列时,移情会油然而生。霍夫曼把这一现象称为"充认角色"。移情就是以刺激并列的方式而引起了刺激形式的转变。这时,由于刺激形式转换而导致前述信息加工三种模式中任何一种的操作,从而产生感情反应。移情就是由于进行了刺激意义归类的操作而产生的。

2. 刺激构造　许多关于体验的研究都用想像有关情境的方式诱发情绪。这类研究多数用于成人;也有人报告过要求三年级儿童想像快乐或悲伤的事,而后分别测量他们利他行为和攻击行为的案例。这就是利用想像进行刺激构造。一个明显的例子:某商人接到一个将被查询交付税款情况的通知,这意味着他被怀疑偷税,他因此而产生了恐惧。由此他联想到可能被警告或被拘捕,还可能由此引起长期后果,如被判以巨额罚款或坐牢。这一通知收到后,可能延迟几周或数月之后本人才被传讯,由此建立了一个高度充予感情的警觉和恐慌的感情图式。与此例相反,一个学生等待着充满高度期望的高校录取通知,在此过程中他所建立的是高度充予感情的期待和期望的感情图式。这就是刺激构造的现象。刺激构成的情境使原来同感情毫无联系的刺激成为引发情绪的源泉。刺激构造还可以产生两极并存现象。事件发生的刺激可被构造为两种可能,从而可以产生两种感情反应图式。例如,高考是否被录取的预期有成功和失败两种可能,导致两种感情图式的建立,无论哪种后果出现,相应的感情立即以十分强烈的形式迅速反应出来。

3. 刺激的语义解释　儿童随着年龄的增长,语词含义的复杂程度日渐增长,按照语义解释情境事件的情况将出现得日益频繁。这一境况大大扩展了情境同感情性反应之间联系的多样性和多变性。

语词包含着语义成分和非语义成分。无论哪种成分,都可以单独引起感情反应。单独的词的非语义成分,如音调、急促程度、强调程度、停顿等,能成为引起感情性反应的条件性刺激。单独语义成分也可以引起感情性反应。例如在词-词联系的测验中,以自主神经系统激活为指标,语义联系能成为自主性唤醒的条件刺激。测验结果显示:词义联系词组[dog(狗)-terrible(可怕)]比词音联系词组[flower(花)-glower(灯丝)]显示更高的感情性自主系统激活反应;surf(浪涛)-wave(波浪)的词义联系要高于 surf(浪涛)-serf(农奴)的词音联系的自主系神经激活。

刺激的语义解释,经常发生在词义成分和非词义成分同时起作用的情况之中。对刺激的语义解释和上述其他两种刺激转化形式一样,是在信息加工前述的三种模式中进行的操作。语义解释特别是通过条件作用、归类和评价这三种高级加工形式进行操作的。例如,在森林中穿行的人们,对"迷失方向"的语义解释所引起的恐慌心理往往由条件性作用所导致。因为对于任何没有迷路经验的人,都能条件性地引起在森林中对"迷失方向"的恐惧。而再次失业的雇员所产生的失望情绪是对经济生活和社会地位会随失业而下降的多方面评价的结果(Hoffman,1986)。

二、情绪在认知加工中的影响

(一)情绪对信息加工的整体影响

通过各种不同的信息加工方式,情绪对认知起着驱动和组织的作用。许多研究证明情绪对认知产生多方面的效应。其影响不仅在加工的速度和准确程度方面,而是可以在类别和等级层次上改变认知的功能,或在信息加工中引起阻断或干扰的质量变化。即情绪不仅在量上影响认知,而且影响认知的结构。

1. 情绪影响信息加工的发动、干扰和结束 20世纪70年代以来的研究表明,人在情境影响下,不断的信息输入对脑的即时状态和工作无时不在发挥着影响。在外来信息与认知活动之间,情绪起着中介的作用。皮亚杰于晚年(Piaget,1981)指出,感情决定对情境是接近或回避的倾向,从而影响人的智能努力朝着什么方向和方面去发挥,这种现象反过来必然影响知识的获得。弗洛伊德对焦虑所作的一个假设为,由于某种认知加工在意识中曾经与痛苦体验发生过联系,从而通过防御机制,患者会割断或不去触及同类加工过程。一般来说,一定强度水平的感情状态,或说心境,具有提高认知加工的效果;超高强水平的感情激活则干扰甚至阻断认知加工进程,过低度激活则不足以维持认知加工所要求的激活量。正性情绪能改善人的智能操作质量,例如,对数字广度的辨认率、词意分析的完成率、多功能物品命名的数量等研究均得出类似结果。在婴幼儿的智力操作中,例如图形识别、问题解决、寻找或组合作业等项研究中,亦表明正性情绪比负性情绪得到更好的效果(Isen, 1987)。孟昭兰的研究表明:(1) 愉快比痛苦显示更优的操作效果;兴趣比恐惧显示更优的操作效果;无怒的中性状态比愤怒状态、爆发怒比潜在怒均显示更优的操作效果;(2) 同一情绪不同强度对操作效果影响也有不同。在愉快和愤怒状态下,中强水平比过高或过低的激活导致更优的效果(Meng, 1989, 1991)(表6-1,图6-1,图6-2)(孟昭兰,1994)。

表 6-1 正、负情绪在认知操作上的差异比较(秒)

快乐	痛苦	兴趣	混合	惧怕	无怒	愤怒	爆发怒	潜在怒
5.57	55.37	46.6	72.0	178.0	100.4	142.1	39.1	51.9
$F = 16.26, p < 0.01$			$F = 104.65, p < 0.01$			$t = 2.53, p < 0.02$	$F = 2.46, p < 0.05$	

引自孟昭兰,1997, p.348。

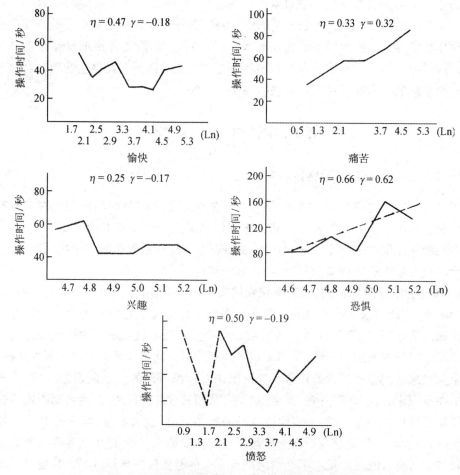

图 6-1 情绪不同强度与认知操作效果的相关图

引自孟昭兰, 1997, p.349; Meng, Z., 1988—1989, 123~125。

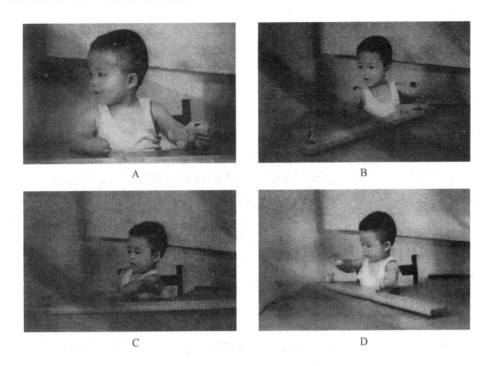

图 6-2　愉快状态下的认知-手工操作实验过程
引自孟昭兰，1997，p.348。

2．情绪影响信息的选择性加工　情绪的正性或负性特征会影响信息的选择性加工。情绪在某种意义上监测哪怕是低级的对知觉信息的选择。例如，一项研究用耳机给不同被试分别输入愉快和悲伤的乐曲，同时给两组被试相同的字词表序列，字词中夹杂着非词的字母组合，字词分别有表示快乐的和悲伤的两种字词。让两组被试以最快的速度辨别字词与非字词，分别按不同的键。结果表明，乐曲确实把被试诱导进入相应的心境之中：快乐组被试对快乐词比对悲伤词按键更快，悲伤被试则对悲伤词按键更快，而两组被试对非字词的按键速度没有区别(Niedenthal & Settelund, 1994)。这意味着，在认知操作中，从广泛的信息中提取知觉的线索(任务要求)受到局限，加工范围只集中在任务要求的注意中心之内，检索这一局限的中心供给的线索。正是在此条件下，选择性任务受到正性或负性心境的"组织作用"。这一情况所涉及的认知加工质量上的差别(完成任务)在于，加工过程只对当前即时直接的线索发生联系，而不是同广泛的背景经验发生联系，那些早先形成的字词背景则遭到忽略而不起作用。在另一项研究中，要求正性情绪或负性情绪被试完成同样记忆字词任务。结果显示，正性情绪比负性情绪被试完成同样任务的效果要好。这说明，加工过程(完成任务)受到负性情绪凝结在注意的中心而持续对加工产生干扰，从而降低了加工的质量。而这时那些原已自动化的加工模式则处于加工的背景地位而未能被利用。因此可见，感情在决定信息加工的选择范围方面起着重要的作用。

例如,在病理情况下的实验中,焦虑症患者把注意指向与焦虑相联系的字词的形式特征,以便忽略这些词的意义。这个现象表明,此时的焦虑者的心境决定选择性知觉的加工模式——他们宁愿注意词的形式而不注意词的意义。由此联系到,父母对儿童施加威胁性要求或压力时,由于儿童的注意指向事件的负性后果——惩罚的恐惧,因而难以选择正确的策略去改正错误行为。

3．充予情绪图式的形成　在被充予情绪的分类和图式的形成中,感情起着促进的作用。这是因为,外在刺激事件的不断作用和在脑内加工并储存在加工系统中。因而,任何刺激事件往往从不同的方面与人的心境状态发生联系。当某一新鲜刺激在归类和图式形成中内化并获得感情充予时,这个过程就被看做通过归类机制把过去体验过的感情又转而注入到新的刺激事件中。这一循环性影响说明,这样的刺激事件能够促进具有感情充予性质的归类机制把过去体验过的感情又转而注入到刺激事件中。重要之处在于,个人以认知和情绪的结合所塑造的自我系统在此过程中经常被充予感情。例如,个人的价值观、理想、信仰、性格以及人际关系意识等都是自我系统的组成成分。它们在形成过程中,不断地被评价、归类和充予感情。当自我系统的任何成分被激活时,就会产生感情反应,从而进一步改善和促进被充予感情的归类和图式的形式以及自我系统的完善。

(二) 情绪与注意

1．信息加工的选择性与注意　信息加工在知觉中的选择性是脑的工作的一种特性;它是有机体适应无限繁多的刺激物的一种方式,是脑的信息加工的一种特性,是注意与知觉相互影响的现象和结果。注意的关键特性是指向和集中于外在或内在对象,是使个体指向某些与之有密切关系的刺激物;注意的这种指向性导致知觉有可能对刺激进行筛选。知觉不能对有机体外界围绕着的全部刺激进行加工,注意的指向性与集中性帮助知觉对刺激进行筛选,使知觉加工更加有效;然而,此处着重指出的是,情绪会导致注意和知觉的范围更加狭窄。下面将从焦虑的研究来说明情绪使注意的集中特性产生一种近乎不正常的影响。

2．情绪与注意　对焦虑患者或焦虑特质被试的研究肯定地认为,焦虑情绪使脑对注意的加工变得狭窄。当人处于焦虑或恐惧中时,他们主要地集中在所害怕的事情上而不注意周围存在的其他事。许多实验研究了这一现象。例如,屏幕上闪现两个词语,一个是威胁性词,一个是中性词,然后在其中一个词的后边呈现一个圆点。让被试对标定圆点的词出现时按键。结果发现,焦虑特质者对威胁性词比非焦虑特质者的反应时(reaction time)要快;而对中性词,两组被试的反应时无差别。这种实验对焦虑患者与正常被试的结果与上述结果一致。研究者认为,焦虑情绪使被试的注意更多地被威胁性词所吸引(Mathews, 1993)。

一项类似的实验采用斯特鲁测验(stroop test)。斯特鲁测验的效应一般是被试更快地按词的意义作出选择而不是按词的印刷颜色来选择。实验典型地表明被试不随意地被词的意义所捕捉,是因为与词的意义相违背的词的印刷颜色在此时对他们没有意义。例如,被强奸者与从感情上被伤害中解脱出来的人来比,他们在测验中对与强奸有关的印刷颜色词反应要慢。研究者认为,字词是否产生威胁效应关键在于这些词对被试是否有重要意义。图 6-3 显示,无论负性词或中性词,焦虑者比非焦虑者的反应时均较慢。研究者对此的解释是,无论是即时的或长期的焦虑或恐惧是导致他们的神经系统转入一种特殊的加工方式,其作用使注意变得狭窄,并直接指向外界的威胁性事件或内在经验,或指向特定的对象,如癌症患者认为他们的脆弱性在于把任何身体症状都与癌症相联系,虽然这些症状与癌症无关。

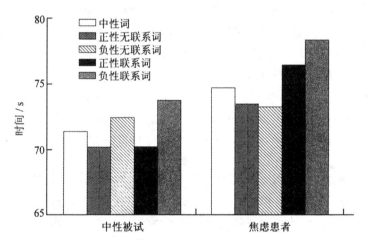

图 6-3 焦虑患者与中性被试对印刷颜色词的反应时比较

引自 Oatley & Jenkins, 1996, p.266。

(三) 情绪与记忆

1. 记忆的不准确性　早在 20 世纪 30 年代,巴特雷(Bartlett, 1932)通过对给定图片和故事作为刺激事件,要求被试进行即时的和长时的回忆。结果指出,人们对一张图片或一个故事的记忆,从来都不可能是绝对确凿无误的。这是由于人们所知觉到的事件或故事,均进入到个体的意义结构里,巴特雷把人脑中的意义结构称之为图式(schema)。当要求被试回忆某一事件时,被试会回忆起他所记得的少数重要细节和对事件的情绪态度,按照在他脑中保存的图式构建对这个事件的记忆。因此,回忆带有一定程度的不准确性和个体特性,如"捉海豹"变成了"捉海豚"。

然而,一项社会调查的结果表明,69%的人认为,人们所遇到的事件都会储存在脑里,尽管某些细节可被丢失;而经过特别的帮助,丢失的细节可能被恢复。在一些个案中,家长报告儿童受到性虐待后不能回忆所遭遇的事件,但经过治疗后,可能引起儿童的回忆。这个比例在精神卫生临床上达到84%。面对这样的结果,一种意见认为创伤可被压抑和再度恢复;另一种意见则认为,恢复是医生诱导的结果(Ofshe & Watters, 1994)。

然而确实没有证据表明,人能够完全而精确的保存全部记忆。尽管记忆力很好的人,在他们大多数准确的记忆里,也会发生错误。事件后的外来因素——如被他人提醒或问题提示——附加到被试关注的记忆里,就会与真实的记忆难以区分。巴特雷认为:"记忆是一种想像的再构建。它是由我们对过去经验或活动经过整体聚合而组织的情绪态度所构造,它很少细节,从而很难确切。"(Bartlett, 1932)

2. 影响记忆准确性的条件　使得人们能够记住事情有以下条件:(1)发生的事件必须是突出的,发生时有强烈情绪伴随着的;(2)生活中关键时刻的关键事件,如转折点、某阶段的开始或在以后生活中起工具性作用的;(3)事件是独特的,不会与其后发生的类似事件相混淆(Linton, 1982)。就是说,事件的情绪性、关键性和独特性,可能是导致脑内加工、储存和回忆再构建的原因。

● 情绪的影响。一项记录个体生活中每次发生意外事件的研究中记录了事件本身(what)、涉及的人(who)、发生时间(when)、发生地点(where)以及关键细节。对发生频度(frequency)、情绪涉及(emotional involvement)和愉快程度(pleasantness)作三级记分。研究完整的记录共进行了4年。以后每年进行一次回忆。5年后,被试的回忆保存了20%;涉及情绪的事件比未涉及情绪的事件记得要好;愉快事件比不愉快事件记得要好(Waganaar, 1986)(图6-4)。艾森(Isen, 1990)认为,这是由于人倾向于保持正性情绪而忘掉负性情绪,从而同正性情绪相联系的信息储存得到再编码的机会多于与

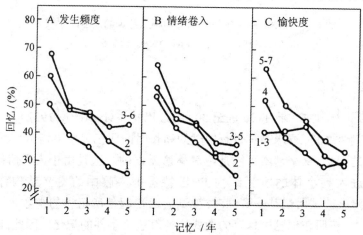

图6-4　情绪对记忆的影响
引自 Oatley & Jenkins, 1996, p.271。

负性情绪相联系的信息提取。而且,对正、负性情绪的认知结构可能有所不同:在认知系统里,正性情绪材料比负性情绪材料有更多的机会进行精细的加工,而负情绪缺乏"修补负性心境"的结构。

以上分析可见,在记忆的遗忘规律中,情绪是一个重要的变量。让我们再引用一个例子。在刑事案件中,在作证的问题上必须对证人的证词,也就是对证人的记忆予以限制性考虑。在一项杀人抢劫事件发生5个月后,研究者找到13位证人来征询作证。13人中那几个亲身靠近并亲眼看见这次血腥枪杀的证人,当时曾经被事件情绪性地震惊得几晚不能入睡。他们回忆事件的细节比那几个未被强烈震惊的证人要详细。对情绪被震惊者在事件后(对警察)作证的回忆为93.36%,5个月后为88.24%;而情绪未被震惊者的两次作证回忆量均为75%。结果显示为,涉及情绪的记忆会增加回忆的准确度(Christianson, 1992)。

- **事件独特性的影响**。1984年2月24日洛杉矶学校枪击事件在6到16周后对13名受伤者进行了访谈。他们倾向于情绪性地淡化对事件的回忆,其中5个学生完全不提枪伤事件。而当时不在场学生的反应反而更贴近事件。这个案例似乎说明,事件对人的特殊意义在此对记忆起着更大的影响(Pynoos & Nader, 1989)。

为了证实巴特雷上述的观点,实验室研究得到了相似的结果:给397名大学生观看一组15张彩色幻灯片。每张片子包含着核心细节(如,女孩和自行车)或次要细节(如,一辆汽车)。15张片子中的第8张是实验的关键片,它包括三种相似又有差别的样本,一是正常情况,二是反常情况,三是诱导情绪情况,分别呈现给三组不同的被试(图6-5)。事后进行的测查表明,看到第三样本诱导情绪片的被试比看到第一样本的被试更多地回忆起核心细节而较少地回忆起次要细节。第二样本的反常情况是用来作为第三样本的对照组,对它的反应结果是,对核心细节和次要细节都回忆得很差(Christianson & Loftus, 1991)。

A 正常情况　　　　　　B 反常情况　　　　　　C 诱导情绪情况

图6-5　刺激事件三样本图片

引自 Oatley & Jenkins, 1996, p.273。

总结以上实际生活和实验室研究结果说明,情绪性材料或事件比中性材料或事件回忆得更好。同时,如果事件对人十分重要和突出,会导致清晰的记忆。如果事件引起的创伤时常在脑中回想,记忆将得到很好的保持。然而,在某种情况下记忆确实不完全可靠。如一项测量显示,三岁幼儿可以表现准确的回忆;而成人却会坚持有选择地说明事件。这说明记忆是不完善的,它在事后可被改变或重建;特别是在被社会因素所修正的影响下,事件在脑中可以被重新组织。无论如何,记忆被压抑的这种特殊形式该如何解释,还需要进一步研究。

- 心境的影响。自从鲍维尔(Bower,1981)发表了他在情绪-认知关系的争论文章以来,许多心境对记忆影响的研究问世。这些研究肯定了心境对记忆具有显著的影响,并发现了问题并不像最初想像的在广泛范围内有力的得到证明。如快乐心境比悲伤心境更容易影响记忆;生活事件比人工引发事件更容易得到证明;两种对立的心境比一种心境(快乐或悲伤)与中性心境对比更容易得到证明;强心境与弱心境相比更容易得到证明。重要的是,当个体发生记忆事件时伴随的情绪意义是心境影响记忆的最可靠的因素。而且,与心境相联系的学习,如字词表,在同样心境状态下会更好地回忆。这种现象用"心境一致性假说"可以得到最有效的解释。即生活中实际发生的具有情绪性意义的意外事件,当本人再次体验同样情绪时回忆得最好。

鲍维尔于1992年提出假设:每种情绪均为一种可区分的状态,它在记忆网中形成一个节点。当这种情绪再次发生时,它就成为唤起这个记忆网的其他部分(图6-6)。或者说,心境是脑组织的具体方式,具体的心境更倾向于加工以前体验过的意外事件发

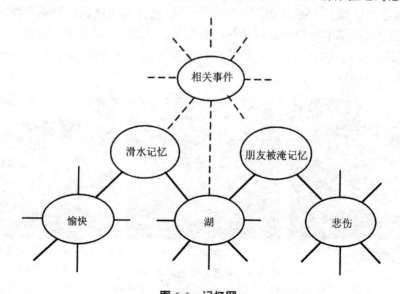

图6-6 记忆网

引自 Oatley & Jenkins, 1996, p.276。

生时伴随的同样情绪状态的记忆。按照这个观点,情绪在脑中被分成爱-快乐-幸福、痛苦-忧伤-悲痛、恐惧-恐怖-惊慌、愤怒-憎恨-妒忌等许多组。对这些组合词的回忆比组合的无关词的回忆更快(Conway, 1990)。

(四) 情绪与决策

情绪对认知加工的组织作用,已有不少实验研究证明,各种正性、负性情绪对认知有着不同的影响(Isen, 1992; Meng, 1989)。较多研究着重于对负性情绪的干扰、破坏作用的探讨。然而近20年来,人们的注意转向正性情绪与认知的关系,更着重于中等强度的情绪状态,如心境,对思维的组织作用。

1. 正性情绪与认知加工 许多研究发现,在正性感情状态下,正性材料的记忆线索使得对它的加工更容易,即,脑内的材料在这种状态下更容易被加工,证明了正性感情色调基本上涉及到认知的组织过程之中。正性情绪甚至有助于使人应付麻烦事件和减少对抗事件的发生。(Isen, 2000)。研究发现,中等强度正性感情状态对思维和决策的影响不仅是充分的,而且有利于改善思维和决策的质量。这种思路引起研究者的重视是因为,在情绪影响思维的时刻,一般并不被人们所注意,所以人们并不对它们施加什么影响;实际上人们一般对中等强度的正性感情状态本身也很少加以注意。对经常进行的这个过程往往认为是当然的,不去寻找这其中有什么联系。只有在强烈情绪下才会注意到它对人在想些什么和做些什么的影响,而这时它的作用常常是干扰或破坏性的。正性情绪对认知加工的影响已经成为情绪-认知关系研究中的重要问题之一,它不仅在理论上是重要的,而且对人的理性思维效应有很大的应用价值。

2. 正性情绪与问题解决的灵活性 艾森(Isen, 1992, 1993)的实验室研究采用了很简易的方法诱发被试中等程度正性感受状态,如观看轻喜剧影片5分钟或得到一小袋糖果,用来与控制组作对比。操作任务是对物品或字词进行归类。实验发现,引发中度正性感受状态被试组比控制组的归类操作更顺利、更灵活。对物品或字词差别的挑选操作的结果也是如此。大量的这类实验说明,正性感情促进思维的灵活性。感到愉快的人比一般感受状态的人更能够对刺激物作出概念上的联想,发现差异和复杂关系。这种简单的判断、分类、归类的操作还依赖于实验作业和情境的特点,但实验的结果是一致的、可预期的和可理解的。正性情绪的人的操作比中性情绪的人更顺利,是由于他们的思维中得到更多的信息,进行更多的联系,去知觉相似性或差别。

实验研究还发现,情绪感受的性质与操作任务的性质也有关系。在字词价值水平的评估归类测验中,情绪状态对评估归类也有影响。正性感受状态组比控制组更倾向于把较少联系的字词评估为并列入较好的类别,如把"男服务员"归入"有教养人员"一类;即把"男服务员"作为较好的例子来归类,而不把"天才"归入"不稳定人员"一类。与此结果一致的研究显示,正性感受状态对记忆中的正性材料更现成地进行更广泛的联系,把相对中性的字词"男服务员"看为更加正性,但并不把"天才"归入高负性类别的

"不稳定人员"中。可见,情绪性质对材料性质的加工是重要的(Isen, 1985)。然而,对于负性材料,如果负性的程度很强,正性感情状态被试则不倾向于处理这些词,很明显,他们试图维持这种正性状态。但是,如果材料的负性程度很高,引发的正性情绪状态可能逆转。因此,这种结果取决于材料的负性程度和操作的意义。

对负性刺激的实验中,被试需要更加集中于毫无意义的或困难的情境。正性感情状态被试比控制组更多地思考和处理这一情境,以便从这种失落或困难中保护自己。这个结果与对正性感情状态导致促进去应付负性或紧张情境,以及降低防御性的结果一致(Nugren et al., 1996; Aspinwell, 1997; Trope, 1998)。

综上所述,可以得到以下结论:

第一,从认知对情绪的影响方面看:首先,从情绪-认知关系的机制上看,认知加工过程对情绪的影响是在认知从低级的、无条件刺激或说感觉水平上到高级的、意义评价水平上发生的,其中包括知觉初级加工、记忆提取、语词概念分析等不同等级的加工方式。这些认知加工的不同水平制约着情绪的等级水平,受年龄、感性/理性差别的制约。认知与情绪二者的发生统一在它们整合的神经结构的操作之中,以及发生在不同的神经结构等级的操作之中。其次,从刺激物的性质上看,刺激物的性质在刺激物之间(如刺激并列或刺激构造)和刺激物与个体的关系之间(如刺激意义)的影响上制约着所发生的情绪的性质。

第二,从情绪对认知的作用方面看:首先,情绪作为一种脑中持续存在的状态,从整体上影响信息加工的发动、干扰和结束。这意味着情绪的适应性价值和组织性作用随时对人的认知加工和行为反应发挥作用。其次,情绪随时通过心理的各种操作方式(如知觉、注意、记忆和思维)监视着个体对环境的反应,实现着人类的基本生理满足和社会活动需要。个人的一般行为、接受文化熏陶与道德教育、艺术欣赏或经济活动,均在情绪与认知交互作用之中实现。由此可见,人类之所以成为人,是通过在进化和实践中形成的脑实现的。脑的独特的心理功能是人类的主宰;情绪监控与认知加工是脑的心理功能的核心机制。

推荐参考书

Hoffman, M. (1986). Affect, cognition and Motivation. In Sorrentino, R. (Ed.), *Handbook of motivation and cognition*. New York: Gildford Press.

Isen, A. (2000). Positive affect and decision making. In M. Lewis & J. Haviland (Eds.), *Handbok of Emotions* (pp.417~435). New York: Guilford Press.

Oatley, K., & Jenkins, J. (1996). Functions and effects of emotions in cognition and persuasion. *Understanging Emotions*. Chapter 9. Cambridge: Blackwell Publishers.

编者笔记

本章从认知对情绪的影响和情绪对认知的影响两方面,引导读者关注这个在心理学研究中显示不平衡的问题。所谓不平衡是指不仅在研究的量的方面,而且在重视方面。读者可能注意到无论是本章或全书,编者均刻意阐明情绪在心理学体系中应占据的地位和在人的心理生活中的意义。对情绪心理学的忽视,不言而喻的后果在于对人们精神生活认识的不完全。本章尽量去弥补人们精神生活基础知识的不足。

  本章从认知的不同层次和认知刺激的不同性质来说明认知对情绪发生的重要作用,从情绪对认知过程——注意、记忆和决策的制约影响。实际上,情绪与认知在人的心理活动中每时每刻都在联系着。在人们,一般来说,重视认知作用的前提下,注意情绪对认知的影响是本章所要强调的。这一点在教学、教育中尤其重要。

第二编

情绪的发展、分化与社会化

7

情绪的个体早期发展

人类个体情绪的发展,体现着以生物属性为主发展到以社会属性为主的复杂过程,展现了人类情绪的生物属性和社会化过程的相互作用。

一、情绪在儿童生存和生长中的意义

(一) 情绪是早期儿童适应生存的心理工具

人类新生儿依靠成人的抚育得以生存。他们从出生即落入与成人相互作用的情境中。母亲对婴儿物质需要的供给和婴儿生存需要得到满足的这一过程,是母婴交往的生物-心理基础。沟通成人与婴儿交往的媒介是他们之间的心理通讯,这种心理通讯的最初信号不是语言,而是感情性信息。通过成人对婴儿的抚爱和婴儿对情绪的感染使他们从被动的生物体成为人类主体。通过成人与婴儿之间情绪信息传递的漫长过程,婴儿的身、心得到发展并逐渐成熟(孟昭兰,1992)。

在盲童的情绪沟通研究中发现,盲童的感情反馈水平很弱、目光呆滞、对父母的爱抚缺乏反馈,这时父母对他(她)的爱抚和关注不自觉地减少,从而降低了婴儿得到身体和社会刺激的机会。尽管如此,盲童最终能够学会通过手指主动地表达情绪,对成人报以感情反应。这些反应戏剧性地增强了父母与盲童之间的感情呼应(Fraiberg,1971)。这种现象一方面说明基本情绪是非编码的、不学而能的,是在神经系统和脑中预置的;同时,正是这些情绪反应使盲婴得以生存,尽管他们的心理发展会受到某种局限。

(二) 情绪是儿童应对社会生活情境的能力来源

儿童从出生即进入社会人际交往之中。他们凭借拥有的表达情绪和接受情绪的先天能力,越来越主动地参与人际沟通,从而逐渐实现情绪的社会化;社会化情绪是儿童应对社会人际关系的重要心理技能。一项研究揭示情绪在婴儿与照顾者之间的社会互动中的作用:第一种"单调情境"下,母亲面对婴儿,说话声音平淡,面无表情,持续3分钟。第二种情况,母婴双方进行正常游戏,记录3分钟。结果表明,与母婴正常交往的情况相比,单调情境下的婴儿显得更警觉、谨慎,更少面部表情,行为更加混乱和不安(Cohn & Tronick, 1983)。许多研究证明,婴儿与成人间良好的感情联结是婴儿成长中形成健康的情绪情感,养成乐观自信、勇于探索的个性,以及发展智能和良好社会交往技能的重要途径。

(三) 情绪是组织儿童认知活动的心理激发者

情绪对儿童的认知活动起着促进或干扰的作用。无论感知、记忆或注意、思维,都决定情绪,同时受到情绪的调节。新鲜事物激发的兴趣诱导儿童进行视觉追踪、听觉定向和触摸动作。当新异刺激与他们原已形成的表象模式有轻微的不一致时,就会引起兴趣、好奇、惊异和探索动作;而高度不一致则引起恐惧或威胁感而导致回避行为。情绪对认知具有组织作用。研究证明并补充了情绪-认知的"U"形曲线。一方面的确说明了情绪的唤醒水平过低或过高均不如中等唤醒水平使其作业效果达到最优。同时补充证明,兴趣情绪与快乐情绪相结合,能支持操作活动持续进行,产生的结果不是"U"形而是"一"字曲线。确实,兴趣-愉快与认知及操作相结合,导致儿童的认知能力不断提高。儿童的兴趣作为动机,延续儿童从事探索、冒险和创造活动。与此相反,负性情绪,如恐惧、过度激动或悲伤,导致儿童的操作行为被抑制,延缓智力操作的效果。因此,负性情绪如痛苦激活度越高,操作效果越差,结果形成斜上升形式曲线。然而,对愤怒的同类实验结果又表明,愤怒的释放与压抑分别产生不同的正性与负性操作效果,这就体现了情绪对认知活动的组织作用(孟昭兰,1984,1985,1989,2000)。

二、情绪发展理论

纵览文献,几乎没有关于情绪发展的专门理论,但传统的心理学各主要流派的经典理论都对情绪发展有所解释并各自有着不同的观点。那些理论体系对情绪的发展往往强调某一方面,而且都是重要的。诸如既不能无视情绪的生物适应价值,也要重视社会交往对儿童发展的影响。情绪的发生和发展从一开始就是人的自然与社会两种属性的结合。

(一) 传统的经典理论

1. 学习理论 学习理论认为,学习的最基本机制是联结,表现为经典条件联系和操作条件作用。无条件情绪反应来自遗传,大多数情绪反应则是通过条件作用而产生的。更多的研究是通过操作条件联系进行的。例如,运用操作条件联系的方法,采用愉快的反馈方式鼓励儿童自发地建立良好行为和情绪,有助于他们克服不良行为和有害情绪。观察是儿童学习的重要形式,也是引发情绪反应的重要来源。儿童通过观察认识情境刺激的含义而提高自己的适应行为。学习理论的局限性在于,无法解释人们的复杂情绪行为的。比如,婴儿自发的社会性微笑的机制是什么?婴儿既没有条件性地经历过陌生人的伤害,又无法通过观察学习得到,他们对陌生人的恐惧从何而来?

2. 心理分析理论 心理分析理论强调情绪就是内驱力,认为内驱力的三个系统——本我、自我和超我,可以代表儿童情绪发展的阶段。本我是全部动机的来源,它遵循快乐原则,其作用是使各种内驱力得到满足,这就是情绪。自我的发展遵循现实原则,其作用是以现实可接受的方式来满足内驱力的需要。超我是儿童思想道德的来源,它遵循理想原则,其作用是将自我塑造成一个符合道德要求的形象。儿童情绪的发展和社会化全部包容在原始内驱力的活动之中。

新精神分析理论强调,母婴间的情感联系和儿童内驱力满足的程度共同成为儿童情绪发展的动力。母婴联系使母亲通过养育制约儿童自我的发展,通过榜样作用促进儿童超我的发展。新精神分析理论用母婴关系来解释社会性微笑、陌生人焦虑等现象。但是在猕猴依恋绒布妈妈的著名实验(Harlow,1959)中,很难用内驱力的下降来解释。尽管精神分析理论在解释情绪发展上还有不足,但至今依然是解释儿童情绪发展的重要理论来源和方法,依然指导着儿童情绪问题的治疗方向。

3. 认知理论 认知理论认为情绪是认知的产物。认知过程可分四个阶段:(1)接受和感知环境刺激,(2)激活对先前刺激的记忆,(3)当前刺激与记忆进行比较,(4)对比较的结果进行评价。情绪的产生和发展受到四个阶段的影响。认知理论把情绪的发生纳入整个认知评价概念关系之中,但它仍然有局限性。关键问题在于认知论强调情绪是认知的结果而很少考虑情绪对认知的影响。目前的研究认为,情绪不仅是认知活动的终端反应,而且是影响和组织认知活动的重要因素。

4. 人性学理论 人性学理论强调,情绪作为社会信号对生物适应和生存的重要意义,强调生物成熟和关键期的学习对情绪发展的作用。这一理论认为,情绪交流之所以重要,是因为情绪表情来源于内部状态的信号,代表着某种信息向外传递。这种信号功能具有双向调节的作用,人际双方从情绪交互活动中得到信息的意义,情绪乃成为维护人际关系的重要机制。人性学理论强调学习和生物成熟两者对情绪发展的重要作用。生物成熟给情绪发展提供成熟的时间表,是儿童情绪发展的前提。它的不足在于,过分关注生物适应对情绪发展的影响,与认知理论相比,更侧重于情绪的后果和适应作用,而不关注情绪产生的具体原因(以上理论部分参阅孟昭兰,1989,第2、3章)。

(二)当代情绪理论的进展

情绪发展理论的研究,经历了相当一段时间的沉寂,到20世纪60年代后,发展心理学研究进入一个新的发展阶段,影响婴儿生存和生长的基本情绪问题,引起了人们的关注,也形成了不同的理论派别。

1. 分化情绪理论 分化情绪理论认为,情绪是物种进化的结果,情绪的进化和分化是与脑的进化和分化同步的,是新皮质进化和发展的产物。每一种具体情绪均保证生物体对刺激事件发生敏感,情绪为刺激事件做出反应提供准备。因此随着每一种情绪的产生,行为倾向也随之增长。这样,情绪的发展为人类的生存和适应提供更大的保证。

分化理论认为,情绪提供人格发展的基础。知觉、认知、动作和情绪构成人格结构的子系统;这些子系统派生出内驱力、情绪、情绪-认知相互作用、情绪-认知结构等动机系统。儿童情绪的分化和社会化是在这些动机系统的驱动下,逐渐在类别和复合化方面得到发展(Izard, 1991)。

2. 动力系统理论 动力系统理论从行为的复杂性、内容和发生时间的角度,采用动力系统的方式描述行为的结构来研究情绪的发生和发展,但不确定其中有任何中心组织者。例如它并不采用生理成熟、面部活动程序或脑的定位作为情绪发展的基本标靶。其特点是采用物理世界中描述现象的方式,研究具有同一性、功能性和独立性的行为模式的动力特征(Fogel, 1992; Lewis, 1995)。

这个理论的代表人物福格(Fogel)提出了情绪发展的三原则:(1) 情绪是一个组织系统,由个人的行为相互作用而形成。婴儿早期的情绪反应是未分化的,只有在与成人相互作用中,各种情绪成分才能组合并表现为不同的情绪。某些似乎是厌恶、愤怒或哭闹,实际上是无分化的痛苦的标志。卡拉丝(Camras, 1992)摄像记录其女儿出生后一年内的情绪表情,发现在出生后几个月里,女儿的表情在厌恶、恐惧、痛苦和愤怒上没有清晰的分化,这些表情经常在成人未预料到的情境下发生。婴儿某些似乎是厌恶、愤怒或哭闹的情绪,实际上是无分化的痛苦的标志。(2) 情绪和行为发展是连贯的程序。对O型微笑(张口不出声笑)的研究描述了这种微笑的起源和功能。研究发现,儿童这种微笑是对母亲将儿童放在喂食姿势和准备喂食的动作的适应反应。因此O型微笑代表着儿童对准备与母亲相互交往活动的调整(Messinger 1997)。(3) 情绪发展是由信息和信息与行动的关系建构的。这个原则的重要依据来源于视崖研究。通常对儿童在视崖上恐惧行为的解释是,儿童的爬行运动来自脊柱运动的信息,脊柱运动提供他们爬行的角度和进行的状况,而视崖提供的是视觉上的垂直信息。脊柱运动信息和视觉信息之间的不一致是儿童在视崖上产生恐惧的原因。然而进一步研究发现,儿童只有获得某些自主运动的经验之后才会产生对高度的恐惧。研究者认为,前爬行阶段婴儿对视觉上垂直变化并不敏感,是因为他们还没有产生脊柱运动和视觉信息的不一致,就不会引发恐惧。当儿童开始学习爬行时,典型的姿势是将头和眼睛直接向前,这时他们对周围的视觉信息发生敏感。随着爬行经验的增加,儿童的自主运动信息和视觉信息开始建立联系。当视觉与脊柱信息同时作用而发生不协调时,就会引起儿童的警觉、疑惑和惧怕反应。这些解释说明,儿童的恐惧反应并没有中心组织者;引发情绪的是环境因素与爬行经验等不同信息来源的结合(Bertenthal & Campos, 1990)。

(三) 情绪发展研究的操作定义和方法

1．操作定义　基本情绪操作定义派别大致可分为四种。不同的定义派别并非截然对立，其区别在于关注的情绪侧面有所不同。如,(1) 功能主义把情绪界定为,人们对刺激事件试图建立、维持和改变人际、人境关系的心理准备和心理反应。(2) 社会信号论根据情绪的社会信号功能,把情绪界定为传递并建立社会人际关系的相互作用,以及整合行为的倾向。(3) 享乐主义根据情绪的享乐性质,把情绪界定为,人们的需要和期望决定情绪反应的方向。(4) 经验迁移论根据情绪记忆对未来情绪产生影响的观点,认为情绪的内在模式影响情绪反应方向和人际交往方向。

以上各定义综合起来,多数研究者同意情绪是由以下成分组成的:(1) 身体变化;(2) 有意义的体验;(3) 认知成分。从情绪发展的观点来看,儿童情绪发展首先是基于先天的基本情绪,随着生理成熟,各种情绪开始作用于行为。在此发展过程中,儿童逐渐发生体验意识,最终学会理解自己和他人的情绪感受、评价自己和别人的行为,以及预期自己和他人的情绪能力,成为一个社会刺激的主动参与者和情绪的熟练运用者。

2．方法　情绪研究常常使用的主观体验的自我报告法是有缺陷的。比如,情绪的某些成分是很难意识到的,被试的主观回答存在着一些无法验证的问题;这种方法难以运用到婴儿。因此对婴儿的研究存在着原则上的缺陷,使研究者不得不用成人的眼光来看待婴儿的情绪。例如,婴儿的表情、引起表情的事件、识别表情的能力等,都要以成人看待表情的方式去理解。同时研究者也只能根据婴儿的动作反应来推测情绪的类别,而某种动作反应可以由多种情绪引起,一种情绪也可以表现为多种不同的反应。因此如何从儿童的行为中认识情绪反应,是确定情绪发展实验研究最重要的前提。

根据对盲童情绪发展研究的结果,提出了有关情绪发展研究的一个重要原则:一种情境下的情绪反应和另一情境下的情绪反应,可能在社会信号、表达内容的行为类型、评价模式,甚至适应目的上,均存在一定程度的相似性。也就是说,不同情境下的情绪有着根本的相似性。于是在方法上可以对各种情绪的情绪族,在给定情境下的情绪反应和其他情境下的情绪反应加以区别,这样,情绪反应及其伴随的行为不用通过词语的表面意义进行评价,而通过是否达到适应性的目的来进行评估;也就是从情绪的外显行为功能上区分情绪的各成分(Fraiberg, 1971)。通过行为趋势可以消除情绪缺乏表面上一致性标准而导致推论上的这种困难。具体来说,行为趋势分析是指通过对个体的行为进行推演,提出个体想要达到的目标,以及目标在完成过程中进行得是否顺利(Frijda, 1986)。这种推演过程主要依赖个体的行为内容和行为类型。这样,从行为趋势中推演情绪的研究方法,成为研究儿童情绪发展的重要手段。在情绪社会化研究中,典型地体现在依恋的研究所采用的方法上;依恋研究公认的成就,就是从婴儿的行为中推演婴儿的情绪性质和类别的。

表 7-1 行为趋势、功能及情绪举例

行为趋势	终止状态	功能	情绪
回避	接触不到自己	保护	恐惧
接触	相互交往	允许进一步交互活动	享乐,自信
参加	自我认同	定向	兴趣
拒绝	离开物体	保护	厌恶

引自:Fraiberg,1971。

三、婴儿情绪的发生与发展

(一) 基本情绪

第 2 章已引用达尔文在《人类的由来及性选择》中对动物心理萌芽的论述。随后科学家们时常把人类情绪与高等动物的情绪行为作比较,发现有很大的一致之处;与先天盲童和不同文化婴儿的比较也基本一致。据此证明,基本情绪是物种进化的结果,对个体来说是先天生成的,又是在社会情境中得到熏陶的。依此情绪分为基本情绪与复合情绪。多数研究认同,人类婴儿具有 6 种基本情绪:快乐、兴趣、厌恶、恐惧、痛苦(悲伤)和愤怒。基本情绪随着个体的成熟而出现,它们的出现有时间的顺序,但个体显现的时间是有差异的(孟昭兰,1989;Izard,1987)。

1. 兴趣 兴趣不是单纯的唤醒,而是一种感情状态,是婴儿好奇心、求知欲的内在来源。儿童对外界环境的探索和反应基本上是由兴趣作为内在动机所驱使,对儿童认知和智力的发展起着重要的作用。有学者主张,兴趣指引婴儿对外界环境刺激的反应倾向、探究行为和身体运动。婴儿兴趣的早期发展可分为三个阶段:(1) 先天反射性反应阶段(0~3 个月)。表现为婴儿感官被环境的视、听、运动刺激所吸引,持续地维持着对环境的反应性。这一阶段是最初的感情-感知结合形式,它指导着婴儿的感知行为,是婴儿参与人和环境相互作用的开始。(2) 相似性再认知觉阶段(4~9 个月)。适宜的光、声刺激重复出现引起婴儿的兴趣。这时婴儿开始做出有意活动,使有趣的情境得以保持,产生对自己活动的快乐感;兴趣与快乐的相互作用,支持某些活动重复出现,并可能进行进一步的探索与学习。兴趣与快乐的相互作用支持其智力能力的发展。(3) 新异性探索阶段(9 个月以后)。这时婴儿开始对新异性刺激感兴趣,"客体永存"的产生使得婴儿对某些重复性行为产生习惯化;只有当新的刺激出现时,才可能引起他的注意。随着年龄的增长,婴儿开始学会模仿,并从模仿中得到快乐。这样的活动就延长了儿童兴趣活动的时间,同时在探索过程中得到的快乐和自我满足感,支持兴趣的进一步发展。

2. 快乐 笑是快乐发生的生物学基础,是维系儿童与成人感情的重要方式。快乐作为基本情绪,其来源是生理需要的满足和机体舒适感的反应,同时也是得到活动成就、成果的反映。从社会意义上说,快乐是伴随完成某种成就的努力而产生的。从笑的发展中反映出快乐的不同阶段:(1) 自发性的笑(0~5周)。婴儿出生后的笑的反应是内源性的,反应着婴儿的生理状态的舒适程度。它与脑干和边缘系统的兴奋直接联系(图7-1)。(2) 无选择的社会性微笑(5周至3个月)。这时引起婴儿微笑的刺激范围集中在人的语音和面孔上。(3) 有选择的社会性微笑(3个月以后)。这时随着儿童处理刺激能力的增强,婴儿对熟悉的和不熟悉的刺激开始作出区分,对不同刺激开始具有选择性的微笑反应。这种区分才是一种真正意义上的社会性微笑。

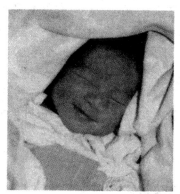

图7-1 出生两周新生儿的微笑

快乐和兴趣是两种最基本的正性情绪,对儿童的生活有着巨大的意义:快乐的笑容是最有效的和最普遍的社会性刺激,是人际交往的纽带;快乐又是一种舒缓状态,在神经激活得到释放时产生;快乐还是一种动机力量,有利于个人的生长。儿童在完成了什么事情中得到快乐、信心与自我肯定,这其中蕴含着力量和魄力。

快乐对婴儿的一般发展、活动效应、知觉、记忆、观察和理解均起先导作用。快乐与其他种情绪共同作用于人的认知过程。如快乐与害羞的结合明显地影响儿童的认知反应。害羞是一种退缩性情绪状态,它增强儿童的自我意识。当儿童处在自己不能控制的情境下,产生试图把自己"藏起来"的倾向。当快乐与害羞同时发生,害羞使儿童愿意同他人接触或分享快乐的愿望被掩盖,表现为内隐的笑意和退缩的动机,变得扭捏和窘迫,思维、知觉和活动受到抑制。

3. 痛苦 痛苦是最普遍的负性情绪,是一种不良刺激持续超水平唤醒的结果。随着婴儿长大,痛苦一般与悲伤同步发生,悲伤成为痛苦的表现形式。当有不适宜因素引起儿童表现痛苦时,吸引成人增强关照儿童的敏感。因此痛苦的行为反应——哭,是婴儿与成人交流、传递信息、建立联系的重要适应方式。

大量研究表明,导致儿童痛苦的第一个诱因是与亲近的人的分离;第二个原因是失败;第三是遗弃。暂时的或永久的、生理的或心理的遗弃都会引起悲痛。痛苦作为一种最普遍的负性情绪,它可以与其他负情绪相互作用产生不好的后果。孟昭兰等(1984、1989)的实验证明,幼儿在痛苦体验下比在愉快情况下更容易拖延完成操作任务的时间,表现出更多的呆视不动、错误操作和不耐心。因此保持儿童的正性情绪,使他们度过欢乐的童年,对于他们的智力和创造精神的发展十分重要。

4. 恐惧 恐惧是一种有害的消极情绪,它使儿童的知觉范围狭窄、思维僵化、活动被压抑。但恐惧并不总是有害的,它的原始适应功能在于起到警戒的作用,有助于从逃避中得到解救或在群体动荡条件下保证个体的安全。恐惧的发展经历以下几个阶段:(1) 本能的恐惧(0~4个月)。恐惧是先天性的、本能的、反射性反应。最初的恐惧由大声、从高处降落、疼痛等天然线索引起。(2) 与知觉和经验相联系的恐惧(4~6个月)。从4个月起,婴儿出现与知觉相联系的恐惧。过去曾经出现过的恐惧经验刺激,有可能再次引起恐惧反应。(3) 陌生人恐惧(6个月至2岁)。随着婴儿的认知分化、表征能力的增强、客体永存能力的发展,婴儿开始区分熟悉的人和陌生的人。一般在6~8个月,婴儿自然产生陌生人恐惧。随着婴儿爬行和行走能力的发展,儿童产生恐惧的可能性增大。(4) 预测性恐惧(2岁以后)。1.5至2岁儿童,想像、推理能力得到发展,开始对黑暗、独处、陌生动物、奇异景物等想像物产生恐惧是儿童此时的特点(基本情绪一节参阅孟昭兰,1989年,第7章)。

(二) 婴儿情绪交流的早期发展

婴儿在掌握语言以前,经常是通过情绪交流与父母分享经验的。然而,父母从婴儿出生第一时刻起,就不断地对婴儿说话,语调逐渐起到声音信息的作用。也许婴儿根本不懂母亲话语的含意,但他能从中得到情绪的音调信号,比如,在危险面前停下来。因此,几个月的婴儿已经从一个接收情绪信号的生手成长为情绪信息的熟练使用者。为获得此种能力,1岁婴儿有如下能力:(1) 对情绪音调信息发生敏感;(2) 从成人形体动作中辨认情绪意义;(3) 评价不同面部和音调表情的不同意义;(4) 评价情绪信号的参考意义;(5) 对情绪反应主观性的认识。

1. 情绪感染(contagion) 情绪感染是早期婴儿情绪交流的基本媒介和首要对象(Stern, 1985)。研究表明,前言语婴儿从最初自发的情绪反应到运用情绪信号进行交流有一个发展过程,其发展机制就是情绪感染。即经过无条件或条件反射对情绪信号产生认识,而后发生情绪动作的模仿和反馈(Hatfield, 1994)。婴儿能够从正性或负性的面部、语调和肢体表情中提取这些信号的意义,并引发婴儿相应的情绪或动作反应。研究发现,5个月婴儿能对正性和负性的情绪发生不同的反应,但尚不能对不同的具体情绪进行区分。实验采用标准化的偏好测试,给5个月婴儿听正性或负性的语音。结果发现,婴儿尽管不能持续地保持对正性刺激的偏好,但他们的确对不同的语音信号发生不同的反应(Simner, 1971)。8个月婴儿能因抱着他的母亲的身体颤抖而哭泣,面对悲伤母亲的姿态而表现发怔或恐惧反应,而对快乐表情的母亲则报以欢快反应,说明这时他已经能对不同的具体情绪发生情绪性反应了(Izard, 1991)。研究者们对此解释为，这种具有可塑性的反应代表着一种内在的或很快习得的移情的学习模式。应当说，新生儿在产院对其他哭叫婴儿的情绪反应主要是感应性的作用，说明新生儿先天性地具有情绪感染的能力；这种可塑性随年龄增长而日益扩大到对多种情绪的辨别和感染能力。

2. 对面部和声音情绪信号的知觉 对婴儿情绪反应的另一方面的研究涉及测试婴儿对面部表情的辨认能力。研究的方式大多使用去习惯化和配对比较实验。针对2个月以上婴儿的研究结果发现，2个月婴儿能够辨认恐惧和悲哀面孔，5个月的婴儿能够辨认愤怒表情。

专栏

习惯化与去习惯化

习惯化方法的基本原理：婴儿对更新奇的事物比对更熟悉的事物花费更多的时间。换句话说，婴儿对已识别的刺激会逐渐习惯，变得没有兴趣——视线离开刺激物，称为习惯化。而此时新异刺激出现，又吸引了婴儿的注意，称为去习惯化。在对婴儿识别情绪面孔模式的测量中，一方面测量婴儿注视面孔模式刺激持续的时间，从而比较对不同情绪面孔模式的习惯化程度，另一方面测量注视变换了的面部模式的转变持续时间（去习惯化），说明婴儿觉察出面部表情模式的差异。最新研究结果表明，出生36个小时的婴儿能对成人的3种表情（快乐、惊奇和悲伤）产生习惯化反应。

许多研究结果一致支持婴儿能够辨认两个情绪面部表情的差异。单独声音或单独面部表情均不足以让7个月的婴儿辨认出其中的情绪意义，只有当两者一致性地结合起来，才能有效地帮助婴儿区分情绪。1岁内的婴儿辨认面部表情的能力区分为四个水平：(1) 0~2个月。无面部知觉，这时新生儿的视觉可以扫视成人面孔的边缘，但不能形成边缘轮廓和轮廓注视点之间的整合。这时的婴儿还不能辨认情绪信息。(2) 2~5个月。不具评价的面部知觉。这个年龄的婴儿已能对成人的面部表情报以情绪反应，但这时的情绪反应不具有知觉表情意义的评价。(3) 5~7个月。对表情意义的情绪反应。半岁以后的婴儿对不同情绪有了不同的反应，开始精细地知觉和注意面部的细节变化，开始对面部变化有了认知和理解。(4) 7~10个月。开始在因果关系中应用表情信号。婴儿已经学会鉴别他人的表情，并根据他人的情绪调整自己的行为

(Emde, 1976)。

3. 理解情绪交流的主观性 成人做出情感性判断是基于个人内在的认知评价,是主观性的;在运用情绪信号交流时,情绪信号代表着发信号者的内心体验和评价。婴儿2岁后已能理解他人的痛苦表达并能理解这种情绪源于对方内在感受而不是外在因素。例如,当看到别的孩子因为打碎了玩具而哭泣时,他们安慰的是哭泣的孩子而不是打碎的玩具(Zahn-Waxler, 1995)。最近的研究还发现,18~19个月的儿童已经能够理解情绪的主观性和个体性。当他们看到成人对某种食物表现出高兴的情绪时,他们倾向于将这食物给予喜欢它的人,而将另一种食物给予先前表达不喜欢这种食物的成人。这些行为表现了儿童理解情绪感受的主观性。但14个月儿童尚未发展这种能力。

4. 移情和同情的产生及发展 同情心和内疚感是人类社会性情感的典型形式,又是亲社会人格的重要特征,通常被称为"亲社会性动机"。它们对维护社会联结和维持人际团结有着重要的作用。研究表明,同情心的产生和发展是随儿童知觉和认知的发展、儿童可接受的刺激类型和经验的复杂化而发展的。移情在婴儿与成人最初的交往中产生,同情则来自移情的转化。只有当移情者体验到对方的痛苦而付诸帮助的思想或行为时,才是同情。移情和同情是随着儿童理解他人情绪的水平提高而发展:

● 最初发展阶段。移情在一定程度上是在与成人接触中自发地发生的,它像是一种模仿。也就是说,他人的情绪表情对婴儿来说是与情境相混合的一种感受,婴儿尚不能区别他人的感受和自身感受的差异。严格地说,1岁前的婴儿还没有同情。

● 自我中心性的移情水平。这种水平的移情建立在自我意识发展的基础上,随着儿童开始区分自己的身体和外在物体,但尚不能理解情绪的主观性特点时,由于自我意识的发展而产生同情。当他们对难过的妈妈产生同情而表示安慰时,常常是按自己被安慰的方式来进行。如当1岁的孩子看到妈妈在哭泣,他有可能将自己的玩具递给妈妈以示安慰。

● 对他人感受的移情水平。2岁以后的幼儿逐渐学会对他人的情感和感受发生敏感,同时可以采用情绪语言描述别人和自身的情绪体验。

● 对他人境遇的移情水平。在儿童晚期产生对他人的超时空的概念,从而形成了对某人或某情境的感受和移情。如在面对一个患病的孩子,可能基于对方的疾病而隐藏自身的难过,表现出很高兴的样子。

综上所述,早期情绪理解的发展过程,首先从区别情绪信号的质量和可分辨特征开始,逐渐进入认识情绪表达和传递情感信息;这些信息可以指向外界刺激,也可以反映表达者自身的感受。从婴儿向幼儿的发展,本质上是由对他人表情作出反应,过渡到运用他人的情绪信号作为自己行动的指导,将他人的情绪信号理解为反应对方的感情线索。这种变化依赖于儿童的认知和社会化,以及儿童语言和自我的发展。

四、幼儿的情绪发展

(一) 情绪与气质发展

1. 气质概念 气质是儿童心理行为的重要方面,从出生开始,婴儿就表现自己的气质特性,在行为中起着适应的作用。一些新生儿似乎对环境适应良好,另一些似乎适应缓慢,这种差异的根本原因在于先天气质的不同。所谓气质是指具有生物或神经生理模式基础的情绪-行为表现。随着儿童的生长,气质受环境和教养的影响,并与个性的发展相融合,因而气质是人格发展的重要基础。气质蕴涵着浓厚的感情特性,也是儿童情绪发展的重要因素。

2. 气质分类与测量 气质分类是 70 年代以来研究较多的领域。(1) 布雷泽尔顿(Brazelton, 1978, 中译本,鲍秀兰,1986)把婴儿分为活泼型、温和型和中间型。鲍秀兰据此对中国新生儿的测量是:活泼性占 36.4%,温和型占 41.3%,中间型占 21.8(孙淑英,鲍秀兰,1992)。(2) 巴斯-普罗敏分类为情绪性、活动性、冲动性和社交性(Plomin, 1988)。(3) 凯根按照情绪和行为的抑制性水平分类为抑制型和非抑制型(Kagen, 1987)。(4) 最受重视的是托马斯-切斯的"纽约纵向追踪研究"(NYLS),它描述了气质的 9 个方面:活动水平、生理节律、生活常规适应性、新情境趋避性、感觉阈限、反应强度、注意分散度、注意广度和持久性、积极或消极情绪(孟昭兰,1997)。

表 7-2 NYLS 气质维度

名 称	表 现
活动水平	在睡眠、饮食、玩耍、穿衣等方面身体活动的数量
生理节律	机体在睡眠、饮食、排便等方面的节律
生活常规适应性	以社会要求的方式调整最初反应的难易性
新情境趋避性	对新刺激、食物、地点、人、玩具的最初反应
感觉阈限	产生一个反应需要的外部刺激量
反应强度	反应的能量内容,不考虑反应质量
积极或消极情绪	高兴或不高兴行为的数量
注意分散度	外部刺激干扰正在进行活动的有效性
注意广度和持久性	在有或没有外部障碍的条件下,某种具体活动的保持时间

3. 气质的遗传 气质中遗传因素占多大比例目前并不清楚,但所占的比重很大则是多数研究者同意的。这种研究大多数是以同卵双生子和异卵双生子进行比较,以及对亲生子和领养子进行比较。普罗敏(Plomin, 1988)总结了三个主要的研究显示,同卵双生子与异卵双生子相似性的相关越高,双生子在气质上的相似性越高。相关的大小是气质遗传程度高低的反映。在所有研究中,同卵双生子的相关都明显的高于异卵双生子的相关,惟一的例外是自慰能力似乎受遗传影响较小,这样的结果证明了遗传对

气质形成的重要性。

(二) 情绪与人格发展

1. 人格的情绪内涵　气质是儿童人格发展的基础,同时,情绪的发展对气质起着重要的作用。在以往的气质与人格的研究中,心理学家尽管对广泛的情绪现象感兴趣,但最关心的情感依然是焦虑和抑郁,同时他们强调情感是意识上的经验,所以在传统的人格理论中只重视情绪的部分作用,没有任何理论清楚地描述情绪组织和发展对个体的人格发展有何等重要的作用。

随着研究的深入,传统的人格理论得到了修订,新的人格理论与以往的人格理论取向上发生了显著的变化,主要表现在:(1) 在人格系统中强调多种情绪,而不再只有焦虑和抑郁;(2) 强调个体的情感模式和情感组织的差别;(3) 把情感作为人格组织的核心。以情感作为核心的维度影响思维、动机和动作。图 7-2 显示情感发展与人格发展的相互作用。

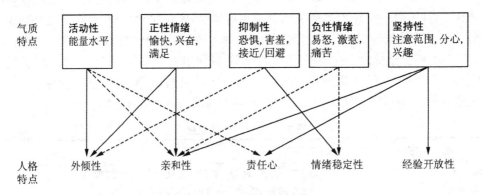

图 7-2　情绪发展与人格发展相互作用图

注:实线是正性相互作用;虚线是负性相互作用。

2. 情绪/气质维度与人格构成　在总结以往的研究基础上,凯培(Caspi,2000)提出了图 7.2 描述情绪所构成的气质维度与儿童人格发展的相互关系。

● 活动能量水平。情绪中的活动能量水平维度,与人格中情绪内外倾特点有着密切联系,它们都反应活动的主动性、权威性和能量。不同年龄儿童跨情境的比较研究发现,情绪活动能量水平的差异是导致儿童个体差异的重要变量。这种差异能解释青少年甚至更高年龄段个体差异的来源。进一步研究表明,在儿童时期,情绪活动能量水平是作为单一维度影响儿童个体差异的,但随着发展,这种能量水平在儿童人格发展中起着两方面的作用:一方面,能量水平反映更根本的人格特点,比如,儿童时期生理情绪能量水平高,反映儿童的控制感强;随着成长,这种能量水平表现为社会压力下的倔强,表现为成人时期的领导欲望。另一方面,儿童时期的情绪能量水平构成人格中长期不受年龄影响的特点。对三四岁儿童的情绪活动能量水平进行纵向研究结果发现,三四岁儿童情绪能量水平与两三岁时期的自我控制、人际冲突等有显著相关。

- 正性情绪。包括寻求满足的主动性活动,与成年时期人格的亲和性有着密切联系。这方面的证据来源于通过对父母的人格测量预示婴儿情绪和气质的研究。结果表明,婴儿时期正性情绪与父母的正性情绪人格特征有着显著相关。遗传行为学研究认为,亲子间的遗传关系支持了父母人格特征与子代情绪特征的密切联系,同时也支持,在儿童人格发展过程中,遗传的作用可能在60%的比率上解释个体差异。
- 抑制性。生理学研究显示,在同样引发同情的实验情境中,抑制性强的儿童与抑制性弱的儿童有显著差异。抑制性强的儿童接触新鲜物体时小心翼翼。进一步研究表明,行为抑制与内在行为有着联系,常常表现为社会行为退缩、羞愧、社会适应不良,这种内在行为与人格发展过程中的情绪稳定性和内外倾特点有着反方向的相互作用。
- 负性情绪。最近的研究证明,负性情绪上的个体差异与儿童人格发展中的亲和性和情绪稳定性有着密切的联系。亲和性和情绪稳定性的发展在一定程度上受到儿童负性情绪抑制的影响。更有研究证实,儿童负性情绪的抑制程度,与儿童发展中的内在和外在行为有着直接联系。
- 坚持性。儿童情绪中的任务定向程度和分心、兴趣程度,与儿童人格发展中的经验开放程度、责任心和亲和性有着正性的联系。研究证明,经验开放程度高的儿童能放弃眼前的满足,更多地采用任务定向的认知策略,表现出更多的坚持性。

已如上述,人格的变异有60%来自于遗传。在心理功能的发展上,遗传的作用部分地是通过气质的作用而体现的。在儿童社会化过程中,情绪发展是气质发展的核心组成成分。因此,儿童情绪的发展极大地影响着儿童人格的发展。

(三) 情绪交往技能的发展

幼儿情绪交往技能是一种综合能力,它的发展包括多方面情绪能力的提高:(1) 对自己情绪状态的意识;(2) 对他人情绪状态的意识;(3) 对所处文化环境的情绪概念和语言理解;(4) 对他人痛苦情绪的移情反应;(5) 对表达情绪策略的认识。

1. 对情绪状态的意识 6个月以前的婴儿尚不能意识到自己正在经历着的情绪,发展到产生主观自我和客观自我阶段时,儿童才能意识自己正在经历着的情绪(Lewis,1995)。研究发现,3岁儿童能利用语言描述他们过去、现在和将来的主观情绪状态。这个发展过程对构建儿童与他人进行情绪交流模式是有意义的。交流模式的建立有助于儿童学习他人的情绪和自己的情绪应该如何表达。比如4岁的儿童从幼儿园回家后跟父亲说:"今天我有6个生气"。父亲可能纠正说:"噢,你是说你今天有6次觉得非常生气。"这种每日的情绪交流教会了儿童:他们的每次发生的情绪是整个事件、行为和别人行为的一部分,也明白了自己的情绪状态的过去、现在和将来等。

2. 对情绪反应的理解 研究发现,理解别人情绪的能力是与儿童自身的感受、个人移情能力的发展和对情绪概念化的能力以及行为后果的认识有关。研究发现,幼儿晚期逐渐领会面部表情是一种社会反应而并不一定与人的情绪有关。学龄儿童理解面部表情的两种功能:它可以是信号,在一定情境下传递着人们的情绪反应;它也可能只是符号,表达的只是一种通常意义下的反应。例如,儿童首先认识微笑面孔是愉快的,情境也可以是愉快的,同时他人的反应也应该是愉快的。以后儿童发现,并非所有情境下的微笑都是愉快的,成人此时微笑的面部表情,表达的只是这种情境下的一般反应,比如礼貌。研究发现,儿童对负性情绪的表达比正性情绪的表达要晚。理解情境与某种负性情绪相联系,要到4岁才开始(Lewis, 1995)。

研究也表明,儿童的年龄越大,越趋向于把情绪的产生因素理解为由自己的愿望和目标所影响。例如,给3~6岁儿童讲的一则故事中,一个儿童想要得到某种东西并且得到了它;在另一则故事中,儿童不想得到某种东西却得到了。故事的主人公的目标和结果都是被操纵的变量。结果表明,3岁幼儿只能根据目标实现本身预测故事主人公的积极或消极情绪。6岁儿童就能明白故事主人公的情绪状态决定于他们的愿望和目标。幼儿根据自己的内部心理状态理解自己的情绪,特别是根据别人的内部状态理解别人的情绪,是幼儿同伴关系发展和社会性发展的重要基础(Stein & Levine, 1989)。

(四) 情绪调节的发展

1. 情绪调节的发展 汤普森(Thompson, 1991)回顾了与婴儿神经系统成熟而同步的情绪调节能力的研究,并得出结论认为,1岁婴儿的神经激活和抑制过程逐渐稳定,出现了减少情绪强度的能力,如1岁后婴儿就很少哭了。早期情绪调节的方式是,婴儿通过从过度刺激中的消退来安慰自己。关键在于,必须通过父母帮助婴儿减少痛苦或提供舒适感,才能导致婴儿学会调节自己的情绪唤醒水平。汤普森认为,父母对婴儿情绪的适当干预,显著地影响他们情绪调节的风格。那些等孩子发脾气到高潮时才提供安慰的父母,他们干预的结果可能导致孩子更强烈和迅速的愤怒反应,以致使父母觉得安抚起来非常困难。

研究还发现,较大儿童首先学会的是策略性地处理情境定向的情绪反应,然后随着经验的增多,他们越来越学会从各个不同的角度来看待压力源;例如当看到引发负性情绪的原因是可控的,儿童自我控制的能力就大大增强。对某些不可控制的情境,五六岁的儿童学会采用分散、回避等策略来处理,而三四岁的孩子只会使用逃避策略。

儿童常常通过身体运动来减轻情绪压力和安慰自己,比如他们感到压力时就会咬手指;或采用独自游戏的方式来逃避不愉快情境。然而越小的儿童,越依赖于社会支持,越依赖成人提供的安全情境;同时照顾者越提供直接的支持,示范他们如何克服,儿童调节情绪的能力发展就越快。

2. 情绪调节的个体差异 情绪的调节是非常个性化的过程,作为人格的组成成分,情绪调节的风格不但影响着个人的情绪控制的力度,而且影响认知加工过程的进展和效应。导致个体不同的心理效能。影响情绪调节的因素：

(1) 气质　有研究发现，4~6岁时被认为在气质上注意力容易分散和具有高强度负性情绪的孩子，较少可能发展有效的情绪处理策略，也倾向于被成人认为不够成熟，被同学认为不够有吸引力。气质对情绪调节有个体差异是因为，情绪在一定程度上不受随意支配的性质，往往来源于脑皮层下中枢的激活和向皮层的弥散性扩散机制。而气质反映着先天的神经活动方式，它自然地对情绪调节产生影响。

(2) 依恋类型　研究揭示，对安全依恋型儿童来说，容易得到母亲的同情和帮助，面对负性情绪时，既无需回避，也无需拒绝，这样儿童就学会越来越能承受挫折和失败，也能学会用适应性应对的办法来处理问题。但对于非安全型儿童遇到痛苦情境时，如果父母帮助的缺乏或不及时，导致他们产生恐惧或导致回避行为；儿童为了维持父母的帮助，开始知道他们表现的负性情绪是不被接受的，从而使得儿童既学会恐惧和回避，又学会对负性情绪的压抑。儿童甚至会理解"如果我不惹麻烦，妈妈就会和我呆在一起"。结果只能是儿童处于持续的紧张和痛苦的压抑中(Cassidy, 1994)。

五、儿童情绪的社会化

人性学理论的发展心理学家鲍尔拜(Bowlby, 1969, 1972)认为，儿童社会化最初的和首要的方面是儿童情绪的社会化，母婴依恋是儿童情绪社会化的桥梁。他以母婴依恋关系的建立为核心，把儿童社会化发展分为四个阶段，展现了儿童社会化的清晰图景。

(一) 婴儿情绪社会化的基本过程

1. 无分化社会性反应阶段(出生至2个月)　这一阶段的标志在于婴儿信号能力的发展。新生儿发出的第一个有效信号是哭。婴儿的哭声对成人具有显著的唤醒效果，这种先天预置的信息传递有效地提高了婴儿的生存机率。出生第二个月，婴儿开始出现微笑，这是婴儿发出的第二个有效信号，笑的信号促使照顾者接近和维持对婴儿的关怀。这就是婴儿最初的社会性通讯交往。这个阶段最显著的特征是婴儿对所接近他的人没有分化，没有任何偏好和选择。

2. 分化性社会化能力发展阶段(1~2个月至6~7个月)　当具有视觉和听觉两方面线索时，婴儿开始产生再认，并逐渐建立对不同人的多种特征相结合的感知复合模式。有研究认为，出生半个月的婴儿就能区分母亲和别人的胸襟，至4个月能清楚地将母亲的声音、面孔或气味结合起来，建立起具有多个特征的母亲概念。可以预期，婴儿对人的复合模式的观念是来自与最接近的人所建立起的愉快感受和痛苦解除的经验，导致婴儿对这个人更加熟悉，更倾向于产生正性情感。

3. 依恋特定对象的持久感情联结发展阶段(7～24个月) 7个月婴儿开始迷恋于通过自主运动(爬行)来接近父母而取代了被动等待的状况,由此出现了依恋感情联结发展的质变。这个阶段有两个标志:(1)当所依恋的对象离开时,婴儿用哭和追逐行为进行反抗。这个阶段的哭和前一阶段的哭具有不同的意义。在前一阶段儿童用哭表达的是基于与成人共同进行的愉快活动被迫中止的不满;这时儿童的注意很容易被采用其他能引起兴趣的替代物所转移;但第二阶段的哭是婴儿对依恋对象的离去导致失去安全感的威胁,是针对特定的人而无法采用替代物进行转移。这时哭有助于唤起依恋对象重新回到婴儿身边。(2)婴儿开始拥有了自主运动的能力。婴儿借助自主运动能力主动接触依恋对象,主动寻求依恋对象对他的关注,因此依恋的发展使婴儿有了更大的主动性,有助于依恋感情联结的增强。

4. 伙伴关系发展阶段(24～30个月以后) 儿童情绪社会化发展的重要变化发生在第三个阶段之后。随着儿童自主运动能力和言语交往能力的增强,儿童逐渐能够忍受与依恋对象分离,并且开始习惯与同伴或不熟悉的成人进行交往。这时儿童也学会了延迟等待,开始理解母亲离开的原因。这种延迟等待给儿童提供了以独立的方式探索自己的世界的重要基础。情绪作为儿童社会交往形式之一对早期同伴关系发展起着重要的影响。霍夫曼(Hoffman,1977)将儿童早期的同伴关系发展过程发展为四个阶段:(1)整体移情阶段:儿童通过情绪感染,获得他人情绪苦闷的信号,使自己也感到不愉快。(2)自我中心移情:儿童知道别人是苦闷的,但他们只在自己也感到苦闷时才作出同病相怜的反应。(3)儿童开始认识到他人与自己的情绪是不同的。(4)儿童对他人体验的真正移情开始发展。这时的移情能力使儿童体会到他人的内心情绪状态,能与同伴建立更密切、和谐的合作关系,以完成共同活动和达到共同目标。鲍尔拜称这一发展为目标修正同伴关系。

(二)儿童情绪的社会性参照作用

1. 社会性参照的概念 情绪的特异性是指个体对某种社会信号的意识,即个体能意识到某种社会信号有着不同的情绪意义和不同的行为后果。儿童情绪的特异性是指儿童对社会信号中的情绪信号进行反应,而社会性参照的特异性是指成人发出的情绪信号成为儿童理解和行动的参照系。这种参照系把婴儿引向发布信号的对象、指向环境特殊事件。视崖实验即明显的例证。

2. 社会性参照作用的意义 情绪的社会性参照作用的发生只有在儿童发展到一定水平时才发生,它同任何发展中获得的能力一样,对其他方面的发展起着重要的作用。

● 促进儿童自我意识的发展。社会性参照行为的发生,将儿童与成人在同一件事件上联系起来,产生意义分享。共同意义分享不仅对当前事物产生共同感情和共同期望,同时在注意、认识、理解等心理功能方面产生共同选择和判断。这样的过程不断重复地出现,从而形成婴儿自身的心理能力。其结果表现为:(1)儿童对成人的感情信号的参照成为儿童认识发展的社会性媒介。当儿童遇到新异情境而向成人寻求信息时，成人的正、负情绪信息成为儿童主动探索或行为抑制的参照。(2) 成人的感情信号丰富了儿童的感情生活，同成人共享的感情导致儿童对他人的情感产生更多的体验。(3) 儿童与成人的感情信号产生共同的体验转化为自我意识，在共同的体验分享的联系和比较中，促使儿童产生对自我和他人之间的联系和区别的分化。

- 社会性参照作用促进儿童道德的发展。通过情绪的参照作用，特别对儿童行为的制止和矫正，使儿童原有意向和外来阻力之间发生变化，并内化为自我体验。社会性参照功能对促进儿童行为与品德标准遵守和判断有重要意义。

专栏

社会参照性测试程序

1. 视崖程序（visual cliff procedure）。在这个程序中，视崖看起来一边很浅但另一边很深的样子。实验者将婴儿放在看起来浅的一面，母亲站在深的那一面，面对婴儿，一个玩具放在深的那面的玻璃上，增强情景的模糊性并且吸引婴儿。当婴儿看着母亲的时候，母亲呼唤他过去，母亲表现出不同的表情，观测婴儿向前跨过玻璃的情况和所发出的声音。

2. 陌生人接近（stranger procedure）。一个陌生人接近房间，母亲表示欢迎并与陌生人交谈，表情是正性、负性或中性的。随后陌生人接近婴儿，抱婴儿或给婴儿玩具。观测婴儿参照母亲的表情所表现的兴趣、微笑和接受陌生人的玩具以及哭的变量频率。

3. 新奇玩具测试（novel toy procedure）。一个发声玩具走进婴儿和成人坐着的房间，成人对玩具表现出不同的情绪。观测婴儿接近或回避玩具的行为倾向、接近或回避成人的情况和婴儿的面部表情绪。

（三）母婴依恋

1. 母婴依恋的概念 鲍尔拜于 1958 年提出了"依恋"概念，描述了一个人对最亲近人的强烈而深厚的情感联系，并突出地体现在亲子关系上。相互依恋的人经常互相爱恋和亲近，并极力保持和维护这种密切关系。其后的研究发现，6～8 个月的婴儿和母亲通过抚育已经开始建立依恋连结；幼儿喜欢母亲的亲密朋友，以此来表达对母亲的依恋；少年儿童的依恋对象逐渐转移到朋友和同伴方面。那么，依恋的意义何在？安斯沃斯（Ainsworth，1978）提出，依恋给儿童提供一种安全感，儿童将依恋对象视为"安全基地"。靠近依恋对象或建立了稳固的安全感的儿童,有勇气去探索周围事物。依恋安全感对儿童人格完善有着重要作用。(1)在情感的爱的联结上,在友谊的深化和社会化方面儿童得到发展;(2)在儿童社会交往和技能的发展上,使儿童在顺应性和灵活性上成为适应良好的人;(3)在认知、智慧和创造性上得到最大的发挥,使儿童成长为进取、胜任的人。

研究显示,依恋有着生物学基础。著名的克劳斯-肯内尔假说认为,母子之间的早期皮肤接触,会促进亲子依恋的早期发生。他们的研究让两组初产妇分别与她们的新生儿接触的时间不同。实验组母亲产后3小时安排一次与孩子长达一小时的皮肤接触;对比组母亲产后6~12小时,让她们开始给孩子喂奶,以后每隔4小时给孩子喂奶半小时。此后每天允许实验组比对比组母亲与孩子皮肤接触的时间多5个小时。结果发现,实验组母亲与孩子挨得更近,对孩子的爱抚更多,喂奶时把孩子抱得更紧。一年以后观察,实验组母亲仍然比对比组母亲对孩子的爱抚更多,孩子在生理心理发展测验中的成绩也比对比组的孩子好。经过长达6年的追踪研究,结果发现。母子之间越早接触的时间,比早期接触的绝对时间的长短更重要,它以婴儿出生后的6~12小时开始最为适宜。解释认为,分娩时产妇体内的催乳素有助于产妇关心孩子,促使她们形成对孩子的早期依恋。如果这时失去与孩子接触的机会,这些激素的分泌就会减少。

对依恋做出最完整解释的是来自鲍尔拜的理论(Bowlby,1969),认为依恋是本能的反应,由环境中的合适刺激所引起,是一种对维持婴儿生存和安全具有直接意义的行为控制系统。儿童在与成人交往中产生一种对成人反馈的信任感,这种信任感形成儿童对同类事件的"内部工作模式",这种模式奠定了儿童以后人际交往的基础。鲍尔拜认为,依恋的发展经历了四个阶段:(1)无差别的反应阶段(0~3个月);(2)有选择反应阶段(3~6个月);(3)积极寻求与抚养者接近阶段(6个月至2岁);(4)目标调整的伙伴关系阶段(2岁以后)。

2.依恋的个体差异 安斯沃斯(1978)通过26对母子长达一年的家庭观察发现,不同儿童与母亲分离及相逢时所表现的反应有区别,于是她设计了专门研究婴儿依恋的个体差异的方法。安斯沃斯的"陌生情境测验法"已成为研究依恋类型的典型方法,长期以来被广泛使用。她的研究结果发现,母婴依恋大致可分为三种类型:(1)安全型依恋,属于这种依恋的儿童约占70%。(2)不安全-反抗型依恋,约占10%的婴儿。(3)不安全-回避型依恋,约占20%。依恋类型的比率各地区有所不同,中国儿童表现的回避型与安斯沃斯的典型现象有些不同。中国这类婴儿对母亲冷淡而回避,但对母亲再出现并无负性情绪表现,因而刘芳(1995)与胡平(1996)把中国的回避型称为"平淡型"(孟昭兰,1997)。考虑到依恋的养成受文化的影响,为建立中国儿童自身的依恋类型判别标准和函数,孟昭兰实验室进行了多年的研究,得出了中国城市儿童依恋判别函数与国外的基本相似。因而孟、刘和胡的依恋类型分类是可靠的(胡平,孟昭兰,2003)。

对于母婴依恋关系存在个体差异的原因,安斯沃斯认为,婴儿的依恋方式取决于父母的养育方式。安全型婴儿的母亲,一般是敏感的、细心的、负责任的养育者。反抗型婴儿的母亲看上去愿意与孩子亲密接触,但她们常常错误地理解孩子发出的信号,不能与孩子形成同步习惯。这些孩子中有些气质上属于难养育型儿童,在新生儿期易激惹或反应迟钝,致使母亲对孩子无一定主见,养育方式自相矛盾,对孩子有时热情,有时冷漠,孩子不能从母亲那里得到情绪支持和舒适感而产生悲伤和怨恨。回避型婴儿的母亲有多种类型,有的对孩子缺乏耐心,对孩子的信号反应迟钝,有的对孩子经常表现消极情绪。她们往往属于刻板、僵化、自我中心和拒绝孩子的人。研究认为,在这些影响因素中,母亲对儿童情绪信号的敏感性和母亲自身情感的充分是其中最重要的因素。除此之外,还有其他因素的作用。如凯根(Kagan,1994)认为,婴儿的这些差异主要是由气质差异所导致。那些难养育型气质的婴儿拒绝任何行为习惯的变化,常被新奇事物所困扰,在陌生情境中感到痛苦,因此被归入反抗型。相形之下,那些表现友好、容易交往的孩子则被归于安全型。那些启动缓慢型气质的儿童,在陌生情境测验中则容易被归于回避型。

迄今已有充足的证据表明,婴儿时期亲子依恋关系的质量,对其后的心理发展有长远的影响。一组计划外怀孕、本不想要孩子的母亲,与年龄、社会地位、家庭背景均相似的父母作了比较,发现这组母亲对孩子很少有强烈的依恋。尽管"想要的"孩子和"不想要的"孩子在出生时都是健康的。九年的追踪研究发现,"不想要的"孩子更容易生病,上学成绩比较低,缺乏稳定的家庭生活,与同伴关系不好,比"想要的"孩子更易被激惹。这些研究说明,依恋质量将对儿童的生理、社会、情绪与智力发展产生长期影响。

推荐参考书

孟昭兰,(1989).人类情绪,第 7 章.上海:上海人民出版社.

孟昭兰,(1997).婴儿心理学,第 10 章.北京:北京大学出版社.

Sarrni, C., Numine, D. L. & Campos, J. J. (2000). Emotional development: Action communication and understanding. In William Daemon and Nancy Eisenberg (Eds.), *Handbook of Child Development* (Vol. III), Fifth Edition. pp.255~256. New York: Wily.

编 者 笔 记

为提高对人类本身的认识,揭示人的心理功能如何发展而来,是科学研究的使命。因此,对个体心理发展的研究成为心理科学的重要组成部分,从而对情绪发展的研究也是情绪心理学的重要组成部分,整个心理的发展或情绪心理的发展都是与个体成长密不可分的。作者之所以着重于婴、幼儿部分,是由于情绪是更为原本的心理功能,它是人的自我、认知、人格发展据以依赖的基础。

本章首先涉及个体情绪早期发展的意义和情绪发展的理论和方法。其次较为详尽的描述了婴儿和幼儿情绪发展两部分。婴儿部分包括婴儿特有的情绪发展过程,情绪感染、移情、情绪早期认知特点;儿童部分基本上表达了幼儿时期情绪发展与心理其他方面发展的不可分的联系,囊括了情绪与气质、人格的关系,情绪发展的个体差异,情绪能力和情绪交往技能的发展,以及情绪社会化的特定内容。

8

情绪的分化

一、情绪的进化与分化

(一) 情绪的适应性与情绪分化

情绪是在高等动物和人类进化中为生存而衍生的适应功能。随着物种在进化中适应功能在形式和质量上的增长,心理情绪发生并成为最优越、最先进的适应手段。达尔文在阐述物种起源和人类进化是适应和遗传相互作用的结果时明确指出,感情、智慧等心理官能是通过进化阶梯获得的,生物有机体的身体和精神禀赋都经过千百万年的进化,并在适应生存中获得质的变化和发展。

情绪是长期积淀在神经系统和脑机构中的一种最有用、最有效的独特属性。它成为有机体固有的、可遗传给后代的潜能,使之存活与繁衍。情绪尤其是处于前沿位置的心理活动的适应品种。令人惊奇的是,人的心理或情绪并不像变色龙(蜥蜴的一种)一样以改变身体不同的颜色与所处环境颜色相接近的单一方式来保护自己;不像鱼类以梭状体形和以鳞为皮肤来适应在水环境中生存;也不像鸟类以感官的进化,用敏锐的视觉来适应飞行速度。人类情绪以其自身拥有的潜在形式,以最直接、最灵敏的方式运作,并分化为多种形式以适应多变的环境,为个体生命赢得生存的机会(Izard, 1991)。伊扎德设想"每一具体情绪都是一组特定的神经过程,它诱发外导过程而产生可观察到的(也可能观察不到的)表情和可意识到的独特体验"(Izard, 1993)。

情绪分化理论,以伊扎德为代表,从情绪的适应性出发,把神经系统和脑的进化、骨骼肌肉系统的进化和分化以及情绪的进化和分化联系起来。分化理论主张:

1. 情绪的进化和分化同脑的进化和分化同步　情绪是新皮质进化和发展的特别产物。新皮质体积和功能上的增长显示了情绪发展上的巨大进步;新皮质体积的增长标示着有机体各器官和组织的分化,以及它们在功能上越来越精细的分化,包括十分重要的面部骨骼肌系统和血管系统在解剖上的分化及其在功能上的分化。后一点被认为在情绪的发生和分化上至关重要。同时,大脑新皮质广大区域的形成和分化,标示着大脑高级感觉系统和运动系统的形成和分化,为情绪的外导与反馈提供通道。

2. 情绪的分化要点 (1)通过骨骼肌随意运动系统实现的面部运动模式的分化;(2)面部运动模式在进化中储存于皮层下神经结构;(3)面部运动的皮层反馈导致情绪体验的产生。从而引申出情绪的分化观点。伊扎德提出情绪的外显表情、内在体验和神经过程三种成分。神经过程是情绪产生的物质基础;表情是情绪的外显行为,在通讯交流中起作用;负载表情的骨骼肌反应的反馈产生体验,体验的感受(意识)性质加强或减弱情绪及其表情。伊扎德特别提到情绪的有用性。他把表情的适应作用确定为社会交往和对体验的调节。他提到,表情受到压抑会减弱体验,而充分表达的表情会放大体验。表情、体验与神经活动三者的整合是情绪的完整机制。

3. 从生存适应引申出情绪分化的观点 情绪的分化品种有不同的分法。1962年,汤姆金斯发表的他那才华横溢的情绪著作中分出 8 种具体情绪,与同年普拉切克发表的 8 维模式相一致。艾克曼制定的可测量的基本情绪模式为 7 种;伊扎德则提出 11 种。然而,愉快、痛苦、厌恶、兴趣、愤怒、恐惧等 6 种具体情绪是被普遍确定的。其他几种可能是基本的,也可能含有复合成分。分化理论判定基本情绪是先天的、不学而能的,从而是泛人类的。阐明人类情绪适应性的灵活性表现之一在于,情绪分化的各种不同形式具有各自不同的适应功能,成为人类个体适应社会环境中多样性、复杂性的潜在能力(Izard, 1993)。

(二) 情绪的动机功能与情绪分化

1. 情绪体验具有意识品质 情绪分化理论认为,每种具体情绪都保证有机体对情境特定事件发生敏感;情绪体验通常被看做具有意识品质,可被描述为一种感受的或动机的状态。这种状态包括一种活动倾向或一种进入活动的准备状态,为对事件做出反应提供准备。有机体在接收和加工那些对它说来可能立即产生或日后产生某种后果的信息时,促使机体释放能量,情绪有助于增加身体反应的活力。各种情绪的适应作用有所不同,具体情绪以不同的方式并在不同的方向上,促使有机体提高行为的转换力。与此同时,导致作出决策和选择变式行为的认知能力也随之增加。这一过程显示了情绪的驱动——动机性功能。

2. 情绪动机包含着认知因素 毫无异议,认知系统也直接面对外界刺激而对它进行加工。认知与情绪是相对独立的系统,它们随时随地地相互影响着。从情绪与认知的关系而论,情绪体验不包括认知;体验是脑中弥散性的主观意识状态,它所独具的监测功能带有暗示的含义,因而它对认知系统有充予的作用,即情绪可融入到认知之中。但体验又不是以无目的的、任意的方式充予认知过程的。例如,快乐的意识性质像是以一种适合于引起快乐的动机状态去充予认知和动作反应的,也就是,人们意识到的快乐像是一种动机融入到认知和动作之中。同样,悲伤的意识是以一种适合于诱导悲伤的动机状态去充予认知和动作反应之中,同样地发生于愤怒或其他具体情绪(Bower,

1987）。这样，就把认知与情绪的相互作用注入了动机因素，当某种情绪的动机状态经常充予到某种指导感情活动的认知之中时，也就是，当某种情绪经常融入到认知过程之中时，就形成一种感情与认知联系的基础，也就是成为发展"适应性感情-认知结构"的基础。这种感情-认知结构是情绪体验与认知之间的稳固联系。重要之点在于，感情-认知结构是心理结构最普通的类型，是思维和记忆的基础建筑材料。

3．情绪体验是动机-感受状态和动作的准备状态　情绪体验主要地是一种动机-感受状态，也是一种动作的准备状态，是神经过程的直接产物。因此在具体情绪的发生上，认知加工不是必要的成分，它完全可以不触及认知。因此动机也可以是无意识的，其无意识性就是来自情绪体验。与此相反，如果情绪过程牵连到认知，相关的情绪会充予到认知之中。例如，幼儿由于完成一项拼图游戏而引起满意感——这是一种真正的快乐，这种快乐诱导并成为重复游戏的动机和游戏活动的准备倾向。幼儿被快乐情绪所占据，大人的称赞是评价，于是，评价者与被评价者双方均感到快乐。如果儿童经常处于这样的情绪-认知结合之中，逐渐形成儿童在这种场合的情绪体验与认知评价的结构系统，就有可能成为儿童快乐、乐观、进取、追求成功的个性倾向。与此相反，如果儿童经常体验失败并被大人冷落或责备，儿童的失落感与负性评价相联系，就有可能形成兴趣低落、信心不足的人格特性(Izard，1993)。

（三）情绪在社会交往中巩固和发展其分化模式

1．情绪的适应性必然导致分化　基本情绪是从物种进化过程中获得的论断已经得到许多研究的证明。本书第3章从神经系统脑回路的情绪机制研究中，论述到在哺乳动物中得到恐惧、愤怒、愉快、失落痛苦等情绪的机制。研究已经证明，动物情绪作为物种进化中获得的适应功能，还没有达到意识水平、特别是还未达到语言意识水平。低等哺乳类可能在不同程度上发生感觉和知觉的能力，从而可能在感觉、知觉水平上与情绪相联系。作为动机和活动的准备状态，动物情绪在性质上的分化成为它们直接捕食、搏斗、求偶、育幼等为生存而斗争的工具。

2．婴儿的生活适应导致情绪的社会化　人类婴儿个体发展是前人类种族进化的缩影。婴儿基本上获得了人类祖先已经具备的脑神经物质机制。然而，婴儿在离开母体时，脑和神经系统还没有发育成熟，婴儿个体还不能独立生存。这时他们具有的仅仅是与动物类似的基本情绪。然而婴儿在出生后的不长时间内神经系统逐渐发育成熟，因而得到从遗传而来的全部潜能。而且婴儿出生后处于接受哺育的社会环境，自然而然地进入人际社会交往之中。许多研究已经证明，婴儿与成人的相互交往经常地、与日俱增地发生着诸如依恋、情绪感染、移情、表情模仿或情绪觉知等情绪-认知活动，表现为包含着情境关系和人际关系，包含着情绪-认知相互作用的情绪品种。例如，婴儿与母亲在相互依恋中巩固着原始的愉快与痛苦；早期幼儿失去母爱的焦虑，体验着深刻的悲伤、恐惧和愤怒;较大儿童的羞愧感掩盖着恐惧、痛苦、愤怒。这时期体验的快乐与痛苦、恐惧与愤怒、羞怯与悲伤,与日俱增地表现为包含着情境关系和人际关系,包含着情绪-认知的相互作用,成为诸如爱与依恋、羞怯与羞愧、窘迫与负罪感、恐惧与焦虑、愤怒与狂暴行为等不同程度的社会化情绪(孟昭兰,1997)。

3. 情绪的分化必然导致社会化 所有这些社会化情绪,我们将在下面章节中一一介绍,这里要强调的是,所有这些复杂情绪中均含有那些与生俱来的、全人类的具体情绪,并以具体情绪为基础。就是在成人中,经常表现的社会化复合情绪,也毫无例外地以具体情绪为基础。然而确实,在人类,无论儿童或成人,所表现的具体情绪经常是与充予感情的认知联系着的,在此基础上实现着情绪的社会化。这正说明情绪社会化只在先天的具体情绪基础上产生。它使我们肯定,人类祖先的适应生存的需要导致情绪的分化;人类生活在社会情境关系中,分化了的情绪不能停留在纯自然属性上,它们日益渗入了社会化的功能。因此,必须看到,(1)基本情绪在发生上的存在,它所担负的原本的适应功能和动机作用始终不变;(2)基本情绪与认知相结合导致其在体验和表现上社会化的必然性。

二、内 在 动 机

情绪的动机性质不但被情绪的分化理论所肯定,也被许多动机心理学家所关注。这一节通过各个学派的动机论来说明:人类动机的特征;人类动机的心理-情绪形式;作为人类动机的兴趣情绪的性质及起作用的途径和方式。

(一) 内在动机的意义

人类的重要特点之一是在没有任何生物内驱力激活的情况下,主动地寻找刺激并驱策行动,这种现象称为"内在动机"(intrinsic motivation)。理论家们认为,必须抛开传统的内驱力概念,提出适合于人类的动机概念,才能把人的认识和社会行为动机与满足自然需要的动机区分开,并提出"探索驱力"、"操作驱力"和"厌烦驱力"等概念。内在动机是人类动机的最基本的和最一般的形式,在人的动机体系中占有重要的地位,因而应当分析内在动机的心理成分。

1. 皮亚杰用认知结构解释内在动机 他在解释动机时,似乎把认知和感情因素联系起来,主张为活动提供能量的是感情性的东西,感情成分可用来解释内在动机(Piaget,1967)。

2. 丹柏把内在动机理解为需要的功能 动机是在输入的信息与原来的预期不一致时产生(Dember,1957)。这一思想接近感情概念。唤醒理论家认为,所有的动机都有生理基础,通过情绪性刺激与脑的激活相联系而被激起。当刺激线索与原有状态之间只存在微小的不协调时,会产生重新整合而导致正性情绪并引起趋近行为;当刺激线索与原有状态之间存在重大的不一致,就会重新整合导致负性情绪并引起回避行为。

3．分化情绪理论提出三种稳定的动机变量 它们是:内驱力、情绪、感情-认知相互作用倾向。认为有两种正性感情状态可用来解释内在动机。一是"兴趣-兴奋"状态及其与认知的相互作用。兴趣-兴奋作为感情因素,驱动外部感官指向特定的对象,从而产生注意的选择和集中。这时兴趣起着动机的作用。二是"享受-快乐"状态。快乐驱策个体展现于外,使个体处于最大可能接收信息的准备状态。兴趣与快乐的相互作用、补充或叠加同样起着动机的作用(Izard,1977)。

(二) 选择性注意与内在动机

詹姆士把注意看做指导知觉的选择性过程,他注意到并非所有的刺激都进入知觉和注意;凡进入知觉的,就是已被选择了的,它们将受到同等的加工处理。换句话说,注意使进入知觉的信息得到加工,兴趣对正在进行的知觉和注意提供支持。

选择性注意发生于新生儿时期。知觉心理学家葛布森提出,早期婴儿由知觉和注意指引的行为,甚至在没有任何学习的情况下就能产生(Gibson,1969)。她说:"婴儿用眼睛扫视周围,注意各种物体,有时用较长的时间看一个方向,好像有什么东西特别引起他的兴趣似的。"实际指的是兴趣和内在动机的联系。

物体的新异性和复杂性被看做引起兴趣的两个主要的激活器。物体的这种特性能引起确定而复杂的注意模式。知觉心理学家常用兴趣来解释儿童的知觉和注意现象,他们认为,在视知觉中发生兴趣有助于以后的物体和空间定向,它提供一种对环境的最初认识,是通过经验获得知识的基础。但是知觉研究者一般不把兴趣看为情绪。

(三) 精神宣泄与动机

精神宣泄(cathexis)概念是1938年布瑞尔(Brill)在解释弗洛伊德的"besetzung"概念时引进精神分析学文献中的。它的含义是能量的释放。在经典精神分析理论中,这一理论在人格动力学的理解中居于核心地位。弗洛伊德把精神宣泄解释为"一种心理能量的总和。它占据着或投放到某些对象或某些特定的途径中去"。他解释精神宣泄起作用的过程,是在本我、自我和超我中使用心理能量这一范围内。按照精神分析理论,人可以把精神宣泄作用于任何人、任何物、任何观念或想像上,把精神宣泄作用于思想、注意和知觉上。

1．本我 本我、自我和超我都能对精神宣泄起作用。本我的目的是本能的满足,本我无分化地把精神宣泄作用于想像的或实在的物体上去,一切为自然需要的满足而活动着。例如,婴儿早期啼哭或微笑开始时都是本我的体现。婴儿本我以精神宣泄于母亲而得到生存和安全。

2．自我 自我的作用在于把精神宣泄作用于认知过程,把推理和判断提到更高的水平。自我还把精神宣泄用于抑制过程,形成一种反宣泄作用以限制那些不被接受的本我的精神宣泄。例如,婴儿形成睡眠、排泄、进食的规律,或形成控制视觉注视和视觉追踪等能力,这些均是自我的发展和对本我的抑制,在自我防御中指导着思维和活动。小孩远离危险(比如火炉或电开关)的条件抑制就是反精神宣泄以抑制本我的体现。

3．超我 超我的作用之一是形成反精神宣泄,以控制和限制本我和自我的精神宣泄。幼儿按规则和禁令去行动,就是以成人的思想为精神宣泄对象,并把它变为自身的观念和行为的准则。超我中充满了驱力和限制、精神宣泄和反精神宣泄之间的相互作用。人的精神宣泄作用到什么对象上,就意味着对什么发生兴趣,这个被宣泄的对象就被吸引和注意。在采用精神宣泄的概念来解释内在动机时,它同兴趣的不同之处在于,精神宣泄可以是正性的也可以是负性的,可作为驱力(发泄)起作用,也可以作为限制(反发泄)起作用。然而兴趣是一种正性情绪,它只被看做广泛地激发趋近、探索性创造和努力的情绪(Freud, 1933; English Version, 1965)。

(四) 好奇心与探索

第一位把好奇心视为心理构成的学者是本能论者麦独孤(Mc-Dougall)。他提出一种以本能为基础的策动心理学理论,认为本能是先天的心理-物理配置物,但其结构可通过学习和体验而改变。他特别强调本能同感情的联系,认为本能的感情因素是动机的因子。

当代学者吸取了麦独孤的一些观点,发展并完善了把好奇心作为内在动机的理论。伯莱恩(Berlyne, 1950)的研究较系统地介绍了这一有代表性的内在动机理论。

1．引进"新异性"概念 好奇心是先天的,也是习得的,在好奇心的习得性质上,伯莱恩引进了"新异性"概念。有机体不断地为外在物体或事件所吸引;物体或事件的新异因素被有机体捕捉来发展个体的知觉和思维。感情和思维的结合成为捕捉具有新异性刺激的习惯性注意倾向。伯莱恩把新异性分为三个变量:变化、不一致性和不确定性。刺激事件的新异性、不一致性和不确定性是个体感情指向的重要参照点。其所引起的心理过程,除发生巨大的陌生性和威胁性之外,主要是注意和探索倾向。

2．唤醒是增强好奇心、引起感情动机的能量因素 它包括两种要素:(1)生理心理变量。这是指刺激物的物理、化学性质的质和量以及与生存需要有关的诸如饥饿驱力或原始的怒、怕等冲突。(2)新异性变量。包括新异性、不确定性、不一致性、复杂性等冲突。新异性刺激变量引起唤醒,通过唤醒产生动机,当唤醒提高时就引起好奇心和探究活动。

3．好奇心引起概念冲突并达到认知 新异刺激的不一致性和不确定性与原有内部模式不协调,就产生知觉的或概念之间的冲突。知觉和概念冲突都会增强好奇心或唤醒,从而驱使人进一步去探索。如果在探究活动中产生习惯化,就达到了新的认知。这时,好奇心消失,唤醒下降。

伯莱恩的唤醒-好奇理论向人们展示：(1)唤醒的作用是同情绪相联系的。这一点为把好奇心作为内在动机找到了根据。(2)动机中包括知觉和概念冲突。这一点解除了内在动机的先天性的神秘色彩，说明好奇心作为内在动机既是先天的，又是习得的；既是感情性的，又是认知性的。

（五）驱策、希望和期待

许多学者在探讨人类的认识动机时接受了感情与认知共同起作用的理论。综合起来涉及如下概念：

1．驱策效应 怀特在总结他人的研究后，把好奇、探索、操作、主宰等这类具有新质并区别于内驱力的动机归结为一个单一的概念——由驱策效应而引起的竞争动机，也可简称为"效应动机"(White, 1956)。怀特认为效应是神经肌肉系统在被环境刺激轻度激活时产生的驱动趋势所导致的；效应动机可引起持续的探索兴趣或主动冒险。它的意义在于支持人的每日每时的有效活动。

2．期待和希望 期待这一概念作为心理学的理论构成物，还没有被广泛地接受，但已有人对它进行了系统的研究。爱泼斯坦把期待看做唤醒的参数(Epstein, 1972)。期待不但涉及唤醒的提高，还能控制和抑制唤醒水平。期待具有不同的价值。出现在一个人"期待"之中的，可以是好事，也可以是坏事。因此，一个人所期待的，可能与正性情绪相联系，也可以与负性情绪相联系。其所蕴含着的情绪，依所期待事件的价值而有不同，它们是感情和认知相结合的动机状态。当期待事件被预料为具有负性意义时，就会产生恐惧或厌恶；但被预料为具有正性的意义时，就会产生希望。

斯托兰德把希望确定为能达到目标的期待(Stotland, 1969)。当人对达到目标的期待大于零时，就产生希望。实现目标的可能性很大时，存有的希望也就很大，这时产生快乐或喜悦等潜在感情。而实现目标的可能性很小时，存在的希望也就渺茫，就产生焦虑或忧郁等负性情绪。斯托兰德把希望心理学用于心理治疗。他认为精神分裂症患者在现实中对达到期待的目的失去希望，结果他们在头脑中建立起虚幻的观念世界，这就是妄想。以上作为人类的"非驱力"刺激作用的探索和追求、目的和期望等动机，是以感情和认知的相互作用来加以解释的。

（六）认知论的内在动机概念

1．信息加工中的内在动机 亨特有兴趣于解决信息加工过程如何导致人的行为这个问题(Hunt, 1965)。他着眼于行为目标的寻找和选择、行为指向、行为变式等复杂过程产生的机制。亨特认为，行为是由于输入信息与内部标准之间的不一致所整合的。新的信息与已有标准之间的不协调产生唤醒，从而引起新的行为。

亨特的唤醒概念涉及情绪，认为唤醒就是情绪的唤醒。情绪的唤醒是有机体所固有的，是通过信息与环境的相互作用产生的。从而他认为，行为对环境是趋向或回避，依赖于情绪唤醒的享乐价值,也就是正性或负性的情绪。选择性行为则是由刺激的新异性、注意的质量和唤醒水平所决定。由此可见,亨特的内在动机包括三种因素:(1) 环境刺激因素:刺激的新异性(包括注意质量)和变异性。(2) 认知评价因素:认知的不一致性和不确定性。(3) 情绪唤醒因素:情绪的享乐价值,正性情绪或负性情绪。

亨特的内在动机论("不一致论")已广泛地为认知心理学家所接受。近年来对感情与认知的相互关系的研究已经深入。情绪在内在动机的认知中日益占据重要的位置。

2. 感情在内在动机中的作用　德西论述的关于动机的理论,一般来说偏向于认知探讨,实际上他十分注重感情因素在动机中的作用(Deci, 1975)。德西提出"满足的潜在意识"概念,认为"满足的潜在意识"就是基本的动机条件。德西做了如下解释:人的内部条件包括多种成分,例如内驱力、情感、能力等。外在信息是否进入知觉和注意要经过筛选,经过探索,看它与内部条件匹配与否而后决定。当输入信息与内部条件出现某种程度的结合时,产生满足的潜在意识,即动机,支配人的行动。

例如,青年考生会权衡自己的数学能力和生物学水平,以及对医学的爱好和服务于医疗的愿望。当体验到自己的学识水平和应考能力具有相当的信心时,就会决定报考,并就此进入紧张的复习过程。这就是生活中经常发生的满足的潜在意识。这种意识整合了内在的生理唤醒和感情成分,建立起期望和信心,推动人采取实现愿望和达到目标的活动。这时建立的期望受到的强化越大(如复习课程的效果),达到满足愿望的意识和动机性质就越强。目标为行动提供方向(复习功课),行动在达到目标后结束。

德西认为动机状态包括:内驱力、感情、能力和自我确认的体验。这意味着,导致人的认识倾向和行动倾向的内在动机是复杂的,正像上面分析伯莱恩理论时所指出的那样,内在动机是先天的,也是习得的;是认知的,也是感情的。

德西指出影响上述内的动机的条件:(1) 情境的制约。内在动机诸因素均受情境的制约:当人知觉到来自内、外因素的因果关系有所变更时(录取分数线提高,复习效果不佳),内在动机即趋于下降;当人知觉到自身的能力,自我确信度增长时,内在动机即趋于增强。(2) 奖励的作用。内在动机诸因素受强化的影响。人在走向目标的过程中,某些因素(负强化)对人起着限制作用时,越是过多地意识到内、外因素因果关系的改变,就越导致内在动机的下降。即使某些因素对人只起信息传递的作用时,对个体也会越多地影响自身能力和信心,以及内在动机的改变。对自身能力的信心加强时,内在动机也会加强;而对自身能力的信心下降时,内在动机也会随之下降。

从上述德西的动机模式可见,感情因素处于相当重要的地位。他所描述的诸如需要、愿望、自信的体验等都具有感情成分。但是德西强调认知表象是构成动机的重要方面,因此他的理论属于认知范畴。总而言之,经常被人们用语言表达的自身所意识到的动机,常常是它的内容,也就是动机的认知成分。而动机的动力方面是感情、兴趣、愿望或期待,也就是感情和认知的相互作用;感情是动因,唤醒提供能量。

(七) 小结

以上几种理论基本上囊括了心理学家对动机的认识。这些理论给我们的启示在于,动机是人类生存、生长的心理力量源泉,动机作为驱动力,涉及心理活动的方面很广。本章描述的各个理论,虽然是各自分立的,实际上有着一条清晰的发展脉络:

1. 注意集中在感知觉上　　不难理解,从詹姆士时代起,传统心理学的注意集中在感知觉上。随着行为主义影响的减弱,信息加工论问世,认知心理学基本上指出了人类行为的内在机制。它的关于输入信息与内部标准之间的"不一致"观,从唤醒概念引申到情绪,成为动机形成不可避免的因素。这使我们不可能回避弗洛伊德的能量释放与后来的伯莱恩的唤醒、怀特的驱策效应作一番联想。

2. 唤醒是增强好奇心、引起感情动机的能量因素　　而伯莱恩的唤醒、怀特的驱策效应均把唤醒看做增强好奇心、引起感情动机的能量因素。那么,当唤醒提高时就引起好奇心和探究活动。这就把生理唤醒与认知、情绪联系了起来而生成动机力量(动机中包括的知觉和概念冲突,说明好奇心作为内在动机既可先天的,又是习得的;既是感情性的,又是认知性的)。

3. 内在动机支配行为　　爱泼斯坦的期待、斯托兰德的希望以及亨特的环境刺激、认知评价和情绪唤醒的内在动机三因素的融合,发展到德西的动机的内驱力、感情和自我确认能力三成分理论,都集中到支配人类行动的内在动机上。这条理论发展线索意味着人类内在动机是一个心理的庞大体系。这个体系中,唤醒是生理基础,它本身即有驱动作用;认知是心理与环境的中介;情绪则是从感官和生理的原初活动基础上产生的心理生命中心。它以麦独孤的好奇心、爱泼斯坦的期待、斯托兰德的希望以及德西联系到需要、兴趣、愿望等来描述人的内在动机。在这些概念里,融合着人的社会性认识和情绪的驱动力。可见,这条理论的发展虽然似乎首先注意到的是生理,其后才注意到认知和情绪,其实,这条发展脉络清楚地显示,对人的动机的理解中,情绪是贯穿始终的。

三、兴　　趣

人的思维和创造努力是紧张而又集中的脑力活动。阿尔波特曾经指出,创造活动是被一种紧张、唤醒和兴奋伴随着,这种紧张是与表征为指向和集中于某些对象的感情状态相一致的。兴趣情绪和脑的唤醒-兴奋状态,是构成人类活动的最一般、最普遍存在的动机条件。

兴趣是人类的基本情绪之一,是由低等动物的趋避行为逐渐演化和内化而来的一种脑的状态。这种状态弥散性地存在于脑的广大区域,并带有主观感受的性质。分化情绪理论把兴趣纳入情绪范畴并视为基本情绪之一。根据是:(1)兴趣具备情绪所含有的基本成分:独特的外显表情、内在体验和神经生理学基础。(2)兴趣有基本情绪的性能:适应性和动机性品质。表征为支配有机体的选择性知觉和注意,调节有机体进行有益于自身的行动。哺乳类动物普遍有警觉反应,灵长类明显的好奇倾向是兴趣的前身。在儿童中,兴趣是新生儿知觉和注意发展的内在条件,兴趣与认知的相互作用是儿童学习的重要动机来源,对儿童能力和智慧的发展起重要作用。兴趣对人脑的组织和加工,不断地激起人的创造努力,从而成为人类社会的物质和文化成就的最基本的人的精神资源。

图 8-1 兴趣

(一)兴趣的特征

1. 兴趣作为情绪的特征 兴趣是主要的正性情绪之一。兴趣的存在维持着个体脑的恒常性优越状态。兴趣驱使人的注意指向所愿意接近的对象,驱策人进行钻研和探索,给人提供发现事物新线索的机会,从而有利于人进行建设性的、有新意的创造活动以实现成功和成就,从而易于诱导正性情绪状态,而不会导致负性情绪。比如,情绪体验不会由兴趣转化为怒或怕,忧郁或焦虑;与此相反,兴趣能派生快乐和满意。因此兴趣是惟一的有益于健康的正性情绪。顺便说,快乐情绪也有益于健康,但是快乐是处于变化幅度很广的激动维量,因此过度欢乐可产生不利于健康的影响,而兴趣的恒常中等强度激活水平是它有益于健康的条件。人除了被负性情绪占据的时刻,兴趣可持续相当长的时间维持着对对象的注意,使意识处于优越状态。

兴趣不同于惊奇。惊奇发生于突然而强烈的刺激作用之下,停留的时间很短。惊奇发生时,神经活产生较大的强度变化,在一瞬间使整个有机体转向并指向刺激来源。这时,脑内出现极强的兴奋点,抑制正在进行的其他活动。任何思维内容或过程均不可能与惊奇同时存在。强兴奋点的发生和思维的抑制为使脑接受新的信息提供最大可能。但是惊奇不会维持长久,如果这时的刺激足以使有机体继续对它维持注意并对它进行探索,惊奇就转化为兴趣情绪。

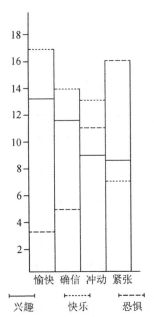

图 8-2 兴趣的 DRS 测量——兴趣与快乐、恐惧的维量比较

引自孟昭兰,1989,p.347。

兴趣一旦发生,个体的体验和表情以及神经放电强度都与惊奇发生时的状况不同,这时兴趣与认知相结合,知觉信息继续进行下一步的加工。

2. 兴趣的神经学特征　兴趣在神经学水平上,由于刺激作用引起的注意和感官的选择性活动,神经激活水平在梯度上协调变化,调节着感觉通道和所涉及整个脑的活动。这时的神经过程负载着由兴趣激起的认知加工,神经激活的特点表现为神经放电处于中等强度水平。这一水平意味着:与人处于一般的轻松状态相比较,神经激活的强度和紧张度都更大些;与人处在震惊或恐惧状态相比较,神经激活水平则更低些(图 8-2)。

婴幼儿在维持兴趣状态并集中注意于一定刺激对象时,与恐惧、痛苦、愤怒的强度相比,兴趣维持着最优势的状态。一项实验研究从兴趣的面部模式测量对智力操作影响的分析,说明兴趣是一种基本情绪,它在脑内可持续存在,维持着脑的加工过程,它所维持的中等强度的优势兴奋状态比过低或过高的兴奋更持久(孟昭兰等,1984,1987)。

专栏

测量情绪体验的量表法——维量等级量表和分化情绪量表

伊扎德在情绪体验主观评定方法的制订中,运用连续变量的概念,编制了两个对应使用的量表。一个是测量各情绪维量的等级量表(DRS),另一个是测量各分化情绪的成分等级量表(DES)。

1. 维量等级量表(DRS)

伊扎德从被试自我评估中确定了 4 个维量,它们是:愉快、紧张、冲动度和确信度。DRS 是一个 4 维量表。这 4 维解释如下:

愉快维:评估主观体验最突出的享乐色调方面。

紧张维:评估情绪的神经生理激活水平方面,它包括肌肉紧张和动作抑制等诸成分水平。

冲动维:评估情绪情境出现的突然性,以致个体缺乏预料而发生反应的突发强度。

确信维:评估个体胜任、承受感情的程度。在认知水平上,个体报告出对情绪的理解程度;在行动水平上,报告出自身动作对情境适宜的程度。

DRS 被认定包括感情体验、认知和行为 3 方面,包括 3 个分量表,每个分量表由 4 个维量所组成,每个维量作 5 级记分。例如:

你感受到愉快吗?——体验分量表愉快维;

你认识到自己的紧张吗?——认知分量表紧张维;

你有冲动的行为表现吗？——行为分量表冲动维；
你胜任自己的紧张吗？——紧张分量表确信维。
在使用 DRS 时，每种情绪都可得到其维量的等级分析。

2. 分化情绪量表(DES)

分化情绪量表是一个形容词检表，用来测量个体情绪中的分化情绪成分。

DES 包括 10 种基本情绪，每种情绪有 3 个描述它的形容词，共 30 个形容词(表 8-1)。

表 8-1 分化情绪量表情绪分类词

兴趣	厌恶
注意的	不喜欢的
专注的	厌恶的
警觉的	恶心的
愉快	轻蔑
高兴的	轻视的
幸福的	鄙视的
快乐的	嘲弄的
惊奇	恐惧
惊奇的	惊吓的
惊愕的	恐惧的
吃惊的	恐怖的
痛苦	害羞
沮丧的	忸怩的
悲伤的	羞涩的
悲痛的	羞愧的
愤怒	内疚
不悦的	悔悟的
激怒的	歉疚的
狂怒的	自罪的

DES 被用来测量两种情况，一种为测量情绪强度，做 5 级记分，称 DES Ⅰ；第二种为测量情绪频率，即在一定时间内(如一天、一周或更长的时期内)某种情绪出现的频率。因此它可用来测量心境或情绪特质，做 5 级记分，称 DES Ⅱ。

3. DRS 和 DES 的用法

测量时要求被试描述(想像或回忆)某情绪发生的具体情境，填写 DES 和 DRS 两个量表。按 DRS 量表填写指定情绪的 4 种维量强度，得出 5 级强度分数。按照 DES 填写指定情绪成分的 5 级记分。两个量表同时使用。DRS 和 DES 测量得出的标准图形达到一定的信度和效度，在表明情绪体验的性质并转化为测量方法上具有理论和应用的意义(参阅孟昭兰,1989,pp.229~232)。

(二) 兴趣的诱因

兴趣来自刺激的新异性和变化。意识中的新鲜预料和预期也可成为兴趣的原因。这就是说,外在事物被注意到和评价为具有某些不一致、矛盾或怀疑时,也能引起和促进兴趣的发生。兴趣一旦发生,就成为进一步唤起认知加工、进行判断和推理、评价和问题解决、寻求新的结果的动力条件。

因此,兴趣的原因既可来自外界,也可来自内部的想像和记忆。作为概念或映象的目的或目标也可以激起兴趣。兴趣可成为人们期待实现目的的主要动力因素。因为只有兴趣才会内在地驱使有机体去寻找所要解决问题的新线索,寻求新的答案。兴趣一旦与它所引起的认知活动相结合,就形成愿望和期待,以达到某种目标和目的。这时的愿望和期待就成为更高级的复合性动机。

扎克曼(Zuckeramn,1974)提出的"寻找感觉"(sensation seeking)理论指明,精神病人失去"寻找刺激"时处于的一种淡漠的状态,就是失去兴趣、失去神经激活足够的放电的状态。这时有机体不能维持正常的活跃状态,情绪失去起码的兴奋,整个人都处于无情和休止的状态之中。

(三) 兴趣的表情辨认和体验意识

兴趣给人带来的兴奋性不强,因而外部表现虽不像其他基本情绪那么容易辨认,但是它有其本身的特定模式。按照伊扎德的面部编码手册(Max),兴趣的基本原型表现为双眼张开或微眯。双眼张开时呈圆形,因而额头微扬;双眼微眯时则额头平展。眼睛张开是为了扩大视野以吸取信息,微眯是为了增加眼肌紧张度以集中视力。

刺激作用开始时,面部动作较少,感官指向信息来源,呈追踪观看、倾听和保持注意的状态。这种凝固不动的状态表现了个体被刺激物所吸引和被迷住的情况。当个体被刺激物吸引而处于兴趣状态之中时,面孔下部的特征为面颊放松,口微微张开。这是由于感官指向外部刺激而凝固不动,面颊下部肌肉自然放松;为增加注视和倾听的效果,面颊下部也会自然放松。在静息状态下,心率下降和呼吸减弱导致张口呼吸,也有利于注视和倾听。

兴趣状态的体验不带有强烈的享乐色彩。它似乎处于淡薄的色调之中。用情绪维量量表(DRS)进行测量,兴趣的4个维量一般说处于中强水平,较高的愉快度和确信度(图8-3)。而在DES测量上具有相当高的兴趣和愉快度(图8-4)。

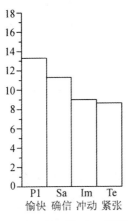
图 8-3 兴趣的 DRS 测量

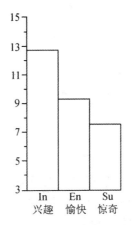
图 8-4 兴趣的 DES 测量

引自 Izard, 1991, p.107。

它的愉快维较大地高于惧怕,但低于快乐;确信维与惧怕和快乐的差异虽然稍逊于愉快维,但呈同样趋势;而在紧张维上,兴趣则低于惧怕而高于快乐。也就是兴趣状态既不如恐惧具有过于强烈的紧张,也不像快乐那样轻松。但是,在 DES 测量中,显示较高的兴趣、快乐和惊奇的成分(见图 8-4)。

(四) 兴趣的意义

兴趣在人的进化、个体发展、人格塑造和维持良好人际关系中起重要作用,它的意义无论怎样估计都不会过高。

1. 兴趣在人际间传递有益的信息 在原始人类或儿童中,任何来自他人的一种张大眼睛、身体、头部或视线凝固在某一方向的简单表情,无疑是重要的信息,代表着有意义的探索或寻找,或危险和威胁的信号。

2. 兴趣在建立和维持人际联系中起作用 兴趣从早期人类时期就成为社会通讯,建立和保持交往的动因和媒介。人作为认识的对象,有许多不可预料的变化或不易鉴别的方面,足以使人倾向于主动地探索和认识。兴趣则成为认识人的新异性和变异性的情绪性动机。在个体发展中,儿童与成人以及儿童之间的相互嬉戏也是靠兴趣维持的。这些活动不但发展儿童的交往能力,也有助于他们从事探索和冒险行为。

3. 兴趣有利于有机体的生理激活 例如,处于心理异常或生理疾病情况下而内驱力不足时,兴趣有助于放大饥饿驱力以促进食欲而维持体内生理平衡。但由于兴趣对进食驱力的放大作用而过多地进食则是引起肥胖症的原因之一。一般来说,兴趣作为动机,能调动生理功能,促进维持身体活动所必需的能量释放。

4. 兴趣为人提供观察、探索、追求和进行创造努力的可能性 兴趣和好奇的内在动机驱使人经常捕捉变化着的和新异事物的信息。由于兴趣驱使儿童去捕捉刺激,在意识里进行操作。这种探索和操作,尽管看起来常常是无结果的,然而如果没有这种活动和探索,个体就根本不能生存。例如,猿猴在摆弄新异物而未发现任何可维持它有意义的兴趣时,就会把它丢掉;小孩也在对刺激的习惯化之后转移注意力。这种现象正说明,兴趣支配的选择性知觉和注意是动物和人的智慧发展的动力条件。

5. 兴趣在心理活动中的作用 (1) 兴趣与快乐的联系。兴趣和快乐是两种主要的正性情绪。诱导兴趣的情境往往导致快乐的后果,而引起快乐的情境也常常使人感兴趣。因此,兴趣和快乐经常互相伴随而出现。这一现象,不但使人享受生活乐趣,而且有利于智慧活动。(2) 兴趣的紧张在转化为愉快时得到释放。快乐是松缓的,它能解除兴趣集中时的紧张,使智力加工得到休息,从而有可能使暂时中断的兴趣和智力加工间歇地持续进行。快乐又使兴趣处于紧张的低阈水平。快乐体验使人展向于外,对事物产生亲切感,有欣赏和接近外物的倾向。这种状态使人易于对事物产生兴趣。(3) 兴趣和愉快的相互作用和相互补充是智力加工的最佳情绪背景。兴趣和愉快的交替既可避免过久的兴趣紧张,又可避免过多的松弛,过久的紧张导致过多地消耗能量;神经过程需要转化,紧张固然不能使智力加工持续不断地进行,然而过多的松弛却又使精力不能集中,智力加工不能深入,无从进入创造性思维。一个一天到晚只会乐哈哈的人是不会有大成就的。事实上,只要在兴趣驱动下从事活动,就会得到劳动的结果;成就必然引起满足和快乐。这就为下一步钻研和创造提供了兴趣再生和巩固的可能(孟昭兰,1985)。

(五) 兴趣与认知的发展

任何刺激的感觉登记都可能引起兴趣,感官的选择性活动和内在兴趣倾向互相联系。兴趣的存在又指导注意和知觉的选择,因此,兴趣是对知觉活动的必要支持。伊扎德指出:"兴趣对思维和记忆的功能联系是如此广泛,以致在缺少它的支持时,对智力发展之濒于险境的危险不亚于脑组织的损伤。"(Izard, 1977)

1. 兴趣维持人的注意和知觉操作 物体的整体性特征要求知觉操作从对象的一方面到另一方面、从对立方面到统一方面。即使最简单的形状知觉、大小知觉或远近知觉,为得到完整的加工,也需要激情和兴趣的不断强化。人类的任何智慧成就都必须在持续的兴趣支持下才能实现。

2. 兴趣可以排斥无关刺激的干扰和破坏 如果没有兴趣所支持的注意的集中作用,人的知觉将随机地从一个对象跳到另一个对象上。这将对知觉的发展产生极大的损害。

3. 兴趣驱使注意有特定的指向性,许多不相干的刺激从而可以被筛选掉 可以设想,如果没有兴趣的指向而不能对输入的信息进行筛选,企图进行有效的思维加工是根本不可能的。

专栏

"感觉寻找"

扎克曼在"感觉寻找"的研究中发现,精神分裂症患者的症状之一是感情冷漠。他们缺乏兴趣情绪,不主动去寻找刺激。扎克曼认为这种病人罹患了"感觉超载症"。他们失去了筛选不相干刺激的功能,不能使注意集中到任何对象上。他们失去的是兴趣这种内在动机。扎克曼注意到一种被称为"社会性淡漠"(socialpathy)的疾病同"感觉寻找"的关系。他用"感觉寻找"量表测量罪犯和忧郁症患者。结果发现,罪犯比忧郁症患者得分高,证明忧郁症患者缺乏兴趣和筛选刺激的能力。用 DES 量表对一般性忧郁和精神病忧郁症病人进行测量,也得到兴趣分数很低的结果。这类病人由于缺乏兴趣动机,不能集中注意,因此不会筛选刺激。其结果导致所有刺激都"堵塞"在各感觉通道,于是罹患"感觉超载"。一旦出现感觉超载,过多的神经负荷使病人更不能去寻找刺激,感情状态则更加陷入冷漠状态,更加失去兴趣。这样就形成了一个恶性循环。扎克曼部分地解释了精神分裂症和忧郁症的心理机制。(参阅孟昭兰,1989,pp.151~152)

(六)兴趣与创造

对任何领域的发明创造来说,兴趣都是十分重要的。任何领域的专家都需要对本领域的活动本身和活动成果产生充分的爱好、欣赏和满足。例如,音乐家对音乐节奏、旋律的领会,对自身演奏动觉的节奏、韵律的欣赏,是保持长久的艰苦练习的心理基础。科学家对探索知识的奥秘怀有兴趣推动他们进行无数次实验的重复操作,为点滴成果而感到喜悦和满足,这是鼓励科学家不断前进和进行创造性劳动的心理条件。

马斯洛描述兴趣在创造性活动中的作用时写道:"处于创造过程中的人,此时此刻忘掉自己的过去和将来,全部沉浸于这件事中,被当前所进行的事件所吸引。"(Maslow,1971)这种沉浸和被吸引是随着强烈的兴趣和激情而来的。创造过程包括两个阶段:

第一阶段为即兴(improvisation)和灵感(inspiration)阶段。在这一阶段中,个体被强烈的兴趣和激情所激活。

第二阶段为从灵感阶段发展到高度激动的时刻。在这阶段中需要持续的创造态度,同时仍需进行大量的劳动和工作。

马斯洛认为,许多人只有第一阶段的即兴,而很少有人既有即兴又有灵感和持续的劳动。他们之间的区别导致最后所得成就的差别。马斯洛举例说,托尔斯泰写出世界名著《战争与和平》,除了他的即兴和灵感以外,还有"可怕的"巨大劳动。

创造性活动是一个持续的过程,是有规律可循的。其规律之一在于,作为创造活动动机的兴趣是波动的,从而决定了创造过程也是波动的。兴趣的波动是由于:(1) 为保持注意和知觉的有效选择性和支持思维加工的持续强度,神经过程的紧张度不是一贯的而是有波动的。愉快的转化有助于神经过程的转换,从而引起兴趣的间歇,这种对思维加工是必要的和有益的。(2) 创造过程必须同疲劳和负性情绪相对抗,从而引起兴趣的波动。创造过程中包含着大量而平凡的艰苦工作,不可避免地会引起疲劳和厌烦。这些负性心理和生理因素的干扰,像在长跑中的"跳栏"一样,需要一个个地越过。在创造的"长跑"过程中,兴趣的兴奋力量虽有起伏,但由于这种动机力量持续存在,它乃成为越过创造"跳栏"而达到终点的核心力量。(3) 创造过程还会出现沮丧、孤独、焦虑、担心在兴趣之间摇摆和转化。焦虑和担心会引起中断、退缩和逃避行为。这类负性情绪对抵达创造的"终点"有更大的干扰作用,说明兴趣的动机力量在创造性劳动中的重要地位。

为了发挥每个儿童或成人的积极性和创造才能,让他们去从事所感兴趣和爱好的活动和事业,并不在于迁就人们的兴趣,而在于兴趣可激发人的创造性。兴趣对于人从事活动的内容或方向的影响,并不是固定不变的。兴趣可以被培养,被镶嵌于人的个性之中。

(七) 兴趣对个性倾向发展的影响

兴趣各维量的阈限有先天个体差异,也因情境和所从事活动和教育训练的影响而改变。情绪的先天阈限同社会因素相结合,形成情绪与认知相互作用的个性结构特征。特别由于兴趣-注意的指向性和集中性特点,人的兴趣和认知的相互作用经常导致一种恒常而稳定的兴趣-认知倾向。当这种兴趣-认知倾向在个体身上内化而恒常地表现出来时,就表现为一种稳定的兴趣的个性倾向。兴趣-认知的个性倾向有如下几种类型:

- 逻辑思维优势型。有兴趣于进行言语逻辑推理和抽象思维,喜欢进行理论探讨。当个体的兴趣经常指向理论加工时,将易于达到理论升华,而被塑造为理论家或思想家。
- 操作活动优势型。有兴趣于进行动作活动或技术操作,善于在动作活动中进行动觉形象思维,敏感于技能熟练,酷爱操作和练习。这样的人可能成为各行业的技术专家。
- 感情体验优势型。善于体察他人的感情体验,经常沉浸于自身的情绪感受之中,也容易受他人的情绪感染,容易产生移情和同情;或敏感于物体的感性特征,易于从形象特征中诱导感情体验。这样的人能被塑造成为文艺各领域的专家。
- 社会交往优势型。有兴趣于人际社会交往,有强烈的面向他人和群众的倾向,喜欢从事组织、领导、支配他人、主宰事物的活动。这样的人可被塑造成为社会活动家或职业政治家。

上述分类有一个核心,即决定人倾向于从事哪类活动的内在动机。事实正是如此,经常被那类刺激事件所激活,被某些事物所吸引,就容易自然而然地循着这条途径发展自己。一个人如果能在这样的特定岗位上工作,他将更多地享受生活,感到工作有兴味,也容易在这个领域获得创造性成果。他的个性就朝着这个特定的方向发展,循着这一实际的生活和工作领域定型。这个观点体现了为什么情绪的动机论者如此重视和强调情绪性动机在个性倾向形成中的作用。

推荐参考书

孟昭兰,(1994).人类情绪,第9章.北京:北京大学出版社.
孟昭兰,(1997).婴儿心理学,第10、11章.北京:北京大学出版社.
Izard, C.(1991). *The psychology of Emotions*. Chapter 4, 5. New York: Plenum Press.

编者笔记

本章表述了理论家们从上世纪初开始探讨人类动机的来源的部分成果。内在动机概念的提出,把动机从生理内驱力的本能论和弗洛伊德学说中摆脱出来。随着情绪的动机作用被揭示,全部关于内在动机的概念,如选择性注意、探索、好奇心、驱策、希望、期待等均与情绪和兴趣有着不可分割的联系。为了让读者理解兴趣作为心理学的概念,理解兴趣在心理活动中起着动机的作用,有必要做出理论上的说明。这是本章的出发点之一。

其次,兴趣的动机特征和作为情绪的主动性适应品质,它在驱动人的行动、对人际交往、认知加工、创造性和人格特征的发展上都起着重要的作用。其实践意义虽为人所知,但对它深层的、学术性的探讨,有益于人类文化层次的提高。这是本章的又一个出发点。其实,本书各章的论述,奉献给读者的中心意义就在于此。

9

基本情绪

一、快　乐

（一）愉快和快乐的源泉

愉快和快乐是主要的正性情绪，是为人们带来享受的重要来源。没有愉快和快乐，就没有享乐和享受。这里所说的享乐或享受，是指"心理上的享受"，是指愉快和快乐情绪的体验，即享乐调（hedonic tone）所带来的心理上的愉悦、快乐和舒适；最高的快乐是满足和幸福感。

图9-1　快乐

一个幼儿园儿童每天把玩具送给邻居腿伤的小朋友，她因而很高兴。这种快乐是一种心理上的享受。伤残者从痛苦中超脱而以其自身的可能方式帮助他人而感到由衷的满足，也是心理上的享受。处于SARS灾难中的医生护士拥有"燃烧自己，照亮他人"的信念，自荐救人，坚韧果敢；面对死亡威胁，无私无畏，充满激情。体验"牺牲我自己，为了救他人"的自我满足感，是最高境界的心理享受。SARS也好，战场也好，是罕见的特殊环境。人们的快乐绝不是仅仅在无私和忘我中才能得到。生活中快乐的源泉是多种多样的。人们期盼和追求享乐，没有快乐，生活就是无色无味的。快乐不仅带有色彩，而且是温厚或浓郁的"暖"色。它在心理上给人以舒适和幸福。

人的境遇无论在数量上和性质上均难以计数和简单归类，它们是复杂的和动态的。因此，人和环境之间以及人际关系的来龙去脉、前因后果与产生某种情绪之间，并没有明显的直接联系。但是，从中分离出来情绪发生的某些条件，却不仅是必需的，也是可能的，快乐的产生以其生理、心理和社会的条件为依据。因此可从不同的阶梯上探索快乐的源泉。

1．本能和感觉水平上的愉快　我们试图把愉快与快乐稍作区分。愉快指那些先天生成的、直接由神经和脑的活动引起的正性情绪反应，它引起快感甚至满足感。快乐则附加着更复杂的心理上的含义。这些心理上的含义是由社会情境关系和人际关系的介入,从而在感受、体验上附加了更多的内容,如满意和幸福感,它们起着调剂生活的作用。在这个意义上,人们的心理享受不仅来自生理满足,更重要地是来自社会生活。愉快可分为:

● 感觉愉快(sensational pleasure)。人们生活在舒适条件中感到愉快。例如,疲劳之后洗热水浴产生舒适感;繁忙之后的休闲产生舒松、恬静的心态;欣赏音乐和艺术作品产生美的欣赏愉悦之情。引起身心愉快的条件既有自然的,也有社会的。这些例子不胜枚举。因此,引起身心愉快的条件既有自然的,也有社会的。它们多属于感觉水平上的情绪感受。

● 驱力愉快(drive pleasure)。生理需要得到满足产生快感,称为驱力愉快。这时,内驱力产生于维持有机体体内平衡的循环过程中。但在生物节律失衡,有机体寻找满足生理需要的条件下,被激活的内驱力处于紧张状态。一旦体内需要得到满足,内驱力激活下降,紧张得到释放,鲜明的轻松愉快感油然而生。

内驱力的紧张与释放并非单纯出于生理需要本身,而是复合其他因素起作用。例如,分娩后的母亲,从疲乏进入休息,从疼痛进入舒适。然而这时的轻松感还渗透着更重要的心理、社会内容。但无论如何,分娩后的内驱力释放是产妇产生愉快感的来源之一。

● 玩笑中的愉快(pleasure with fun and amusement)。人们在玩笑和娱乐中也产生快感。娱乐主要的是为了消闲。消闲的心理意义在于为人们提供感情享乐和享受。娱乐是人们生活中增添的"调料",使人在紧张之余得到松弛,在平淡之中加入趣味。亲朋相聚、谈笑风生中的诙谐和幽默给人带来轻松和欢快。

2. 真正的快乐来源 研究指出,自然满足的愉快还不是人的真正的快乐。真正的快乐包含有鲜明的社会内涵。典型的快乐在下列条件中产生:

● 快乐在完成建设性的、有意义的活动中产生。人在实现任务中获得成果,快乐在实现诺言中产生。在完成任务、实现诺言、达到自己的愿望和理想的时候产生;也在得到他人的承认、被社会所接受,从客观上证实、肯定了自己的时候产生。文艺演出的成功、体育竞赛的胜利、科学发明获奖,对社会做出了奉献而得到回报,为成功者带来真正的快乐。因此,一个人在所处社会位置中的表现是否有价值,是否被集体所承认和接受,是在心理上感到得与失的关键所在。对一个人不恰当的表扬、鼓励和提拔,所得到的快乐是不会持久的;反之,不恰当的批评或惩罚,使人的感情受到伤害。在物质不丰富、生活和工作条件困难的条件下,人们在心理上得到的回报至关重要。

● 快乐在良好的人际关系中产生。快乐是在人际间互相依赖和信任中得到的。社会是人们生存的基地。社会向人们提供相互交流、建立人际关系的条件。朋友相聚、集体工作、家庭生活等无论哪种形式,一个人必然属于某个集体。个人作为集体的一员,所作所为能满足他人的需要,得到对自身力量和能力的认识和信心;个体在需要时能得到他人的支持和帮助,从而产生对他人和集体的信任和尊重。这样的人将得到快乐。然而,孤独者孑然一身、试图脱离社会是不可能的;心理上的孤独者尽管能生存,但他是不快乐的(Izard, 1977;孟昭兰,1989)。

(二) 快乐的功能

1. 快乐增进人际间的社会联结　人类在最初的生物-社会性联结中,母亲和婴儿双方的自然-社会交往,是儿童快乐萌生的基础。可见,快乐从开始就是在社会关系中建立的。快乐有助于建立人际联系,良好的社会交往反过来又增进人的快乐感受。快乐的面孔是人际间建立良好关系的最普遍的社会性刺激。微笑有利于增进社会性反应,因此有助于建立友谊,增进人际互相谅解和信任的机会。情绪心理学家把快乐放在这样的位置上,即:快乐有利于使人受到熏陶,使人拥有充分的心理功能。和谐的、互相宽容的人际关系能导致的良好感情状态,这种情绪能感染和感动整个社会。社会给人提供这样的心理环境,将成为人们动力和力量的无尽源泉。社会的成就之一应当在于,不仅使人在物质上,而且在精神上富足起来。精心培育人的精神世界,有助于使人快乐而达观,同情、容让和帮助他人,并使人更能克服困难、进取和奉献自身。

2. 快乐增强人的自信　快乐是一种动机力量,激励人的力量、魄力和自信。使人的精神开朗和乐观。快乐同建立具有自信的个人品质之间要通过两道桥梁。其一,通过快乐的激励使人在完成任何任务和学习时坚持不懈。因为快乐能够使人勇于承受生活的负担和压力,并提高经受挫折、克服痛苦的能力。其二,通过快乐的激励使人心胸开阔,对未来充满信心。因为快乐能给人增强确立远大目标的勇气,坚定理想和信念,从而使人的意志易于实现。个人的实践通过这两道桥梁——坚持并达到目的——意味着通向一条自我塑造的宽广道路,最终建立自我信赖、自我依靠以及自信心和独立性等对适应社会生活极为重要的个人品质。

经常不快乐的人缺乏自信,因而难以激发勇气,在困难面前容易气馁,也难以经受挫折,并缺乏应付痛苦境遇的能力。不快乐的人不会、也不愿去同情别人,不善于向他人表示关爱,也不容易得到他人的关爱。他们的感情淡漠,行动孤僻,易于导致社会适应不良的个性。

专栏

威斯曼(Wessman, A.)于1966年制订了一项具有16个10项目的"个人感受量表"。在"欣赏-压抑"分量表中对25名女大学生、18名男大学生进行了测量,按所得结果把被试分为快乐的、不快乐的、心境稳定的和心境多变的4类,这4类人对快乐分别表征为:

- 快乐者:热情、能量充沛、开朗、有兴趣、活跃;
- 不快乐者:最佳心境只达到放松和暂时平静水平;

- 心境稳定者：满足、同他人和谐相处、安静、温和、关爱他人；
- 心境易变者：满意、热情不高、更加自信和满不在乎。

威斯曼用"自我描述问卷"和投射技术进行研究后发现：

- 快乐者：更自信、乐观；更有才能和更多取得成功；享受更亲密、诚实和互相激励的人际关系；工作表现有连续性、目的性和有意义；做事更容易达到目标，在工作和社会关系中得到满足。
- 不快乐者：缺乏自信，很少热情和容易悲观；人际关系中更多恐惧、愤怒、内疚和退避；工作中负担重、满意少、失败时自我谴责；自我肯定和自我整合能力低。这类表现导致在个人成长和日常生活中经常遇到挑战和感到威胁(参阅孟昭兰，1989，p.298)。

3. 快乐使人在紧张中得到松弛 快乐是紧张的释放。它使人在紧张的过程中得到间歇。人们在生活的"跑道"上树立长远的目标，追求达到目标的兴趣和努力使人不停歇地前进。但是，追求的渴望、自身和外界的压力不可避免地会导致挫折和失误，还会出现预料失败的担心和忧虑。因此，在生活"跑道"上前进的人会产生痛苦、恐惧、忧虑等负性情绪的额外负担。生活的紧张和压力在严重的情况下还会导致情绪性应激、焦虑或忧郁等病理负性心境。然而，保持心理健康的重要成分——快乐，能对紧张发挥重要的调节作用。因此，在人怀着巨大的毅力和果断精神去实现目标的过程中，一方面要学会觉察自己的"阶段性成果"，享受已得成绩的喜悦，肯定信心；另一方面要学会掌握思维过程的节奏，在适当的时候停歇和休息。这两个方面的结合可导致心理上的松弛。人在智力加工中把握紧张-松弛规律，使人在实现目标和抱负的过程中，心理上得到平衡。

但是，快乐带来的松缓不适当地延续，将不利于随后进行的智力工作，它使具有一定紧张度的思维能力下降。这时智力操作减缓、拖延或中断。只有当兴趣的兴奋重新被唤起，情绪的紧张性得到适度加强，从而为智力加工提供优势背景，才能继续进行并改善智力操作。因此，即使是快乐，也需要有意识地调节。

(三) 快乐的表情辨认和体验意识

1. 快乐表情辨认 快乐表情显示为额头平展、眼睛闪光而微眯，面颊上提；嘴角后拉、上翘如新月。出声笑时，面部肌肉运动程度加大，眼睛更加明亮。

快乐表情最容易辨认。孟昭兰等(1985)以大学生为被试对婴儿愉快表情照片的辨认准确率达到100%，王垒等(1986)也用大学生为被试对成人愉快表情照片的辨认准确率达到90%，在成人、婴儿愉快表情的比较中，观察到二者有很大的相似性。说明愉快表情在社会交往中外显形式稳定，在社会化修饰(掩盖或夸大)中没有显著的变式。

拉巴巴拉测量了4个月和6个月婴儿对愉快、愤怒和无表情成人面孔幻灯片的注视时间。幻灯片以成人辨认的一致性相关为 0.85 为标准。结果显示,这两个年龄的儿童注视愉快面孔的延续时间比注视其他两种表情的延续时间长。这一结果被解释为,由于 4~6 个月婴儿还不具有对愤怒情绪的应付能力,愤怒情绪还不能引起婴儿的适应行为。可是,婴儿对成人愉快面孔的反应在新生儿 5~6 周时即已发生,愉快表情模式稳定,从而更易于为婴儿所辨认。

2. 快乐的体验意识 (1) 快乐在体验里呈现为有信心和有意义的意识状态,使人能自觉处理问题和享受生活乐趣。(2) 快乐伴随着满足感,使人更容易理解周围世界中让人紧张和满意的各种问题,在对待和处理这些问题时也就更容易些。(3) 快乐使人体验到自身与外界和他人的联系,并产生一种亲切感。快乐使人对外界事物更易于欣赏和接近而不是隔离,同他人更容易处于和谐的关系中。(4) 快乐体验中还具有一种超越感和自由感,使人觉得在现实中的存在是轻快的、活跃的和主动的,似乎自身处在最优的、摆脱束缚的状态中。

上述快乐体验状态在用伊扎德"维量评定量表"(DRS)测量时,得到愉快维的最高分数;其次是自我确信维,它的分数高于任何其他情绪的这一维量;紧张维是最低的。说明快乐状态导致人最高的的自我肯定程度(图 9-2)。在"分化情绪量表"(DES)测定中,让被试想像快乐情境时测量的情绪成分中,快乐维最高,兴趣维居中等位置,还包括一定成分的惊奇以及极低的害羞情绪(图 9-3)。两个测量说明快乐状态的享乐度最高,紧张度最低;自我肯定程度也是高的(Izard, 1977)。

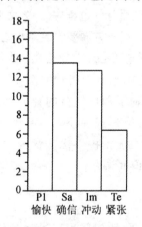

图 9-2 快乐的 DRS 测量

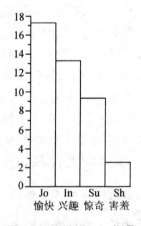

图 9-3 快乐的 DES 测量

引自 Izard, 1991, pp.165~166。

(四) 快乐的调节机制

快乐不是单凭主观意愿而能捕捉的体验,也不能刻意去教儿童直接地得到快乐。如上所述,真正的快乐是人在现实生活中的可能产物。快乐是人实现价值的副产品,又是实践的推动力。那么怎样才能得到快乐呢?

1. 设定目标 设定目标是思维的功能,也是人在社会生活中的必然需求。人在对生活目标的期盼和追求中的成功或失败体验快乐或痛苦,满意或失意。一个人设定生活或事业的长远目标和方向,对获得快乐的人生是最基本的。对于生活没有明晰的观念和意向,就不会有快乐。然而,目标是否能够实现则更为现实。为了目标的实现,(1)要审视设定的目的或方向确有现实可能性;(2)要对所设定和期待目标的实现具有充分的信心;(3)要对所取得的进步及时地得到客观的反馈和肯定(Bandura, 1997)。

2. 设定目标的策略 如何设定目标也十分重要。首先设定较低的目标,集中在短期目标。有人愿意确立宏大的长远目标,这使得他不能享受眼前的点滴成果,也难以体验快乐。较低的期盼和短期的目的给人带来新鲜感。没有目的的愉快感不是真正的快乐。

3. 个人自我效能感 实现目标的过程中,没有自信就不可能保证对达到目的客观存在的挑战采取行动。行动中为了抓住机会和控制结果,良好的身心状态导致的效能在每一时刻均起关键作用。

4. 个人条件与客观标准之间的差距 人们经常把个人条件和所得成绩与客观某些标准相比较来估量自己的成就,这是他们能否从中享受快乐的重要因素。如果这种比较得到积极的评价,将有利于感到快乐,反之,情绪将受到伤害(Parducci, 1995)。然而,如果没有这种比较,也就是没有估量所得成绩的价值,而是与他人的成绩相比看起来自我满意,这就不一定能得到他人的肯定。这里存在着差异。人要学会实际地认识自己和社会对自己的要求的差别,自身能力和社会标准的差别。个人条件与客观标准之间的协调一致,所得成就才能为社会和他人所承认和接受,这才是得到快乐的切实途径。

5. 社会供给 社会的职能是服务,是为人们提供良好的生活条件而运作。因为赢得生存、享受生活和获得尊严是人的权利。快乐体验包含着满意和幸福,赢得权利是人们满意和幸福的客观尺度。因此,快乐也是人们应当享受的权利。至少社会应当提供条件使人们有可能去寻求和得到快乐。然而,社会往往有等级之分,或者说,社会是等级的社会;人们的快乐受社会提供的条件和允许得到的权利的制约。但是,无论处在哪个等级,人们都有享受快乐的绝对权利。使人们得到快乐是社会的责任,使人们处于痛苦之中是一个社会落后的表现。

2005年1月17日《新民晚报》转述英国《星期日泰晤士报》刊登坦普尔顿的一篇文章,题目为《国民快乐总值 国家成败标志》。文章指出,衡量国家成功与否的最佳指标或许并非国民生产总值,而是国民快乐总值。这篇题为《快乐是新的经济指标》的英文文章提出了一个衡量国家福祉的新指标——快乐。他们提出了一个测试的方法,用于计算人们对日常生活的满意程度,衡量指标为"国民快乐总值"(GNH,全称为 Gross National Happiness),计算方法是让被试者以日记方式记录每日生活事件,按其感受回答一系列问题,按享乐程度作 6 级计分,每日的总分除以每一事件花费的小时数,就是那一天的"快乐分数"。美国国家卫生研究院苏兹曼指出,GNH 是国民生产总值的补充,是一种革命性的新理念。它能让我们了解政策和社会潮流的改变,如何影响和改变人们生活的质量。

专栏

舒尔茨的快乐观

开朗和诚实是实现自我满足的潜在力和体验快乐的重要精神因素。诚实是指坦白、如实地对待自己、自己的事业、行为和评价,具有求实精神才能得到满足。开朗是指向自己和他人开放自己的心灵门户,勇于面对自己,勇于面对他人和社会对自己的反馈评价。建立自知,才能自信。一个人若能打开长期关闭的、可能是痛苦的心灵世界,他将会被自我努力和快乐的潜在可能所代替,郁闷被开朗取代,痛苦被快乐更替。

1. 个人潜能

(1) 生物学功能:指身体的生长和健康情况。身体健康和生理功能正常导致自我良好状态和自我满意感。体态良好、肌肉坚实、神经健全、动作灵巧、感觉和内部体验产生敏感和欣赏等,是产生自信和快乐的物质基础。

(2) 心理功能:指个人的智能和个性的全面发展。心理活动的敏捷和广度、深度是创造性的潜势。包括富于想像和幻想、逻辑思维和形象思维的随机转换,兼有辐合思维和散发思维的优势,以及知觉的选择和记忆的提取等优越心理能力。性格特质在个性中的镶嵌,集中地标志一个人的品质和素质的功能健全程度。它包括意志的全部特征,诸如自制、果断、坚韧;情绪性质,诸如稳定性、中强水平和自我控制力。心理功能健全是成功和成就的重要潜能。

(3) 社会功能:人际交往中,社会性功能健全也有利于获致成功和成就。在人际关系中要达到一种灵活平衡,从而使个人堪称为社会性功能健全的人。灵活平衡的因素:

● 包容。指在同他人相处和个人独处这二者间的恰当处理。人在社会上交往以避免孤独,又要有适当的个人独处以避免外界的过多卷入。能够适当地做到这一点,就会感到舒适和快乐。这样的人无论是与他人在一起或独自一人,都会感到生活上的享受。

● 控制。指恰当地处理人际间的相互影响。人们应适当地决定对他人施加多少影响和施加什么影响。同时,适当掌握应该对他人的指导、支持、支配和负责的量和度。能充分地做到这一点的人,就能够在需要领导他人的时候承担起领导者的责任,在需要服从别人的时候做到服从。这方面的量和度的掌握因人而异。恰当地处理好这方面的关系的人将会感到坦然和快乐。

- 感情。指恰当地处理自己的感情生活。在这方面，人既要避免过分地被卷进感情的漩涡，又要避免对人淡漠无情。过多情绪激动会影响人的潜能的发挥；过于冷漠、缺乏关爱和温暖的体验、不向他人倾吐心情的人，过的是苍白无味的生活。在感情上能"给予"的人，也能"获得"。不要过度地关闭自己的感情；也不要过多地激动。要处理好个人的感情生活，也能自然地享受它。

2. 妨碍快乐产生的障碍

(1) 凡是妨碍人得到自我满足的因素，都将是快乐产生的障碍。对创造性的压制和过分控制是普遍的自我满足和自我实现的障碍。压制和限制人发挥创造精神，不但使人不快乐，而且还将压制和限制智能的发展和发挥。

(2) 不恰当的教育规范和方法限制人认识身的价值。呆板的教学方法达不到启发主动思维、鼓励发展爱好、强化人的自信和自尊的觉知的作用。在这种条件下成长的人，无从显示聪颖和灵活、乐观和进取。

(3) 对人要求过高或一贯地灌输高价值观念，也妨碍自信潜能的发展。强加于儿童不适合于其年龄的过高要求，无形中会对儿童施以超负荷压力。不能满足过高要求的儿童无法恰当地认识自己，从无体验成功和成就的自信，从而也就妨碍他们享受快乐和满足。

(4) 健康状况不佳或某些方面的身体缺陷往往影响人得到成就和成功，限制他们参与到那些方面的活动中去。这样的境遇使他们从主观和客观两方面后得不到肯定自己的强化。自信受到限制，也难以体验快乐和满足(参阅孟昭兰，1989，pp.302~304)。

二、痛苦与悲伤

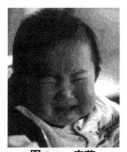

图 9-4 痛苦

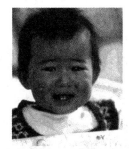

图 9-5 悲伤

痛苦是最普遍、最一般的负性情绪。人的一生中，从出生到老年，痛苦是不可避免的一种情绪感受。

（一）痛苦的诱因

痛苦是基本情绪之一。在新生儿时期,伴随生理或身体的不适,痛苦表现为先天的适应性生理-心理反应。随着儿童的成长和社会化,痛苦成为具有多种功能的情绪形式。痛苦作为一种动机力量,驱使人去应付和改变导致痛苦的因素,以改善人的处境。

按照汤姆金斯的神经激活观点,痛苦被激活的原因是刺激持续存在并是神经激活达到较高水平的结果。疼痛、饥饿以及任何强烈而持续作用的刺激,都能成为痛苦的先天激活器。新生儿在饥饿、寒冷、疼痛或疾病中出现的哭闹反应,被认为是人类最初的痛苦,也被看做先天情绪的典型表现。

引起痛苦的原因是多种多样的,包括物理的、心理的和社会的多方面因素。单纯的大声或尖刺的噪声,刺眼的亮光或灼热等物理刺激均会引起痛苦。由这些物质刺激所引起的其他情绪,如烦躁、焦虑,甚至痛苦本身,也是引起痛苦的刺激。同认知相联系的社会事件,如失望、失败和丢失,则是引起痛苦的最重要的心理-社会原因。

1. 分离　引起痛苦最普遍的原因是分离。分离导致人感情上痛楚,在人生的任何时期均可产生。婴幼儿时期由分离导致的痛苦可视为对失去安全感的适应性反应。到成人时期,亲人间分离导致的痛苦,成为心理-社会性质的生物适应的变式和延续。

心理上的分离不同于形体上的分离,它受社会-人际关系的干预。如由于某种原因不能向他人倾诉自身的感受,或得不到对方的理解和同情,同样产生内心的痛苦。尤其在感到被抛弃、被拒绝,不被亲人、家庭、群体接纳时,所感受的痛苦是最沉重的。这类心理上的隔离引起的痛苦是个体依恋或依赖的心理需要得不到满足的反应。

2. 失败　引起痛苦的第二个原因是失败或对失败的预期。人在学习或事业上的失误或失败,没有达到父母的期待、没有得到社会的承认,都会感到十分痛苦。但显然,个人活动成果或成功是否被评估为失败,或是否产生痛苦体验,是同个人或社会的价值标准联系着的。对客观标准的把握有时被人的主观评估所制约,所导致的后果可以是不同的。一般说可有三种结果:(1)统一的"绝对标准"。例如,科学实验的成功与失败受客观实践的检验,对这类事物的评估一般容易一致,在一定程度上不以个人的主观评价为转移。然而,一般的生活目标或事业成就的客观标准有很大的相对的意义。(2)个人主观评定的标准。在个人与所设定的目标间的差距,可能被个人高估或低估。受这种估量的影响可能产生正性或负性的情绪反应,换言之,个人认为失败而痛苦时,可能是不必要的心理负担。(3)社会评定的标准。客观标准在实际上的确认往往受人为的影响。如果遭遇歧视、被人误解或受到不公正待遇,因此而产生的愤怒无可疏导时,深深的痛苦是不可避免的。只要社会的价值标准是公正的,个人的失败或失望情绪容易使人忍受或转化为寻找新的动力途径。就此而言,一个事件、一种遭遇是否引起痛苦或是否应该引起痛苦,恰当的评价起着决定性的作用。在人生道路上,无论是出于生离聚散,还是出于社会竞争、人际矛盾、不公正待遇等遭遇,痛苦是人的心理生活中不可避免的一部分(Izard,1977;孟昭兰,1989)。

(二) 悲伤

如果说痛苦是有机体生理状况不适的原型反应,悲伤则是痛苦的发展和延伸。有些学者径直地认为,痛苦和悲伤是同一种情绪的两种表现形式。早期婴儿由诸如饥饿、疼痛等生理变化所引起的哭闹,一般称为痛苦,而不称为悲伤。当1岁婴儿因母亲离去而哭泣时流出眼泪,这时人们把它称为悲伤。大人说:"瞧!孩子哭得多么伤心!"然而,没有人对新生儿频繁的哭闹称为伤心。

痛苦在大孩子和成人中经常被掩盖,而悲伤经常在哭泣中表现出来,因此,悲伤比痛苦显示更鲜明的情绪色调。悲伤的哭泣使人感到失去力量、失去支持、失去希望,从而处于无助和孤独之中。无论是孩子或成人都能忍受一般的痛苦,强烈的痛苦忍耐不住时会痛哭失声,从而得到部分释放或转化为悲伤或悲痛。痛哭确实会在一定程度上使痛苦得到释放,但是在成人,尤其在男性,一般避免哭泣,从而使悲伤转化为"暗暗地咀嚼着的痛苦"。

悲伤或悲痛典型地代表着失去亲人或失去重要资源时的情绪状态。当人必须忍受这种分离或丢失时,痛苦和悲痛就转化为忧愁或忧郁。深重而突发的悲痛甚至可导致猝死,过度悲痛的持续存在十分有害。极度的失去力量和支持的情绪体验,长久地处于无助和孤独状态的情况,可能导致身体功能和神经功能被削弱和失调,致使人罹患精神性疾病,如抑郁症;或身心疾病,如心血管病、消化系统疾病、疼痛症或癌变等。

失去亲人和重要资源在心理上产生丢失感的含义在于,人们生活中长期承担的角色在自我中充予着感情,当角色的实际价值失去时,意味着实际的角色与渗透的感情被割裂,也就是实际的角色与心理上的角色被割裂。例如,失去妻子的丈夫已不再是丈夫,即失去了当丈夫的角色;而丈夫的角色所蕴含着的感情仍在他的心理上保留着,这就与他失去妻子的现实相背离,本来在感情上的互相依存被割裂。这就是心理上的丢失。

精神对于人的身体健康和精力往往起着重要的支柱作用。时光流逝,社会变迁,失去角色的人由于思想准备不足和感情失去寄托,情绪的支柱一旦丧失,身体健康往往处于危机之中。心理、精神似乎是无形的,但它们对人的健康却起着有形的监督作用。

(三) 痛苦的表情辨认和体验意识

1. 痛苦的表情辨认 痛苦表情因较少显露而不易识别。婴幼儿的痛苦常常伴随哭泣,从而显示鲜明的外显形式。成人的痛苦则在很大程度上由于受文化的制约而被掩盖。痛苦表情的识别须从痛苦的原型着手。

痛苦是由生理状况不适而来,其原型显示为眉心内皱;额头中下部有时呈"川"字形;眼内角和上眼睑下拉,下眼睑上堆;嘴角下拉,下巴上推,下巴中心鼓起。

2. 痛苦的体验意识 痛苦的体验似乎是感受到沮丧、孤立、无助和无望。它使人感到不能去做自己想要去做的事,或不能达到想要达到的目的;感到在需要依靠而不能得到的失望和悲伤;感到世界灰暗无光,失落而沉重。

按照"维量评定量表"(DRS)测量,痛苦体验显示最强的是紧张维,但其紧张度低于愤怒或恐惧,这表明痛苦比愤怒或恐惧更多地被忍受。人经常忍受痛苦,但不容易忍受愤怒和恐惧。处于第二位的是冲动维,但也比其他负情绪低。自我确定维比恐惧高,愉快维最低(图9-6)。按照"分化情绪量表"(DES),被试在想像痛苦情境时的情绪成分中,痛苦最强,兴趣、惊奇和恐惧居于其次,此外还有稍低的愤怒、内疚和害羞的成分(图9-7)。

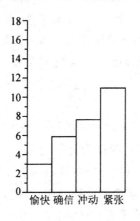
图 9-6 痛苦的 DRS 测量

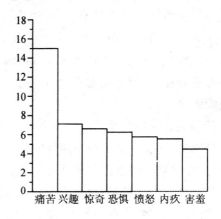
图 9-7 痛苦的 DES 测量

引自孟昭兰,1989,p.313。

(四) 痛苦的功能

1. 痛苦表情能引起他人的同情和帮助 痛苦表情说明体验着痛苦的人正处于某种麻烦的缠绕中而需要他人的帮助。人,特别是儿童的痛苦的哭声和表情能有效地引起他人的移情和同情反应而有助于痛苦的缓解。一项研究向成人被试呈现4种长约1分钟的录像带,内容分别为表现痛苦、愤怒、快乐和中性面孔的少年犯同一位社会工作者的谈话片断。录像带的4个片断所记录少年所犯罪行的程度已被预先判断为等同的。要求被试分别对4个片断少年所犯罪行作出惩罚的判断。结果被试对显示痛苦表情的罪犯比显示其他种表情的罪犯判定较轻的惩罚,说明少年犯的痛苦表情引起了评判者的同情。

2. 痛苦是一种可以忍受的情绪 情绪与恐惧的不同在于,恐惧情绪的负性作用比痛苦更大,恐惧体验引起躲避恐惧源的强烈动机而没有主动改善自身处境的余地,而痛苦是一种能使自身采取补救办法以消除痛苦来源的情绪,显示痛苦自身具有潜在的改善现状的倾向。因此,如果人对痛苦体验有充分的敏感,它本身可以带来某些正性效应——引起应付策略和应付行为。对痛苦的消极忍受,或不自觉地把它推向下意识,实际上只能忍受痛苦而无助于处境的改善。汤姆金斯指出,无论对个人或对社会,都可以用对待痛苦的态度来加以评价。"在一定程度上,个人对自身的痛苦有许多不敏感的情况,这是一种发展的落后现象。如果一个社会对它所存在的不公正、疾病、能力得不到发挥、缺乏激情和难得享受等现象无动于衷,或对社会上存在的恐惧、耻辱或敌意不敏感,这将是一个发展缓慢的社会。"(Tomkins, 1962)

3. 痛苦有利于群体的联结 这一论断无疑对人类社会的形成来说是适应用的。群居是进化中的人类的生存保护措施。个体从人群的联结中分离或孤立,是个体痛苦的来源。为避免痛苦和对痛苦的预料,使人们倾向于保持相互之间的接近。人类社会提供多种多样的结合形式给人以交往的机会,这不但使人的生活丰富多彩,而且为人们提供互相理解的机会。当人们感到痛苦、失望或失去信心的时候,从群体中会得到鼓励和同情。人群的结合不仅在进化上具有维持生存的作用,在当代社会,对提高人们心理-社会生活的质量也是有意义的。

总之,痛苦在人处于不良状态时发生。痛苦的发生是不可避免的。面对这样的提问:"世界上如果没有痛苦将会如何?"多数的回答是,那将是一个没有快乐、没有爱、没有家庭、没有朋友的世界(Tomkins, 1962)。

(五) 如何对待痛苦

人可以在一定程度上忍受痛苦,另一方面又可以主动地试图去改善不良处境,摆脱那些引起痛苦的因素。这样,人可能处于经受痛苦和处理痛苦的过程之中。个人试图摆脱自身痛苦的主观努力效果如何,同其所居住的社会和相处的人所持的态度有很大的关系。因此,如何对待自己和他人的痛苦,是生活中需要妥善处理的问题。

罹受痛苦的人需要慰藉、同情和积极的帮助,以便找到和消除引起痛苦的来源。同情给人以力量,使人在痛苦中感受得到支持和减轻痛苦的负性效应,而痛苦的负性效应较弱时能使人更容易度过痛苦的历程。

人在社会生活中形成相互关心和同情的感情联系,不仅能帮助人们解除痛苦,它的更重要的作用还在于,密切联系的人际关系有助于塑造人、影响人的成长。经常得到社会和他人同情和支持的人能从中学会更相信人,懂得更真诚地对待别人,更具有同情心,更易于理解他人和乐于助人,更具有勇敢精神去面对现实和勇于实践,对挫折和失败具有更大的忍受力和韧性。他们将更能承受痛苦,在有信心和爱的感受中体验痛苦,在温暖中忍受痛苦,以更乐观和开朗的态度对待生活和困难。提高生活的勇气和信心,是人格塑造至臻完善的途径之一。

对经受痛苦体验的人施以训斥或惩罚将使其痛苦加剧。无论是什么原因使儿童感受痛苦,都不应施以斥责或惩罚;训斥和惩罚只会增加儿童的痛楚。严厉的斥责或遏制,痛苦将为恐惧所取代。儿童承受恐惧的心理负担比痛苦更重。但单纯的同情和安慰也会让痛苦者过多的依赖他人,丧失克服困难的主动精神。对少年儿童说来,惩罚会加重痛苦体验和导致倔强性格和与人群隔离的行为,独自忍受挫折将导致生活态度的消沉和精神疲惫。包括成人在内,人们对痛苦遭遇感到无助和无望,胆怯和失去信心。长此以往,他们将忍气吞声,默默无闻。长期忍受严重的痛苦,会增加青少年产生极端行为的可能(Izard, 1977;孟昭兰,1989)。

三、愤　　怒

图 9-8　愤怒

愤怒是一种常见的负性情绪,是人类演化的产物。其原发形式常与搏斗和攻击行为相联系。随着社会文化的形成和演变,愤怒的原发形式常被掩盖,愤怒的功能也已改变。

(一) 愤怒的诱因与适应功能

情绪研究指出,对婴儿身体活动的限制能激活愤怒情绪。一般来说,无论对儿童或成人,强烈愿望的限制或阻止都能导致愤怒的发生。对比较轻微的限制及其所引发的轻微的愤怒可能压抑相当长时间。但是只要限制或阻碍持续存在,愤怒几乎终究会发生。持久地抑制愤怒,不免要付出健康方面的代价。

不良的人际关系常常是愤怒的来源。受到侮辱或欺骗、挫折或干扰、被强迫去做自己不愿做的事,都能诱发发怒。情绪本身也能成为发怒的原因,例如,持续的痛苦能转化为愤怒。早期幼儿被送托儿所,常常以哭闹来反抗,其中可能包含痛苦和愤怒两种情绪反应:痛苦是分离的反应,愤怒则是由持续的痛苦转化而来。

愤怒的原型意义在于激发人以最大的魄力和力量去打击和防止来犯者,也用于主动出击。在当代文明社会中,除了出于自我防御,愤怒所导致的攻击行为多数要受到道德规范的指责或法律的制裁。因此,愤怒的功能已经改变,变成一种表达自身反抗意向和态度的标志,而不必然与攻击行为联系起来。人性学家认为,愤怒原发功能的改变,是人类文化革命超越生物革命的一个例证。

(二) 愤怒的表情辨认和体验意识

愤怒外显形式也随其功能的改变而改变。其原型在婴幼儿的表情中仍然很明显。表达形式为额眉内皱、目光凝视、鼻翼扩张、张口呈方形,并在愤怒的大哭中表现得最为明显。文明社会认为这是一种粗野的仪容,不为社会礼仪所赞许。因此人们学会掩饰这类表情。这时可能与厌恶、轻蔑情绪相结合,成为敌意情绪。但是,强烈的愤怒总会以一定的先天表情形式表现出来而易于为人们所识别。

人在发怒时,交感神经系统激活,血管扩张,横纹肌紧张度增加。因此可测量到较强的愤怒的紧张度和冲动性。使用"维量评定量表"(DRS)测定的愤怒的紧张维仅次于恐惧而居于第二位,冲动维则是得分最高的;此外,愤怒同其他负性情绪不同的特点之一是,它具有相当强的自我确信维。这一测量结果不难使人认为,紧张性、冲动性和自我确认能力三者的高度激活,可用来解释为什么在发怒时容易产生偏离行为(图9-9)。

愤怒实际上是一种不可忍受的情绪。运用"分化情绪量表"(DES)测量中,愤怒明显地包含着愤怒、厌恶、轻蔑的表情。由此可见,愤怒情境显示了明显的敌意模式(图9-10)。

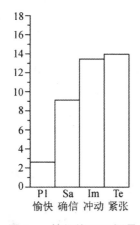

图 9-9 愤怒的 DRS 测量

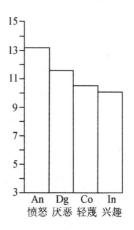

图 9-10 愤怒的 DES 测量

引自 Izard, 1991, pp.241,242。

四、恐　惧

(一) 恐惧的诱因与适应意义

恐惧是最有害的情绪。强烈的恐惧所产生的心理震动会威胁人的生命。在巨大的自然灾害遭遇中,一部分人生命的丧失不是由于身体上的创伤,而是由于情绪承受力的崩溃。1976年,唐山大地震后少数人意外地得以存活的奇迹,可以从反面说明这个问题。

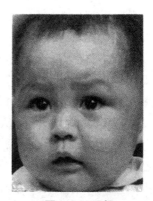

图 9-11 恐惧

专栏

　　王子兰,23岁,护士。地震时在医院值夜班。地震后在"地下"被"埋葬"了8天。被救活后,她说,在"地下"时,摸到一瓶葡萄糖盐水,饿了就喝一小口。她懂得有水就能活下去。她听到上面有说话声,坚信会有人来救。她抱着生存的期望,等待并睡觉休息。她给自己的手表上弦,让它不停地走动,坚持着生命的延续。她想着那些病孩们,想着自己有趣的经历,过了"简单而又轻松"的8天。记者采访她时发现,她是一个乐观的人;她有忧愁、有欢乐,纯朴而信赖他人。一瓶盐水和相信他人的信念支持着她活了下来。(节录自《唐山大地震》解放军文艺出版社,1986年版)

　　然而,对大多数人来说,没有经受过生活的磨炼,没有抵御生命威胁的心理准备,突然发生的巨大灾难往往诱发极度恐慌。2002年在美国发生的"9·11事件"和2003年在中国发生的SARS所引起的心理震动和慌乱,至今仍令一些身临其境或灾难中失去亲人的人遭受着心理创伤。这些案例是在极端不寻常的情况下发生的,是剧烈的恐惧情绪适应不良的极端表现。

　　但是,恐惧情绪同样具有适应价值。无论在进化或个体发展中,通常总是在威胁和危险情境中退缩或逃避的适应行为。

　　诱发惧怕的威胁性刺激可能是生理的,也可能是心理的。由疼痛引起的惧怕属于生理-心理反应。诱发惧怕的心理原因可分为天然线索和文化影响两方面。

　　1. 天然线索　从恐怖症患者和婴儿身上看到,一般情况下的惧怕倾向都有先天预置的特性,并贯穿从婴儿到老年的全过程。惧怕的诱因:突然性、新异性、剧烈性。事物的这三种特性结合起来达到的强烈程度决定着惧怕的程度。三种特性的结合,有时意味着危险。例如严重的威胁事件突然而迅速地发生,如SARS,意味着面对事物的不确定性和不可预料性,是惊恐反应的诱因。在一定时间和空间内,期望的或熟悉的事情没有发生,也可能意味着危险,产生恐惧的预期。此外,孤独对人具有威胁性,是最基本的和天然的惧怕线索。儿童先天地需要成人陪伴;老人的衰弱、疾病和独处,使他们处于恐惧的威胁之中(Bowlby, 1973)。

　　2. 文化影响　所有的天然因素都受文化和生活经验的影响。失业、离婚、盗贼,甚至鬼怪传说,都能诱发恐惧,文化线索与天然线索是联系着的。学生害怕考试失败,产生恐惧的预期,是受明显的或隐蔽的被接受或拒绝的社会性后果决定的。恐惧可能是习得的,还可由想像或认知过程所诱发。对鬼怪的恐惧既是习得的,又是想像的。来自记忆和认知评价的预期都可引起恐惧。

(二) 恐惧的表情辨认和体验意识

恐惧的外显表情为额眉平直；眼睛张大时，额头有些抬高或平行皱纹，眉头微皱，眼睛张大时，上眼睑上抬，下眼睑紧张(这与惊奇不同，惊奇表情为眼睛圆睁，上、下眼睑都是放松的)；口微张，双唇紧张，显示口部向后平拉，窄而平。在严重的恐惧时，面孔各部肌肉都较为紧张，口角后拉，双唇紧贴牙齿。

恐惧是被突然的神经放电增长所激活。因此，从神经激活方面来说，恐惧与惊奇、兴趣有同样的性质，区别只在于程度的不同。按照汤姆金斯的神经放电密度假设，这三种情绪的差异只在于神经放电密度增长速度的不同。新异性刺激物依其新异程度和个体差异可诱发兴趣，或恐惧，或惊奇。孟昭兰等的实验(1985)证明，在新异刺激作用下，幼儿情绪在兴趣和惧怕之间流动。两个图片显示同一实验中，幼儿对趋近并带有响声的机器人产生兴趣和惧怕交替出现的情绪反应。

恐惧是一种具有强效应的情绪，对知觉、思维和行动均有显著的影响，在全部基本情绪中具有最强的压抑作用。在强烈恐惧的情况下，形成狭窄的"知觉管道"，大部分视野是"盲"的，恐惧使思维缓慢、范围狭窄、活动刻板，使肌肉紧张，行动僵化。

对恐惧的体验为感到受惊吓，产生慌乱情绪、不安全感和危机感。按照情绪维量(DRS)分析。处于第一位的紧张维比在任何情绪中均高。居第二位的冲动性仅比紧张稍低而高于其他情绪。确信度和愉快度均甚微(图 9-12)。恐惧的这种高强度紧张和积极的冲动模式，支持着为保护自身而产生的逃避行为效应。在恐惧中，除恐惧成分外，含有较多的兴趣和惊奇成分。这可能是由引发刺激的新异性引起的。另外，它还含有痛苦、愤怒等负性情绪，增加恐惧的负性色调(图 9-13)。

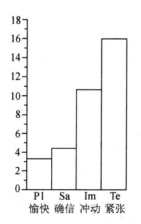

图 9-12 恐惧的 DRS 测量

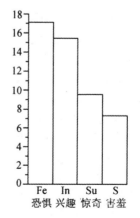

图 9-13 恐惧的 DES 测量

引自 Izard, 1991, pp.301, 302。

(三) 如何对待恐惧

如何对待恐惧在很大程度上涉及教育和教养问题。父母和成人应以正确的方法处理儿童遇到的恐惧威胁,尤其重要的是不要人为地加重儿童的恐惧感。为了使儿童顺从,不恰当地以恐吓为手段,可带来两种后果:其一,加重儿童对危险或可怕情境的想像和认知加工,导致儿童自身增加更多的恐惧体验。这些体验由成人的威吓、恐吓所诱发,并被儿童自身放大和强化。当儿童出现胆小迹象时,又可能受到成人的斥责而无助于儿童克服胆小行为。其二,在儿童的情绪结构中储存过多恐惧成分,将会形成儿童持久地回避新异事物的惯性。他们将不愿意变换环境,安于默守常规,形成保守、内向的性格特征。

恐惧虽然是基本情绪,它的负性效应与焦虑联系着(见第16章)。恐惧的天然诱因在儿童早期的出现,应受到成人的刻意保护。使儿童有更多的欢乐和成功的机会,培养他们勇于进取和富于自信,在成长中塑造坚强的性格,有面对社会性威胁和危险的能力;也是减少发生病态情绪或情绪异常的重要前提。

推荐参考书

孟昭兰,(1989). 人类情绪,第8、9章. 北京:北京大学出版社.

Izard, C. (1991). *The Psychology of Emotions*. New York: Plenum Press.

Parducci, A. (1995). *Happiness, pleasure, and judgement: The contextual theory and its applications*. Mahwah, NJ: Erlbaum.

编 者 笔 记

本章阐述了基本情绪的先天适应性品质、基本来源、基本属性、内在体验和外在表征;也分别说明了它们各自的社会功能,有益或无益的适应意义,正性情绪的培养和负性情绪的应付、对待方法。

基本情绪对人们是时刻面对、十分现实的。快乐是个人的追求,为人们营造产生快乐的环境是社会的责任,是社会发展人们的精神生活的战略目标。它们涉及个人的自我修养、生活调适和对儿童的培育、老年的养育诸问题。

这一章涉及情绪心理学的重要实践方面。正如上一章编者中所说,本书对各类情绪的阐释,由于心理学在我国为人所知的时日尚浅,编者希望给读者填补一些学术深层次意义上的诠解。

10

情绪的社会化

环境因素在心理形成中的作用始终是心理学的中心主题之一。人的心理-情绪在社会环境中发展是不言而喻的。然而,由于詹姆士-兰格理论的影响,人们的注意长期集中在情绪的生物学方面;尽管情绪的生物机制研究也只有在20世纪90年代才有了较大的突破,对环境因素也只一般地作为外在影响来对待。对环境因素在社会层面上的剖析直到80年代后期和90年代才成为人们关注的焦点,研究成果随之得到较大的发展。尤其在一般的理论阐述中,分析到诸如情绪社会化的过程、途径、类型等外在方面。然而,这些一般的形成过程还未触及到具体情绪本身;对反映人们更复杂、更具深刻社会含义的复合情绪涉及很少。80年代末以来,情绪的社会结构论逐渐形成,它把我们带进了社会生活中活生生的复杂情绪的王国之中。本章将从情绪社会化的一般规律和情绪的社会结构论两方面展开讨论。

一、社会情境关系与情绪社会化

(一)社会情境关系塑造独特的心理-行为

我们将从萨尼引述对不同文化人的观察实例来说明社会情境关系的不同,它们是紧密地与当地长期的经济环境和文化传统密切相联,人们的社会关系和情绪、情感与之不可分离地缠绕在一起(Saarni,2000)。

专栏

南部非洲博茨瓦纳西北部撒哈拉沙漠游牧民族 Kung 族人对儿童的养育方式是那么关注、宽容和充满感情,并给予充分的刺激和暴露的机会。观察显示,与我们所熟悉的孩子自发地发脾气不同,3~5岁的 Kung 族幼儿经常由母亲引导摔打物品、皱眉、作怪相和哭闹。母亲对此视而不见,与他人笑谈风生以避开那些小小的风波。然而,如果因某些情况使得攻击行为被转移或引向它方,儿童也接受对他们的攻击行为的约束,这有助于说明儿童之间为什么反而很少打架。由于和睦气氛是成人间保持和睦关系的基础,而这是游牧民族集体打猎适应性的需要。儿童殴打和杀害动物也被成人接受,对此被看做对成人打猎的模仿。

美国南巴尔的摩地区的人民是来自波兰、爱尔兰、意大利的早期移民和阿巴拉契亚山脉劳工的后裔。他们鼓励幼儿之间的攻击行为。母亲甚至用玩笑的方式刺激儿童去模拟攻击反应,强化他们为了敢于伤害或威胁而去报复,他们还模仿双方的相互攻击以示这种行为的重要性。一位母亲说:"现在她喜欢和我搏斗。我让他打我,因为我要教他有人会这样对她。有时候她也偷偷地友好地对待我。"(引自 Saarni, 2000, pp. 306~307)

令人惊奇的是,博茨瓦纳的母亲们常常以玩耍的方式容忍 Kung 族儿童打母亲。两岁半的女孩在这样的文化情境里竟变得很有情绪和社交的竞争能力。这种自我防御能力和所构成的情境关系对该地区的妇女和女孩的生存是十分需要的,因为在那里男人对妇女施加暴力是很平常的事。与此相反,南巴尔的摩社区的儿童与他们的同伴友好、合作相处,他们的攻击行为指向动物,以训练学会打猎。

第二个例子是日本儿童与美国儿童的养育方式的比较。研究是用日本和美国 3~4 岁排行老大的儿童进行的。结果发现,日本母亲比美国母亲更多地用感情去培育儿童驯服的习惯。日本母亲会温和地说服孩子听话,母亲会说:你画得很好,如果你画在纸上而不是画在墙上,那将会画得更好。而美国母亲会立刻命令孩子停止在墙上画画,并要求他立刻把墙擦干净。美国母亲对幼儿更多地用强迫的方法,从而常常发生争吵。而日本母亲则培养儿童快乐与合作,引导儿童产生强烈的感情依赖。美国儿童的愿望是与美国独立、自信的社会价值观一致的;而日本儿童则关注对他人的责任感,坚持同情与社会良心的价值观(Saarni, 2000)。

以上的描述是几种不同文化情境关系的范例,它们说明文化情境关系在塑造人们的情绪功能模式中发挥着根本的影响,说明情绪是植根于社会人际交往关系之中。从社会文化的角度来看,情绪的形成具有多样性和多变性的特点,情绪的发展是很灵活的。情绪一方面可能像性格一样,在发展中长期淀积着一个人过去与具有一定情绪含义的社会情境的联系一再重复出现,最终导致的结局是得到某种情绪特质。这反映着情绪特质个体差异的灵活性。然而,个体情绪与情境关系之间是互相渗透和相互作用的。行为不但受环境的影响,行为一旦作为环境的反应,它的功能就工具性地渗透到引发它的情境中去,这时行为对环境也发生着影响。人加入到环境中,导致人类赖以生存的社会情境关系变得十分复杂(Campos, 1994)。

(二) 社会情境关系的不确定性

情绪是人与社会事件关系的反映,情绪与人的需要、期待、目标相联系。问题在于,情绪是怎样为达到将来的目标而影响行为的,人是如何面对并去调节它们的?人并不只是生活在现实中,人们的预期目标会影响将来的现实行动。人们的愿望和预期是动机的源泉,它指导人们面向未来。但是,将来具有很大的不确定性。人们按照目标决定的行动是否能达到预期的结果,取决于指向未来的"导航"策略是否符合社会情境关系的发展和潜在可能性。例如,在职业选择展望中,近年来信息技术迅速发展,求职人员趋之若鹜。但随着信息经济泡沫突然显现,千百人无可选择地陷入失业的境地之中;护士职业一直不为人们所向往甚至不屑一顾,但发展中的现实表明,这既是一种崇高、服务人群不可或缺的,又是稳定、有丰厚收入的职业。人们为了达到目的,情绪的动力性与环境结合的水平与程度决定着特定的人在特定的时间、空间内所形成的社会情境关系。由此可见,情绪和情境关系二者均处在动态的变化之中。在这一点上,人们在情绪上的努力和适应是与将来联系着的。个人情绪与情境关系的互相作用和适应所导致的结果,可能与所期望的不一致,也可能经过人的努力,从长期的奋斗中达到目的。反映在人的生活上,情境关系与个人的愿望是否磨合得一致,决定着个人生活的期盼和质量。

(三) 情绪操纵行为

一定的情绪行为可能成为操纵达到目标的工具。不同的情绪行为可用于达到同样的目标,同样的情绪行为也可以达到不同的目的。例如,眼泪可以是失去亲人的反应,也可以是被一件令人敬仰的事件所感动的结果。同样,社会性微笑有时候用于表明一个人在社会交往上善意的、礼貌的表达;也可以用来作为表明一个人在社交上失礼而已被对方觉察到时的一种歉意。这些描述说的是,同样的情绪行为起到了不同的社会效应。然而,不同的情绪行为也可以达到同样的目的。例如,儿童想得到同伴的接受,他可以采取故意冷淡的态度,但也可能采取热情的微笑和真诚的态度去争取参与,两种策略均可用来主宰他们与同伴的关系(Lewis,1997)。同样,一味卑躬屈膝的下属与不卑不亢的员工,在不同的老板面前可能同样达到被重视的目的,这取决于老板的用人原则。情绪策略引起的行为适应着社会情境关系,也就是人际关系的多样性,它因情境关系的独特性而采取灵活的方式去表达。这样的事实无限繁多,不可胜数。个人依情绪能力的成熟程度和灵活性而使自身的社会行为表达是否适当,在很大成度上成为重要的社会适应技能。

(四) 情绪、行为与目标联系的途径

由于情境关系的实际影响,在人们的情绪、行为和目标之间显得那么复杂。为了达

到一定的目标,人们可以选择某种行为,使之以最直接和简单的途径达到;由于情境关系的细微差别,最好选择另一条不太直接的途径而最终会有效地达到。在这种场合,情绪是行为与目标之间的中介;以情绪为中介的行为与达到目标之间,更重要的是不可避免地与目标有关的信念和期待相联系(信念与期待是一定社会文化发展的产物),在此,就是以信念和期待为中介了。可见,人的主观向往、情绪动机与实际的行为和要达到的目的之间是互相影响着缠绕在一起。例如,改革开放以来,很多年轻人选择了直接出国学习的途径去深造;也有人选择留在国内通过实践提高自己的知识技能,而后再出国进修的途径。两条途径中通过哪一个才能真正达到目的,要由个人遇到的情境而定。大批的出国学子,在国外得到了良好的训练,有人得到了发挥专业技能的职位,也有人难以找到对口的工作,所学到的专业知识因而受到了冷遇;国内的实践有人得到了很好的专业锻炼,也有人的知识水平受到局限。为了能够实现计划与目标的联系,由于实现目标所选择的途径存在着多种可能性,就可能使人们的预期更为准确和符合实际。可见,未来的不确定性、负载着情绪的行为因素和未来社会情境关系的可能性,双方共同决定着人的目的是否能够达到。

二、情绪社会化的基本规律

这一主题让我们从2003年春季北京遭遇的SARS灾难事件中人们的感情危机开始。它向我们呈现了一幅震撼人心、惊心动魄的情绪画面。

即将初中毕业的小影,父亲是医生,母亲是护士,一家人过着平静、安宁、愉快的生活。SARS疫情发生后两天内,小影的父母先后进入抗击SARS一线。她被接连不断的、广泛传播着和迅速扩散着的疫情所撞击。她被这突然出现、茫然不解的疫情弄得不知所措。几天后传来母亲已被感染的消息,她为疫情对母亲的威胁而担心和焦虑不安。她忧虑母亲的病情,关心父亲的健康,埋怨父亲为什么不回家。母亲的病情日益加重,她从担心、害怕到恐怖;从悲伤到焦虑;从埋怨到愤怒。她没有食欲,睡眠惊梦;她面色苍白,失去欢笑,感到孤独和无助……然而渐渐地,她听到许多医生护士救助患者的消息,被那些冒着生命危险、牺牲自己、救助他人的精神所感染,被成人的理性行动所震撼。她的情绪被惶恐、焦虑与同情、期待交织着,被情绪思维和理性思维交织着。渐渐地,她的精神被全社会有效的防治措施所感染,似乎不再孤独,有所依靠和增强了信心……一个月后,母亲病情稳定使她的情绪逐渐平静。直到一天被告知母亲及更多的人脱离了危险。她消瘦、疲倦的面孔上逐渐出现了放松和久违的笑容。SARS过去了,她为父母救死扶伤的崇高情怀而感到骄傲和自豪……(摘录于《新华每日电讯》2003年6月连续报道)

情绪社会化意指人在长期与他人的关系中所体验到和表达着的情绪。人在成长过程中,一直在有意无意地学习着理解他人的体验和表情,尤其在不同场合、面对不同的人学习着如何表达自己的情绪。实际上,人们是按照生活所在社会环境和文化规范的要求去表达自己的情绪的;是按照社会和文化熏陶下形成的信念、道德和价值来表达自己的情绪和情感的。因此,在个体生长过程中,人的感情由于蕴含着社会文化的意义和内容而变得日益复杂。社会文化的内涵和意义附加到与生俱来的基本情绪中,形成互相交织和相互渗透的诸多复合情绪形式,这就是社会化的情绪;人的成长过程就是情绪社会化的过程。小影的例子既表达了她单纯的恐惧和愤怒,又包含着复杂的孤独感、惶恐和焦虑,还渗透了情绪感染和同情、喜悦和骄傲。她的情绪过程既反映了亲子间在特定环境下的牵扯,又受到社会情绪流的感染和冲击。社会突发事件尤其震撼人们的心灵,突出地显现于处在人们心理前沿的情绪中。

(一) 情绪社会化的基本过程

1. 婴儿的工具性模仿　儿童出生后即进入社会化的过程中。婴儿已学习到某些零星的模仿动作,其中似乎蕴涵着某些感情性的情节。例如,卢维斯在他的划时代的著作(*Children's Emotions and Moods*)中,描述了6个月的婴儿就显示了情绪性的模仿行为(Lewis, 1983)。卢维斯就此指出,婴儿明显地学习着把图画和音乐用在他们的情绪反应和与之联系的信息加工上。婴儿的这些认知与情绪形成的整合系统,有利于婴儿学习如何得到他们所喜欢的图画和音乐去玩耍。她们情绪性地反应情境并随后去操纵它。

> 6个月的婴儿表现了某种零散的、情绪性的工具行为。她拉了一条布带一再重复地缚贴在她的手臂上,为的是作出与面前屏幕上显示的一个婴儿一样的动作,这时正伴随着播放"芝麻街"中的相应歌曲。(Lewis, 1983)

卢维斯在这里暗示,用音乐中的"赋格曲"模拟认知和情绪在人类发展中不可分地缠绕在一起,就像几个音调在一个旋律中的组合不可以被断裂一样。在稍大的儿童中,认知-情绪的"赋格曲"在旋律中变得更为复杂,他们并不完全暴露在即时引发的情境中,或直接地接受他人的情绪反应,他们会在异时异地学到或应用这些情绪反应。学习本文化的情绪行为、规则和情绪表现形式并丰富着他们自身的情绪体验,就像一个乐曲中的旋律由那些持续而重复着的音调组合成的"赋格曲"的各种变式所组成,正是由这些音调的各种变式所组成的旋律才构成优美的乐曲。情绪体验植根于社会关系中,与认知功能和社会经验相整合,情绪是以社会结构为基础;所有的情绪都是社会化的。

2. 幼儿的情绪变式　幼儿在初步整合了的情绪和情境中,已能够体验自己的情绪,认识他人的表情和感受他人的体验,学会缩小、夸大、掩盖和诱发替代情绪的能力。例如,初上幼儿园的儿童由于环境变化的不适应而回家后发脾气,或以他不如意时习惯的方式在园里殴打小朋友,这些情绪表现反应了他的适应行为而有时不为成人所理解,应当属于不得体的"代替性情绪反应"。然而儿童的表情结构随他们的成长,逐渐成为蕴涵着文化意义的系统,他们对成人情绪的理解日益渗透着社会化的影响,文化价值和社会信念逐渐注入他们的感情体验之中。这种文化价值的传递构成一种"父母目标",父母按照社会文化的需要指导儿童去感受和表现自己的情绪。儿童学会理解他人的痛苦,并受到感染而激活自身的痛苦体验和同情。儿童还学会按照文化需求去表达得体的行为,从而萌生适合于社会期望的情绪信念,以社会期望的"表达规则"去调节自己的情绪。这样的儿童将得到成人和社会的接纳和赞许;而违反社会"表达规则"的举止将视为不良的或不礼貌的行为。体验是情绪的心理载体,是情绪得以成为人际交流的根据,并在一定程度上可用语言来表达;表情携带情绪体验的意义和信息,促成人际间的情绪交流。语言在这里起着教导和对心理异常患者的治疗作用(Russell,1991;孟昭兰,2000)。

3. 社会情境关系的内化 由于情绪具有动力性特征,事件关系能使儿童的情绪社会化的形式和质量得到调节。父母对儿童的教导,包括言语陈述、规则展示、身体接触、表情和声调等,是儿童情绪社会化最初的媒介。然而,情绪教导与情绪获得二者不是直接的因果关系。细心、温和的母亲与冷淡、粗心的母亲对儿童表达情绪的教导可能得到不同的效果,儿童会得到不同的信念——在不同的场合如何选择自己的表情。

成人与儿童之间的沟通双方均存在着一种"内在主观性",其概念来自于维果斯基的理论,它包括沟通双方的认知和感情的协调一致,这种协调一致像是一种内部符号的对话,能使双方的相互作用在其他事件关系中再次出现(Ratner & Stettner,1991)。当儿童遇到一种特定的情绪情境时,以前体验过的那种情绪就会被激活,父母的教导即将被儿童再次体验到。因此,情绪、信念和社会情境关系是无法摆脱地相互缠绕在情绪发展和情绪社会化之中。

(二) 情绪社会化的途径

1. 直接教导 母亲对婴幼儿、儿童主要的是用她们自己的正性情绪反应去强化儿童做出的正性情绪行为。以无言的模仿、对角色的认同、对期望的交流等方式,作为情绪的引发源,儿童能直接、自发地受到无意的暗示而表达自己的情绪。例如,社区邻里间一般的礼貌交往行为,影响幼儿自发的模仿,淡化幼儿对陌生人的疏离感而习惯于对陌生人的认同。

2. 间接教导 在引发源与其后发生的体验之间经常有某些情境因素介入,尤其是父母的有意教导和干预起着重要的作用。如模仿、认同、社会参照均被利用为间接教导的媒介。例如,在两可的情境中,儿童观察他人的情绪表情、听取他人的语言指导去理解事件所蕴涵的恰当的情绪意义。在成人中,社会参照策略也是被采用的,它更多地用于模仿中。例如,在某种社交场合,当处于两可的情境下,作为交际的手段,成人也可能去模仿、附合他人的表情。但这时不一定发生相应的体验;然而在儿童,模仿却可能引发真实的感情。也就是说,在儿童的模仿中可能发生真正的移情,而在成人,模仿对产生移情虽然也会有一定的效果,但由于社会情境关系的现实,结果会更加复杂。

3. 期望交流 是指受他人在一定场合的交流信念和期望所影响。例如,对儿童提出一个期望发生某种情绪的建议,被要求的儿童很可能根据建议扫描自己的情绪体验,企图与这个建议相匹配。如果匹配得到一致,它将做为被要求儿童的期望去使用或表达这种情绪。例如,对青少年教以在公共交际场合的期望礼仪,如表现文雅、姿态友好等。当他接受这种建议并对期望的礼貌举止产生一定的情绪体验,以后就会在同样的场合去体验这种情感并支配他的礼貌行为(Saarni, 1993)。

(三) 情绪社会化发展模型

为了说明儿童在成长中逐步获得对情绪体验的心理调节能力,哈利思早在上世纪90年代初提出了情绪社会化的三个模型(Harris & Olthof, 1982),这三个模型并不是互相排斥的:

1. 惟我型 这类儿童按照他们自己的心理状态,而不是按照所在的情境去认同自己的情绪反应。也就是他们在社会情境关系中,更加依赖自身的情绪体验去思考和行动。婴儿和幼儿早期比较多地属于惟我型。他们更倾向于按照自己的情绪状态去行动。儿童逐渐长大,接受更多的社会影响,各类型的分化也逐渐明现。例如,有些学生会按照自己的兴趣和学习所得到的满足体验去安排自己的学习活动,而不理会老师在班上的刻板要求。在社会化过程中,他们更注重按照自己的情绪体验去行事。

2. 行为型 这类儿童从观察他人的情绪而不是根据自身的体验表达对事件的情绪反应。他们注意到一定的情境和人们对它的反应常常是相符合的。当他们长大更成熟之后会发现,并非所有的人的情绪反应对同一事件都是一样的;某一特定的反应也可能发生在非同一情境之中。这类儿童更注重体验与行为之间的关系,可能更倾向于对人的行为反应而不是对情境性质发生情绪反应。

3. 社交中心型 这类儿童更善于从他们的语言共同体,也就是语言大环境中发展。他们在社会交往和语言沟通中把自身的情绪体验引导到更加思维化的方向上。也就是在没有即时情况诱发行为发生时,儿童的语言共同体把他们的注意引向情绪体验的隐蔽的内在方面。这种语言教导的结果导致儿童获得两种观念,即情绪有自己的内部来源;情绪也能被自己的认知结构(如,评价、信仰、再解释等)所改变。他们的情绪反应更多地以语言为媒介,参与更多的认知分析。例如,有些研究是这样做的:让学前儿童加入到进行关于情绪体验的交谈中。一般的结果表明,当给儿童提供多种线索使他们进行语言的和非语言的情绪交流。结果儿童从中默默地学到了许多规则。这些规则使儿童的情绪体验、引发情境和与相应的社会规则联系起来进行思考,在交往中引起的思考影响他们的情绪体验和行为举止(Dunn, 1991)。

(四)情绪社会化能力的个体差异

情绪社会化的个体差异被解释为发生在情境关系中情绪社会化的自我效能(Saarni,1990),也可以把情绪社会化的个体差异理解为获得情绪社会性技能的个体差别。儿童或年轻人情绪适应不良的后果被看做这些技能的不完善或不正常所导致。情绪社会化的适应技能有如下几多方面:

- 对情绪状态的觉知能力,包括意识地或无意识地体验复合情绪的能力。
- 根据情境的和表情的线索,包括在一定程度上对所涉及的情绪意义的文化一致性的线索,觉察他人的情绪的能力。
- 使用情绪语言的能力,以及使用与所处文化环境相容的表达术语的能力。
- 融入他人情绪体验的移情能力。
- 觉知自己和他人的内部情绪状态与外显表情是否一致的能力。
- 觉知表情的文化表现规则。
- 估量个人发出的独特信息并产生它所暗示的情绪体验的能力;而这种情绪体验可能与一般的情绪引发情境所发生体验的文化期望不一致。
- 懂得一个人可能影响他人的情绪表情行为,并懂得把它估量为是这个人的自我表现策略的能力。
- 使用自我调节策略适应性地应付厌恶或痛苦情绪,以改善这些情绪的强度和延续时间的能力。
- 对情境关系的结构或性质的觉知被情绪的即时性和真实性的表现程度所决定的能力,以及与事件关系交融或对称的程度所决定的能力。例如,成熟的亲密关系是被真实情感的彼此分享所决定,而亲子关系相对来说可能承载着真实情感的不对称分享。那么,年轻恋人具有觉知分享真实感情的能力,以及年轻父母情愿无偿地赋予年幼子女以真实感情而不计子女的回报的觉知能力,都是非常重要的。
- 情绪的自我效能能力:个人总体上是向着自己向往的方面去看待自己的情绪感受的。而情绪自我效能则意味着一个人能接受另一个人的体验,那种体验无论是独特的、古怪的或符合文化习俗的;情绪的自我效能还意味着这种接受是由他已形成的、他所期望的、情绪平衡的信念所校正和评价的。事实上,当一个人表现出情绪的自我效能时,是与他个人所生活于其中的本民族的情绪理论相一致的。例如,东部非洲有些地区对妇女必须施行割礼,这种习俗使当地民族产生民族尊严感。但是这样的事件是与发达地区人民的情绪信念相违背的,是发达地区人民所不能体验的感情。但是,这种习俗给当地妇女带来的极端痛苦和恐惧,却是与发达地区人民的平衡的情绪信念相一致,发达地区人民的情绪效能感受到了对这些妇女痛苦情绪的深刻体验并产生强烈的移情和同情。

前6种情绪能力在神经系统正常发育的人身上是完全能够得到发展的。然而,后

5种在许多人身上就不一定得到很好的发展。即,如果有人过于依赖对个体适宜的状态,如果他们过度地沉湎于高度自我中心模式的发育不良状态去对待他人的活动,他们在第7、8、10三种情绪的自我效能上就可能得不到很好的发展。又如,第9和11种,如果达不到具有良好适应的情绪调节策略或不具有良好的情绪自我效能,个人体验的不适宜情绪就可能成为他们所不能控制的。这样的人遭遇应激情境时会感到自身情绪紊乱,由于受到压抑而不知所措。在极端的案例中,会发生自我和情绪社会化适应不良。例如,儿童时期受到严重的性虐待和身体虐待,十分不幸地对他们以后社会化适应起着很坏的作用(Saarni, 1993)。

(五) 情绪社会化功能不良

有些研究提示,社会化的好坏确实对情绪功能发展不良和不成熟起作用。儿童社会化功能不良,比如与成人之间的病态关系,其结果使儿童的情绪功能变得适应不良和紊乱。这样的儿童情绪能力发展的潜在可能性会遭到损害。正如上文指出的,早期受到虐待的幼儿在他们使用情绪词汇的能力有缺陷;情绪受到损伤的学龄儿童对他人情绪状态的觉知和认识有欠缺;受到情绪性损伤的青少年在对他人情绪状态的觉知、认识和在自身情绪体验以及反应上均有困难(Lewis, 1990)。这些在上世纪90年代的多项研究提示,情绪紊乱的操作使得儿童本身对具体情绪的觉知受损,表达能力受限制,并难以识别他人的情绪。在青少年犯中发现,对他人情绪体验的移情能力的发展也受到限制。有研究发现,在特殊学校接受教育的情绪受损男孩很少能得到改善,他们掩藏自己的真实体验,以歪曲了的情绪表现出来。他们似乎不懂得保护他人的情感,对为了保护他人的情感而在遵守社会规则和表现策略方面无动于衷。他们在社会交往中区分内部情绪体验和外部情绪表现的能力几乎得不到发展。他们在家庭内外的社会关系中的成长是断裂的、受到破坏的,长期处于心理冲突之中。他们对情绪的社会交往表现为既无奈又忽略,既缺乏信心又无力改善,结果在相当程度上导致他们的情绪能力低下,以及社会适应能力上的欠缺(Saarni, 1993)。

三、情绪的社会结构论

(一) 社会结构论概述

上一节已经涉及情绪社会化的过程、途径、类型、个体差异等相对来说比较外在的、一般的方面,还没有触及人们更复杂、更深刻反映社会关系的复合情绪本身。20世纪80年代后期形成的情绪社会结构论,受到了广泛的关注。它一方面深化了对情绪社会化的理解、推动了社会化情绪的分类描述,但也显示了情绪社会化理论的极端观点。本节将较详细地介绍社会结构论对情绪社会化所囊括的诸多方面。

1. 情绪社会结构论的主要论点 情绪的社会结构论的主要论点是:人的情绪不是发展在自然之中,也不是来自惟一的内省。社会结构主义认为情绪体验植根于合理的社会情境关系之中。因而它不是固定不变的,而是随着情境关系的改变,并以不同的形式表达着。人们每天经历着实实在在的现实,现实在很大程度上是社会性的。社会结构论强调,环境对人来说不是直观的;人们通过自身的认知能力面对社会实际,总是对情绪所赖以产生的环境赋予一定的意义。这使人们有可能把与之时刻相互作用的外在事件,转化为对自身有一定意义的情境因素,形成着人们的特定的情境关系(Carpendale, 1997)。

2. 情绪的社会结构成分 以上的描述提供了一份分析情绪的社会结构成分的图景,它至少包括如下结构成分:(1) 个体作为动机的情绪;(2) 个体的需要、愿望或期待;(3) 认知以及在认知基础上形成的带有一定倾向的观念;(4) 以社会和文化为背景的人际关系以及在它们基础上形成的信念和价值。所有这些情绪、愿望、观念、信念和价值,依无限变化着的情境关系而每一次进行着不同的整合。从这个意义上说,结构论主张情绪是结构化的。

同时,结构论还认为情绪是高度个体化的(Saarni, 1993)。情绪发生的个体性表现为:(1) 情绪体验是在个体具体情境关系中、在个体独特的社会关系中偶然发生的;(2) 是在当前个体认知加工中对特定的偶然事件赋予它一定的意义;(3) 个体特定思维加工渗透着一定的观念、文化信仰和态度。具体的思维加工也不是就事论事,它受已经渗透到个人意识里的文化信仰和态度所熏染和着色。情绪的个体性使人深深地卷入这些经常被强化的模式中,学会知道感受的是什么以及该如何行动。可以肯定,情绪体验中渗透着精细而深刻的情境意义,其中还受着个人的家庭角色、性别、年龄、社会身份等外在条件的折射。

(二) 社会结构论极端派的主张

情绪的社会结构论的极端派主张,人们的情绪生活完全是一种社会性结构,因而人的情绪完全是社会化了的情绪。情绪以特定社会生活中的认知、信念为中介,以语言为工具,文化为载体,在人际交往中整合而成为一个社会性结构。情绪是社会结构的产物,也是这个结构本身。情绪贯注到人的观念和经验中形成自我,自我就成为这个结构的主体,情绪是对每一次事件在这个结构中的整合的体现。

社会结构论的极端主张是阿蒙-琼斯(Armon-Jones)于1986年提出的。这个对社会各因素参与到情绪中的论点看似无可指责。然而,社会结构论抨击了情绪的生物论,认为情绪生物论把情绪看为是先天的、从进化而来的,是基于神经、激素的程序,包括自主神经、面部表情促发的活动;即情绪是生物学的产物这些观点是错误的。

所谓情绪生物论,神经学家强调不揭示情绪的神经机制就不可能认识情绪,从而忽视情绪的社会性,这也是片面的。然而情绪心理学家,虽然承认揭示情绪的神经机制是完全必要的，否则我们将无法从科学上解释心理-情绪作为人体功能的奥秘，正像我们必须从科学上解释身体器官的功能一样，也必须揭示脑的功能；但是，多数情绪心理学家并不持极端的生物学观点（孟昭兰，2000）。

然而，社会结构论实质上摒弃了情绪的生物学基础。所罗门（Soloman, 1984）提出，"情绪的形成像文化的获得一样，决定于环境和特定文化，而不是决定于生物功能或神经功能"。这就把社会结构论与所谓生物论对立了起来。艾威利（Averill, 1985）指出，情绪是由各种事件片段组合而成，并以一定的方式表现在行为中。一个人处于恋爱之中或愤怒之时，是以自身和社会规则暂时地进入某种角色，并依现实的存在而改变。它们是一种复合的综合征，神经过程、身体变化和体验只是这种综合征的一部分。然而，引起愤怒行为的，不仅是这些神经、身体变化和主观感受，它是以由文化所派生的社会习俗、信念、道德为基础所形成的观念和经验决定的，而不能说"愤怒就是主观感受、身体改变或神经生理过程"。在不同的文化理念下，同一情境导致完全不同的情绪。例如，西方的价值观是个人主义、崇尚独立、自由。当个人自由受到威胁时，就会产生愤怒体验；而在东方，如日本人的价值观则把独立置于集体之下，他们不相信、也不依赖独立概念。当事实上遇到威胁时，他们或许体验的是焦虑。社会结构论对情绪形成中社会因素的细密分析无疑是正确的，但摒弃情绪的生物学基础则是不正确的。

（三）情绪社会结构主义综合论的观点

1. 情绪社会结构主义综合论的主要思路　鉴于社会结构论者走向极端的立场，另一些结构论者试图把情绪的先天性、社会性和目的性结合在一起，形成了社会结构主义的综合主义取向。综合论取向肯定极端的社会结构论的社会观，但是对它作了一定的补充和修正：首先，强调社会文化复合体对情绪的决定作用，这一点与极端论一致；其次，承认情绪的自然性质和泛人类的基本情绪的存在，这一点与情绪的功能主义一致；第三，强调情绪是由各种成分构成的，强调情绪与认知密不可分：一方面强调情绪在认知加工中的重要协调作用，另一方面，同时指出情绪社会化是在人的社会情境关系中通过认知加工实现的。实际上，社会结构论者多数人主张综合论概念，肯定基本情绪的先天性和进化根源，并先于语言发生。认可社会情境对情绪社会化是关键，承认情绪中的有些东西在不同文化中是互相传递的，但其变化并非毫无限制，因而情绪在一定范围内是社会构成的。因此两种理论不应相互对立而是互相补充的（Saarni, 2000；Laird & Oatley, 2000）。综合理论取向把情绪区分为基本情绪、对象指向情绪和复合情绪三种（Oatley & Johnson-Laird, 1996）。

2. 三种情绪的划分

● 基本情绪。基本情绪是先天的，在人类社会是普遍的。它包括愉快和悲伤、愤怒和恐惧。它们与内在的无词符号相协调，能从脑内一个加工模式传送到另一个。这种传送是自发的，带有平行分布加工器活动的性质，某些加工模型设置到特定的情绪模式中。这种情绪在正常情况下不依赖于认知评价,也不需要意识。在没有意识的认知印记和内容发生时,个体可以没有任何引发的理由感到愉快、悲伤、愤怒或惧怕。

● 对象指向情绪(object-oriented emotions)必然与一定的已知对象联系着。如依恋、哺育、性要求、厌恶和拒绝。这五种情绪又可归并为吸引和排斥两类。它们在各种文化里均经常发生。它们在脑内的传播依赖于物体对象的表象与被引起的情绪之间建立的联系。所以,人们没有对引起某种情绪的物体对象的觉知,就不能产生对它的情绪体验。

● 复合情绪是基本情绪和对象指向情绪的多元复合的精致产物,它们依赖于意识评价。评价必然是社会化的,以自我和他人的心理模式为参照,因此它们不可能没有明显的原因就被体验到。复合情绪是从认知评价和有关情绪的社会相互作用中获得的。它们包括关爱、恋爱、悔恨、愤慨、焦虑、傲慢等。例如,一个人由于认为自己的活动违反了已植根于自我中概念化了的道德法则观念,复合情绪就被一种无意识的信号和有意识的认知评价所整合。恋爱是复合情绪。它的先天成分是性需求和愉快,它的认知成分是利他。恋爱的理想模式是依恋对方,彼此负责。恋爱的成分在不同的社会里是不同的,组成恋爱的那些复合体是文化的成就。陷入恋爱之中的体验是爱的需求、爱的吸引和为对方去做一切的认知-情绪复合体。

3. 理性推理的欠缺 社会结构综合论认为,情绪在与认知密切联系中指导人们的生活,尤其关注情绪对人们生活的影响。综合论分析了认知判断和推理可能发生的错误,认为人的理智对现实的推理和评价是不准确的,依靠推理的理性思维不可能解决全部甚至大部分生活中的问题。在推理过程中,由于前提的增加或改变、分析的进展和深入,推理的任何系统在最终得到结论之前,可能已经离开了当前的事件和记忆了。早在80年代初,认知心理学家创始人西蒙就指出,除非人脑的活动可以绕过加工的限制,否则,推理是有局限的;完善的理性是难得的(Simon, 1982)。

解决理性推理欠缺的办法在于认知与情绪的联系。这里存在着两个系统,一个是推理,一个是情绪。有时候理性推理对达到生活目标起很大的作用,它们可以符合对逻辑的把握,概率的计算和作出的决定,这些都是关键性的。因此推理是重要的、有价值的。但这只占解决实际问题的一小部分。例如,在实验室工作,人只能依靠少量的推理能力。而情绪是更灵活的控制系统,在时间和工作记忆的要求上,比精确的推理更算计得有效。关键在于,情绪能很快地产生直觉的评估,去纠正推理的错误。情绪能应付工作或生活事件,直觉地让人知道该去做些什么。情绪从人的愿望或目标出发,他们依赖于直觉推断而不是依靠耗尽人力的理论推理。这就是情绪在认知加工中所起的核心作用。早期经济学家对此做出过一个一般的说明,称为"主观期望效用(subjective expected utility)",即,用主观的概率去估量产生后果的效用。这里有一个巧妙的例子:对下列问题你将如何考虑:

"你有机会得到1000分,你肯定可得到900或90%。请选择你更倾向于哪个选择?"大多数人选择的是"肯定可得到 900"。但如果问题是按如下提出的:"你有可能丢失 1000 分,你肯定会丢失 900 或 90%。请选择其中之一。"虽然结果是一样的,大多数人选择的是,"可能丢失 1000"。

人们对事件的评估有一个关系的参照点。对这个例子,人们思考的参照点之所以不同,是由于对得与失的情绪效应起了作用。在这个例子上,人们更关注的是主观上较大的损失方面,即把失败的概率估量得大些,因为人们更担心大的损失。而在获得方面,人们更关注肯定获得的、哪怕是较小的概率。

情绪与认知密不可分、互为影响。对思维的研究显示,当预料到某一负性事件对未来的威胁或受到挫折困扰而无法摆脱时,焦虑者比无焦虑者更高估事件的风险性;焦虑者比正常人更容易忧郁地反复思索事件的负性效果(Martin et al, 1996)。情绪还影响人的推理的质量。当观看一个关于家庭暴力的影片或读到类似的报道时,会引起人们不同的反应。被暴力事件引起悲伤的人总是反复想着事件的发生和后果,感到深深的失落;而引起愤怒的人则向前想着未来如何改变受挫折的目标计划(Oatley, 1996)。当事情已经引起了不良的后果,使人烦恼不已,这会导致烦恼情绪和反向思维。人们总是会去从反面着想它的可能性。例如,"我如果不是匆忙地按错键,已录入的资料就不会丢失"。焦虑者对此更倾向于反向思维。

意识引导人对事件的觉知,从而认知也影响情绪。对情绪性刺激的知觉和有意识的推理——无论推理是否符合实际——都可能引起情绪。认知对情绪的作用在于,对情绪性刺激事件,认知评价决定情绪是否发生、发生何种情绪以及发生情绪的强度;情绪的发生,在不同时间、地点或对不同人所引起的认知评价都可以是不同的。认知过程所携带与蕴涵的信念、价值和文化,均在认知加工中发挥着影响,情绪因此才受到情境关系的制约,实现着情绪的社会化。

(四) 基本情绪与复合情绪

1. 基本情绪与复合情绪的界定 社会结构论的出现,使人们有必要也有可能把基本情绪与复合情绪区分开来。基本情绪被界定为先天的、在进化中为适应个体的生存演化而来,每种具体情绪都具有不同的适应功能;具体情绪可以在没有认知参与下自发地发生。复合情绪是在基本情绪的基础上,并在社会情境中经过自我的认知评价而派生;每种复合情绪均以个体的认知评价为中介,由构成自我的文化结构的渗透而形成。例如,窘迫感是恐惧与自我的一种结合,它首先必然是对当前处境的认知解释过程。同时,窘迫感产生的自我的表现特征是"处于不想成为让他人注意的对象"的一种状态,是恐惧与自我的结合。所以窘迫感和羞耻感不能在儿童的自我认知发生之前得到发展(Lewis, 1992)。另一种更多地依赖于文化的复合情绪的例子是妒忌。例如,在西方和中国,对非法入侵的婚外情会诱导恐惧和愤怒混合的妒忌,然而在印度某地则不是如此。在那里,人们的自我内涵并不包含婚外性关系这一方面;婚外性关系在那里十分普遍。男人并不妒忌妻子的这种角色。正像窘迫感和羞耻感一样，复合情绪有着某些生物学基础，但是它们形成的环境依赖于特定的文化结构。

2. 基本情绪与复合情绪的神经学证据　近年来，区分基本情绪与复合情绪的神经学证据来自对脑损伤患者的研究。研究提示，基本情绪依赖于杏仁核环路。杏仁核损伤导致人类、猴和鼠类的基本情绪受损。此外，人类前额叶腹侧中部区域损伤导致失去感受复合情绪的能力，其后果引起日常生活中决策能力、计划活动和应付日常生活能力的下降。一个研究案例表明，对患者切除脑瘤时，切除了前额叶皮质的一部分；手术恢复后发现，患者的人格特性发生了惊人的变化，他的智能得到了保留，但他不能有效地作出哪怕只是几小时以后的计划。研究者写道："他不再是一个有效的社会人。"（Damasio, 1994）这位患者的许多方面均正常，甚至能通过反映前额叶受损的记忆测验。与同类患者一样，他仍然能表现出基本情绪如恐惧。研究者总结基本情绪与复合情绪的关系时指出："为获得复合情绪所需的前额叶预置表象是与为基本情绪所需的先天预置表象的地域是分开的……但是，为了复合情绪的表达，它们需要基本情绪。"（Damasio, 1994）研究者从医疗实践中标定了复合情绪部分的脑机制，而且指出，失去复合情绪的患者同时也失去了应付日常生活的能力，特别是预期未来的计划的能力。这一点提示，复合情绪对人的理性推理的重要作用。

达马修指出，情绪依赖"身体记号"，无论是鼓励人去坚持、还是警告危险迫近的那些内脏反应和身体活动。那些记号使人能立刻作出反应而不需要理性分析。与正常人不同，给患者出示打击性影片和扰乱情绪的材料时，患者不能显示标准的皮肤电反应。马达修为此提示，"为了使用有利的分析和适当的推理能力，人还是有余力的，但是这只能发生在自主性活动步骤急剧减少其选择活动之后"（Damasio, 1994）。这意味着，自主性活动包容在皮层下情绪环路的程序之内，神经系统的初步加工为正常人作了初步的选择，为皮层高级部位的决策提供方便。然而，前额叶损伤患者不能完成模仿日常生活某些方面的决策测验。一项研究表明，在正常人能选择让自己的损失最小的决策时，在同样情况下，前额叶患者则不能作出这样的选择（Laird & Oatley, 2000; Bechara et al, 1994）。

达马修所说明的是，人们对决策结果的预期所产生的情绪反应是他们作决定的基础。例如，人对意外的获得比对期望的获得更感到高兴；同样，意外的损失比期待的损失更感到失望（Mellers et al, 1998）。当你做出一种选择时，你可以预料到对选择后果的情绪反应，它能帮助你作出选择。让我们假设，有机会给你的孩子接种疫苗以防止哮喘，而这个疫苗有很小的概率可能导致致命的副作用，你会去做吗？许多人可能拒绝去接种。他们预料到若由此导致孩子死亡会后悔终生，即使孩子处于患哮喘导致死亡的更大风险之中。他们要考虑和比较做出决定后发生的可能性哪个更大，尽管他们的思想处于激烈的矛盾之中。达马修的实验例证给我们提供了下列启示：

- 按照拉德克斯，基本情绪的脑机制以杏仁核为中心，而复合情绪的脑机制关键性地涉及前额叶皮质。复合情绪以基本情绪为基础,二者在神经机制上联系着。

- 前额叶损伤患者不能完成应付正常的日常生活活动。尤其明显的是,前额叶损伤破坏了人的高级中枢执行推理、计划和决策的思维加工。
- 前额叶受损的患者可以保留某些基本情绪,但患者失去了情绪的某些自主性反应,损坏了复合情绪的功能。
- 由此可见,正常人的高级思维推理和计划决策是以情绪为基础的。人们经常在生活和工作中,无论大事小事的计划和决策,情绪起着核心的作用。达马修提到,决策理论家应当重视情绪因素在认知加工中的作用。到90年代末,决策理论家已经转到这方面来了。

(五) 文化对情绪的影响

1. 社会的约束性特征 社会是规范化的。一定的人群生活在长期约定俗成的习惯、风俗,按确定的法则、法规组成的社会中。这些习惯和风俗、法则与法规制约着人们在群体中互相交往,反映着人们对社会规范的认识和态度。因而社会所淀积的文化特征对人带有一定的约束性。人们的信仰、目标和价值观均在社会实践中被塑造。在其中,人们的情绪由认知解释和符合一般规则的思维所制约,实现着情绪的社会化。因而,文化对人们的生活是一种有形无形的大背景,它使人们的情绪在特定情境中,以社会可接受的方式恰当地表达。对儿童的教育训练、对心理健康的指导,以及媒体传播、宗教信仰均体现一定社会文化的约束性。

早在1970年,一项与北极圈内的爱斯基摩部族长期共处的研究显示,爱斯基摩人在饱经沧桑的迁徙生活中养成坦然承受和幽默的性格,成人从不表现愤怒。原因在于他们不认为生活的艰难是挫折,而且他们不能自发地与所属群体分离(Briggs, 1970)。他们可能在受到威胁时把产生的愤怒压抑下去,或在动物身上出气。他们也是有基本情绪的,但不在公共场合争吵(Stearns, 1985; Soloman, 1984)。然而,不同的文化情绪的表现方式不同,在西方社会,愤怒被看为是一种对付环境的暂时角色,在一定情况下发生是被社会规范认可的。而在另一些社会,愤怒则不为法律审判所允许(Laird & Oatley, 2000)。

社会情况是复杂的,社会要求与个体角色的态度或期望之间常常是不一致的。有人为了把握自我,不能或不愿充当所要求的角色,他们试图作出的只是一种表演。其结果,不利于塑造完整的人格而使人的行为疏离于个体人格的核心之外。个人的真实情感和人格品质应当也可能产生于所进入的角色,而不只是为了某种目的而装扮角色。这也是社会约束性的一种表现;人格异化是社会适应不良的结果。

2. 文化与复合情绪 复合情绪依赖于意识的认知评价,它们被社会规则所规范,因此对它们的体验依赖于社会结构。它们也依赖于基本情绪和对象指向情绪。在非洲某山区称作IK的部族,他们一度被禁止狩猎,而狩猎是他们的先辈所赖以生存的方式。研究描述了他们如何生活在饥饿的边缘,如何竞争食物。经过三代人以后,他们逐渐失去人性,社会和家庭关系因竞争而破裂,并失去了许多情绪生活。研究描述到他们保持着基本情绪。而爱、悔恨和悲伤等复合情绪从他们的生活中消失。

有些复合情绪是在特定的文化中定型的。当波利尼西亚人感到像遇上鬼魂时,有一种离奇而又不同于恐惧的情绪;爪哇人对首领或不熟悉的人体验一种称做 sungkan 的尊敬、礼貌和克制的情绪;日本人有一种依赖的爱、无助和与他人融合的情绪,叫做 amea;住在新几内亚高地的 Gururumba 人表现一种像行为不端的野猪一样的情绪,处于这种状态的人表现凶暴的攻击行为,他们把这种失去社会控制的行为归之于被新近死去的人的鬼魂所刺痛(Laird & Oatley,2000)。

这些简单的描述很难与其他文化做比较。为了说明复合情绪的文化差异,卢兹对密克罗尼西亚 Ifaluk 部族进行了观察。她描述了微笑被认为是 song(有原因的生气)。而在西方微笑不会认为是愤怒。在 Ifaluk 社会,互相关心是流行的风气。个人的愉快不被认为那么有价值;对他人关心则受到重视。在那里,人们对情绪的兴趣不是对个人,而是标定为对人的关系(Luze, 1988)。

综上所述,基本情绪有生物学基础,但在不同文化和不同个人间发生时有所不同。然而,有些情绪对所有社会则是普遍的,如祭奠亲人引起悲哀在任何社会都是一样的,但悲哀情绪如何去表达却受文化的影响,悼念的方式依社会习俗而定。社会实践有些事情可超越文化,引导语言的演变,但不能无限制地延伸。同时,基本情绪是普遍的,但有时是不完善的。成人的社会实质和情绪表达已被文化所限定。

推荐参考书

孟昭兰,(2000).体验是情绪的心理实体.应用心理学,第6卷,第2期.

Johnson-Laird, P.N., & Oatley, K. (2000). Cognitive and social construction in emotions. In M. Lewis & J. M. Haviland-Jones (Eds.), *Handbook of Emotions*, 2nd. pp. 458~475. New york: Gilford Press.

Saarni, C. (2000). The social context of emotional development. In M. Lewis & J. M. Haviland-Jones (Eds.), *Handbook of Emotion*, (pp.306~322), Vol.2nd. New York: Guilford Press.

编者笔记

本章前半部分系统地介绍了社会情境关系复杂的诸方面因素,个体在社会情境关系并与之发生诸多联系,个体早期生成的情绪在其间不但被塑造-分化与社会化,而且由于个体在情境中形成的目标、期望与理想、信念而被折射。从而反过来个体又影响情境。情绪社会化在此过程中完成。从本章描述的情绪社会化的基本过程、途径、发展模型中看到个体情绪社会化的差异和社会适应不良。

后半部分集中地介绍了情绪的社会结构论。由于社会结构论的极端性,派生了综合论对情绪社会化理解的深化,并刺激了对社会化复合情绪的研究。这是近20年来情绪心理学研究进步的一个重要方面。

11

复合情绪

第三章从脑的原始情绪层面上(基本上从动物实验中得到的)和第八章从人类基本情绪层面上描述了情绪的具体类别。到第八章为止,给我们的启示是,人类的每种基本情绪都可以从高等动物原始情绪中看到它的延伸。也就是,从动物原始情绪中可以看到人类基本情绪的来源。我们将在本章介绍几种重要的社会化复合情绪。从而也会从基本情绪中看到社会化情绪的来源。原始情绪是从神经环路整合与神经定位的角度阐述那些具体情绪的;基本情绪是从情绪原本具有的适应功能及其内隐、外显形式、诱因和生活中的实际影响来叙述的;它们为理解复合情绪提供基础。前两部分以及这里即将阐述的复合情绪,是第三章所陈述的情绪三级分类的详细描述,对这些复合情绪的认识应当归功于社会结构理论家,是他们对社会结构的分析得出了对各种复合情绪的认识。应当说,情绪心理学的研究还远没有穷尽对社会化情绪的了解,本章只集中于个人之间的情感联结和部分地涉及个人与社会之间的情感特征。

一、爱 与 依 恋

爱是一种既有原始性,又是在基本情绪社会化中多种情绪结合而成的复合情绪。它包容着社会的、生理的、认知的和多种情绪的复合因素,并涉及个人之间以及个人与社会之间关系的复杂感情。

(一)爱的情绪性和情绪成分

让我们从个人之间的爱的关系开始。爱可分为激情爱(passionate love)和陪伴爱(companionate love)两种。激情爱被认定为一种迷恋的、挚热的爱;陪伴爱认定为喜爱、亲爱或慈爱。激情爱是一种强烈的情绪,典型的定义为:"激情爱是强烈地渴望与另一个人相结合的状态,是包含着评价、欣赏、主观体验、表情、生理变化、活动倾向和工具行为的复合体",可概括为一种"结合的渴望"。陪伴爱被看做真实的爱或伴侣间的爱。它很少伴有强烈的情绪,是深切的依恋、亲密接近和互相承担义务的复合体验。被定义为"与对象间的挚爱和温柔的亲密感。也包括评价和欣赏、主观体验、表情、生理过程、行为倾向和工具行为"(Hatfield & Rapson, 1993)。

对爱这种复杂情感的研究大多是通过问卷量表测量的方式得到的。例如,对上述两种爱的大量测量得到,激情爱比陪伴爱处于更强烈的激情中;从陪伴爱测量中得到更多的责任感、亲密感(程度)和亲密行为(频率)的得分。

爱主要包括五种情绪的原型:爱与快乐(正性情绪)和怒、怕与悲伤(负性情绪)。鉴于复杂的社会情境和人际关系,两种爱均可融入享乐、满意等正性复合情绪,也可能卷进担心、忧虑,甚至怨恨等负性复合情绪,还包含着认知、生理和行为等因素。

(二) 爱的进化与发展

成人之间的爱部分地来自母婴依恋。在母婴依恋中,来自婴儿方面的依恋似乎是激情爱的原型;来自母亲方面的似乎是陪伴爱的原型。实际上,爱的萌生可以追溯到物种进化,而个体发展中蕴育着爱的社会化来源。

1. 灵长类的爱 早于 80 年代初,即已观察到灵长类幼崽有与母体结合的需求,它们紧紧地依附在母体身上;与母体分离意味着死亡即将来临。短时间的分离,灵长类幼崽会立刻变得恐惧并寻找母亲;母亲回来就变得愉快、激动,并缠在母亲身上。如果母亲不回来,幼崽会变得失望,并放弃接触而死去。研究者描述,这种行为在很大程度上像一种"结合的需求",是动物幼崽生存需要的重要适应形式,并在自然选择和遗传中留存下来(Rosenblum & plimpton, 1981)。

2. 儿童的爱 鲍尔拜(Bowlby, 1969, 1980)对依恋、分离和丢失的划时代系统研究以及安斯沃司(Ainsworth, 1989)的大量研究,表达了婴幼儿与他们的动物祖先同样的方式对分离发生反应。1988 年建立的一项关于爱的量表,测量了 200 名 4~12 岁男女儿童,测查的结果表明儿童很早就表现出激情爱;发现当儿童焦虑和恐惧时,特别容易激动地寻求与母亲的依恋,即表现为寻求激情爱。到青春期,青少年的激情爱得到显著的发展。这可能是由于青春期激素的改变,使他们正处于青春期所特有的应激痛苦之中,性成熟可能使激情达到对他们一生意义深刻的发展;他们容易急躁和激动,又会陷入迷茫和苦恼之中。当他们寻求解脱而得不到疏导时,会把激情附加到某个对象身上或某些对象之中,如早恋或参与过激的小团伙。成人的理解和正确的引导会把他们的激烈的情绪转化为从事正当活动的热情。

3. 成人的爱 儿童依恋的早期模式会影响成人的依恋。例如,儿童从小得到依恋与独立的机会产生安全感,长大后容易成为具有安全感的成人。他们对自己的伴侣感到亲密,与他(她)在一起感到舒适,并相信和依赖这位伴侣。而习惯于缠住和依赖母亲,或害怕被压抑或遏止的儿童,成为焦虑/矛盾型儿童。他们会发展成为焦虑/矛盾型成人,容易陷入恋爱,寻找密切接触并害怕被抛弃,但他们的恋爱会是短暂的。至于放弃了依恋的回避型儿童,很容易成长为回避型成人,他们与人太接近时会感到不舒服,并难以依赖他人(Shaver & Hazan, 1988)。

(三) 激情爱

1. 激情爱的模型　社会心理学家关注到,指导个人行为的认知模式会影响形成不同的爱的模式。即对自己和所爱的人抱有不同期望值的个体认知模式,会形成个人不同的爱的模式。爱的不同模式依赖于:(1) 舒适程度和密切或独立程度,(2) 卷入恋爱的急切程度。据此,恋爱关系可以分为 4 个类型:安全型指与人关系密切和独立性两者并存;黏贴型指关系密切但害怕独自独处;易激动型指独处而害怕过于密切;淡漠型指既怕亲密又怕独处。

爱的模式可能有复合性决定因素:(1) 按照依恋理论,成人的爱的模式部分地由儿童早期体验的影响而形成,从而是较为持久的。在一定程度上,爱的模式随个体发展不同阶段而改变。例如,青少年生长成熟期,他们对亲密性和独立性的整合能力得到发展,使得他们的自我得到发展和变得更有安全感。(2) 爱的模式部分地随经验的积累而改变。通过恋爱的经验体会,他们会变得更能够(或更不能)处理爱情关系中的应激感。(3) 人们会对不同的人际关系做出不同的爱的反应。一个人可能与一个冷淡的人结合,而对过于激动者则敬而疏离之,或与此相反。

爱的模式在感情生活中起重要的作用。个人的爱模式的不同是成人恋爱关系是否能够形成和维持,或是否必然无结果而终止的重要参照点,对恋爱关系的成功或失败有很大的影响。它提醒人们需要认识自己的恋爱类型和恋爱对象的爱的类型;分析自己早期的依恋特征和对自己其后依恋关系的影响、变化和定型;这有利于认识对方的恋爱感情特征,并有益于处理自身的感情生活。

然而,恋爱对象的选择在类型上并不必然是一对一的关系。安全型的人可能与其他类型的对象合得来;回避型的人也可能与爱激动者协调得很好。鉴于除了爱的类型特征之外,某些具体情境有时对恋爱关系的建立与改变起决定作用。其中,专业与事业、爱好、经济社会地位等有时起着喧宾夺主的影响。例如,当人处于无助状态时,可能在感情上急切地企求与另一个人结合。此时,恋爱关系中的情绪体验随关系的变化而发生。因此,爱中既有快乐、享受与满足,也可以让人咀嚼着失望或痛苦。

2. 激情爱的发生条件　人处于某种情境中时特别容易受到激情的冲击。当某些事情使一个人感到无助或需要依靠时,均会增加与另一个人相结合的渴望。在这种场合下,人的感情行为会失去理智的控制。这种激情爱并非都会产生负性的社会效果,但只要发生在个人的生活范围内,它也可能是一时性的,不会危及他人。在下列几种情况下尤其使人寻求感情上的依赖:

● 失去安全感。人遇到某些事情使人感到不安全和产生依赖感时,特别容易受到激情爱的冲击。研究者认为,激情爱与依赖感和不安全感密切联系着。这时陷入激情爱的人会痛苦地意识到自己对所爱着的对象是多么强烈地依赖。不安全感天然地培植着依赖感,依赖感又天然地增强不安全感(Fei & Berscheid, 1977)。

- 失去自尊感。一个人当自尊心受到威胁,可能更容易陷入渴望得到激情爱的境地。一项问卷测验测量了这一假设:自尊心受到伤害的人会寻求爱和接受爱。测验结果表明,当妇女的自尊感受到威胁时,她们大多数会去吸引恋爱的对象(Bartholomew & Horowitz, 1991)。
- 焦虑。从弗洛伊德开始就提出激情爱是由焦虑和恐惧引起的。神经生理和神经化学研究证实了激情爱与焦虑紧密地联系着。研究展示了焦虑者尤其倾向于去寻找激情爱的关系。例如,哈费尔德(Hatfield, 1989)发现,英国、中国、日本、韩国及混合血统的青少年,无论是即时性的或习惯性的焦虑均特别容易受到激情爱的冲击。
- 剥夺。社会心理学家们发现,生活中受到过度剥夺的人容易陷入激情爱之中甚至导致犯罪。当处于性唤醒时,他们的思维沉迷于对枯燥的现实所显现出的幻想,产生极大的倾向把女人看为性对象,从而放大了他们认为的性对象具有两种特征:性欲望和性接受。这种性唤醒的人怀疑自己是多情的、放荡的、甘心情愿的、有伤风化的或不可抑制的。

激情并不仅仅发生在两性之间。从激情的本性说,两性之间的激情爱是典型的;从社会性方面说,凡诱发激情的因素均可在广大人群中发生。如人群的资源被剥夺,人性的尊严被蔑视,人们的安全受到威胁,从而导致人们长期忍受着痛苦和焦虑。在一定条件下,激情可以以狂暴的愤怒形式发生,也可以借助某种主题而爆发为激情爱,如爱国主义的狂热行为或群众性的同情行为,这也是激情爱。这种爱的作用不是发生在两人之间,而是发生在群体之中。群体中带有某种主题的爱的群体行为起着凝聚的作用。与两人之间的爱一样,它使人们感到互相间的支持力量和安全感。这样的例子是很多的,如大型的群众运动在世界各地均经常发生。长期的人权压抑、生活困苦、外侵威胁、丧权辱国,既丧失人格尊严又侵扰生存安定,这都是群体感情的诱发源。这是人类社会所独有的爱的特征。

3. 激情爱的后果　正如上述,当人遇到失去自尊和安全、受到焦虑困扰或严重被剥夺时,就会强烈地渴望爱;而当得到或预期可能得到的时候,就会体验到极大的激动和幸福,体验安全感和有所寄托。这种快乐与安全的享受所闪现的火花会扩散到生活的各个方面。激情爱的这种激动性的感受无论发生在两人之间或群体之间,它使人体验到超强的冲击,常常导致爆发性的行为反应。

激情爱是一种复合情绪,包含依恋、愉快、痛苦、恐惧、愤怒、厌恶,又与其他强烈的情绪相混合,如,欢快、幸福感、孤独感、妒忌、失望、恐怖感、悲伤或愤怒等的各种不同组合的混合体。一项研究曾访问 500 多位恋人。他(她)们报告说,激情爱是一种既甜蜜又苦涩的体验(Tennov, 1979)。在群体的激情狂热中,同样包含着既欢快又悲愤的复合情绪。激情爱的后果包括:

- 爱的回报。这方面的研究还很少,从文学作品或报告中可以总结出至少 6 种享受激情爱给予的回报:(1)当双方感受到爱时,会产生即时的欢愉,体验激情的幸福;

(2) 双方体验充分的理解、彼此吸引和互相接受;(3) 双方分享互相结合的意识;(4) 双方感受到安全可靠、无忧无虑;(5) 双方感受到从限制里得到超脱;(6) 身体健康状况受益。对大学生的调查得知,恋爱时处于最良好的状态;他们体验自信、放松和幸福。医学检查表明,他们可能免疫系统良好,处于超常的健康之中(Hatfield & Rapson, 2000)。

- 爱的代价。激情爱有时是要付出代价的。个人的社会情境关系中,不良或不幸的遭遇经常发生,导致个人失去安全感,自尊受到威胁,产生焦虑或资源受到剥夺。这些遭遇会使人感到深刻的痛苦和孤独,强烈的愤懑或嫉妒。这些不幸如果影响到双方在感受上的不协调,则会影响由激情导致的恋爱关系发生危机;双方关系的破裂所带来的感情伤痕往往在短期内不易消失,个人的遭遇和感情上的应激加剧个人的紧张和抑郁,有时也会诱导心理或身体疾病(Beach, 1990)。

(四) 陪伴爱

1. 陪伴爱的性质　从进化的角度看,有机体面对生存和种族延续,他们必须有充足的食物、不受到身体伤害和得到生育后代的机会。理论家们相信,在哺乳类、尤其在灵长类动物中,陪伴爱是它们交偶、生育和育幼的保证。近年来,神经科学家和生态学家开始研究陪伴爱的感受、表情和生理过程模式以及这种爱与古代遗传相联系的行为倾向。

神经科学家从高等动物的生育和育幼的温和行为中发现了陪伴爱的某些化学激素,如催产素起着促进感情性的密切而亲热的结合,以及性的和生产、育幼行为(参考第3章)。一位动物学家指出"催产素有利于动物互相接触,这是一种社会性依恋发展的早期形式"(Carter, 1901; Angier, 1991)。催产素促进母亲与婴儿之间建立紧密的连结,它增强母亲急于哺喂婴儿的意识;催产素也能增强与性对象之间的接触。

2. 陪伴爱的形式　陪伴爱与激情爱的表现形式不同。它很少伴有强烈的情绪而表现为深切的依恋、亲密的接近和互相承担义务的意识体验。陪伴爱典型地发生在母亲与婴儿之间。在成人社会中,也广泛地发生在夫妻之间;在关系良好的夫妻之间,这种温柔的、亲密依恋的、互相情愿的、互相陪伴的爱能够保持终生。在亲密的朋友之间也可以出现。

- 母婴陪伴爱。激情爱由于交感系统的全面兴奋,以其明显的激动形式很容易被识别,而陪伴爱是以中等程度的激活为特征的。然而研究者通过母亲所特有的、对婴儿的鲜明的爱的姿态,概括了识别陪伴爱的外显标记。母亲愉快而温柔地注视婴儿的面孔,浅淡的微笑出现在唇边;她们把婴儿搂在怀里,轻轻地摇动着。婴儿安全舒适地、服帖地接受和享受着母亲的爱。这种母婴间的亲密图景实际上是在重建胎儿在子宫中的安全环境。例如,母亲把婴儿抱在左臂里,婴儿的头靠在母亲的心脏部位,接受着与在子宫内同样的心率节奏的最能使婴儿安静下来的方式。"这是维持婴儿生命的安慰剂,是把婴儿保持在已经离开的子宫天堂中"(Morrise, 1971)。"呼吸是有节奏的声音模式,低吟的声音包含着催眠的作用。面孔也是放松的,带着一丝微笑……"(Bloch, 1987)。爱的传递通过放松而温和的声音在母婴中孕育和滋长。母亲的爱通过对婴儿的抚摩、亲吻、拥抱,以及摇摆、旋转的玩耍方式与日渐长大的孩子建立和交流亲情的联结。

● 夫妻间的伴侣爱。在成人中,夫妻之间爱的表达同婴儿一样,植根于种族延续的自然选择。夫妻在经过早期的激情关系之后演变为生活中的伴侣。他们之间的爱的形式变化为低唤醒度、低紧张度的模式。良好的伴侣之间的爱是亲热的、依恋的和温柔的。伴侣爱含有更多的社会、道德、伦理内容。双方的社会经济位置、爱好、价值观均被纳入。对对方的责任感和利他主义是维持伴侣爱的核心因素。对婚姻的责任感和替对方着想的理性思维,是与爱的感情融合在一起的。夫妻间的爱虽然不再那么激烈,爱的表达仍是重要的;爱的表达仍然是双方良好关系连结的纽带。长期的婚姻生活,双方的社会地位、经济条件、活动能力以及嗜好和性的渴求均会改变,婚姻关系的维系依靠双方对生活变化的觉知和理解,靠理性思维。而感情表达无论在性交往或生活接触中应当是维系良好婚姻关系的主要凭借。

● 陪伴爱的升华。爱的关系和联系不仅发生在个人之间,夫妻之间的爱只是陪伴爱的典型案例。在特定的情境下,群体中激活着平时所难以发生的崇高的爱,它是某种特定情境下发生的群体行为的重要动力。让我们回顾2003年春的SARS疫情吧!

专栏

"这是一个没有硝烟的战场,面对突如其来的SARS病魔,面对生命垂危的患者,李晓红医生,犹如战场上扑向敌人枪眼的战士,毅然决然地、毫无保留地,以她自己的血肉之躯迎战SARS,以挽救病人的生命……4月16日3时30分,一棵流星闪亮着融入浩瀚夜空,在静谧的病室里,李晓红医生带着那天使般的微笑定格在28岁的青春年华……""医生的灵魂塑造了无私,护士的心田浇灌了忘我。这是他们原本的职业道德。田媛媛说:有一种情叫无私,有一种爱叫责任。她们默默地战胜着恐惧,战胜着脆弱,战胜着自我。在亲情与责任之间,他们选择了责任;在疾病与生存之间,她们选择了忘我。没有退缩,只有付出……"(节录自《新华每日电讯》2003-07-19)

人的生存需要是本能,维护任何个人生存的最大可能都是合理的、自然而然的。人性观是社会制定法律法规的根本依据,是伦理与道德的基础。然而,在特定条件下,在他人或整个人群的利益和需要无可取代时,理性行为可以达到超越个人需求,甚至放弃个人生命的制高点。但是,在这种特定的场合,理性认识可能人人都能达到,但并非人人都能上升到这个制高点。为什么?因为只有爱才能成为英雄行为的动力;只有沉甸甸的感情才蕴涵着驱动责任、升华道德认知和实现社会价值的力量。人在社会生活中形成的道德认知、责任心、事业心和利他意识,只有在充予感情、溶入情绪时,才是行动的动力。

二、焦 虑

第9章已阐述了恐惧的诱发源、表现形式及其适应性和危害性。本章主要从焦虑与恐惧的联系及区别,焦虑的性质、发生机制、结构成分和临床症状以及作为情绪现象来叙述。

(一) 焦虑与恐惧

1. 焦虑与恐惧的联系与区别　焦虑曾被理解为一种人从正常、平静和安全中被分离出来的状态;被解释为心理病理学的动力性关键现象;是一种支持逃避和回避的习得性驱力;是一种心理困境防御机制的标靶;"是一种说不出的和不愉快的预感"。美国精神病联合会给焦虑定义为"由紧张的烦躁不安或身体症状所伴随的,对未来危险和不幸的忧虑预期"(Ohman, 2000)。从这些描述中可以看到,学者们对焦虑的认识逐渐集中到"消极适应"这一点上,即焦虑是人处于负性情境中的消极适应现象。这种消极适应现象不但体现在人的心理和行为上,而且发生在人的体验感受中;焦虑属于情绪范畴。焦虑与恐惧都是人受到威胁和处于危险情境中的退缩或逃避的体验和行为。但二者是有区别的:

● 恐惧是进化中形成的、单一的基本情绪,焦虑则是社会化复合情绪;尽管恐惧在个体发展中也进入社会化过程。

● 恐惧的产生有可确定的引发刺激源,焦虑则常常是"前刺激"现象,如对威胁刺激的预期;依此,恐惧可被称为"后刺激"现象,即被某个具体的恐惧刺激所引起。

● 恐惧的更重要的症结点在于:恐惧与应付行为相联系,特别是与逃避或回避行为相联系。恐惧的适应作用是向个体"通报"外界情境将要带来危险或威胁,驱使个体采取应付策略或行动,去躲避自身的处境。然而当应付尝试一旦失败,危险和威胁长时间持续存在或程度加重而意味着个体无力应付时,它的信号意义就不再是通报信息,而变成个体无法驾驭的负担,这时恐惧就转化为焦虑。而恐惧是回避和逃避的动机力量,个体如未遇到任何限制,恐惧情绪会支持逃避行为。鉴此,焦虑可被看做"未解决的恐惧","对恐惧的恐惧";或者说,是随着对威胁的知觉和恐惧而转化为适应不良的唤醒状态(Epstein, 1972)。

- 尽管恐惧实际地发生时,也是有其他情绪伴随着的,如痛苦。然而,焦虑发生时是有多种情绪并发的。焦虑是恐惧同其他多种情绪的结合,以及同认知和身体症状相互作用的结果。在某些情况下,痛苦、恐惧、愤怒、羞愧、内疚和兴趣与焦虑同时发生。这些情绪成分的组合因人、因情境而异。在临床检验中,患者的面部表情是复杂的复合模式,在不同的时候,表情的流露可发生细微的变化。有时痛苦的成分大些,愤怒的成分就小些;有时敌意成分大些,内疚和羞愧的成分就小些。或者,兴趣有时可同恐惧交替发生,有时则可同痛苦的压抑交替发生。

2. 焦虑的多种表现形式

- 一种影响广泛、在临床诊断和治疗上以及在研究中很有影响的观点,把焦虑分为如下两种形式:(1) 焦虑来自片段的恐慌性打击,例如,它像是一种突然由身体症状所支配的情绪性驱动反应;(2) 来自由某种原因引起的威胁或危险感受经常在心理上盘踞着。这两种形式说明,前者是一种情绪状态,由具体情境所诱发并有一定的时限;后者则是一种人格特性。经常感受焦虑的人可能养成一种焦虑特质,表征为跨时间、跨情境的个体特征。

- 焦虑可分为属于临床病理范围和属于正常情绪范围两种。长时期持续的焦虑有可能变为病态情绪。病态焦虑与正常意义上的焦虑相比较,前者比后者更加反复出现和更持久,按其发生的客观危险或威胁诱因来说,病态焦虑过分地、超强度状态,使个体处于更无助和更不能应付的境地,并导致心理和生理上的功能障碍。焦虑人格十分脆弱,严重的焦虑持续发生,则可形成病态人格(Rapee, 1991)。

- 另一种来自因素分析和症状自我报告的形式上的区分为:(1) 身体过度反应,如出汗、面孔潮红、呼吸短促、心悸、肠胃不适、疼痛和肌肉紧张;(2) 认知性心理焦虑,如强迫思维、思虑过度、忧思和不安。

(二) 导致焦虑的情境条件

1. 创伤刺激 巨大的危险对人或其亲人的伤害,会引发强烈的惊骇和震撼,并能产生长期后果,称为"创伤后应激失调"(PTSD);另外,自然灾害,如洪水或飓风,或是看到暴力杀害场景,或个人受到侮辱、拷打折磨或群体搏击等,均会导致 PTSD。在来自 PTSD 的焦虑中,创伤事件刺激可能长期在脑中闪现并反复地被体验着。一般的焦虑症状为睡眠和思维集中困难、易激动或爆发怒、高度警觉和过度震惊。严重者已经属于病理状态;而一般的天灾或车祸则不致引起心理失调,即属于正常范围的焦虑或恐惧体验。

2. 潜在的恐怖情境 一项关于自我报告恐怖问卷从 194 个诱发恐怖情境因素中分出 4 个因素。(1) 社会性恐怖。社会情境中人际间恐怖,包括在人际关系中发生冲突、受到不适当的评价和批评、被拒绝、受攻击和性侵犯等,均会引起恐怖。(2) 流血性恐怖。对死亡、受伤、疾病、流血和外科手术或伤残遭遇、自杀的恐怖;对失控、传染病传播或昏厥的恐怖。(3) 动物恐怖。对爬行动物、昆虫等的恐惧。(4) 广场恐怖。对公共场合如商场、人群聚集地感到恐怖、恐慌和不适的感受；也可能对封闭地点如电梯、地道、教堂等地方，或对独自乘车旅行、过桥感到害怕。总之，环境中充满了自然灾害、社会公害和人际冲突，人们经常处在必须控制、有时又难以控制的潜在危险中。

专栏

在过去50年里，在如今的高科技社会中，越来越多的人感到焦虑不安，物质财富极大丰富并没有使人们增加多少快乐。新一代人更富裕、更健康、更安全、享受更先进的医疗保健服务，享有更多的自由，但他们的生活似乎更压抑、更紧张。由于社会太复杂，个人主义上升和专业分工太细，传统界限越来越模糊，使人感到混乱，太多的选择使人不知所措。生活在"焦虑社会"中的英国人从10年前的5%增加到现在的9%……（英国《星期日泰晤士报》2003-07-23）至于"……贫困世界卫生形势混乱，精神疾病失控，贫穷、人口爆炸、吸毒……更不要说来自社会的不公、侮辱和歧视，疾病和死亡……人们在痛苦中忍受煎熬"。

可见，许多人都生活在充满威胁因素的环境中。但是，并非每个人都罹患恐怖失调。这与个体的行为系统和采取的防御机制不同有关。毋庸置疑，无论哪种恐怖因素的形成，均有进化适应的根源，而且形成各种行为系统。例如，社会恐怖是来自"领导-驯服系统"（等级社会中的安全防御），而动物恐怖则来自"掠夺防御系统"（对爬行类的掠夺防御）。这些因素经过遗传进化，以不同时代的不同内容成为无条件刺激，在人的生活中起作用。然而在现实中实际上引起的无条件反应有时可能是无害的，这一点对人类祖先或现代人类均如此。但是，这些防御系统的影响在恐惧反应中则成为潜在性的无条件威胁。欧曼以实验证实了这个观点。对恐怖症患者分别展示潜在恐惧刺激（蛇）和中性刺激（房子）的图片，同时附加电击作为无条件刺激，记录对两种刺激的皮电反应。结果显示，给予潜在无条件恐怖刺激（蛇）比中性刺激的皮电反应明显提高（Dimberg & Ohman, 1996）。图11-1说明恐惧有着自发的内源性来源；内在的无条件刺激加强恐惧反应。

3. 恐慌刺激 由于进化遗传的影响，埋植在有机体中的防御机制随时都在监视外在环境是否出现危险源，于是恐慌就发生了。恐慌是一种突发性和强烈性外源刺激与自发生理激活相结合而成为焦虑的前情绪性刺激。恐慌既是一种独立的情绪现象，又是前焦虑的诱发源。按照预期性评估实验的结果提示，惯常的恐慌冲击有突然发生的诱因,可能由于来自家庭或工作上的,或构想中的威胁或危险所导致。诱发恐慌的刺激可能首先是内部的,如心率或其他身体症状的改变,进一步发生的恐慌失常现象则显示为对这些刺激更敏感,比控制组把刺激作用估计得更危险所致(Freedman,1985)。

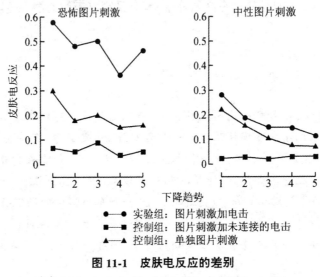

图 11-1　皮肤电反应的差别

选自 M. lewis & J. Haviland (Eds.), 2000, p.576。

　　一项有影响的研究明确显示,单独身体刺激本身是不足以产生恐慌的;只有当身体刺激与威胁性灾难的认知解释相结合,恐慌才会发生。这样,认知解释就会导致一种恶性循环:对威胁性灾难的解释引起更强烈的威胁意识并加强身体反应;更强的身体感觉产生更强烈的灾难解释,受到更强烈的焦虑失调的打击(Rapee,1993)。如果生理症状并未附加对灾难的解释,就不会产生与恐惧相联系而恐慌,而会被解释为一种"无怕的慌乱"。比如发生在纽约的"9·11恐怖事件"和北京的 SARS,人人都遭遇到威胁,面对突发灾难人人都被震惊而感到慌乱,但并非人人都产生恐慌反应。多数人的理性分析化解了过度的生理激活,平静了震惊引起的慌乱;尽管灾难对人们还是存在着威胁的。

　　研究表明,大致相同的症状在恐慌失调病人与那些只对症状作出理性解释而无过度生理激活的人是不同的。前者由于恐惧和恐慌的延续和反复被加强而成为焦虑症;后者可能只是有些害怕、迷茫、慌乱或有点失控(Rapee,1992)。这意味着,被"无端地"加强了的恐惧反应可以在焦虑失调,即恐怖症和 PTSD 以及恐慌反应中看到。例如加强了焦虑状态的 PTSD 病人会从这种加强了的恐惧反应的激活中,反复体验着以前遭遇过的灾祸而使病情加剧。这种焦虑反应不是来自焦虑本身的功能失调和适应紊乱,而事实上是由于环境情境和所采取的防御反应的后果反馈,也就是上面提到的恶性循环的结果。"9·11事件"后较长时期内,当时遭遇灾祸的不少人仍在寻求心理治疗,就是 PTSD 的具体例证。

(三) 焦虑产生过程的内在机制

按照以上的描述,焦虑植根于防御反应中,是发生于为保护人们远离潜在威胁环境的功能性机制。它的发生经历着一系列脑的过程。包括自主性生理激活、选择性注意、无意识知觉加工和期望评估等过程。近年的研究更加集中到焦虑的心理机制上。

1. 自主性知觉加工 由于有效的防御作用必须最迅速地被激活,威胁刺激必须被监测,并离开当时注意的其他方向。所以,对威胁进行监测的最大要求是要迅速;一旦自主性激活与注意瞄准威胁刺激,为了提供生存的可能,对潜在威胁的评估必须选择最优的加工策略,必须从知觉的平行信息加工的多条路径中选择最适宜的一条,集中注意于此。按照这个理论,焦虑是对刺激的无意识分析之后被激活的相关防御反应的补充。在此之后才是对威胁情境的有意识的控制。由于在意识控制行为发生之前,对刺激的反应是受自发的知觉加工所限制的,个体并不必须觉知已进行的内在过程,甚至不必须觉知诱发刺激,但却导致了焦虑。可见焦虑发生的自发性是来自对无意识刺激的初加工。

专栏

为了证实上述观点,欧曼采用"后向掩蔽"的标准方法进行实验。选用威胁刺激照片——蛇、蜘蛛和中性照片——花卉、蘑菇作为刺激物;选择怕蛇、怕蜘蛛和对二者都不怕的被试。为了产生掩蔽效应,四种刺激照片分别被切割后再组合并制作成不能辨认的、但却是具有相同颜色和质地的照片作为掩蔽刺激(掩蔽刺激设计为对威胁的预期作用——编者)。预备实验表明被试对再组合的照片均不能辨认,从而可用来作为掩蔽标准刺激使用。实验程序为掩蔽刺激呈现30毫秒之后,持续呈现掩蔽刺激序列和非掩蔽刺激序列各100毫秒。即掩蔽刺激试验序列之后,以同样程序呈现非掩蔽刺激序列。序列试验之后,测量被试的皮肤电激活水平。结果表明,恐惧被试组对掩蔽刺激(a)比非掩蔽刺激(b)显示更高的恐惧反应;而控制组则对两种刺激的反应无区别。说明恐惧被试组对掩蔽刺激的恐惧反应不能归属于意识觉知。结果(c)与(d)显示,从静止到刺激阶段中,控制组被试对恐惧刺激无改变;而恐惧被试组对恐惧刺激的无意识呈现出现了自发的焦虑效应,说明他们在恐惧刺激掩蔽呈现(c)和非掩蔽呈现(d)之后变得更焦虑(图11-2)。(参阅 Ohman, 1994, 1998)

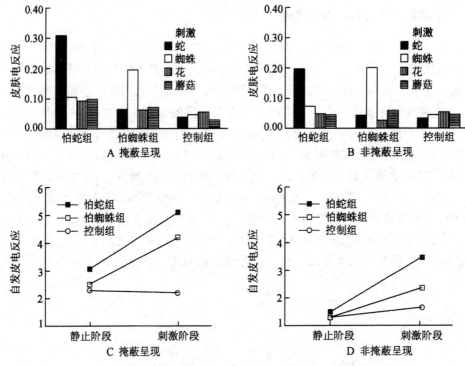

图 11-2 掩蔽刺激和非掩蔽刺激对焦虑产生的实验
选自 M. lewis & J. Haviland (Eds.), 2000, p.580。

上述实验结果有力地支持了焦虑是在无意识加工之后诱发的这一理论。这个过程包括选择性注意、自主性唤醒、无意识效应和期望与控制。

2. 选择性注意 大量的研究报告焦虑是与集中在对周围环境威胁信息的注意偏向上。一位研究者提出,焦虑是与一种自主性加工的偏向联系着,它吸引注意到环境的威胁性线索上,以利于获得威胁性信息。然而实验证明焦虑患者对威胁刺激比对中性刺激的反应时(reation time)要慢(可能是回避策略),而非焦虑患者则无此反应。但是,高焦虑性格大学生比低焦虑性格大学生对与考试相关的威胁字词反应得更快(注意倾向)。说明高焦虑性格者的注意偏向于去发现威胁信息,这种注意偏向对预期的紧张事件提高了焦虑状态。

专栏

性格焦虑与状态焦虑之间有着复杂的关系。一般说来,性格焦虑有偏向效果,但也与状态焦虑相互作用。这种相互作用表现为,高焦虑性格在发现威胁时,这种预期威胁使注意偏向提高了状态焦虑。而另一方面,表现回避偏向的低性格焦虑者,当他们的状态焦虑在威胁前提高,他们的回避偏向这时就集中到迫近的威胁应激中。这个结果说明性格焦虑与状态焦虑之间有着复杂的动态影响。作者据此作了进一步研究:采用斯特鲁测验(Stroop color-word interference),结合采取隐蔽刺激(字词的部分字母被隐蔽)和非隐蔽刺激两种条件进行测试。结果显示,高焦虑性格大学生比低焦虑性格大学生对有关考试的威胁词反应要慢(回避偏向),而在非隐蔽刺激条件下,两种被试对考试威胁词均表现为回避倾向。说明高焦虑者特别显示对威胁刺激的策略回避倾向。另一个实验则表明高焦虑者对掩蔽威胁刺激产生注意偏向,而对非掩蔽刺激则产生回避偏向。一般来说,高焦虑患者既会对威胁表现自发的警惕(注意偏向),也会表现策略性警惕(回避倾向)。然而,对高焦虑患者,尽管对威胁产生自发的注意偏向,但在他们觉知到刺激内容时,用策略性回避来应付威胁(MacLeod & Ruterord, 1992)。实验在总体上证明了威胁刺激,尤其是对高焦虑患者,会引起自发的注意偏向,同时高性格焦虑者的状态焦虑提高。在这两种情况下,他们的注意自发地转换、集中到威胁刺激上,以争夺加工资源,阻断正在进行的加工,为针对威胁所要求的应付策略提供资源。(参阅 Ohman, 2000; MacLeod & Mathews, 1988)

3. 期望与控制过程 上文说道,单独身体刺激本身不足以产生恐慌;只有当身体刺激与威胁性灾难的认知解释相结合,恐慌才会发生。因为对威胁性灾难的解释引起更强烈的威胁意识并加强身体反应,而更强烈的身体感觉产生更强烈的灾难解释,于是受到更强烈的焦虑失调的打击。现在我们看一看焦虑失调是否能得到控制。

专栏

一项实验试图证明患者试图控制焦虑的期望是有效的。实验采用吸入二氧化碳诱导恐慌患者处于恐慌状态,告知他们将产生一种对机体的感觉,情绪从"放松状态到焦虑状态",并告知他们如果进行一种操作(转动一个圆盘)就会缓解诱发的焦虑,这时会出现一个亮光。实际上圆盘并不能影响焦虑的感受,而患者无一人去转动圆盘。这时给50%被试出示了亮光,他们得到了控制焦虑的幻觉,他们与另外50%被试不同,报告了他们坚信对产生的焦虑得到了控制。10个被试在实验中被诱导了焦虑,其中8个被试来自另外50%被试的未产生控制幻觉组。而未产生控制幻觉组被试报告了感受着强烈的症状。他们更严重的对灾难的认知所引起的恐慌,比那些产生控制幻觉的被试更像在自然条件下发生的恐慌打击反应。这个奇妙的结果正与恐慌症状学所表明的,恐慌是由"失去控制的恐惧"所导致,并说明认知在恐慌发生中的作用。(参阅 Sanderson et al, 1989, p.46, p.157)

由于焦虑是在无意识知觉加工和自主唤醒过程中发生的,个体的焦虑经常被对威胁刺激的解释所诱发和对这种反复的解释所加强。因此,无意识的控制将是有益的。上述研究的结果对临床治疗起作用。

三、敌　　意

作为主要正情绪的快乐,由于各维量的差异,诸如激动度、享乐度或疏松度等方面的不同,组成形式与体验有所差异的情绪。例如愉快、欢快、欢乐、欢喜、欣喜、高兴、喜悦等等,不可胜数。但它们的性质和适应价值是基本上是相同的,各自以不同程度和不同方式反映个体的良好和满意状态。但是在负情绪中,却有着各具不同适应意义的不同类别。也就是说,负情绪不仅包括以各种维量差异标志的痛苦情绪,而且还有在性质上和适应价值上各不相同的多种其他负性情绪,例如愤怒、恐惧、厌恶、害羞等。

愤怒是一种常见的负情绪。由于人类社会文化的形成和演变,愤怒的原发形式常被掩盖。但是对愤怒的抑制常导致其他变式的产生,而且愤怒与其他种情绪结合会产生各种复合情绪。例如愤怒的爆发性以及其所极易导致的攻击行为,可由与厌恶、轻蔑相结合而产生的敌意情绪所缓和。随着社会文化的进步和文明习惯的建立,愤怒的功能在改变着。但是不可否认,它对人类生存还是有意义的。

(一) 愤怒的原因及其意义

早期研究已指出,对婴儿身体活动的限制能激活婴儿的怒情绪。一般来说,无论对儿童或成人,对他们强烈愿望的限制或阻止能导致愤怒的发生。如果限制比较轻微,或是被掩盖着,那么不致立即产生愤怒。轻微的愤怒也可能压抑相当长时间。但只要限制或阻碍持续存在,愤怒终究会发生(Campos, 1983)。持久地抑制怒的释放,不免要付出健康方面的代价。

不良的人际关系常常是愤怒的来源,受到侮辱或欺骗、挫折或干扰、被强迫去做自己不愿做的事，都能使人发怒。而且，情绪本身也能成为发怒的原因，例如汤姆金斯认为，持续的痛苦能转化为愤怒。幼儿对母亲离开常常用哭作为反抗的手段，其中包含痛苦和愤怒两种情绪。痛苦是分离的反应，愤怒则是反抗的表示。

愤怒的原型意义在于激发人以最大的魄力和力量去打击和防止来犯者，少数情况下也用于主动出击。在当代社会中，除了出于自我防御，愤怒所导致的攻击行为多数要受到道德规范的指责或法律的制裁。因此，愤怒的功能在改变着，变成一种表达自身反抗意向和态度的标志，而不必然和攻击行为联系起来。人性学家认为，由于愤怒情绪原发功能的改变，它成为人类文化革命超越生物革命的一个例证。

（二）敌意

图 11-3　愤怒、厌恶、轻蔑的结合，构成敌意情绪

1. 敌意由愤怒转化而来　敌意是一种复合的情绪状态，是在后天生活中形成的，一般在少年时期才会发生。它包含着认知成分，是认知评价的结果。愤怒是敌意的主要成分，厌恶和轻蔑也是起重要作用的成分。愤怒的意义在于激发人以最大的魄力和力量去打击来犯者而导致攻击行为。在当代社会，愤怒情绪的社会化使得过度的愤怒受到道德规范的制约。因此，愤怒与其他情绪的结合改变了它的的功能，成为一种表达自身对现实情境的负性意向。愤怒表现形式的改变有两种内涵，一为愤怒的强度轻微或下降而未见攻击行动；另一个是愤怒与其他情绪相结合，例如敌意就是愤怒与其他情绪相结合而产生的一种复合情绪。

2. 敌意是愤怒与厌恶和轻蔑的结合　厌恶的原型是不良气味引起的唾弃、呕吐感和躲避倾向。心理的或社会的原因引起的厌恶情绪也使人产生"令人恶心"的体验，如肮脏的环境和身体发出臭味的人使人远避。

轻蔑是作为准备应付所面对的危险对手的一种手段而起作用。是以一种"我比对手更强"的体验而激活更大的力量和气魄去对付对手的情绪。由心理和社会的原因所引起的轻蔑在自我优越的体验中产生，它经常在认知评价的基础上，伴随着复杂的妒忌或怨恨而被诱发；在对所蔑视的对象具有极端的见解时产生。因此在各种偏见中，轻蔑都是重要的情绪构成物。

与愤怒相一致，厌恶和轻蔑均对引起该情绪的对象持否定态度，都属于负性情绪，但与愤怒不同的是，厌恶导致躲避倾向，轻蔑引起冷淡和疏远。它们不像愤怒那么"热"和容易导致冲动。然而愤怒、厌恶和轻蔑三者的结合却能产生有独特色调和独特性质的敌意情绪。这时攻击行为被攻击意向所取代。

敌意情绪状态还包含着一定的认知-情绪相互作用模式。例如，对一定对象的怀疑（怀疑是带有浓重认知成分的复合情绪）是对该对象的某些方面的认知评价与对自身评价相比较（包括社会对该对象的评价）的复杂认知与情绪相结合的结果。敌意与怀疑等常与赋予复杂社会内容的感情-认知相互作用同时发生，因此敌意成为标志复杂意识和社会行为的一种体验。此外，敌意中还包括着驱力成分。自主神经系统的激活总是为个体当时的处境提供能量准备的。

在一项对敌意的测量中，让被试想像某一引起敌意情绪的情境，并标定产生各种情绪的分数，结果显示了其所包括的情绪成分。测量每一项目的最高分为15分，最低分为3分。结果表明，敌意中的主导情绪是愤怒、轻蔑和厌恶，其分峰均在11分以上。其中魄力、怀疑和自我成分提高到7~9分之间。而平静状态和性感降低得最低，其分数接近最低限。这一测量说明敌意状态是情绪、驱力和感情-认知倾向的复合模式。愤怒、轻蔑和厌恶三种情绪是构成敌意的主要情绪成分，它们之间的结合关系在敌意中十分紧密（见表11-1，11-2）。

表 11-1　想像敌意情境中的情绪成分

项目	平均分数	项目	平均分数
愤怒	13.34	自我	7.16
轻蔑	12.73	恐惧	6.05
厌恶	11.48	社会性	5.14
魄力	9.48	内疚	5.09
痛苦	8.57	性感	3.64
怀疑	8.27	安静	3.66

引自 Izard，1977。

表 11-2 敌意、愤怒、厌恶、轻蔑的情绪成分

情绪	状态			
	敌意 $N=213$	愤怒 $N=30$	厌恶 $N=33$	轻蔑 $N=37$
愤怒	12.46	12.53	10.39	9.86
轻蔑	10.28	10.60	9.88	10.49
厌恶	10.05	10.97	10.70	9.19
痛苦	8.99	9.33	8.97	7.78
兴趣	8.58	8.93	7.79	8.68
惊奇	7.66	7.87	7.09	6.62
恐惧	5.62	5.97	5.27	4.89
内疚	5.42	6.33	5.33	5.00
害羞	4.64	4.57	4.61	4.08
兴致	3.43	3.80	3.70	5.16

引自 Izard, 1991, p.276。

愤怒、厌恶和轻蔑的动机性质及其组合构成敌意的特定动机特征。愤怒容易导致攻击行为,但是,厌恶却使人躲避对象,轻蔑使个体与对象之间保持距离。这一特定的结合使具有敌意情绪的人经常有一种"想要伤害对方"、"使对方受窘"或"击败对方"的意向和愿望,但不必然产生实际的伤害对方的行为。敌意通过表情——以愤怒表情同斜视、纵鼻、冷笑、转头等动作反映的厌恶和轻蔑表情的混合——从心理上和感情上伤害对方。

攻击被看做是一种敌对的行动。在敌意情绪中只要愤怒的成分占上风,就能由于敌意的不断发展而产生攻击行为;然而,如轻蔑占上风,由愤怒而来的攻击性就可能不导致攻击行为。但由于心理上的和感情上的伤害倾向依然存在,有可能导致言语攻击。言语攻击又常常由于愤怒的进一步激发而引起实际的攻击,引起伤害身体的后果。

社会矛盾使愤怒和敌意情绪不可避免。分析它们的性质,有助于了解它们的动机成分和构成各类心理伤害、语言伤害和实际身体伤害的情绪成分,可以在文明习惯的培养和教育措施的确立中提高其针对性和有效性。

愤怒、轻蔑和厌恶以及它们相结合产生的敌意的持续存在可能导致情绪性精神障碍。由于敌意可能只是一种伤害性意向而无伤害行为,而同时又有强烈的负性体验,它的持续存在常常成为忧郁的重要成分。愤怒同恐惧相结合可能成为焦虑这类适应不良症状的原因。愤怒的持续存在而得不到释放还会导致心身疾病。尽管诸如风湿性关节炎、荨麻疹、牛皮癣、消化道溃疡、偏头痛、高血压等疾病的产生,不能全部归结为心理原因。但是,不适宜情绪的持续激活和负性体验,或是患这些病症的重要原因之一,或是使病情加剧、症状延续的重要原因,为治疗和痊愈带来复杂因素。

敌意状态还可能产生阻碍知觉和认知活动的后果。常言道"要息怒"、"不要怀恨"是十分正确的。敌意的负情绪成分含有神经激活和压抑的矛盾成分,它削弱清醒状态。

它在意识中明显出现时,个体很难进行智力活动;而当它形成心境背景时,又使人的精神状态蒙上一层灰暗的色调。怀有敌意的人,其敌对状态是对外的,受伤害的可能是对方,但在心理上咀嚼着不愉快的,首先是自己。

四、自我意识情绪

复合情绪是在人的社会化过程中形成的,它们的第一特点为,既是多种情绪的结合,也是与认知-评价的结合。任何复合情绪,无论是正性的或负性的,无论感受如何,都受社会标准的检验。本节将描述的几种复合情绪,除上述相关因素之外,尤其受自我的约束,实际上,它们是在自我的框架中产生的,称为自我意识情绪。

(一) 自我与自我意识情绪

1. 自我的意义与作用 自我是指一个人在精神上的自身恒定的主体——人格整体,包括社会关系品质、性格特性、信念、道德、价值、人生目标集于一身的综合。自我可以在意识和无意识中存在。一些社会化情绪在个体的产生必然受自我的折射。这些情绪被命名为自我意识情绪或自我意识评价情绪(Lewis, 1992b)。

• 自我意识情绪与基本情绪。自我意识情绪与基本情绪的不同特点:(1) 自我意识情绪没有特定的可被检测的表情,但是可以从整体身体动作或姿态来鉴别。(2) 自我意识情绪很少有特定的、明显的引发刺激。重要的诱发因素应当是某种情绪的发生蕴涵着以自我为中心的认知评价。正是认知加工才是这些复杂情绪的诱发源。也就是说,没有包含着自我的认知参与,就不能产生自我意识情绪。自我乃是某些复合情绪产生的中介,每一种自我意识情绪都被自我——通过蕴涵着自我的认知评价——所确定,确定其性质、体验、表现和在个体生活中的作用,也就是,确定它是自满或内疚,羞耻或窘迫,妒忌或同情等(Lewis, 1992b)。

• 自我与评价。自我是成长中的人在充予情绪的认知的发展过程中塑造的。反过来每一次的认知评价又受自我的约束。

自我包含着判定人的行为的标准、规则和目标等社会文化的积淀物。自我意识情绪的产生取决于这些标准、规则和目标(SRGs)(Lewis, 1992b)。自我评价有两个截然不同的后果,它们可能是评价自己的行为并以此把握自己的责任;或者是不能把握自己的行为和责任。二者分别称为内化归属和外化归属(Weiner, 1986)。内化归属将对照SRGs把自己的行为评价为成功或失败,外化归属将对评价不起任何作用。个体的成功或失败是基于自身内化了的SRGs来品评的,个人在自我中形成的SRGs,会因人的不同经验、处境,以及因时间和年龄的不同而异。如一个学生的目标是考上一流大学,但被二流大学录取则被他评价为失败,而另一个人可能认为是很大的成功。

自我与评价相联系的另一种差别是:整体归属和具体归属(见后)。整体归属是指评价中集中在整个自我,具体归属是指评价指向于某种情境、某个时间或具体行动。

2. 自我意识情绪与认知 自我意识情绪诸如自满、内疚、羞耻或窘迫,是没有具体的引发刺激的,我们无法指出哪一种具体刺激是羞耻或内疚的引发源。假设羞耻或内疚与焦虑一样是由恐惧的自发冲动引起的;或者,以为小孩露出屁股是害羞的原因,或一个人暴露在众人面前是尴尬的诱因,问题就容易解决了;然而事实并非如此。自我意识情绪远不是由某一个具体刺激引起的。自我是决定人的认知评价的多方面社会因素整合于一身的人的整体;人的认知评价受自我的约束。自我包含着判定人的行为的标准、规则和目标。人的行为只有通过认知而与这些 SRGs 相对照,并在自我归属的情况下,判定某个行为是成功的或不成功的,自我意识情绪才会产生。这个观点包含:(1) 不能试图规定成功或失败的具体诱因;(2) SRGs 是习得的,来自全社会的或全集团的规范范围;然而,对不同人、不同的时间、地点都不是固定不变的;(3) 自我归属导致具体情绪是人内在地与自己的认识标准相对照而确定的。认知在此所起的作用,就像大声是惊吓的刺激源一样,只是自我意识情绪的刺激源。

3. 自我意识情绪与评价 从 SRGs 方面来看,对一个人的行为、思想或感情的评价,作为自我意识情绪,有两方面因素应予以认真区分:(1) 内在评价与外在评价。自我评价在自我意识情绪的产生中是必需的;单纯的外在评价不足以产生自我意识情绪。内在评价和外在评价是情境因素和个人特点两方面的结合。有时人违反 SRGs 而把失败归咎于他人,有时人则无论发生了什么都责备自己。(2) 成功与失败评价的决定因素。评价成功与失败的决定因素在于 SRGs 诸方面在自我中的综合。SRGs 中的标准和规则往往是客观规定的;目标则主要由人自己决定。来自外界的过高的成功奖励和太严格的失败惩罚;自身规定的过高或过低的计划和目标等也影响评价。

4. 自我意识情绪与自我归属 自我意识情绪与评价相联系的另一种复杂性是:整体归属和具体归属。整体归属是指在评价中倾向于集中在整个自我,而不是针对某个具体行为。比如把过错归结于"我","都是我的错,我太糟了"。这样自我就受到扰乱,因为自我评价扰乱的是自我的整体,这时人就变得从整体上把自己否定,变得无话可说,呆滞使人不再有所作为,试图把自己隐藏起来或消失。

具体归属是指评价倾向于自我所处于的某中情境、某个时间或具体行动,即评价某事件的对或错不是由于整个的自我,而是指向自我在某种情境下或与某人的共同行为,于是就给自己留下了改正的余地或减低自己的责任。

对评价的整体归属和具体归属可能与人格类型有关。但对正性事件和负性事件的归属对一个人来说可能并不是一致的。只有当无论对正性事件或负性事件均表现相对稳定的归属模式,才被认为是一种个性特点。有些人在正、负性评价中稳定于表现整体的和具体的自我归属。这种固定不变的人格模式在临床上有重要的后果,抑郁患者往往稳定于作出整体归属,而非抑郁患者则很少稳定于整体归属。

(二) 自我意识情绪

以上描述了自我意识情绪产生的因素:(1) 自我意识情绪形成中的自我依据——标准、规则和目标;(2) 成功与失败的认知评价;(3) 评价中的自我归属。这三个因素涉及两个维度。一个是成功与失败;另一个是整体归属与具体归属。按此,构成一个方阵(图11-4)。

	成功	失败
整体归属	傲慢、目中无人	羞耻、羞愧
具体归属	自负、自豪	内疚、悔恨

图 11-4 引发自我意识评价情绪结构模型
引自 Lewis,2000,p.626,略有修改。

1. 羞怯与羞愧 羞怯(害羞)是一种典型的自我意识情绪。从遗传的意义上说,婴幼儿表现的羞怯有着来自父母的基因,因此它被一些研究者归属为基本情绪(Izard,1977)。但是很难描述它的确定面部表情和独特体验,它常常与其他体验伴随而生。一岁以后的婴儿会明显地发生羞怯;然而三四岁以后的幼儿如果持续表现害羞行为,就会被确定为是有羞怯气质与性格的儿童。

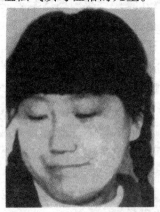

图 11-5 羞怯与羞愧

羞怯可从复合行为反应来辨认。在陌生人出现的社交场合,婴幼儿有时出现微笑,随后头和眼睛低垂,扭转身躯,把脸埋藏在母亲的裙子里或躲在母亲身后,或以不乐意的眼光偷看陌生人。羞怯的人在社交场合产生自我的脆弱感。有研究表明,羞怯与社会化很少相关。羞怯者常常避免出现在社交场合,但这并不意味着社交无能,他们只是对社交的享受感与善于社交的人不同;他们对陌生情境与陌生人似乎感到威胁,产生不舒服的、别扭的体验和愿意与人保持距离,愿意享受与家人和密切的朋友交往。

面对社会情境,羞怯包含着正性与负性情绪的冲突。羞怯的 DES 测量表明包含着害羞、恐惧、兴趣和惊奇。DRS 测量表示高紧张度和中等的自我肯定、冲动和愉快(图 11-6;11-7)。

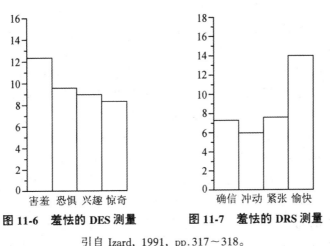

图 11-6 羞怯的 DES 测量   图 11-7 羞怯的 DRS 测量

引自 Izard, 1991, pp.317~318。

根据普罗敏的研究 (Daniels & Plomin, 1985),羞怯是与内向性格联系着的。按照凯根的系统研究,大约有 10%~15% 的人表现极端的羞怯,被看为是稳定的个体特征。这个结果有着生物学研究的基础。即使如此,凯根仍认为这种极端羞怯的产生是持续的环境压力作用于先天气质特征的结果(Kagan, et al, 1988)。

羞愧(或羞耻感)与羞怯不同,它的发生带有更明显的社会原因。羞愧体验往往在自己意识到发生某种失误时在自我中产生;在意识到自身行为的失败或自身行为对他人、对群体的伤害时发生。羞愧的核心特征是个体进行整体归属自我评价认知活动的产物,即个体进行自我评价时是把失败或错误行为归结为整个的自我。因此,羞愧或羞耻感是一种强烈与痛苦相联系的负性体验。它使进行着的行为受到干扰和破坏并使思维加工混乱。羞愧的主观感受是"无地自容"和"无言以对";在表现形式上与羞怯有类似之处,似乎企图把自己隐藏起来,在人群中消失。他们的身体变得像是要收缩、回避或使自己变小,以便使自己从他人和自我中消失。

由于羞愧感的强烈程度从整体上打击自我系统,感受羞愧的个体企图驱散这种感受,但是很难摆脱掉。有时当被强烈的羞愧感所占据时,个体会作出努力试图去改变而采用防御机制,如重新解释、自我分裂或压抑等防御机制以便忘掉。羞愧往往不是有某件具体事物本身所引起,而是由个体自己对事件的解释所诱发。羞愧可以被公开的事件所引起,如众所周知的失败;也可能发生于个体的隐私事件或发生于个体内心之中。

2. 内疚 内疚或悔恨的体验产生于个体评价自己的行为导致失败或导致伤害了

他人。看起来内疚与羞愧似乎来自相似的原因，但它们却是两种不同的情绪。内疚与羞愧的不同在于：(1) 羞愧感属于整体归属，而内疚感属于具体归属。内疚感使自我集中在导致失败的具体行为上。(2) 羞愧是十分强烈的情绪感受，而内疚的体验并不那么强烈，也并不会导致思维和情绪的混乱。(3) 羞愧感使个体企图驱散这种感受，但是很难摆脱掉。而内疚感也使个体感受到失败或伤害他人的痛苦，但是这种痛苦的感受直接来自引起失败的原因或受伤害的对象本身。由于它集中在自我的具体动作或行为上而似乎是可以补救的。内疚感经常与个体想要采取纠正的行为相联系，以便对失败或伤害进行补救。对失败的纠正或防止失败再次发生是解脱内疚感的最好方法。(4) 羞愧使人身体蜷缩好像要把自己隐藏起来那样，内疚感则使人来回走动试图去修正导致失败或伤害的行为。内疚和羞愧不同的身体姿势有助于区别这两种情绪。(5) 在羞愧感中，自我的主观和客观是混在一起分不清楚的，而内疚感的自我是可以与对象分离开的。内疚能通过行动去纠正错误行为并摆脱内疚痛苦，纠正的行为使自我能指向自己或受伤害的对象。因此，内疚感比羞愧感更容易得到解脱。然而，对受伤害者的纠正行为并不那么容易或适合于实现，但大多数情况下，内疚感使人愿意试图去做。主体对内疚的纠正动作并不一定能够做到，即使在感情或行为上也不一定能实现，内疚就有可能转变为羞愧。因此，(6) 人能对内疚行为感到羞愧，但不能使羞愧转化为内疚。由于内疚不像羞愧的痛苦感受那么强烈，也没有对自我有那么大的破坏，因此它可被看为驱动具体纠正行为的有用的情绪。

3. 傲慢 傲慢(hubris)通常被认为是来自得到表扬、奖励或报酬给予自我的放大了的自信，是按照 SRGs 对成功的自我评价，这种评价是归属于整体的自我，即个体把成功归结为整体自我，即整体归属。傲慢常常被描述为自我膨胀、自我夸张或自我陶醉，有时会严重到变得傲慢无礼的程度。对儿童的过度称赞会导致负性效果，其机制可能是成人对儿童的自负或自满的过度强化(Dweck, 1988)。

由于傲慢情绪是一种正性的、奖赏性的情绪，它使人在自我中产生良好的感受。但是，傲慢的一个特点是这种情态没有另外的附加行动，这种情绪本身就是一种附加的情绪现象，它是难以长久保持着的，它只能维持暂时的情绪感受。然而，人们有时倾向于得到情绪上的满足，就会寻找、创造或维持或重复这种情绪体验的机会。如果为了维持这种感受状态，他们就必须改变公认的 SRGs 或重复评价自己的成功。

傲慢的人容易在人际关系上发生困难。这是因为他们的傲慢情绪和态度影响对他人不切实际的期望和需要；傲慢的人还会对他人采取轻视的态度，这都是人所不能接受的，从而在人际间容易发生冲突。傲慢虽然诱发人的正性体验，但在群体中是难以被认同的。因此对傲慢者，人们一般采取轻蔑的或疏远的态度。而傲慢者本人却不知道他的人际关系不如人意的原因。

4. 自豪 自豪(pride)与傲慢不同，被认为是一种必要的和良好的正性情绪，产生于对具体行动的成功结果的认知评价。自豪使人对自身的行为、思想和感觉的良好状态体验到快乐。自豪情绪的特点是对具体行动的正性体验,它是从自我分离出来的或独立的一种。自足的状态,使人全神贯注于引发这种良好体验的具体行动上,作为成就的动机而起作用的。由于自满或自负状态与人的具体行动相联系,人们会寻求以它为标准使这种情绪体验再次发生。对儿童的成功行为应予以肯定,但不可过度予以表扬。自满或自负、自豪状态是儿童自信得以灌注到自我的来源,是在儿童自我的塑造中,培养自信和克服自卑的途径(Lewis, 2000)。

推荐参考书

Hatfield, E., & Rapson, R.L. (2000). Love and Attachment Processes. In M. Lewis & J. Haviland (Eds.), *Handbook of Emotion*. New York: Guilford Press.

Izard, E. (1991). *The Psychological of Emotions*. Chapter 14. New York: Plenum Press.

Lewis, M. (2000). Self Conscious Emotions: Embarrassment, Pride, Shame and Guilt. In M. Lewis & J. Haviland (Eds.), *Handbook of Emotion* (2nd), Chapter 39. New York: Guilford Press.

Ohman, A., & Soares, J.J.F. (1994). "Unconscious anxiety": Phobic responses to masked stimuli. *Journal of Abnormal psychology*, 103, 231~240.

编者笔记

本章选择了几种复合情绪做了较为详尽的介绍。特别对爱和自我意识情绪,一般国内介绍较少,在此花费了较多的篇幅。但对复合情绪的介绍远没有穷尽。

作者根据文献,对爱划分为激情爱与陪伴爱两种形式来描述。这种分法在心理学中是新颖的。作者试图说明激情爱的原始性与社会性,重要性与危险性,以及激情爱发生的社会原因和后果;激情爱对人们的需要和人们为此可能付出的代价。激情爱与陪伴爱都是人们熟悉的爱的形式。陪伴爱可能更为普遍地发生。而且,价值更高的爱特别为人们所崇尚和赞美。

本章还着重阐述了与自我意识相联系的情绪。由于自我是包含着一个人的整个社会关系品质、性格、信念、道德、价值、目标等的综合体,外界事物对人的意义通过自我就变得复杂起来。人对事物的认识评价和受自我的准则与目标的整个自我的折射,有时包含着多种意义。一件事对一个人导致羞愧或内疚,对另一个人则不;一个成功可以使一个人满意或自满和快乐,对另一个人则会导致傲慢。而无论羞愧或内疚,自豪或傲慢均在充予各种不同的感情性评价中产生。这是复合情绪的来源之一。

12

情 绪 调 节

情绪调节的研究最早出现于20世纪80年代的发展心理学。在发展心理学中,情绪被视为个体生命连续发展的核心动力。情绪调节既是人类早期社会发展的重要方面,又是个体适应社会生活的关键机制。

情绪是行为的调节者,也是调节的对象。鉴于情绪具有组织的功能,可以对其他心理活动如认知、行为以及情绪本身起到驱动或干扰的作用,因此,情绪本身又是一个经常需要调节的对象。

人们现实生活中发生的情绪,无论是积极的或消极的,均需要进行调节。最容易让人联想起的是对负性情绪的调节。例如,当你很愤怒时,或许需要克制;当过分悲伤时,转换环境,想一些开心的事情,或许可以令你高兴起来。对于高度的抑郁和焦虑,更是需要临床处理和治疗的情绪障碍。正性情绪在某些情况下也需要调整。在学校里,如果成绩很好的学生表现过分的得意或骄傲,可能会影响其他同学的心理平衡,因而应有所节制;在医院看望病人,倾听别人讲述痛苦时,需要予以同情而不能表现过分的欣喜。所以情绪调节不仅仅是降低负性情绪,实际上包括着负性和正性两方面情绪的增强、维持、降低等多方面的适时调整。对消极感情的调节,更多的是抑制;对积极感情的调节,主要是加强和管理;同时,情绪调节也包含着积极情绪和消极情绪之间的平衡。

一、情绪调节的涵义

情绪是一种不断被个体所唤起和体验的状态,情绪的唤起有时是意识得到的,有时是无意识的。个体的情绪反应有时与生活环境的变化协调一致,但有时则与个体的生活环境与社会交往产生矛盾与冲突,与特定的生活情境不相适应,这就需要个体经常进行情绪调节以适应生活环境。

关于情绪调节的涵义目前还没有统一的看法,有人认为情绪调节是指"个体对具有什么样的情绪、情绪什么时候发生、如何进行情绪体验与表达施加影响的过程"(Gross, 2001)。也就是说,情绪调节是指个体对情绪发生、体验与表达施加影响的过程。情绪调节涉及对情绪的潜伏期、发生时间、持续时间、行为表达、心理体验、生理反应等的改变,是一个动态过程。有人认为"情绪调节是指个体为完成目标而进行的监控、评估和修正情绪反应的内在与外在过程"(Thompson,1994)。这说明情绪调节与社会交往、社会能力、社会适应、心理健康等一系列的发展结果相联系。有人认为情绪调节是"有机体内部和外部的因素,通过这些因素,情绪唤醒被再定向、控制、调整和修正,从而使得个体在情绪唤醒情境中适应性地生存和行动"(Cicchetti,1991)。即重新建构情绪,作为应对环境的过程中潜在的适应。还有人认为情绪调节是"抑制、加强、维持和调整情绪唤醒,来实现个人目标的能力"(Eisenberg,1997)。

根据上述的各种不同看法,我们对情绪调节的涵义试图理解为:情绪调节是对情绪内在过程和外部行为所采取的监控、调节,以适应外界情境和人际关系需要的动力过程。

情绪调节既包含内部过程,又包含外部过程。内部调节来源于个体内部的调节过程。外部调节主要指来源于个体以外广泛情境因素的影响和改变情绪的过程,这些情境因素包括人际关系的、社会的、文化的和自然的,其中人际关系因素是比较重要的。沙尼强调情境,特别是人际情境和社会和文化的影响(Sarrni,1998)。所以情绪调节是个体对情绪体验或相关行为和情境的调整过程,同时也是调整或维持情绪唤醒、体验、认知和行为的过程。汤普森指出,情绪在两个方面是可以被调节的,其一为情绪类型,即反映主要心境特点的具体情绪(如快乐、悲伤等);其二为情绪的动力性,即情绪的强度、范围、稳定性、潜伏性、发动时间、情绪的恢复和坚持等特点(Thompson,1990)。

情绪调节既帮助个体实现自己的目标,又使个体能适应性地应对。汤普森认为,为了在特定的情境中实现一个人的目标,情绪可以作为一种适应的方式,为了实现个体的目标,个体会调节他们的情绪(Thompson,1994)。所以情绪调节具有一定的目的,根据目的可区分为良好调节与不良调节。良好调节维持和促进情绪的适应性,不良调节破坏和削弱适应性。情绪调节是为了使个体在情绪唤醒的情境中保持功能上的适应状态,帮助个体将内部的唤醒维持在可管理的、最佳表现的范围内,并使情感表达落在可忍受而具有灵活变动的范围之内。汤普森提出,适应的情绪反应表现为:(1) 灵活的,而不是刻板的;(2) 依据情境而变化的,而不是僵化的;(3) 提高作业成绩的,而不是过高或过低的唤醒状态的;(4) 为了适应不断变化的条件,情绪反应是快速而且有效的。

同时,人们认为情绪调节是社会胜任力和心理健康中不可或缺的过程。也就是说,调节一个人的情绪,表征了一个重要的挑战,对人际间和个人体内机能都是很重要的。

二、情绪调节的特征

(一) 情绪调节的文化特征

情绪调节要受到文化规范的影响。西方和非西方文化特征的差异一般认为是独立和相互依赖这两种自我的差异。西方文化强调独立自我,鼓励个体把独特性、自我表现、直接的沟通，个人目标的实现归因于内部；而东方文化强调相互依赖自我，鼓励个体致力于适应，占据适当的位置，间接沟通，参与促进他人的目标和适当的社会行动。独立定向文化的个体比依赖定向文化的个体更关心情绪状态的调节。研究表明，分别以美国和日本学生代表独立文化和相互依赖文化的主体。研究结果报告：美国学生比日本学生体验情绪时间更长，要求更多的情绪应答反应。独立文化的个体倾向于根据他们的情绪体验形成他们对生活满意的判断，而相互依赖文化的个体倾向于使用情绪和文化规范形成他们对生活满意的判断。对于愤怒的表达，在重视自我独立性的文化中是相当普遍的，而在相互依赖文化中，认为愤怒的表达是损害社会和谐，是机能失调，甚至是危险的。

(二) 情绪调节的个体特征

情绪调节的个体特征是指情绪调节过程或情绪调节行为中表现出来的比较稳定的个人特点。情绪调节个体特征可以从行为特征和调节过程这两个不同的角度看。

1. 行为特征注重情绪调节个体的结构特点 科勒在定义情绪调节时指出，情绪调节是个体以社会允许的、容忍的方式做出适当情绪反应的能力(Cole, 1994)。盖茨等(Katz & Gottman, 1991)指出4种情绪调节的能力：
- 抑制强烈的正情绪或负情绪及不适当的行为；
- 自我安抚可以用在强烈的情感唤醒上；
- 集中注意；
- 为了符合外在的目标组织自己的行为。

梅耶等(Mayer & Salovey, 1997)从4个方面定义情绪智力：
- 对情绪知觉、评价和表达的能力；
- 以情绪促进思维的能力；
- 理解和分析情绪的能力；
- 调节情绪以促进情绪与智力发展的能力。

情绪智力实际反映的是情绪调节的能力，强调以情绪为动力促进认知过程和智力发展的个体差异。格鲁斯(Gross, 2000)提出，情绪调节的个体差异可以表现在三个方面：
- 情绪调节目标上的差异。在特定的情境下，个体对于该如何表现情绪，如何感受情绪，怎样的生理反应适当等问题的认识可能存在一定的差异，从而使个体在调节行为和调节过程中表现不同。
- 情绪调节的努力程度或调节频率的个体差异。存在着多种情绪调节方式和策略，个体在使用某些调节方式和策略时的努力程度和使用的频率都可能存在着一定的差异。
- 个体情绪调节能力上的差异。这种能力反映了个体情绪调节行为的可操作范围。伊扎德等认为这种情绪调节的个体差异来源于个体情绪激活的阈限、情绪的易感性及情绪生理唤醒水平等方面的差异。

2. 调节过程特征　从情绪调节过程看,情绪调节个体特征表现在先行关注调节过程和反应关注调节过程之中。

先行关注调节过程中的个体特点可以表现在情境选择、情境修正、注意调配、认知调节等方面。也就是说,个体特点可以渗透于情绪调节过程之中。例如,在情境选择中,外倾的人更喜欢热闹的环境,攻击性强的人更喜欢一些攻击性的场面。情境修正中,不同类型的人在改变环境时会采用不同的方式,支配性格的人更喜欢改变环境,顺从性格的人更多地采用妥协和忍受的方式应付环境。注意调配中,克制型个体在面临威胁时更多地采取回避的做法;情绪专注者更容易沉浸于痛苦之中不可自拔;警觉者更多地注意环境中的有害刺激;迟钝者更多地远离有害刺激;神经质高分者难以将注意力集中。认知调节过程中,归因于个体的认知风格;建构思维,心理防御等也都可以成为影响情绪认知调节的个体特点。

反应关注调节表现在表情调节、情绪感受调节和情绪生理反应调节等方面。例如,罗杰等的"情绪控制量表",用于评定行为抑制的个体差异(Roger & Najarian, 1989)。卡塔佐罗的"负性心境的测量",用于评定影响情绪感受能力的个体差异(Catanzaro & Mearn, 1990)。萨洛非的"元心境特质量表"(Trait Meta-Mood Scale),用于探讨个体在维持正性情绪,修补负性情绪方面的个体差异(Salovey, 1995)。

三、情绪调节的类型

情绪调节是从不同角度进行的、十分复杂的主观动力过程。情绪调节的系统因而应当是多方面的。它既包括情绪过程的全部生理、情绪与心理其他方面的联系和相互影响,也包括情绪过程涉及的外在情境关系的相互影响,它还包括调节过程中的动力关系和效果。因此可以从不同的角度分列情绪调节的类型。

(一) 内部调节和外部调节

从情绪调节过程的来源分类,可以分为内部调节和外部调节,内部调节来源于个体内部,如个体的生理、心理和行为等方面的调节;外部调节来源于个体以外的环境,如人际的、社会的、文化的以及自然的等方面的调节。

1. 内部调节　内部调节包括来源于范畴内部的调节和来源于范畴之间协调作用的调节,即范畴内调节和范畴间调节。根据道基等人的观点,情绪成分包含三个基本范畴,即神经生理-生物化学范畴、认知-体验范畴和动作-行为范畴(图12-1)(Dodge & Garber, 1991)。(1) 范畴内调节即指在某一具体范畴内,例如在生理范畴内,可表现为情绪反应中心跳与呼吸的关系;在认知-体验范畴内,某种体验的产生会引起某种认知的出现或改变,或某种认知激活某种情感体验。(2)范畴之间调节是指一个心理范畴的激活改变和调整另一个心理范畴反应的过程,例如认知-体验范畴与动作-行为范畴之间的相互调整、协调和改变。这样,内部调节可包括:神经生理调节,认知-体验调节,行为调节,生理-认知-体验系统间调节,生理-体验-认知-行为系统间调节,认知-体验-行为系统间调节等。在这种分类架构中,范畴内或范畴间各成分的协调活动是情绪调节的基本原理。

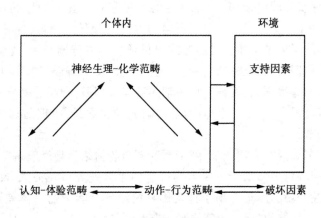

图 12-1　情绪调节示意图
引自 Dodge & Garber, 1991, p.3。

生理系统的调节能力可确保机体在环境的适应过程中保持其功能正常运作。它们涉及一些先天生理基础和情绪动力系统的边缘皮层的神经网络和神经介质的传递。在情绪生理系统中,情绪动力系统驱动情绪成分之间的互相协调,使表情与情感体验之间的互相调节,具体情绪之间亦可互相调节。例如,愤怒可以削弱悲伤和恐惧,厌恶可放大愤怒,羞愧可以削弱兴趣或快乐。有人很容易愤怒,有人却很容易悲伤,从而产生不同的调节过程。

系统间调节是指连接着情绪、认知、行动等多个系统之间的协调,是认知、行为等情绪以外的系统调节情绪的主要机制。如果系统之间缺乏协调,一旦强烈的情绪出现,情绪的调节就难以实现。系统之间的相互作用和联结是情绪调节的基础,如情感-认知结构、情绪-认知-动作程序等。

2. 外部调节　外部调节中,道基提出支持性环境调节和破坏性环境调节。有的环境因素有利于良好的情绪调节,而有的环境因素不利于情绪的调节,或容易使个体陷入情绪失调之中(Dodge, 1991)。例如,在孩子成长过程中母亲的支持作用,在学校中教师的支持作用等。

(二)减弱调节、维持调节和增强调节

依据调节努力的程度,可以将情绪调节区分为减弱型调节、维持型调节和增强型调

节。减弱型调节主要指对强度过高的情绪,尤其是负性情绪(有时也包括部分的正性情绪)所进行的调整、修正及减弱。维持型调节主要针对那些有益的正性情绪,如兴趣、快乐,人们主动地去维持和培养,使这些情绪维持在一定的程度或范围。增强型调节努力使某些情绪增强。增强调节在日常生活中可能出现频率较少,但在临床上是非常有意义的。例如,对抑郁或情绪淡漠症的病人进行增强调节,使其调整到积极的情绪状态。

(三) 先行关注调节和反应关注调节

先行关注调节是针对引起情绪的原因进行调整,包括对情境的选择、修改,注意调整以及认知策略的改变等。通过改变自己的注意来改变情绪,对诱发情绪的情境进行重新认识和评价等。先行关注调节是对系统输入的操作,是对引起情绪的原因或来源的加工和调整。格鲁斯指出引起情绪的主要来源是对情境的评价。评价过程中的调节策略包括情境选择、情境修正、注意分配以及认知改变。

反应关注调节发生在情绪激活或诱发之后,是指通过增强、减少、延长或缩短反应等策略对情绪进行调整。反应关注调节发生于情绪反应过程,此时情绪已经被激活。情绪反应关注调节是个体对已经发生的情绪在生理反应、主观体验和表情行为三个方面,通过增强、减少、维持、延长或简短等策略调整正在进行的情绪。在日常生活、实验室研究、临床应用方面,比较常用的反应调节,如情绪抑制(表情抑制)、情绪宣泄(表情夸张)、放松技术、药物和酒精、体育运动、生物反馈等。其中,抑制和宣泄调节主要针对表情,其他调节方法主要针对生理活动。可见,反应关注调节一般是调整情绪成分中的表情和生理,从而调节主观感受。

(四) 良好调节和不良调节

情绪调节是为了使个体在情绪唤醒情境中,保持功能上的适应状态,使情感表达处在可忍耐,且具有灵活变动的范围之内。当情绪调节使情绪、认知和行为达到协调时,这种调节叫良好调节。相反,当调节使个体失去对情绪的主动控制,使心理功能受到损害,阻碍认知活动,并导致作业成绩下降时,这种调节就是不良调节。

四、情绪调节的基本过程

由于对情绪调节的本质有多种不尽相同的看法,因此,对于情绪调节过程的看法也有所不同。这里主要将介绍描述比较周全的格鲁斯的情绪调节过程模型。

(一) 格鲁斯的情绪调节过程模型

格鲁斯(Gross, 1991)认为情绪调节是在情绪发生过程中展开的,在情绪发生的不同阶段,会产生不同的情绪调节,据此,他提出了情绪调节的过程模型(见图12-2)。依据格鲁斯的情绪调节过程模型，在情绪发生过程每一个阶段都会产生情绪调节，即情境选择（situation selection）、情境修正（situation modification）、注意分配（attention deployment）、认知改变（cognitive change）、反应调整（response modulation）。

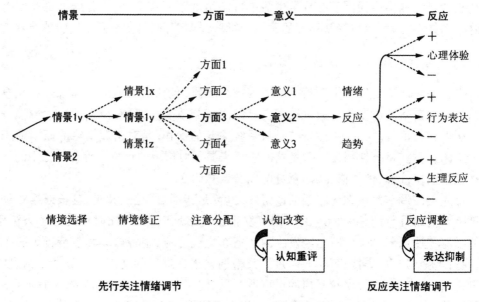

图12-2 格鲁斯的情绪调节过程模型
引自 Gross，1991，pp.214~219。

1．情境选择 情境选择指个体对自己将要遭遇的人和事做出回避的或接近的选择，从而对可能产生的情绪做出一定的控制。情境的选择并不是随机的行为，它往往反映了个体对适当环境的一个选择，可能是有意识的，也可能是无意的。当个体已处于某种情绪诱发的情境中，对情境反应调节发生在情绪激活之后，是指通过增强、减少、延长或缩短反应等策略对情绪进行调整。即使对情绪做出一定修改，仍然可能对情绪进行调节。

2．情境修正 情境修正是通过改变和修正诱发情绪的情境的某一个方面和特点，而使情绪发生改变的努力和策略。例如，面对一个吵闹的邻居，可以有三种解决方法：离开、忍受或制止。假如采取制止的方式，前去要求减弱噪声，就是情境修正的调节策略。情境的选择和情境修正需要个体去改变所处的环境。然而，在不改变情境的前提下，调节情绪也是有可能的，因为每种情境也存在着不同的方面，并具有不同的意义，这样个体可以通过调整自己的注意和认识来改变情绪的产生过程。

3．注意分配 注意分配是通过转移注意或有选择地注意，对同一情境中的多方面进行注意上的调配，例如仅注意某一方面而忽视其他的方面，就是对注意的调配。分心（distration）是将注意集中于与情绪无关的方面，或将注意从目前的情境中转移开。专心(concentration)是对情境中的某一个方面长时间地集中注意,这时候个体可以创造一种自我维持的卓越状态,如情绪专注(rumination)是注意力集中在情感体验和这些情绪的结果上。

4. 认知改变 认知调节是通过改变认识而进行的情绪调节的努力。情绪的产生需要个体对知觉到的情境赋予意义,并评估自己应付和管理该情境的能力。每一种情境元素都可以有多种意义,存在多种认识,对不同意义的确定和选择,可以改变情绪产生的过程从而调节情绪。从情境的选择到认知改变,反映情绪调节所发生的信息加工过程的不断深入。

5. 反应调整 反应调整是指情绪已经被激发以后,对情绪反应趋势如心理体验、行为表达、生理反应等施加影响,表现为降低或增强情绪反应的行为表达。如果别人踩了你的脚,他没有表示歉意,尽管你很生气,但你会努力控制自己的愤怒情绪就属于降低性的反应调整。如果你的情绪被一个热烈的群体性公益活动场合所激起,增强了你的热情,这就属于增强性的反应调整。

(二) 情绪调节的策略

格鲁斯提出,在情绪发生的整个过程中,个体进行情绪调节的策略很多,但在许多情绪调节的形式中,最常用和有价值的降低情绪反应的策略有两种,即认知重评(cognitive reappraisal)和表达抑制(expression suppression)。

1. 认知重评 认知重评即认知改变,指改变对情绪事件的理解,改变对情绪事件个人意义的认识,如安慰自己不要生气,是小事情,无关紧要等。认知重评试图以一种更加积极的方式理解使人产生挫折、愤怒、厌恶等负性情绪的事件,或者对情绪事件进行合理化评价。认知重评是先行关注的情绪调节策略,是进行状态性、过程性和情景性的情绪调节,是缓解不良情绪发生的重要方法和技术。认知重评产生积极的情感和社会互动结果,不需要耗费许多认知资源,是一种有益的情绪调节方式。

认知重评有两种具体的调节方式:评价忽视和评价重视。"忽视"为减弱型调节方式,表现为个体以忽视、回避和减弱等方式,对情境中可能引起情绪的刺激进行评价,尽可能地不去感受情境可能引起的情绪。例如,将一个恐怖的电影场面考虑为仅仅是"电影特技"和"根本就是假的事情",这就是忽视调节。忽视广泛地应用于临床研究,甚至被认为是减低情绪的一种认知策略。在忽视的实验室研究中,被试以忽视的态度去观看引起负性情绪的电影,发现被试主观报告他们所发生的负情绪并不强,但是生理反应很强。这可能说明,认知评价对情绪的生理反应倾向没有显著的影响。

"重视"是一种增强型努力,表现为个体通过增强对可能引起情绪的情境的评价,增强情境与个人的关联性的做法。例如将一根草绳误以为是一条蛇、触景生情等。评价重视多见于情绪基本过程研究,通常作为产生情绪的途径或诱发技术。在临床研究中与重视类似的概念是情绪专注,情绪专注通常用于研究对负情绪重视过多的个体特点。

情绪专注者比较多地关注自己的痛苦感受,对自己痛苦经历原因反复思考、反复感受,这样容易导致抑郁程度的加重。

2. 表达抑制 表达抑制是反应调整的一种,是指抑制将要发生或正在发生的情绪表达行为,是反应关注的情绪调节策略。表达抑制调动了自我控制能力,启动自我控制过程以抑制自己的情绪行为。

研究发现表达抑制会产生消极的情感和社会互动结果,需要耗费认知资源。这就意味着表达抑制对心理适应性产生不良影响,影响心理健康水平。这也为弗洛伊德的精神压抑学说提供了一定的支持,说明情绪压抑会带来心理适应不良的后果。研究发现抑制厌恶和悲伤并没有引起情绪感受的减弱,反而使大部分交感神经激活水平增强。可是,抑制其他一些情绪如痛苦、骄傲和愉快,主观感受出现显著地下降,同时也使交感神经唤醒水平增强。

同时,拉扎勒斯(Lazarus & Folkman, 1984)等人提出了问题中心应对和情绪中心应对的策略。问题中心应对是指一个人努力改变情境,通常是通过采取问题解决策略。例如,界定问题、产生可选择的解决方案、权衡选择。情绪中心应对是指一个人采取生理的或认知的活动来减少情绪痛苦。例如,回避、选择性注意和"看光明面"等。情绪中心应付经常导致对情境的认知再评价,改变人们对事件的认知建构,但并不实际地改变情境。

五、情绪调节的神经机制

(一) 情绪调节的外周神经机制

自主神经系统(ANS)调节着机体的体内平衡。早期的情绪生理研究,采用自主神经系统的测量,试图识别与基本情绪相关的特定生理变化,这些研究通过测量心率、皮肤导电性(或电阻、电位)、皮肤温度、血压和呼吸,记录了心脏和血管系统的变化。

1. 迷走神经张力 近年来,关于情绪调节的外周神经机制提出了重要的指标,即迷走神经张力。交感神经(SNS)和副交感神经(PNS)支配大多数的内部器官和躯体系统,它们激活目标器官的效果通常是拮抗的。例如,心脏活动模式主要是由加速SNS激活和减速PNS激活的动态相互作用共同决定的。减速副交感成分由迷走神经或第十对脑神经所提供。

心脏迷走神经张力(cardiac vagal tone)表示副交感神经系统——通过迷走神经——在心率的节律性振动上产生相对的时间序列的影响,通常通过测量呼吸性窦性心律不齐(RSA)而得到评价。RSA被认为反映了迷走神经对心率的影响。

波杰斯等继承了达尔文对迷走神经在大脑和心脏之间的双边交流的重要性的论点,强调了迷走神经在自我调节过程中的重要性,认为迷走神经是联系中枢结构和外周器官的动态和互动关系的机制。提出了特定的生理系统在控制情绪和调整情绪中的作用。他还描述了副交感神经系统在组织行为中的作用,认为副交感神经系统(尤其是迷走神经)是情绪调节的关键(Porges, 1996)。

2. 迷走神经张力与行为调节 许多研究检验了 RSA 和情绪调节行为的关系,发现 RSA 的基线测量与情绪调节的实验室观察(或父母报告评价)有关。波杰斯跟踪了一群婴儿,从出生到 3 岁。发现迷走神经张力的早期测量可以预测情绪调节困难的婴儿(Porges et al., 1994)。在 9 个月时有较高迷走神经张力的婴儿与迷走神经张力低的婴儿相比,到 36 个月时发现,情绪调节困难的婴儿较少。这个发现支持了波杰斯的观点:迷走神经张力是生理和行为调节的反映。具有较高心率变化的婴儿或较高迷走神经张力的婴儿,母亲报告他们在过了一段时间之后,情绪调节变得不太困难,即他们能更好地管理自己的情绪反应性。斯第夫特等发现,对挫折反应表现消极感情同时也表现较高水平的情绪调节的婴儿,比起没有采取情绪调节行为的婴儿,有更高的迷走神经张力(Stifter & Jain, 1996)。这些研究可能表明,高迷走神经张力的婴儿,有一定的生理反应,同时也可能发展了合适的行为调节策略。有的研究发现,RSA 的基础测量,在对情绪诱发情境反应时,是与积极感情正相关和消极感情负相关的,所以,可以认为这两种生理测量是情绪和情绪调节的有效预测手段。情绪反应性和情绪调节在人类早期社会行为和社会适应问题中起着重要的作用,因此,RSA 和 RSA 的变化也可能有效地预测人类的社会性机能。

最近的研究表明,在挑战情境下,RSA 的抑制可能与婴儿有较好的情绪状态调节有关;与学前期较少发生行为问题和更恰当的情绪调节有关;与学龄儿童的持续注意有关。这些研究结果说明 RSA 抑制能力可能与注意调节和行为调节的复杂反应有关,缺少这种能力可能与早期的行为问题,尤其是与缺少行为和情绪控制能力的问题有关。最近对问题儿童的研究,对这种关系予以确认。早期被确认为有行为问题的儿童,与没有行为问题的儿童相比,在需要注意和调节的情绪任务中,表现出 RSA 抑制能力较差。

(二) 情绪调节的中枢神经机制

20 世纪 80 年代以来,大量研究表明,情绪是由大脑中的回路所控制的,这个回路是由前额皮层(PFC)、杏仁核、海马、前部扣带回(ACC)、腹侧纹状体(ventromedial striatum)等脑区构成。它们整合加工情绪信息,产生情绪体验和行为。

情绪调节的神经机制实际上涉及情绪发生和情绪过程的整个机构(见第 3 章)。情绪的发生和意识的高级情感是以杏仁核为中心的脑核心环路与前额叶皮层之间复杂联系的结果。情绪调节主要的是通过个体的主观评价和意识过程的。因此,情绪调节的复杂性是由脑核心边缘结构与额叶新皮层的神经通路极为复杂作用的结果。

戴维森和同事及其他科学家在动物损伤研究和人类临床神经心理学、心理生理、功能脑成像研究的各种证据基础上,提出眶额皮层及与其相联系的结构(包括其他前额区域、前扣带回、杏仁核)是组成情绪调节内在回路的核心元素(见第3章, 图3-1)(Davidson, et al., 2000)。

这些结构的每一成分在情绪调节的不同方面起作用,这些区域的某个部位不正常或者它们之间的相互联系不正常时,情绪调节就可能失败,增加冲动性攻击和暴力的倾向。增加面部恐惧表情的强度与杏仁核的激活有关。相比之下,增加面部愤怒表情强度与眶额皮层(OFC)和前扣带回(ACC)激活的增加有关。在两个试图诱发愤怒的神经成像研究中,正常被试表现出眶额皮层和前扣带回的激活增加。这些部位的激活控制愤怒强度的表达,而且通常可能是自动的调节反应。冲动性、感情性攻击可能是情绪调节失败的产物。

杏仁核在冲动性攻击中的作用是复杂的。杏仁核太多或太少激活可能分别引起过度的消极感情或对调节情绪的社会线索的敏感性降低。左侧前额激活的参加者能够更好地自动压抑消极感情。压抑消极情绪的努力可能与中央前额皮层和杏仁核间交互作用有关。同时,发现压制消极情绪的能力与提高消极情绪的能力呈负相关。

格鲁斯等用fMRI研究表明,再评价降低对厌恶场景的消极感情体验。对厌恶场景的再评价激活侧面和中央前额区,而杏仁核与中央眶额皮层的激活降低。这些研究结果表明,前额皮层参与调节各种情绪加工系统中的再评价策略。调节情绪能力的个体差异是客观的可测量的;前额激活模式的个体差异反映情绪调节方面的差异。前额激活的个体差异在情绪调节中可能起重要作用。

六、情绪调节与社会适应性和心理健康

(一)情绪调节与社会行为

1. 社会化对情绪调节的影响　很多研究都证实早期社会化影响个体情绪调节能力的发展。父母或看护人对儿童情绪行为的反应,以及与父母之间或看护人之间的情绪相互作用,对儿童的情绪及情绪调节有重要影响。儿童的情绪调节能力及其同伴交往能力,与其父母的情绪调节能力密切相关,那些在同伴中情绪表现较积极的儿童,其父母的情绪表现也较积极。研究指出父母情绪调节能力是孩子情绪调节能力和同伴交往能力发展的重要预示器。因此,许多研究者提出,如果父母能经常以适应孩子情绪社会化实践的方式,对孩子的情绪发展作出反应,会对孩子的情绪调节以及调节策略的发展产生积极的影响。

儿童情绪调节发展也存在性别差异,研究表明在社交的过程中,男孩和女孩在很小的时候就开始获得不同的信息。有的研究表明,中国母亲更多对女孩而不是对男孩发怒,这就给男孩增加了表达愤怒的机会。在一项研究中,给孩子讲一个引起情绪的故事,要求他们提出最好的应付策略,结果发现男孩表达更多的愤怒反应;进一步分析表

明,男孩表达愤怒很少受到限制。

2. 社会情境对情绪调节的影响　社会情境具有多重意义,它包括直接引发情绪的刺激物的特征,也包括家庭、学校环境特征以及人与人的社交关系的特征。研究发现在朋友之间较少发生冲突,情绪调节比较好。但是,有的研究发现朋友之间的冲突更多、更剧烈和更持久。日常观察也发现,人们对自己的亲人容易发火,相反对外人表现出有所调节的情绪行为。

情绪调节的选择也决定于情绪指向的是不是权威人物。一般情况下,人们很少对权威人物表现出愤怒,而对非权威人物,人们情绪调节的自由度可能更大一些。同时人们发现,人际关系也影响情绪调节方式的选择,母婴关系较差的婴儿,在受到痛苦时,往往更多的采用自我安慰的情绪调节方式;在与母亲重逢时,较少迎向母亲,而是自己摆弄玩具。

(二) 情绪调节与心理健康

1. 维持稳定的心理健康状况　情绪调节对情绪健康具有重要的意义。个体的许多价值都需要在工作中体现。维持有效的、能发挥个人创造性的工作,需要人们对工作保持稳定持久的注意和兴趣。为了避免分心,需要人们经常地进行一些先行关注的情绪调节,增强对工作的注意和兴趣。大多数工作要求一定的社会相互作用,需要与同事合作,与顾客接洽,这时候,有意识的反应关注调节是很有必要的。例如,心情不好时要提醒自己微笑。善于营造和维持良好人际情境,有效地控制不良情绪,也是很有必要的。在家庭和朋友中,维持和发展良好人际关系的重要基础是双方能够和谐地交流感情,使感情上的付出和获得保持基本平衡。良好关系中正性情绪多些。缺乏情绪调节技巧的个体往往容易伤害自己的人际关系,难以得到自己需要的亲密关系。许多人格障碍者在情绪管理上存在着长期的不良现象,使他们难以与别人维持满意的关系。

当没有外界任务和社会紧迫压力的时候,在个人完全独处时,有充实和丰富的自我,对自己满意,感觉充实、安宁和完整,是健康的重要标准。假如没有良好的情绪调节,个体处于情绪失调状态,就容易沉浸于过分痛苦、忧虑、空虚、无聊的情绪状态之中,也可能沉迷于一些不良的行为,如酗酒、吸毒、聚众赌博、各种各样的过失行为甚至犯罪。总之,情绪调节障碍有损心理健康。

2. 良好的调节促进心理健康　许多临床理论(例如精神分析理论)强调对冲动情绪的调节。事实上,对情绪过分压抑是许多心理障碍的主要原因。研究表明使用认知策略可减缓焦虑对人的不良影响,这样的调节对心理健康是有益的。不良的情绪调节或情绪失调是心理病理的主要原因。有人认为失败的调节可引起过度的痛苦,而且可能使这样的情绪持续较长时间,难以减弱;在行为上表现突发性的愤怒;或行为退缩,使个体变得更脆弱。如果失调是暂时的,行为上可表现出突发的焦虑和痛苦,行为过多或行为退缩。如果情绪失调成为慢性的,在儿童时期就会表现出一些心理病态,例如,攻击性较强的孩子往往是由于难以调节愤怒、抑郁,他们是由于不能采取有效的调节策略而造成的。不良的情绪调节对健康的影响与所使用的方式和策略不适宜有着密切关系。

有些调节方式似乎对个体的社会适应有利,但对身体健康却容易造成消极作用。有时表情的抑制会引起生理反应的增加。有时表情的抑制基本上不能改变情感体验,而增加了某些交感神经的激活水平。有的调节方式似乎对人际关系不利,但在生理上却有更好的影响,例如认知评价上的忽视。在情绪调节过程中,使用认知忽视,不仅可以减少表情行为,而且可以降低情感体验。

情绪生理成分在情绪活动中占据重要地位,不良的情绪调节对某些疾病的发病率和康复率具有一定的影响。对悲伤和哭泣的长期抑制容易引起呼吸系统疾病。对亲密关系的抑制会引起支气管疾病或癌症。而对愤怒的压制与心血管疾病、高血压等有着密切联系。抑制情绪表达会加速癌症恶化。情绪障碍中一个典型的症状,情感淡漠(alexithymia)反映个体在感受和表达情绪方面的低能或失能,他们难以感受情绪,表达情绪,也无法以言语来表达情绪,而且存在比较多的身心转换疾病。情感淡漠主要是由于皮层下情绪中枢与皮层情感意识和精细加工中枢通道的障碍或精细加工皮层的障碍所致,这种障碍使情绪无法正常地感受和表达,情绪的社会交流功能及对心理活动的组织促进功能遭受阻碍。

抑郁程度的加重与不良调节有着密切关系。抑郁一般被定义为一种心境,一种症状,或者是一种紊乱状态。抑郁主要症状表现为,经常出现大量的负情绪(如悲伤、内疚),缺少正情绪(如兴趣、快乐)的心境。按照情绪反应过程模式,个体每时每刻都沉浸在某种情绪中,情绪调节也在每时每刻地发生。由此可见,情绪的强度、频率、持续时间都是个体每时每刻的情绪及其调节的结果。抑郁的持续发展与情绪调节有着密切的关系。短暂的抑郁情绪会激发适当的调节过程,使个体情绪恢复到正常状态。假如长期使用不良的调节方式,可能使抑郁增强,发展成临床上的抑郁症。

鉴于情绪的基本性质,在社会情境、人际关系的影响下,包容着整个脑的神经生理、认知、个性和行为诸多方面,以及从情绪的基本适应性功能出发;对感情性疾病的治疗,与对待心理各方面的调节一样,从情绪调节的角度着手,将抑郁的生物、心理、人际等方面的研究整合起来,放在情绪调节的理论框架内,研究者的眼界会更宽阔,研究策略会更全面,这将有助于对抑郁进行系统的理论和应用的研究。

3. 情绪的自我调节是促进心理健康的重要方面 情绪的自我调节是促进心理健康的重要方式之一,调节的方式包括控制调节、预期调节和探索性调节。

● 控制调节。它是短时的心理或生理状态调节的工具行为,可以发生在一定程度的自动过程之中,也就是一定程度的自发的自我控制。例如,对延时满足、沮丧、反社会行为、冲突和诱惑(如饮食、吸烟、赌博)等方面的自我控制。控制调节实质上是削弱或缩短情绪反应的机制,如情绪分离、转移或压抑等。

情绪分离是最基本的控制调节形式,它是从不良情绪体验中相对自动的分离注意力。分离注意力以缩短或使不良情绪反应的输出为零,或产生某种竞争性的情绪反应而忽略不良的情绪反应,以自动的方式起作用。

情绪压抑。Gross 和 Levenson(1993)将压抑定义为当情绪被唤醒时对其表达行为的有意抑制。压抑情绪表达可能不影响消极情绪的主观体验,它是欺骗情绪的有效方法。然而,过多使用压抑,旷日持久会影响身体健康(Gross, 1997)。

● 预期调节。它是控制预期将来所需要的工具行为,如加入一个支持性团体,设想是为获得对问题行为的控制,或避免与朋友聚在一起是为了抵制预期的酒的诱惑等。情绪的预期调节包括实际的行动,如趋近或回避的人群、地点、情境;或试图对预期控制进行再评估和记录如何获得调节技能等。

情绪表达是采用动作表情(手势,身体姿态)和面部表情来表明社会地位,转移冲突,或企图得到支持的一种反应。如愤怒表情可能用来增加自己和对方的社会距离;悲伤用来引起支持与同情;尴尬的表情试图表达矫正自己违犯规则并促使别人的原谅。笑通常促进群体内的凝聚力,通过情绪感染引起他人的积极情绪;笑也能引起他人对自己更适宜的评判,而且达到令人满意的结果,使人际关系和谐(Keltner & Bonanno, 1997)。

在预期遇到不适宜的人、地点、或特殊情境而激起不良情绪时,避免是一种调节行为。如与邻居的尴尬关系可以预测在以后的相遇中的羞愧或尴尬情绪,最简单的方法就是避免这种遭遇以排除不安的情绪;人们遇到紧急事件或危险情境时往往采取退缩行为(Hoeowitz, 1986; van der Kolk, 1996)。同样,我们愿意趋向曾经引起积极情绪的自然环境或情境,在那样的环境里,可预料是开心的和有益的。

新技能的获得,正如在热天气时可以购买空调一样,去寻找新的方法发展或改善情绪控制技巧。一个明显的例子是参加心理治疗以控制焦虑、沮丧等困难情绪。例如,暴露治疗(如系统脱敏法或压力预防训练)有其明确的目标帮助获得技巧以面对和处理恐惧(Rothbaum & Foa, 1996)。人们可以通过阅读大众心理书籍获得调节情绪的技巧,参加专题讨论会,学习减少压力的活动如唱歌、跳舞等。

人们还将潜在的诱导不良情绪的情境再评估为相对非情绪性的情境。实验表明在再评估条件下被试的表情行为的减少量与那些在压抑状态下的被试相同。而且,再评估导致主观体验的减少。这就是说,当一个人预期需要控制不良情绪时,再评估可能是调节主观体验和情绪表达的有效方法。

通过记录可以调节情绪。如写作,可以帮助人组织混乱的情绪。这种方式可以形成一定的距离,以便使人理解和获得他们所经历的情绪控制的结果(Macnab, Beckett, Park, & Sheckter, 1998)。然而,当考虑以经验作为根据或证据时,把情绪事件记录下来更能被理解为像再评估一样的预期调节的一种形式。再评估表明对潜在的情绪诱导情境下,以非情绪形式进行的再解释,写作可以更详尽地记录情绪体验的认知重构,使他们结合已存在的认知图式结构,促进预期控制的结果(Sgoutas-Emch & Johnson, 1998)。有丰富的经验性证据证明,在悲伤或创伤性事件的情境下,记录情绪反应能对身体健康产生长期有益的影响(Pennebarker,1989,1990)。

● 探索性调节。它是通过探索性行为,发展新技能、知识或资源的行为,以便增加自动调节的良好结果。当人们没有感到需要控制时,人们会自由地进行探索行为,这种行为可能增强维持情绪平衡的能力。它可以在娱乐和活动中进行。

在娱乐中,探索性调节可能发生在通常认为是被动的消遣方式,如读小说、看电影、或到娱乐场所去。这些场合除了促使人转移注意、娱乐和愉快外,人们也通过在安全情境下去尝试、体验、观察各种情绪,促进情绪调节。典型的例子是在聆听寓言的传说;尽管听到的寓言传说中的人物并不总能解决听众的困难,听众仍然分享主角的情绪,学会潜在的解决办法。

探索性调节也能用在活动上,以促进情绪的自动调节。例如,可以进行一种有趣的高风险活动,如攀岩、跳伞。表面动机可能是获得这些运动提供的紧张感。然而,人们从事这些运动可能发展新的技能或发现新的方法去处理消极情绪或增强积极情绪。

记录、写作情绪事件也有益于探索性行为。写作主题与具体的个人事件关系一般并不密切,探索可能的自我去建立可能的情绪控制的解决办法。日记对于治疗自我理解、自我表现是长期有用而有效的工具(Hettich,1990;Macnab et al.,1998;Rabinor,1998)。

推荐参考书

Gross, J. J. (2001). Emotion regulation in adulthood: Timing is everything. *Current Directions in Psychological Science*, 10, 214~219.

Gross, J. J. (2000). Emotion and emotion regulation. In L. A. Pervin & O. P. John (Eds.). *Handbook of Personality: Theory and Research* (2nd. Ed.). New York: Guilford.

Mayer, J. D., & Salovey, P. (1997). What is emotional intelligence? In P. Salovey & D. J. Sluyter (Eds.) *Emotional Development and Emotion Intelligence, Educational Implications*. BasicBooks. A Division of Harper Collins Publishers. 3~31.

编 者 笔 记

情绪调节是研究较少的领域。鉴于情绪发生涉及的方面较广,情绪调节也必然比较复杂。本章作者按已有的研究成果,试图建立一个情绪调节动态系统,它包容调节情绪的各个因素。情绪调节似乎是按个体为达到设定的目标而提高和促进情绪的适应性的过程,它包含调节情绪的种类、情绪调节的类别和情绪调节的动态特征。情绪调节过程包括情境选择、认知修正、情绪控制、行为改变等成分的顺应;还包括情绪调节的策略、调节的神经机制、调节的效应等。情绪调节的作用在于使人的情绪顺应社会需要和维持心理健康。本章提示人们,情绪调节是一种重要的心理能力,是适应社会生活必要的心理技能。

第三编

情绪与社会生活方面

13

情绪与德育

尽管在教育学和心理学理论上,人们一直强调道德教育既要晓之以理又要动之以情,但是在情与理之关系的具体研究和实践中,人们往往重理轻情。其突出表现在两个方面:一是普遍把道德认识视为道德发展的主要引导因素,而把道德情绪体验(道德情感)置于道德认识的从属地位,以致简单地以为只要晓之以理就能动之以情;二是更多地关注道德认识对道德情绪体验的影响,而较少关注道德情绪体验对道德认识的影响。其结果,现行的道德教育带有明显的唯理性倾向,重理性知识传授,轻感性体验内化;重外在理智控制,轻内在情绪调节。似乎只要传授的道德知识是正确的,就一定会在学生身上产生相应的效果;给学生传授的道德知识越多,其道德发展水平自然就越高。然而,现行道德教育实践在"投入"与"产出"上的明显失衡,促使人们反思道德教育理论研究中的问题所在,进而深思道德教育中情与理之间的相互关系。为此,本章侧重从体验的角度,论述情绪在个体道德发展和道德教育中的作用。

一、移情与道德发展

(一) 移情及其心理机制

1. 移情的涵义 移情(empathy)这一概念,最早是由铁钦纳于1909年提出来的。他认为,人不仅能看到他人的情感,而且还能用心灵感受到他人的情感,他把这种情形称之为移情。在随后的进一步研究中,由于认识角度和侧重的不同,不同的心理学家对移情的涵义有着不同的界定方式。这些界定方式大致可分为三类:

• 情绪性界定方式。这类界定方式强调移情的情绪反应特征,认为移情是对他人情绪状态或情绪条件的认同性反应,其核心是与他人的情境相一致的情绪状态。属于这类界定方式的观点主要有:

(1) 换位说。例如,麦独孤和沙利文把移情定义为一种由知觉移入他人的情绪状态而引起的基本情绪反应;爱泼斯坦(Epstein),霍夫曼(Hoffman)和范斯贝克(Feshbach)把移情定义为对知觉到他人情绪体验的一种设身处地的情绪反应,或移情是由从他人的立场出发对他人内在的状态的认知而产生的对他人的情绪体验。

(2) 认同说。例如,吉布森(Jacobson)认为,移情是一种通过临时对他人情绪的认同而获得的情绪知识;范尼彻尔(Fenichel)也认为移情是认同的情绪结果,但移情与一般认同不同的是,移情似乎包含了一个系统转换过程,即从参与他人的情绪体验回到对这种情绪的观察和反应过程。

(3) 匹配说。伯格(Berger)的移情概念与上述观点有点不同,他认为,移情是观察者的情绪状态与被观察者的情绪状态的一种匹配。

● 认知性界定方式。这类界定方式侧重于移情的认知特征,强调个人知觉、角色扮演、对他人情感的认知以及社会认知等因素在移情产生中的作用,认为移情是对他人的感受、思想、和意图和自我评价等的觉知。这类观点主要有:

(1) 角色承担说。例如,麦德(Mead)认为,移情是通过角色承担行为而获得的,是个体通过把其自身置于他人情境而采纳不同角色的能力;皮亚杰和科隆伯格也强调角色承担能力的重要性,把移情定义为承担他人角色的过程。

(2) 辨别说。例如,伯科(Borke)从社会学习理论的角度,把移情定义为观察者区别他人所体验的不同的情绪状态的能力。

● 综合性界定方式。20世纪90年代以后,随着移情研究的深入和心理学研究综合倾向的兴起,心理学家开始同时从情绪和认知两个方面来界定移情的涵义和特征。他们认识到,在移情的产生过程中,认知成分和情绪成分实际上是相互作用、密不可分。一方面,对他人设身处地的情感反应往往建立在能推断他人情绪状态的认知能力的基础上;另一方面,设身处地的情绪唤醒为观察者提供了推断他人情绪意义的内部线索。例如,有些人认为,移情是对他人情绪状态或情绪条件的反应,移情体验的核心是与他人相一致的情绪状态,而认知过程调节移情唤醒和影响着移情体验的强度和性质;又有学者认为,移情是一种与他人的感受相同或相近的移情性反应,这种情绪性反应来自对他人的情绪状态或情境的认知;同时有人也指出,移情是对他人的情感感受和对情感所发自的经历和行为的认知。在我国的移情研究中,心理学家也多把移情界定为一种替代性的情绪反应能力,是既能分享他人情感,对他人的处境感同身受,又能客观理解、分析他人情感的能力,是个体内真实或想像中的他人的情绪状态引起的并与之一致的情绪体验。

2. 移情的心理机制　移情作为一种间接性情绪,发生机制与直接性情绪有所不同。其基本的区别为:直接性情绪是由于刺激事件作用于本人的情况下产生的,而移情是在刺激事件作用于他人的情况下产生的,是对他人而非本人所处情境的一种移入式反应。因此,心理学家对移情产生的心理机制的认识,主要涉及以下五个方面及其相互作用:

● 条件反射。当一个人观察到另一个人的情绪线索时之所以产生相似情绪体验,是因为他人的情绪线索变成了引发自我情绪的条件刺激。例如,婴儿被紧张而焦虑的母亲抱着时,能够通过与母亲身体的接触,感觉到母亲的紧张而产生痛苦。此后,母亲的痛苦表情或声音都能成为引起婴儿移情的条件性刺激,而不再需要身体的直接接触,继而通过刺激泛化,别人的痛苦表情也可引起婴儿的痛苦。

- 直接联想。当观察到他人在体验一种情绪时,他人的面部表情、声音、姿势以及情境线索等,会使观察者联想或回忆起过去曾体验过的类似情形,从而引发相似的情绪体验。例如,有着因割破手指而产生过痛苦经验的幼儿,看到小朋友割破手指而啼哭时,就会引起移情反应。这种移情的产生,并不需要原来发生于自身的痛苦体验与同伴的痛苦同时发生,而是需要自身有过这种痛苦的经验。这时产生的移情,是同伴的痛苦而引起的联想,导致重现自身过去痛苦经验的结果。这种以情境的直接联想引发移情的方式,比前述条件作用的方式更为普遍,无论在儿童或在成人中,都可能经常发生。

- 模仿。有些心理学家认为,移情的产生与情绪感染的发生机制——模仿——有着直接的联系,即当人们无意识地模仿他人的面部表情和身体姿势时,就会自主性地感受到与他人相同的情绪。例如,巴威尔(Bavels)及其合作者通过实验研究证实,情绪感染的发生机制是一种初步的运动肌模仿,在这种模仿过程中,观察者自主地感受到他人的心灵和情绪,观察者的外显行为并非适应于自己的情境,而是适应于他人的情境;观察者的行为仿佛他正处于他人的境地,正在无意识地为他人设身处地。在表演艺术中,这种引起移情的方式,也是演员技能训练的方式之一。

- 象征性联想。移情的产生,不但直接为受害者的痛苦表情和姿态所诱发,在年长儿童和成人中,也能通过信件或照片等间接信息觉知他人的痛苦而诱发移情。虽然这时产生移情的线索是对事件发生情况的描述或标记,而不是情境本身,但其与直接联想一样,也是以他人的或情境的情绪线索与观察者过去的情绪体验之间的联系为基础的。只是这种模式中,移情产生要更为高级,因为产生移情的人需要学会去解释那些代表真实情境的信息。然而,这仍然在很大程度上是不随意的。照片或信件等信息不过是受害者传递给对方从而使之产生移情的媒介。

- 角色扮演。与前面几种方式不同,角色扮演涉及想像或设想受害者所处情境的精确的认知能力。在这种方式中,移情的产生更多的依赖于移情者本人过去的经历。移情者把自己放在他人的处境中,想像自身遇到了与他人的痛苦遭遇相同的情境,这有力地诱发了移情者对过去的情绪体验,从而对他人产生很强的移情体验。在这中间,移情者似乎充任了对方的角色,而且在这过程中,由于存在着一种认知的重新调整或转化过程,因而较多地受意识的控制和调节,表明这种方式要比前几种方式更为高级。

从移情产生的几种心理机制来看,移情体验的产生需要三大条件:第一,对他人的情绪表达的觉知,即通过对他人情绪的外显表情来感知他人所处的情绪状态;第二,对他人所处情境的理解,即个体能从当事者的角度来看待其所处的情境,设身处地地考虑他人情绪表达的真正意义;第三,相应的情绪体验的经验,即个体若有了类似情境中的情绪体验的经验,如受伤时的痛苦,受欺后的愤怒等,那么当其看到受害者的情绪表达和所处情境时,就会唤起自己生活经验中的类似的情绪反应,进而产生移情体验。

(二) 移情的发展

个体最初的移情是自动的、非随意性的,也谈不上道德含义,如新生儿听到其他婴儿的哭叫会跟着哭叫起来。随着个体的成长,一个人的移情体验可以通过语言的使用或设身处地的思考之类的认知活动而激发。这时,它就会具有某种道德意义。霍夫曼认为,移情能力是在情绪性激起和对他人的社会认知能力的基础上产生和发展的,这一能力发展的大致过程是:个体最初不能区分自我与他人,接着能觉知到他人是不同于自己的客体,之后知道他人具有独立于自己的包括情感在内的各种内部的东西,最后意识到每个人各自具有自己的发展历史、过去经验和个人尊严。具体来说,霍夫曼把儿童移情的发展分为4种水平:

1. 普遍性移情 在出生第一年的大部分时间中,即在获得个体恒常性之前,反映他人情绪体验的表情线索能够引发婴儿普遍性移情反应,例如看到其他婴儿的眼泪自己也会哭。这种普遍性移情是一种来自刺激与感受的混合物,其中的刺激可能来自于对他人或情境的模糊的知觉,也可能来自于婴儿自身。当然,这时的移情还处于一种非常原始的阶段,因为婴儿不能把他们自身与他人区分开来,以致他们常常无法弄清楚谁在体验这种情绪,而且常常把发生在别人身上的事情当作发生在他们自己身上一样来作出反应。

2. "自我中心"式移情 出生第二年,儿童的自我意识开始萌芽,能充分意识到自我与他人的不同,能够在意识到他人而并非自己正在体验一种情绪时产生移情唤醒。这种体验到的"同情式的悲伤"感受是虽以他人为中心的,但儿童仍不能充分的把自己与他人的内部状态区分开来,会把别人的混淆为自己的,在安慰他人时犹如安慰其自己一般,其采取的帮助方式可能是不适当的。例如,一个13个月大的孩子,当他看到有点悲伤的成人时,会把他心爱的洋娃娃送给成人;或者在小朋友哭泣时,会跑去把自己的妈妈而不是人家的妈妈拉来安慰哭泣的小孩。

3. 对他人感受的移情 随着角色采择能力的发展,儿童逐渐能够区分自己和他人的情绪状态。相应的,他能够对他人的感受进行推断,做出更多的反应。达到3岁时,即使在实验情境中,儿童也能对简单情境中他人的快乐或悲伤进行辨认和产生移情反应。而且随着语言的发展,儿童能够第一次从情绪的象征性线索中辨别出意义来,即他们不仅能够通过他人的表情产生移情,而且能够在很宽泛的情绪范围内产生移情。他们甚至能在别人不在时通过有关他人的感受的描述产生移情。在这一阶段,儿童能够体验到同情性的悲伤(这种情绪并不完全与他人的情绪一致,但包含悲伤的情感和对他人的关心),并能够在认识到他人的需要可能不同于自己,从而能够更加熟练地采用合适的方式帮助别人。例如,看到邻居家的小孩哭了,会过去把玩具给他,抚摸他的头,安慰他。

4. 对他人总体生活状况的移情　在儿童后期，儿童对人类的理解随着认同感的增长而增加，认识到自己和他人各有自己的历史和个性，能够注意到他人的生活经验和背景，不仅能够理解他人的眼前痛苦，而且能从更广阔的生活经历来看待他人所感受的愉悦和痛苦，能认识到他人的生存环境或条件是他人长期痛苦的根源。这时，儿童可以感受到群体的痛苦，如穷人、流浪汉的痛苦。此时，儿童移情的发展达到了超越直接情境的阶段。

（三）移情的道德功能

近年来，移情与道德行为的关系已成为心理学家所关注的研究主题。许多心理学家认为移情是儿童利他行为和其他亲社会行为的一个重要的中介因素，因为它通过使个体的亲社会行为建立在自愿的基础上而成为助人行为的重要动机源泉；移情是道德判断与道德行为的基础，移情水平的高低影响着人们道德价值观的形成。霍夫曼则进一步指出，道德的源头可从移情中去探索，因为移情本身就是一种"亲社会动机"，是有助于维护社会联结、促进人际友好关系建立的一种心理手段。具体来说，移情的道德功能主要体现在以下几个方面：

1. 移情与道德价值观　移情的发展使一个人能够去注意引发他人情感状态的各种线索，注意到他人情感的发生和发展，也使一个人能够感受到他人真实的生活状况，感受到个人状况与其情感的种种联系。这促使个体形成保护他人、呵护他人和帮助他人的心理倾向。而且在移情基础上产生的愤怒、内疚、同情等情感会促使个体产生不公平感，为了对一些人公正，就要对他人进行谴责甚至惩罚。因此移情强化了个体具有的公正的道德价值取向或者关爱的道德价值取向。

2. 移情与道德判断　移情通过激活人头脑中特定的道德准则而对道德判断产生影响。当他人的权益受到侵犯或对人们不愿履行义务时，个体会深感不公平和愤怒，当他人处于不幸和身心痛苦时，个体也会产生发自内心的同情，或者会因为不能提供帮助而感到内疚，这些移情情绪会使一个人意识中与当前问题有关的道德准则更为突显和活跃，随之就更有可能把它作为在思考道德问题时的重要依据，并最终得出相应的道德判断。

3. 移情与道德行为　移情体验使人能更多的设身处地为别人着想，从他人角度看问题，因而具有较高道德移情水平的个体往往具有较为强烈的道德敏感性，有较高的观点采择水平和角色扮演能力。这就使个体的道德动机最终能够处于主导地位而作出正确的道德抉择，使得个体能更可能将道德动机转化为道德行为。同时移情体验本身会促使人做出更多的亲社会行为，例如，当人产生移情悲伤或内疚时，这会促使个体去做出弥补性的行为，以降低悲伤或内疚的强度，从而降低由此带来的痛苦。

二、内疚与道德发展

(一) 内疚及其发展

1. 内疚的涵义 内疚(guilt)最早是神学和哲学的研究对象,而将其纳入心理学的研究范围,则起于精神分析学派。在其后的具体研究中,心理学家们由于各自的认识与侧重的不同,对内疚概念作出不同的界定,归纳起来,可分为四类:

- 焦虑说。最早详细描述内疚概念的心理学家是弗洛伊德。他认为,内疚是在幼年时受到父母惩罚或遭到抛弃后所引发的焦虑状态。"源于外部的具有威胁性的不愉快、爱的丧失和外部权威的惩罚,已经转变为内部的持续的不愉快,一种具有内疚感的紧张。"儿童把指向父母的敌意转向内部,体验为内疚感。弗洛伊德的精神分析理论将内疚视做是本我与自我之间矛盾冲突的结果。现代精神分析的理论认为,内疚是自我欲望受制于超我,两相冲突而使个体自尊降低的结果。存在主义心理学家罗洛·梅(Rollo May)则将内疚等同于焦虑,认为它是人的基本存在,并提出"存在内疚"(existential guilt)的概念,指出存在内疚是潜力丧失、与同伴分离及与自然分离的结果。

- 基本情绪说。在伊扎德的情绪分化理论中,内疚是一种基本情绪,它与其他情绪一样,是在生物进化的过程中产生的,对它的体验是不学而能的。当人们意识到自己破坏了规则,违反了自己的标准或信念时,就会感到内疚。

- 良心说。持这一观点心理学家认为,内疚是一个人觉察到自己对所做的消极行为负有个人责任时产生的一种带有痛苦、自责体验的情绪,是个体良心的发现。对于"guilt",除"内疚"外,又译作"内疚感"、"自罪感"、"罪恶感"。对内疚概念的定义,通常涉及道德和良心。如"指个人自知违反道德标准时的一种内心感受。平常说做错了事受到良心的惩罚,就是罪恶感","一种认识到自己违反了道德标准而产生的情绪状态。大部分权威人士认为像内疚感这种情绪状态只有当个体具有内化了的社会道德标准时才会有;因此它不同于简单地害怕来自外部的惩罚,从某种意义上说,内疚感是一种自我执行的惩罚"。

- 移情说。20世纪60年代,霍夫曼提出了一种更具结构性的、基于移情基础上的人际间的内疚理论(Hoffman, 1967, 1982)。他认为,内疚是对他人痛苦的移情反应与对引起痛苦原因的觉知二者之间的结合。他将内疚定义为一种轻视、厌恶自己的痛苦体验,通常伴有迫切、紧张和后悔。其产生的原因是:对处于悲伤中的某人产生移情,同时意识到自己造成了他人的悲伤。为了避免内疚,个体会努力杜绝伤害行为,或者是在伤害行为发生后对受害者进行补偿,以期减少伤害和减轻内疚。

随着心理学的发展,内疚的良心说与移情说,得到了普遍的认同。尤其是霍夫曼的理论,受到了越来越多心理学家的重视,因为他的理论中突出了以移情为基础的内疚的产生,强调了内疚中的情绪与认知成分,同时也涉及了良心说的有关观点,阐述了内疚的产生发展与道德的相互关联。

2. 个体内疚发展的过程 人的内疚的发展是一个渐进的过程,它的发展阶段主要体现在认知与移情水平的发展对内疚的影响方面。从儿童内疚的产生和发展来看,其主要阶段有:

● 在婴儿时期和幼儿早期,虽然儿童会因自己的有意行为使别人哭泣而产生类似内疚的移情反应,但是,由于他们尚不具有对他人内部状态的觉知能力,还不能区分受害者和自己,不能肯定自己做了伤害他人的活动,因而也不会产生真正意义上的内疚感。

● 4~5岁的幼儿期,随着儿童的移情能力的发展和对他人内部状态的觉知能力的产生,他们能够理解他人的行为与要求,并且能够根据某些不允许伤害他人的道德标准来认识自己和受害者之间的关系,因而会因为自己对他人造成伤害(包括没有达到互惠)而感到内疚。不过,由于此时的儿童尚未将外在的道德标准内化为自己的行为准则,他们的内疚发展还处于低级阶段,通常只是在模糊的道德认知与对他人痛苦的移情这二者结合的条件下产生。

● 当儿童早期6~8岁时,随着社会化的发展,他们开始产生具有真实交往价值的内疚感,即因没有能完成义务或责任而表现出内疚,并会导致相应的补偿行为。一个真实的事例,说的是一个二年级的男孩,因得了不好的分数而看到母亲很失望的表情。这时,他将母亲的要求、自己的诺言、母亲的失望及自己未达到好成绩的承诺的认识综合起来而产生内疚,并做出了积极的弥补;在周末的下午,他整个晚上跟着母亲准备晚餐而未去玩电脑游戏,显出似乎有些沉重而怯懦的样子。

● 在10~12岁左右儿童后期,随着自我意识水平的发展和道德水平的提高,儿童已具有一定的维护和坚持道德标准的内在力量,一旦察觉自己的行为与道德标准不相符合,或有违自己的"理想自我"时,就会因负性情感逐渐增强而产生内疚。甚至即使在没有外在行动或对他人造成伤害的情况下,也会因为自己的念头或想法有违道德准则而感到内疚,并可能持续相当长的一段时间。

另外,有关研究结果表明,在儿童早期,伤害结果的严重性是决定内疚强度的惟一因素;到了儿童后期,伤害结果的严重性、伤害行为的可选择性和可控性共同决定内疚及其强度;而到了成人时期,伤害行为的选择性和可控性是内疚产生的基本决定因素,当故意与有关他人的抽象的道德准则冲突时,人会感到更强的内疚。

3. 内疚发展的条件 从儿童时期懵懂的内疚发展到成熟的内疚,受到了诸多因素的影响。例如儿童生理机能的发展,认知水平的发展,移情能力的发展,以及学校教育和家庭教导等。归纳起来,内疚发展的条件主要表现在以下几个方面:

第一,对道德规范的认识。随着儿童的成熟和社会化发展,在父母和学校的教导下,他逐渐认识到其所处的社会中存在着一定的道德规范,每个个体都应该遵守这个规范。当儿童有了违规后受惩,或看到他人违规受惩的亲身经历后,使得他将外在的道德准则逐渐内化为自己的行为准则,将之作为对自己行为的评判标准。

第二,对自身行为结果的认识。个体必须能够在产生冲突时意识并理解伤害行为的严重性,这要求个体思考其自身的行为,并且能理解这种行为对他人现在和将来利益的影响。这是与个体的移情能力密切相关的。只有当个体对别人的痛苦感同身受时,他才能明了自己行为的严重性。

第三,对自身行为动机的认识。个体必须能够思考他的动机,而且知道他的行为究竟是偶然的还是必然的,是可选择的还是无奈的,是有意的还是无意的,是外部压力或刺激的结果还是自己主观意愿的结果。当个体作出指向自己的内部归因时,成熟的内疚才有可能发生。

第四,对自身行为的改进。个体在感到内疚的同时,还要有一种违规或犯错感,并且以行动对所造成的伤害负责。这是伴随内疚产生的补偿行为,以期减轻伤害和降低内疚的感受。在亲密关系中,内疚可能促使个体更多的关注他们的同伴,改变自己的行为以适应他们同伴的需要和期待,而且有时会承认过错以保护他们的关系,并且不再重复违规行为。此外,先前体验到的内疚感还能促使个体在将来类似的情境中对受害者提供帮助。

(二) 内疚与道德内化

道德内化是指个体将社会道德要求转化为个体的内在需要和动机的过程。道德内化的过程,实际上就是个体行为自律的过程,它表明个体能够在没有外在干预的情况下,自觉地按照社会道德要求控制自身的行为。

内疚是在道德内化的过程中产生的。个体既往有过受伤害的痛苦体验,或者是有观察别人因受伤害而痛苦的经历,使得他对别人的痛苦也能感同身受。所以,一旦他的行为造成了对别人的伤害时,就会产生移情性的悲伤,这种移情使得个体强化了对自己行为的认知,并作出指向于自身的归因,产生自责、痛苦等内疚情绪。实际上,在内疚产生的过程中,个体已经将外在的道德要求——在此情境中,什么是应该的?什么是不应该的?——自觉地转化为对自己的内在要求。个体对道德要求的接受与内化,并非来自外界的压力,而是源于他内心中的内疚感。这种内疚体验以某种方式在个体的记忆中进行了编码。

同时,内疚也促进了道德内化的过程。当类似的情境再度发生时,个体记忆中的内疚体验以及相关的道德认知被激活,使得他有可能对事件的结果作出估计,并同时产生预期性的内疚。为了避免内疚的实际产生以及相随的痛苦,个体会改变行为以遵守他早先接受的道德要求。这个过程实际上就是对道德要求的进一步内化的过程。正是在内疚体验——预期性内疚——避免内疚的过程中,个体不断地将道德要求内化为自身的需要和动机的。

对于道德内化过程而言，内疚情绪既是必要的，又是应当竭力避免的。从机能上看，它可以诱发道德行为：内疚情绪一旦发生，即能成为采取补偿行为的动机力量，它会驱使人尽力弥补自己的过失，以便减弱或消除内疚感。从情绪体验与自我实现的角度上看，内疚又是个体努力回避的：一方面是因为内疚中常伴有指向自身的痛苦体验，另一方面，内疚的产生也就意味着个体与"理想自我"之间的不平衡，这恰恰是追求自我实现的个体所不愿接受的；因此个体会自觉地遵守道德准则，作出道德行为，以避免内疚。所以说，内疚是一种有益的情绪，它是良心的发现，是改正错误的转机；内疚的发生同时也促使个体防止类似事件再次发生，避免再体验到内疚。内疚，既是在道德内化的过程中发生发展的，又进一步促进了道德内化的实现。

（三）虚拟内疚理论

1. 虚拟内疚及其类型 在以往的心理学理论中，对内疚及其产生原因的认识，大都局限在实际发生的伤害性行为或违规行为情境中，然而霍夫曼发现，在日常生活中，尽管人们实际上并没有做伤害他人的事情，或所作所为并没有违犯公认的社会道德规范，但如果他们认为自己做了错事或与他人所受到的伤害有间接关系，也会感到内疚而自责。霍夫曼将这种内疚称为虚拟内疚(virtual guilt)，以区别于伴随实际伤害行为或违规行为的违规内疚(transgression guilt，即人们通常所说的内疚)。

霍夫曼指出，虚拟内疚在日常生活中普遍存在，并可以分为四大类：

第一类是关系性内疚(relationship guilt)，它常常发生于具有亲密关系的个体之间。那些具有亲密关系的个体，由于在感情与行为上相互依赖，很了解自己的言行对同伴的潜在影响，因而一旦同伴表现出不明原因的悲伤时，不仅会产生移情性悲伤，也会为同伴的不快而责备自己。例如，当一对恋人中的某个表现出原因不明的悲伤或沮丧时，另一个就会为此而不安，会不断地追问原因以确定自己是否有责任；当无法得到答案时，往往会认为恋人的悲伤或沮丧是由于自己的原因造成的。

第二类是责任性内疚(responsibility guilt)，它常常发生于肩负某种责任的领导者或组织者身上。那些对他人肩负某种责任的个体，常常会因下属所受的意外伤害而责备自己，尽管事情的发生并不是他的过错，但是他总是不断地在脑海中回忆事件的过程，并认为自己本可以采用别的行为方式以阻止事件的发生。例如，一位警官亲眼目睹自己的下属被藏在暗处的杀手击毙，虽然灾难的发生并不是他的过错，但他作为负责人仍感到自责。"是我的责任……他中枪了而我没有……是我带他去那儿的……也许如果我快些或慢些……如果我站在右边而不是左边……我是不是做错了什么？也许我本可以用什么别的方法？……我有责任……也许我们本可以提前一些到门那儿"。

第三类是发展性内疚(developmental guilt)，它常常发生于那些在追求自身发展的过程中获得超越同龄人的成就或利益的个体身上。那些在同龄人群体中获得某种突出成就的个体，在欣喜的同时，也往往会因使其他人"相形见绌"而感到内疚。例如，一个有天赋的孩子画了一幅画,引起了成人的注意,并赢得了称赞与拥抱,而他的小伙伴们则沮丧地在一旁看着,于是他很快就认识到自己的成功会使其他的孩子感到不满意,并因此而内疚。同样,有些是本家族或同龄人中第一个考上大学的人,也会认为这降低了别人的自尊而感到内疚——"在他们的眼中,我贬低了他们,即使并非如此"。

第四类是幸存性内疚(survivor guilt),它常常发生在那些经历了大灾难(如战争、瘟疫、地震、火灾、恐怖事件等)后而幸存下来的人身上。幸存者的体验十分复杂,既有对幸存的喜悦,又有对死者的哀伤。他们常常问自己,"为什么是我活了下来,而不是别人?"其中有些人可能认为相比于其他人自己不值得活下来,或是认为自己在挽救其他人方面做的不够,并为此而感到内疚;有些人可能认为自己破坏了公平或互惠的原则,各人的所得应该是公平的,自己不应获得比受害者多的优势,因此而产生内疚感。

2. 虚拟内疚的发生机制 霍夫曼认为,不管是违规内疚还是虚拟内疚,都是移情性悲伤与认知归因相结合的产物。具体来说,当个体对某人的悲伤或痛苦产生了移情性悲伤之时,情绪的动机作用就会促使其去寻找受害者悲伤或痛苦的原因。若发现是其他人或受害者本人造成的,与自己没有任何关系,个体不会产生内疚;若发现是自己造成的,是因为自己的行为违反了公认的社会道德准则,个体就会产生违规内疚;若个体对原因不甚明了,但与受害者有亲密、责任、利害等关系,那么就很有可能做出指向自身的归因,进而产生虚拟内疚;若发现尽管直接原因不在自己,或自己的行为并没有违反公认的社会道德准则,但是觉得自己当时的行为与应该做的和能够做的不相一致,即认为"我本可以如何"以阻止事件的发生之时,也会产生虚拟内疚。此基础上,霍夫曼从不同方面对虚拟内疚的发生机制进行了探讨,认为其主要涉及以下三个环节:

首先,既往经验诱发移情性悲伤。在日常生活中,人们既有因伤害他人而内疚的既往经验,又有被他人伤害而痛苦的亲身经历,这些经验既包含对某种行为是否符合既定道德准则的评价和是否具有可控制性的归因,又包含伴随"情绪充予"的某种社会道德准则的内化及其情绪体验。因此,一旦发现与自己有关的人产生悲伤或痛苦时,就会引发个体记忆中既往经验的再现,进而诱发移情性的悲伤。

其次,移情性悲伤驱动认知归因。移情性悲伤的产生自然导致一种动机作用,促使个体去寻找他人悲伤或痛苦的原因。其中的认知过程包括:(1)对行为人的认知,即这种伤害是谁造成的;(2)对行为的意向性的认知,即伤害行为是偶然的还是故意的;(3)对行为的控制性的认知,即伤害行为是否可以控制;(4)对行为的选择性的认知,即是否有其他可供选择的行为;(5)对道德标准的认知,即了解所在情境的道德准则。在这种认知归因的过程中,由于被伤害者与自己有某种关系,因此个体十分担心或在意自己是否对之负有责任。

第三,认知归因的自我指向引发虚拟内疚。这具体包含两种情况:其一,若个体发现尽管直接原因不在自己,或自己的行为并没有违反公认的社会道德准则,但是觉得自己当时的行为与应该做的和能够做的不相一致,即认为"我本可以如何"以阻止事件的发生之时,会产生虚拟内疚;若个体对原因不甚明了,但与受害者有亲密、责任、利害等直接关系,那么就很有可能做出指向自身的归因,"以为"自己无意中做了伤害他人的事,进而也会产生虚拟内疚。

3. 虚拟内疚的影响因素 为了探究虚拟内疚的影响因素,霍夫曼细致分析了儿童的内疚行为。许多研究发现,当看到母亲不明原因的难过或哭泣时,15~20个月大的婴儿就会显得很难过,试图靠近并安慰母亲;而且,有1/3的婴儿会因母亲的悲伤而责备自己,如他们会说"对不起,妈妈,我做错了什么吗?"或者是打自己。霍夫曼认为,使得年幼的儿童产生虚拟内疚的因素涉及四个方面:

- 移情水平。他们是样本中移情能力较高的儿童,因此对母亲的情绪十分敏感。
- 因果图式。婴儿早期的因果图式是根据事件时间空间上的邻近性,这使得他们做出归因:"我就在附近,所以是我造成的。"
- 认知水平。婴儿认识到自己对他人有影响力,但这种认识是模糊的,再加上对事件发生原因的不确定,使得他们觉得"我可能做了这件事"。
- 既往经验。儿童记忆中的那些确实由于自己而引起母亲悲伤的事件,使得他们认为"过去是因为我,所以现在可能还是因为我"。因此,当母亲悲伤的原因不明确时,这些因素相结合,使儿童产生自责——"她很难过,我就在附近,可能是我让她难过的,而且我过去曾让她悲伤过。所以一定是我做了些什么让她难过"。

对于成人来说,霍夫曼认为其虚拟内疚主要受下列因素影响:

- 既往经验。在日常生活中,人们都有因伤害他人而内疚的既往经验,因此,一旦他们"以为"自己做了伤害他人的事,就可能产生内疚感,即使他们实际上与此事无关。而且,相应的既往经验越多,个体产生虚拟内疚的可能性越大。
- 移情能力。虚拟内疚的产生与个体的移情能力密切相关,即只有当个体对他人的痛苦产生移情性悲伤或感同身受之时,才有可能对他人的痛苦进行归因,并有可能"以为"是自己的行为所导致的或自己有一定责任。因此,个体移情的能力高低或敏感程度,势必影响虚拟内疚产生的难易与强度。而且,相关研究发现,那些早年会因母亲不明原因的难过而责备自己的儿童,长大后比其他同龄人更容易产生虚拟内疚。
- 道德水平。虚拟内疚的事件,用通常社会公认的道德标准来衡量,当事人是无可指责的或没有责任的,但是当事人之所以会产生虚拟内疚,表明他的个体道德标准高于通常的社会道德标准。即在其他人看来当事人并没有违规的情况下,如前述责任性内疚和幸存性内疚,他也会对自己或没能及时阻止事件的发生,或没能成功地提供帮助,或对帮助犹豫不决等感到内疚。因此,在同一情境中,道德水平高的人可能更容易产生虚拟内疚。
- 关系程度。当事人与受害者或悲伤者的关系程度,也是影响虚拟内疚的主要因素之一。从霍夫曼列举的虚拟内疚类型可见,当事人所内疚的事件,都涉及与自己有亲密关系或直接关系的人。因为只有在彼此具有紧密联系的情况下,当事人才会对他人所受的伤害或感到的悲伤产生自我归因,并反思自己行为的选择性和可控性以及相关的责任。

4. 虚拟内疚的德育意义 霍夫曼关于虚拟内疚的研究,不仅拓展了内疚研究领域、丰富了内疚研究的内容,而且从一个新的角度揭示了道德情感在个体道德发展中的自我调节和自我教育作用。就后者来说,其理论意义突出地体现在以下四个方面:

• 虚拟内疚与道德自我的关系。不管是违规内疚还是虚拟内疚,在当事人的体验中都是内疚。其间的主要区别在于前者与社会道德标准相联,后者与个体道德标准相联。具体来说,在导致违规内疚的事件中,不仅当事人认为其行为违反了既定的社会道德标准,而且其他人也认为其行为违反了既定的社会道德标准;而在导致虚拟内疚的事件中,尽管其他人认为当事人的行为并未违反既定的社会道德标准,但是其认为自己当时的所作所为有违内心的特定道德标准。可见,虚拟内疚的产生与个体的道德自我密切相关,它表明个体用以规范自我的道德标准高于该情境中通常的社会道德标准。道德心理学研究认为,道德自我是一个人道德自省的主要中介变量,它不仅决定着一个人认为什么样的行为方式是正确的,而且决定着他为什么这样认为。因此,道德自我水平不同的人,对于同一行为及其结果的道德认知与道德情感必然不同。惟有道德自我水平较高者,才可能在其他人认为其行为并无过错或责任的情况下,或在其他当事人并不觉得值得内疚的情况下,为自己的某些行为、想法或念头与自己"应该的"和"能够的"不相一致而自责,即产生虚拟内疚。这种自我谴责本身就是一种自我道德净化过程,它促使个体再次审视道德上的理想自我,并进一步调整现实自我与理想自我之间的距离。

• 虚拟内疚与道德内化的关系。道德内化是个体的道德情感和道德认知相结合,从而产生自律行为的过程。虚拟内疚作为一种在道德移情基础上的"设身处地"、"将心比心",会使个体意识中与当前问题有关的道德准则更为突显和活跃,进而有可能把它内化为今后思考道德问题时的重要依据,以及个体行为的道德准则。因此,虚拟内疚既是在道德内化的过程中发生、发展的,同时又促进了个体道德的进一步内化。一旦这种内疚情绪被唤起,与情境相关联的道德认知与道德情感也会随之被唤醒,促使个体重新审视、评判自己在情境中的表现,并决定自己在此情境中"应该"具有的表现(包括道德价值观、道德判断、道德行为以及道德情感),即对道德自我的重新界定;当类似情境再次出现时,个体就会以新的道德自我的要求做出自律行为。这种道德内化的一个特定标志是,道德情感的唤起似乎是自动地从内心导出而被体验为行动的意向。也就是说,个体对道德准则的接受与内化,并非来自于外界的压力,而是源于他内心中的内疚体验。

• 虚拟内疚与道德行为的关系。霍夫曼指出,虚拟内疚一旦产生,就会成为个体采取补偿行为的动机力量,促使个体去做出补偿性的亲社会行为,其原因在于,若不这样做,个体在体验上始终有一种"如果不提供帮助就会感觉不好"的感受。而且,霍夫曼引用包姆斯特等的研究,认为虚拟内疚与违规内疚在对补偿性的亲社会行为的动机作用的方式上有所不同；违规内疚的产生，由于是违背了公认的社会道德标准的结果，因而其导致的补偿行为有可能是适应社会要求的、非持续的；而虚拟内疚的产生，由于是自认为违背了个人道德标准的结果，因而其导致的补偿行为大多是自发的、持续的，它会促使个体不断地做出补偿行为以减缓内疚感，如为了避免关系性内疚经常地去关注同伴的情绪状态，为降低对幸存的内疚而不断地去关照遇难者的家人。

- 虚拟内疚与道德教育的关系。虚拟内疚在道德内化和道德教育中的作用，表明虚拟内疚所产生的独特情绪体验，是促使个体进行道德上的自我调节和自我教育的重要主体变量和动机力量。因此，在学校道德教育的实践过程中，结合相应内容并通过适当方式引发学生的虚拟内疚，不仅可以促使学生在没有外在强化或外在控制的情况下，自觉地从道德自我的角度审视自己的行为，而且可以促进学生在道德认识与道德情感之间形成一种稳定的相互关系结构，以致彼此间可以相互调节和相互强化，进而达到增强学生对道德知识的掌握、道德准则的内化和道德行为的自律的目的。与之相应，在学校道德教育的基础研究中，从虚拟内疚的角度探讨情绪体验在道德教育中的内化调节作用，不仅有助于纠正现行学校道德教育中的"重理轻情"现象，而且有助于教育工作者进一步从理论上认识：激发相应的情绪体验是道德教育获得实效的心理基础，而且在多数情况下，只有先"动之以情"，才能更好地"晓之以理"。

三、情绪与学校德育课程

对情绪及其教育、教学意义的强调，是当前学校德育课程改革的突出特点。其不仅彰显在"课程标准"的基本理念和分类目标上，而且蕴含于"实施建议"的指导思想和具体要求中。为了帮助读者深入理解学校德育课程改革的理论依据，自觉实践"课程标准"的教育、教学要求，本节试从以下三个方面，解析当前学校德育课程改革的情绪内涵。

（一）建构学生的主体意义

建构课程对于学生的主体意义，是当前学校德育课程改革的主要特征之一。以往的德育课程，虽然很注重知识内容本身的客体意义，但是对知识内容与学生现实生活之间主体意义缺乏应有的重视，即尽管知识本身具有学科的逻辑意义，但是对于学生缺乏实际的心理意义，以致常常因为缺乏社会生活的依托和确证而流于虚空、走形式、无效，也常常因为难以帮助学生解释和解决现实生活中的道德问题或困惑而被视为"假、大、空"。因此，当前学校德育课程改革的基本理念就是由知性德育向生活德育回归，其意义不仅在于社会生活是道德及其教育的起点，学生的道德发展只有通过社会生活才能实现，而且在于只有与学生社会生活相联系的德育内容才能有助于建构学生的主体（心理）意义，才能激发学生的积极情绪体验，进而激发学生的主体性。具体来说，其情绪内涵主要体现在以下两个方面。

1. 主体意义及其情绪反映直接制约学生对德育内容的接受意愿 一般来说,学生对道德教育内容的接受意愿,受制于两方面因素的影响:一是能不能接受,二是愿不愿接受。其中,"能不能"主要受制于认知因素,即学生已有的知识和智力水平;"愿不愿"则主要受制于情感因素,即学生对德育内容及其形式的情绪体验以及由此而产生的学习意愿。在现实的德育过程中,"能不能"的问题并不突出,因为我们的教材内容通常会充分考虑到学生的已有知识水平;与之相比,"愿不愿"的问题始终是道德教育能否达到预期结果的关键和难点。教育工作者经常强调的激发学生的学习动机和学习兴趣、调动学生的学习主动性和自觉性等,实际上都是旨在解决学生愿不愿学习的问题。而这在很大程度上受学生课程的主体意义及其情绪反映的制约。这是因为,情绪活动与认知活动不同,它不是对事物本身的反映,而是对事物与人自身关系的反映,换句话说,情绪所反映的不是事物本身的客观意义,而是事物对人所具有的主观意义。因而,德育课程对于学生是否具有主体意义,即是否与他们的社会现实和成长需要相联系,是否能够帮助他们解释和解决现实生活中的道德问题或困惑,直接制约学生对德育课程的情绪反映,并进而决定了学生对之的态度和是否接受的意愿。同样,情绪心理学研究表明,当学生接触某一德育教学情境时,其并非主要从课程内容本身的客体特性的认知性角度对之进行反应,而是更多地从教学内容与自身关系的主体特性的情绪性角度对之进行反应,并据以决定自己的学习动机和学习行为;对课程内容的主体意义的探寻及其情绪反映,在发生上经常处于学习活动的前沿,并构成学生学习的最初制约因素。

2. 主体意义及其情绪反映直接制约学生对德育内容的学习心向 教学心理学研究指出,学生的学习应该是"有意义的学习"。这个"有意义"并非指课程内容本身的客体意义或逻辑意义,而是指课程内容对于学生具有主体意义或心理意义,即课程内容中的知识和观念能与学生已有认知结构中的知识和观念发生现实的关联作用;这个"有意义的学习"并非等于有意义的教材的学习,而是指学生能积极主动地将课程内容中的新知识和新观念与自身认知结构中原有的适当知识和观念发生相互作用,使旧知识和旧观念得到改造、新知识和新观念获得实际意义的过程。因此,学生对德育内容的主体意义的认识及其情绪反映,必然直接制约他们的学习心向。在"有意义"的条件下,学生倾向于把学习看做是一种促使自己不断发展、不断提高的过程,对学习内容表现出明显的期待和努力倾向,更多地采用交替、网络式的认知加工策略,能从多方面、多角度去搜寻提示线索和意义特征,如对新旧知识的"切合性"作出判断,调节彼此间的分歧或矛盾,或将新知识加以简化重组与转换,使之与自身认知结构融为一体。而在"无意义"的条件下,学生则倾向于把学习看做是一种痛苦、难受的差使和负担,对学习内容明显表现出退缩、厌倦甚至抵触情绪,更多地采用简单、直线式的认知加工策略,仅注意学习内容的形式特征而忽略其意义特征,甚至简单地将新学内容在自己的认知结构中"登记"一下了事。

（二）激发学生的积极情感

激发学生在学习过程中的积极情绪体验，是当前学校德育课程改革对教材组织和编写的基本要求之一。以往学校德育教材的组织和编写，由于更多地强调知识载体性和传授性，对如何有利于"教"考虑较多，而对如何有利于"学"考虑较少，对学生在学习过程中会产生什么样的情绪体验更是缺乏应有的关注，以致学生学有厌烦情绪的现象甚为普遍。为了有效克服这一弊端，贯彻新一轮课程改革以学生为本的理念和要求，当前学校德育课程在教材组织和编写要求上十分强调把学生当做主角，以学生的视角和学生的"生活事件"来呈现教材的教育话题和案例，以学生乐于接受和参与的方式来组织、表述教学内容，为学生表达思想和感情、进行创造活动留出空间、提供方便，从而激发学生的主动参与、推动学生的自主建构，将教材的价值引导意图转化为学生发展的内在需求和自主选择，使教材真正成为促进学生思想品德发展的重要文本。其中的情绪内涵可以从以下两个方面来体会。

1．情绪体验与道德知识的掌握 情绪心理学研究表明，在道德知识的学习过程中，如果学生没有产生相应的情感体验，那么这些知识对他们来讲就是外在的东西，或仅仅是考试时的答案；只有当学生产生了相应的情感体验，他们才能理解和感悟这些知识的价值与意义，并将之内化为自己的行为准则。这是因为，学生对道德知识的掌握是一个从道德情感上的"认同"向道德观念上的"应当"过渡的过程。由于道德教育的内容都直接围绕人与人之间的社会交往，道德上的善恶标准及其行为规范又都直接涉及人与人之间的利害关系，因而，学生对道德知识的掌握必然首先以自我道德经验为参照系，并且必然会产生相应的道德情感体验。这种情感体验来自于教材内容与学生自我经验之关系的亲身体会和价值判断，其所反映的因果关系直接制约学生对教材内容的"认同"。为此，当前德育教材的建构特别强调发掘教材内容的情感内涵，充分利用教材内容的文字表现力和形象感染力，让学生产生相应的情感"共鸣"，使教材内容对于学生具有主观意义，并使学生受到思想上的感染、感情上的陶冶，进而自觉地将使课程内容中蕴含的德育思想内化为自己"应当"的行为准则。

2．情绪体验与道德动机的内化 在道德教育过程中，学生道德动机的激发与培养涉及两个相互关联的因素：社会要求和个人意愿。其中，社会要求来源于社会的愿望和需求，反映了学生"应该"做的事情和"应该"达到的结果，它对道德动机的特殊作用在于目的方向和具体内容的规定；个人意愿来源于学生的需要和态度，反映了学生"愿意"做的事情和"愿意"达到的结果，它对道德动机的特殊作用在于行为动力水平或个人所愿意投入程度的规定。道德教育的目的，就是要使二者在教育过程中相互联系、彼此加强，最终化社会要求为个人意愿，化外在要求为内在需要。这一"联系-转化"过程的实现，受情感体验制约。这是因为，情感总是与个人意愿有着直接的联系，并在发生上总是处于心理活动的前沿，因而学生对道德教育的社会要求与自身关系的认识总是受到相应情感体验的"折射"。其结果,学生对于社会要求的情感反映,直接影响其对道德的社会要求及其实现过程所具有的主观意义的认识,并常常构成道德活动的直接诱因和道德动机的最初制约因素,进而决定了学生对道德教育的态度和是否投入的意愿。一旦学生通过切身情感体验认同了道德的社会要求,他就会自觉自愿地服从这种要求。此时,学生的道德动机不再是外力作用下的"迫不得已",而是一种内化作用下的"心甘情愿"。为此,当前德育教材的建构十分重视学生在教学过程中的积极情感体验及其对学生道德动机内化的影响,强调通过改进教学方法、加强教学合作来激发与调节学生的积极情感,使学生通过切身体验感受到相关教材内容对自己的积极意义,使之个人意愿与社会要求相契合,进而使其道德动机因在内容和动力上取得心理契合而得以有效的形成与实现。

(三) 增进师生的情感关系

增进师生在教育、教学过程中的情感关系,满足学生成长发展的情感需求,是当前学校德育课程改革在教学建议和教学评价方面的基本要求,也是对新型师生关系建构和教师成长的基本追求之一。从以往学校德育的实践来看,学生思想品德和心理健康的发展中出现的问题,大都与师生情感关系不佳或学生情感需求不能得到应有的满足有一定的联系。随着基础教育研究与改革的深入,教育研究者和管理者普遍意识到,师生情感关系不仅直接制约师生之间的人际交往乃至教学活动的有效进行,而且直接制约学生的思想品德和个性心理的健康发展。因此,当前学校德育课程在教学和评价要求上十分重视通过多种方式增进师生的情感关系、满足学生的情感需求,力求使师生情感交往成为促进教师教学、学生学习和品德发展的过程。其中,从促进学生发展来看,其情绪内涵及其对教师的要求主要体现在以下两个方面。

1. 教师的乐观态度与学生的发展 教育是一种基础于希望、着眼于未来的活动。对于教育来说,乐观是人向上发展的基础。同样,对于学生发展的有效教育而言,教师的个人行为和职业行为如何,取决于他们是否对学生抱有乐观的态度。这是因为,学生(特别是小学生)的自我认识带有一定程度的"卫星化"倾向,即在一定程度上反映着权威人士对他们的态度和评价,他们的自尊和自信也在一定程度上靠权威人士的乐观态度和积极评价来维持。在学校生活中,教师(特别是班主任)就是这样的权威人士,他们对学生的态度和评价对学生的自我认识乃至自我发展有着决定性的影响。正如著名教育心理学家宾内(Beane)等所强调的那样,在课堂中,教师是一种权威性的刺激物,他们对学生的发展具有精细而深奥的影响。那些感受到教师对其学业发展潜力具有乐观态度和积极评价的学生,一般会形成对自己作为学习者的积极态度,对自己的学业发展有较高的期望,并为此积极努力;而那些认为教师对其学业发展潜力具有悲观态度和消极评价的学生,则通常会形成消极的态度,对自己的学业发展不抱什么期望。而且,教师对学生的悲观态度、消极评价和消极的交往方式所产生消极的或伤害性的后果,会在学生的自我认识上持续许多年，特别是在那些尚不能肯定自己的能力和价值的学生心目中。另外，如果教师对某些学生悲观失望，认为他们是无能的、无价值的和没有希望的，那就会在教育过程中有意无意地寻找证实自己预言的途径；如果教师认为每个学生都是有能力学好的、值得尊重的、能发展成材的，那就会在教育过程中尽力为学生寻找和提供在学业上获得成就的途径。同样，如果教师按照学生现有的样子对待他，认为他们"就是这么一种人"，就可能使他们变得更糟；而如果教师按照学生应该有的样子对待他，认为他们将通过教育不断发展向上，就确实能帮助他们变成那个样子。因此，众多教育心理学家强调，以各种积极的方式行为，增强学生对自我价值、能力和潜力的积极认识，是教师的基本职责。

2．教师的尊重意识与学生的发展 情绪心理学研究表明，获得自尊和他人的尊重是人类所固有的一种基本需要，是人类不断寻求发展向上的内在动力，也是个体发展具有可塑性的内在心理机制。例如，古伯史密斯的研究证实，人在自尊上的差异会使其经验中的世界和社会性行为产生普遍而明显的差异。高自尊的人，通常以一种他们将被很好地接受和将成功的期望，从事工作和与人交往；他们的行为更独立于外在强化，敢于尝试，不怕做错事，不怕说错话。低自尊的人则与之相反，通常以一种他们将被拒绝、排斥和将失败的期望，从事工作和与人交往；他们的行为更依赖于外在强化，不敢尝试，害怕做错事，害怕说错话。与正常或高自尊的学生相比较，低自尊的学生易屈从、冷漠、依赖，丧失自我控制，更可能出现明显的扰乱、焦虑、紧张等心理症状。而且，人的自尊程度越高，他的欲望、能力表现、自我控制就越强，这是一个规律。在促进学生发展的德育过程中，没有什么比尊重更为重要的了。尊重，意味着把学生看做是有独特价值、有发展潜能能力、有自我指导力量的行为主体。而且，这种尊重是"给予的"，而不是"挣来的"。要想吸引学生主动参与德育过程，进而促进学生的有效发展，学校中的一切活动都必须以尊重的方式实施，学校中的所有人员都必须以尊重的方式行事。任何有损学生自尊的行为，诸如嘲笑奚落、独断专行、性别歧视、贬低性比较、体罚等，都不允许存在。即使当学生应负责任的过失发生时，也应对之进行劝导，要求他分析自己的行为，并做出改进的保证；即使当需要处罚时，其方式也不是使学生丧失自尊，而是失去某些优惠，如自由时间。从学生自我发展以及心理健康的角度来看，对学生自尊的伤害所导致的消极后果，无异于谋财害命，因为在学生的自尊需要不断遭遇挫折以致丧失不断寻求发展向上的内在动力时，他必将自暴自弃。

推荐参考书

乔建中，(2001)．情绪心理与情绪教育．南京：江苏教育出版社．
乔建中，(1998)．课堂教学心理学．南京：江苏人民出版社．
乔建中、朱小蔓，(1999)．吸引教育：一种新型的教育理论．上海教育科研，第3期．
Hoffman, M. L. (2000). *Empathy and Moral Development*. Cambridge University Press.

编者笔记

　　道德教育应如何进行,怎样能达到教育目的和实际效果,是教育领域存在的现实问题。本章阐释了进行道德教育的心理基础,学生接受道德教育的心理土壤——提出了移情和内疚两个主题。它说明,如果学校、教师和媒体注重对青少年一代、父母、教师和整个人群培养、灌输关于移情和内疚的知识,对儿童和青年给以移情和内疚的熏陶和感化,那么,道德教育的进行将会更加顺利。

　　移情和内疚是一类"亲社会动机",是使人们产生亲和力的心理基础。它们是引导人们从心理的根本上对社会、对他人、对弱者具有萌生移情和同情的根基,它会成为培养社会凝聚力的心理工具。内疚让儿童青少年懂得在社会关系中应经常审视自身,必要时对人应有歉疚、悔过之情。这也是培养社会凝聚力的心理武器。

　　作者描述了移情的道德功能、发展、心理机制,内疚发展的条件及其与道德内化,虚拟内疚及其对德育的意义,并对教育实践中道德知识的掌握和道德动机的内化等,作了系统的阐述。

14

情绪与教学

从古至今,许多中外教育家都曾强调情绪在教育、教学中的作用,提出了不少精辟的见解。近年来,随着教育界对非智力因素的认识以及情绪心理学研究的发展,情绪在教育、教学中的作用日益受到重视。本章结合情绪心理学的新近研究成果,从情绪追求、情绪充予、学习焦虑等方面,论述情绪与教学的关系。

一、情绪追求与学习动机

情绪心理学研究表明,人具有一种先天性的行为倾向,即趋向积极的情绪体验而回避消极的情绪体验;尤其是当适应性行为能力成熟时,人会努力学着以各种可能的方式去行动,以便得到尽可能多的积极情绪体验或尽可能少的消极情绪体验。这里,相应的情绪体验本身,似乎已成为人所追求的目标,并构成其行为的直接动因,这就是情绪追求。

情绪追求作为一种先天的行为倾向,其本身就构成了人们心理活动的定向趋势或准备状态,并构成了人们认识外界事物与自身之间关系的价值参照系。因而,人们对于符合其情绪追求的事物或活动必然表现出兴趣和热情,趋近并加以接纳;而对于不符合其情绪追求的事物或活动必然表现出冷漠和厌倦,回避并加以排斥。同样,在课堂领域的教学实践和动机研究过程中,人们也不难发现,学生的学习动机和学习行为也在很大程度上受情绪追求的影响。例如,在课堂教学过程中,对学生的学习行为起主导作用的常常不是与学习目标或教师要求相联系的终极性动机,而往往是与情绪追求相联系的情境性动机。而且,由于情绪追求在发生上总是处于心理活动的前沿,因而学生对教学内容与自身关系的认识总是受到相应情绪体验的"折射",进而形成自己的学习意愿或学习态度,并决定自己的行为选择和动机水平。

具体来说,情绪追求对学生学习动机的制约或影响主要表现在以下几个方面:

(一)情绪追求与教学的可接受性

教学的可接受性,是课堂教学所要解决的主要问题之一。一般来说,学生对教学内容的接受,取决于能不能接受和愿不愿接受两个方面。在课堂教学过程中,"能不能"的问题并不突出,因为教师在教学时通常会充分考虑到学生的已有知识水平;与之相比,"愿不愿"的问题始终是课堂教学这一双边过程能否实现有效互动的关键和难点。教育工作者经常强调,教学首先要激发学生的学习动机、要调动学生的学习主动性、要激发学生的学习兴趣等等,实际上都是旨在解决学生愿不愿学习的问题。而这在很大程度上受情绪追求的影响。

尽管情绪追求通常是无意识的,但是其"趋乐避苦"特性对学生学习动机和行为的影响是巨大的,它在一定程度上规定了学生对学习活动的方向选择和行为意向。从学生课堂学习行为的动机取向来看,当学生接触某一课堂教学情境时,其并非主要从课程性质及其最终结果的未来社会价值的认知性角度对之进行反应,而是更多地从教学内容和形式当前是否"有趣"的情绪性角度对之进行评估,并据以决定自己的学习行为。例如,我们在一项实验中,就课程性质和授课水平对学生认知行为与情绪感受的影响,进行了比较研究。结果显示,授课水平对学生认知行为与情绪感受的影响显著高于课程性质——即便是高考或中考课程,如果老师的讲授不能使学生感到"有趣",他们的学习动机立即会处于减弱状态;即便不是高考或中考课程,但如果老师的讲授能使学生感到"有趣",他们的学习动机始终处于高昂状态。而且,我们同时以"生动活泼性"和"科学逻辑性"为自变量,研究了不同授课水平对学生课堂情绪感受和认知行为的影响。结果显示,教师授课的"生动活泼性"是决定学生课堂情绪感受的性质变化和认知行为的程度差异的主要原因;与之相应,学生对教师的态度和评价的显著差异,也取决于其授课水平的"生动活泼性"。因此,由情绪追求所构成的心理活动背景,直接制约学生智力水平的发挥以及对教学内容的接受程度。当教学内容及其形式符合学生情绪追求的需要时,学生对学习内容表现出明显的期待和努力倾向,反之则明显表现出退缩、厌倦甚至抵触的倾向。

(二) 情绪追求与学习动机的内化

在课堂教学过程中,学习动机的激发与培养涉及两个相互关联的因素:社会要求和个人意愿。其中,社会要求来源于社会的期望和需求,反映了学生"应该"做的事情和"应该"达到的结果,它对道德动机的特殊作用在于目的方向和具体内容的规定;个人意愿来源于学生的需要和态度,反映了学生在学习过程中"愿意"做的事情和"愿意"达到的结果,它对学习动机的特殊作用在于行为动力水平或个人所愿投入程度的规定。在学习动机的培养与实现过程中,必要性和意愿反映了学生学习动机中的"一分为二":学习不能脱离学生的意愿而单凭必要的鞭策,那将使学习成为一种迫不得已的活动,极易导致应付或抵触行为;学习也不能脱离社会的要求而单凭自我意愿的驱使,那将使学习成为一种无固定方向和系统的活动,极易导致类似运动场观众之行为反应的情绪释放行为。教育的目的,就是要使二者在学习过程中相互联系-彼此加强,最终化必要性为意愿,化外在要求为内在需要。这一"联系-转化"过程的实现,受情绪追求制约。

情绪追求与个人意愿有着直接的联系。由于情绪追求在发生上总是处于心理活动的前沿,因而学生对学习的必要性与自身关系的认识总是受到相应情绪体验的"折射"。其结果,学生对于必要性的情绪反应,直接影响其对学习的社会要求及其实现过程所具有的主观意义的认识,并常常构成学习活动的直接诱因和学习动机的最初制约因素,并进而决定了学生对学习的态度和是否投入的意愿。换句话说,与教师对必要性的认知讲解相比,学生对必要性的情绪反应对其学习行为具有更直接、更强烈的驱动性。我们的研究也证实了这一点。在日常教学过程中,学生的学习动力往往更多、更直接地来自因学习内容与形式的吸引力而产生的情绪反应;而且,学生在教学过程的每一阶段所产生的情绪反应,都会直接影响其自我投入的意愿和程度,并对其学习动机的效能起增强或减弱作用。

因此,在学习动机的激发与培养过程中,需要借助积极情绪来调节学生的意愿,使之与社会要求相契合。如果教师能使教学活动与学生的情绪追求相一致,即能使学生通过学习的内在力量和阶段性的学习成果感受到学习的乐趣,或通过学习过程直接感受到学习结果的享乐价值,那么不仅会对其当前的学习活动产生强化和激励作用,使其愿意继续或进一步从事学习,而且会使其在心理上产生一种使自己的学习动机与学习现实相一致的自我调整倾向——学生将从积极的意义上确定学习的必要性与其自身的关系,同时确立相应的态度。一旦学生通过切身情绪体验认同了学习的必要性,他就会心甘情愿地服从这种必要性,并进而实现这种必要性。此时,学习不再是外力作用下的"迫不得已",而是一种体现自我满足的过程;学生的学习动机也不再轻易为各种情境性因素所左右,而具有了较为稳定的目标指向。这样,学生的学习动机也就因在内容和动力上取得心理契合而得以有效的形成与实现。

(三) 情绪追求与学生的意志努力

在课堂教学中,人们谈到学习动机的维持时总要强调意志努力的作用。但是如何使学生有效地发挥意志努力以克服学习中的各种内外困难,同样必须考虑情绪追求的作用。

在课堂教学过程中,意志努力对学生学习动机和行为的支配、调节,是通过情绪而发挥作用的。如果没有积极情绪的参与、支撑,学生的意志努力就会在行动上变得乏味,内外困难就会在心理上变得可怕,学习动机自然也难以长久维持。同样,当学生能以坚强的意志努力排除内外干扰、战胜困难时,那一定是他对所从事的学习活动抱有积极的情绪体验。

一般来说,学生的意志努力总是在符合积极情绪追求的活动中得以有效的发挥。这一点可以从学生对"困难"的心理反映的特点来加以理解。以往,人们对"困难"的理解多局限在认知能力的范围,很少从情绪的角度加以界定。其实,对学生来说,"困难"

具有强烈的情绪特征,其复杂性和阻碍性更多的是与情绪体验相联系。如果学习中的某种"困难"是在伴随着积极情绪体验的活动中产生的,那么学生通常会将之看做是一种有益的挑战,看做是一种促使自己不断发展、不断提高的契机,因而他们会以跃跃欲试的心态对待它,并以克服它为乐。换句话说,此时学生的克服困难已带有满足和享乐的性质。反之,如果学习中的某种"困难"是在伴随着消极情绪体验的活动中产生的,那么学生通常会将之视为一种痛苦、难受的差使和负担,甚至视为对自尊心和安全感的障碍和威胁,因而他们会明显表现出退缩、厌倦甚至抵触的倾向,至多尽义务式地或应付性地进行一下意志努力。

(四) 情绪追求与学习行为的自我调节

作为人类的先天行为倾向之一,情绪追求不仅对学生的学习行为具有直接的驱动作用,而且具有内在的调节作用。

在通常情况下,学生不情愿也不可能长时间忍受消极情绪的困扰。当学生处于消极情绪状态之中时,他们就会自发地进行行为调适或动机置换,寻求并从事可以转换心情的活动,以避免消极情绪体验的持续。例如,当学生觉得老师的讲课"没兴趣"或"没意思"时,普遍会悄悄地(甚至公开地)从事各种各样的无关活动。这些无关活动的行为动机,正是一种与情绪追求相联的力图回避消极情绪困扰的努力。学生普遍反映,如果兴趣索然地坐在课堂上,时间稍长就觉得实在难受;与其被动地坐在那儿巴望早点下课,还不如干点其他可以转换心情的事情。

但是也应注意,这种与情绪追求相联系的自我调节实现的是即时调整情绪的功能,而非得到某种有形结果的功能,因而其所导致的情境性动机常常使学生仅集中注意于学习过程或活动本身,而"忘掉"或"丢掉"了学习的目的,以致产生许多带有操作、自娱性质的迷误行为。这一点在"差生"的行为表现中体现得尤为明显。有经验的老师都清楚,"差生"不仅学习成绩差,而且行为表现往往也差,他们常常会作出种种违反校规校纪的事情。究其原因,除了行为习惯和个性品质之外,情绪追求也是主要原因之一。"差生"和其他学生一样,需要积极情绪的满足,需要获得自尊,希望被别人看重,但他们一般很难从学习中得到这种满足,相反常因学习状况不佳而遭受批评、训斥和嘲笑。他们也曾试图把学习成绩搞上去,以改善自己的境遇,但由于各种主客观原因,不久就心灰意冷了。这时,他们就开始更多地从学习以外的事情上去寻找乐趣。例如,只要有可能,他们就会在课堂上发出怪声、扮个鬼脸或做出其他调皮捣蛋的举动。尽管这些行为常常会遭致老师更为严厉的惩罚,但他们却因为能"引人注目"、"逗人一笑"或"被同伴尊重"而获得一种在学习中得不到的情绪满足和享受,甚至乐此不疲。

(五) 情绪追求的教学意义

综上所述可见,如何利用情绪追求的积极作用并同时消除其消极作用,是课堂教学领域学习动机研究与培养的一个不容忽视的问题。其教学意义具体体现在三个方面：

其一，情绪追求对学生学习动机和学习行为的影响，反映了这样一个现实：学生最容易在适合其情绪追求的各种活动中得到最大的动力激发，其学习的主导动机常常与某种能给自己带来即时的积极情绪体验的情境性活动相联系。因此，当学习过程本身不足以使学生感到兴趣、愉快时，情绪追求的心理倾向就很容易使其学习的终极性动机与情境性动机或社会要求与自我意愿之间产生矛盾冲突。而且，我们的研究发现，尽管学生普遍都能从道理上明白学习的目标指向，并时常为自己的种种脱离学习目标的情境性动机行为而后悔、自责，且要下决心改正，但是其在动力上还远不足以克服情绪追求的自发作用，其为排除消极情绪影响而认真坚持学习所做的意志努力远不能保持长久。因此，我们应重视情绪追求的内在驱动和自我调节功能，加强教学过程本身的情绪吸引力，使学生能从学习中获得尽可能多的积极情绪满足，从而使其学习动机能从学习过程中不断得到强化。

其二，情绪追求的"趋乐避苦"特性和自我调节功能及其对学生（特别是"差生"）的影响，说明了这样一个道理：如果学生不能从学习过程本身获得积极的情绪体验，那么他势必会到学习过程以外去寻求这种体验。因此，要想纠正学生的问题行为或转变"差生"，一个重要的方法或基本的前提，就是能使他们从学习过程本身获得积极的情绪体验。例如，有位优秀教师曾经介绍了这样一个经验：她的班上转来了一个留级生，其学习基础较差，按正常的教学状况，很难在短时间内达到一般同学的学习水平。为了增强他的学习自信心，使他尽快提高学习成绩，这位教师除了平时对他多加留心外，每次单元测验前都给他进行个别的特殊辅导———一方面帮他复习，另一方面有意"透露"若干测验题，其结果使他每次单元测验的成绩都比前一次高若干分。同时，这位教师在每次测验讲评时，都在全班对他的"进步"予以大力表扬。如此这般，使这个学生的学习积极性不断提高，学习热情不断增长。一学期下来，其学习成绩就达到了班上的中等偏下水平。

其三，情绪追求是把"双刃剑"，在强调情绪追求对学生学习的影响的同时，我们也应重视对情绪追求本身的调节和控制，利用各种有效的教育、教学方法将之引导到教学目标所指引的方向上。当前，随着人们对情绪在教学中的作用的认识的深入，教育工作者已经普遍重视教学的情绪特性，强调教学要"寓教于情"。但是，对"情"的理解还有待科学化。不少人将"情"简单地等同于"快乐"，认为"寓教于情"就是要在教学过程中使学生感到"快乐"；同样，我们前面对情绪追求的作用的强调，也可能使有些人产生类似的误解。其实，在教学过程中单纯地强调"快乐"，实践上是有害的。因为，在课堂上，让学生感到"快乐"的方法是多种多样的，其中有许多是背离既定的教学目标和教学要求的。例如，作业少布置一些，学生会感到"快乐"；考试要求降低一些，学生会感到"快乐"；老师生病今天课不上了，学生甚至会感到更加"快乐"。从情绪心理学的角度来看，强调教学的情绪性是为了借助积极情绪的调节作用更好地实现教学目标。因此，"寓教于情"中的"情"应该侧重于"兴趣"或"乐趣"。这是因为,"兴趣"作为一种基本情绪,不仅能产生中等强度的愉悦、舒畅、满意等主观体验(这一点,只要想想上课不感兴趣时的主观体验,就不难体会),而且能导致积极探求知识的认识倾向。因而,当教师通过教学内容的内在力量和生动活泼的教学方法激发起学生的学习兴趣时,即能使学生的学习处于相对轻松的愉悦状态,又能使学生的学习动机和学习行为指向教学目标所要求的方向。总之,强调情绪追求对学生学习的影响,旨在利用其积极作用来保证教学目标的顺利实现,决不能脱离教学目标而单纯迎合学生的情绪追求倾向,否则只会降低学生学习的自觉性。

二、情绪充予与学习过程

情绪充予是特定刺激物与情绪活动在相互作用过程中形成的一种条件性联系,具体表现为该刺激物被情绪化地定性,以致其再现时可以引发相应的情绪活动及其反馈结果。在学生的学习过程中,情绪充予的现象普遍存在,就课堂教学而言,某些学习内容因学科性质、教学方式、授课水平、师生关系以及学生自身的学习需求和学习状况等因素的综合影响,经常导致某种情绪性的结果或经常引发某种性质的情绪体验,因而在学生认知、同化这些学习内容的同时被注入了相应的情绪。如果这一过程得以一定的重复或循环,那么这些学习内容就将与相应的情绪活动产生条件性的联系,亦即被充予了情绪。例如,学生在学习某门课程的过程中,如能经常取得好成绩,受到老师、家长的夸奖,或感受到自我提高和自我充实,并因而产生愉快、兴趣、兴奋、满足和期待等情绪体验,就会将这些情绪注入该门课程及其学习过程之中,对之产生积极的情绪充予;如果学生在该门课程的学习过程中经常考试不及格或成绩不理想,为此经常受到老师批评、家长训斥及经常感到自尊心受挫,就会将由此产生的不满、沮丧、紧张、厌烦等情绪注入该门课程及其学习过程之中,对之产生消极的情绪充予。

(一) 情绪充予对学生学习的影响

我们在研究中发现,某一学习内容一旦被情绪所充予,不仅会使学生在再接触该学习内容时产生与原来相同的情绪反应和相应的情绪性联想,而且会动力定型般地激活与这种情绪活动相联系的认知评价、活动倾向和行动策略,具体表现为一种有组织的情绪性学习动机模式,并对学生的学习态度、动机倾向和认知方式产生较为恒定的影响。

其一,从学生的学习态度来看。学习内容一旦被充予了积极情绪,学生就会赋予学习以一种满足和享乐的性质,他们更多地把学习看做是一种促使自己不断发展、不断提高的过程,更多地突出现在的学习与今后的学习、工作之间的功利性联系;相反,学习内容一旦被充予了消极情绪,学生则更多地把学习看做是一种痛苦难受的差使和负担,视为对自尊心和安全感的障碍和威胁,他们会突出、夸大学习艰苦的一面,更多地强调外部的种种不利条件。

其二,从学生的动机倾向来看。在积极情绪充予的条件下,学生对学习内容表现出明显的期待和努力倾向,他们不仅积极汲取知识,而且主动探求其原理和规律;他们更多地期望学习具有开拓性和挑战性,并常常以跃跃欲试的心态对待学习中的难题;他们在学习中往往更多地考虑如何获取成功或巩固已有的成功,因而对自己的学习成绩有较高的要求。而在消极情绪充予的条件下,学生对学习内容则明显表现出退缩、厌倦甚至抵触的倾向,他们尽义务式地接受知识,只满足于应付性地完成老师布置的任务;他们在学习中往往更多地考虑如何避免失败及其消极后果而不是如何获取成功或优异成绩。

其三,从学生的认知方式来看。在积极情绪充予的条件下,学生的认知活动多采用交替、网络式策略,注意范围广阔,能从多方面、多角度去搜寻提示线索和意义特征,因而能较多地进行简化性重组与转换,力求灵活地运用定理和公式;对学习内容有较多的归纳和梳理,因而其记忆也表现出更多的再编码和精细加工。而在消极情绪充予的条件下,学生的认知活动则更多地采用简单、直线式策略,注意范围狭窄,仅集中于学习内容的形式特征而忽略其意义特征,采用的提示线索有限;常机械地搬用例题和公式,问题稍一变形就会出现错误;对学习内容缺乏有效的归纳和整理,因而其记忆也缺乏精细编码。

(二) 情绪充予的产生机制

情绪充予之所以能导致学生学习动机的模式化,与其产生机制密切相关。情绪充予的实质,是学生的情绪体验在发生上的转移,即起初在获得某种学习结果或学习"结束"时才产生的情绪体验,现在则在学习刚开始之时就会产生。这种转移有其深刻的内涵,它反应了学生学习动机的结构在内容和动力上的质的变化。

其一,情绪充予与学生学习自觉性的提高密切相联。学生之所以能对特定学习内容产生情绪充予,是因为他们已从过去经验中清楚地意识到该学习内容及其学习过程对自己所具有的主观意义,并预见到自己学习的结果,否则他就不可能从一开始就对以后的结果产生情绪上的激动。

其二,情绪充予与学生学习动机在时效范围上的扩大密切相联。情绪充予所导致的情绪体验在发生上的转移,意味着学生已能从过去和将来的角度审视现在的学习,并以此决定自己的学习策略。这种认识上的时间范围的扩大,对学习动机的形成与发展有着极其重大的意义;如果学生仅仅着眼于现在的情形,他们的学习动机就会为各种外部的偶然变化和内部的冲动欲望所左右,表现出明显的情景性和无系统性;而当学生能结合过去和将来审视现在时,他们就能超越具体情境,从更广的时间范围内评估当前学习对自己所具有的主观意义,进而是自己的学习动机在过去、现在和将来三个时间点上相互联系并保持同等意义的效力。

三、学习焦虑与归因倾向

归因与情绪有着密切的关系,已为人们所共识,但是,这种共识目前还主要局限于归因对情绪的影响,至于情绪对归因有什么影响,人们尚缺乏应有的认识。这种认识上的单向性,很容易使人们将探讨归因-情绪关系的起点局限于动机行为的结果上,而没有充分注意人对动机行为结果的情绪性预期以及伴随动机行为的情绪状态对归因的影响,另外,这种认识上的单向性也很容易使人们过多地从结果本身来探讨后继行为的动机问题,以致往往简单化地用自我防卫机制来解释其间的规律,而没有充分注意到前因性情绪的差异会使同一结果对于不同的人具有不同的主观意义,并因此影响其对成败原因成分的认识以及后继行为动机的内容。在学习动机领域的归因研究和归因训练中,这样问题也普遍存在。

因此,我们针对学习焦虑水平与成败归因倾向的关系,探讨了前因性情绪对归因的影响。学习焦虑是学生在学习过程中产生的最为普遍的情绪反应,它一方面反映了学校教育中的现实竞争压力以及学生对再次遭遇失败、挫折的担忧、恐惧,另一方面也反映了学生对特定学习结果的情绪性预期,因而通常以状态的形式构成学生学习的情绪背景。与特定成功或失败结果相比较,学习焦虑本身包含着更多的信息,因此它必然影响学生如何看待成功或失败,以及他们把成功或失败的原因归之于什么。我们的研究结果及其分析如下:

(一)学习焦虑水平与成败归因倾向

1.学习焦虑水平与成功归因倾向 我们的研究结果显示,不同学习焦虑水平的学生在成功归因倾向上存在着显著差异,其集中反映在内部的不可控因素上,即集中反映在能力(ISU)和心境(IUU)两个原因成分上。具体来说,不同学习焦虑水平的学生在对成功进行能力和心境归因时,均呈低焦虑者>中焦虑者>高焦虑者的倾向。其中,低焦虑者的能力归因倾向显著高于高焦虑者,低、中焦虑者的心境归因倾向显著高于高焦虑者。

2.学习焦虑水平与失败归因倾向 我们的研究结果显示,不同学习焦虑水平的学生,在失败归因倾向上存在着广泛的显著差异。从外部因素来看,高、中焦虑者较之低焦虑者更倾向于进行外部归因,且集中在外部的可控因素上,即更多地将失败的原因归之于他人努力(ESC)和他人帮助(EUC),诸如老师教得不好等等。从内部因素来看,高焦虑者更倾向于进行能力归因,即认为失败是能力不足所致;中焦虑者更倾向于进行努力归因(ISC 长久努力,IUC 一时努力),即认为失败是努力不够所致;高焦虑者较之中、低焦虑者,中焦虑者较之低焦虑者更倾向于进行心境归因,即认为失败是心情不佳所致。

(二) 学习焦虑水平对归因倾向的影响方式

1. 学习焦虑水平与心境归因倾向 心境归因的问题在以往归因研究中很少被涉及。从我们的研究结果看,在成功和失败情境中,学生都普遍进行心境归因,即将心境或情绪状态的好坏看做影响成功和失败的重要原因之一,而且,学生心境归因的性质和程度与其学习焦虑水平有着明显的"相互依存"关系;在成功情境中,越是学习焦虑水平低的学生,越倾向于进行心境归因;在失败情境中则截然相反,越是学习焦虑水平高的学生,越倾向于进行心境归因。这表明,学习焦虑是构成学习心境的重要组成部分,是影响学生学习结果及其归因的直接因素之一。同时,这也意味着,在学生的归因过程中,学习焦虑水平与原因成分的不同激活有关。

2. 学习焦虑水平与能力归因倾向 从结果可知,学习焦虑水平不同的学生在能力归因倾向上存在着显著差异。在成功情境中,低焦虑者更倾向于进行能力归因;而在失败情境中,高焦虑者更倾向于进行能力归因。这表明,学习焦虑作为一种对特定学习结果的预期性情绪反应,与学生的能力自我知觉有着密切的联系。国内外的相关研究也证实,学生对自身能力的认识,是决定其学习焦虑水平的重要因素之一;学习焦虑水平较低的学生,自我能力感较高,自信心较强,对成功的期望值较大;而学习焦虑水平较高的学生,自我能力感较低,自信心较弱,对成功的期望值较小。另外,我们在研究中也发现,低焦虑者在以往学习中成功经历较多,高焦虑者则通常失败经历较多,而较多次的成功或失败,会使成功或失败的内在不可控特点愈加明显并成为成功或失败的充分原因或合理解释,这也是正是决定他们学习焦虑水平的重要因素之一。由此可见,不同学习焦虑水平学生在能力归内倾向上的显著差异,反映了学习焦虑水平对归因的指导作用。

3. 学习焦虑水平与归因倾向的激励后效 在对结果进行分析的基础上,我们发现,与学习焦虑水平相关联的不同归因倾向,有着与同不学习焦虑水平学生相关联的激励后效。

先从成功归因倾向来看。在对成功进行原因分析时,不同学习焦虑水平的学生并非必然地或同样地表现出内在归因倾向,惟有低学习焦虑水平的学生才突出地表现出内在归因倾向。这就涉及一个学生如何评价自己的成功的问题,显然,除了成功这种结果信息之外,在成功情境下还有其他信息源影响着学生的原因分析和自我评价。我们的进一步调查发现,不同学习焦虑水平的学生对于成功的认识,并非是一个简单的个体化过程,而是一个复杂的社会比较过程,亦即,他们通常将对成功的原因分析和自我评价,纳入与学习焦虑相关联的学习竞争的压力背景之下。对于他们来说,决定成功评价的关键因素不仅仅是取得一个高分成绩,而是自己的成绩是否高于其他(大多数)人,因此,不同学习焦虑水平学生在成功因倾向上的显著差异,反映出低学习焦虑水平的学生更倾向于将自己看做是"成功者",与之相联,低学习焦虑水平学生更倾向于将成功归因于内部的不可控因素,也反映出与"竞争取胜"相关的明显的自夸、自赏后效。不难理解,在学习竞争条件下,将成功归因于内部的不可控因素,更能体现成功的价值,对个体具有更大的激励作用。因为,内部的不可控因素更能将个体与一般人区别开来,更能使成功成为个体素质优异的标志,也更能使个体享受到成功的喜悦。相反,如果将内部的可控因素(努力)知觉为成功的首要原因,那么,成功对于个体学习竞争的价值就不那么突出了。

再从失败归因倾向来看,高学习焦虑水平的学生在对失败进行原因分析时,不仅更倾向于进行内部归因,而且更倾向于进行外部归因。这反映出,中、高学习焦虑水平的学生对失败更为敏感,并且存在着某种内心冲突。一般来说,个体是不情愿轻易为失败承担个人责任的,除非失败的内在特点较为明显。联系前面的分析和讨论,我们认为,中、高学习焦虑水平学生的失败内归倾向,是与其学习焦虑水平相关联的以往学习经历和学习竞争的社会比较的反映。另一方面,中、高学习焦虑水平学生在为失败承担了一定个人责任的同时,又感到有更多的客观理由去抱怨,即更倾向于将失败归因于他人努力和他人帮助。这与通常所说的自我防卫倾向十分相似。可以理解,对于中、高学习焦虑水平的学生来说,从客观方面寻找解释,是他们面临失败时恢复人格活力的重要来源。

4. 学习焦虑水平对归因的指导作用 学习焦虑作为一种建立在过去经验基础上并指向未来的情绪性预期反应,是联系过去与未来、可能与现实、计划与行动的心理纽带。与成功或失败的结果所能提供的信息相比较,学习焦虑本身能够对归因提供更多的前因性或背景性信息。因此,学习焦虑水平的不同,就必然在相应的程度上影响着学生如何看待成功或失败,以及他们把成功或失败的原因归之于什么。与之相应,学生对于成功或失败的原因成分的认识倾向,不仅有看特定的行为含意,而且有着与其学习焦虑水平相关联的特定的情绪含意,即对学生的自我意识有着特定的主观意义。

可以肯定,学习焦虑水平对归因有着直接的指导作用。但是,其作用方式和机制还是一个有待深入探讨的复杂问题。在本研究基础上,我们觉得似乎有理由提出这样一个假设:在成功或失败归因过程中,学习焦虑水平与原因成分的不同激活有关——在导致学习焦虑的诸因素中,学生对什么担忧、恐惧越多,就越倾向于将与之相联的原因成分知觉为失败的原因;学生对什么担忧、恐惧越少,就越倾向于将之或与之相联的原因成分知觉为成功的原因。

推荐参考书

乔建中,(2001).情绪心理与情绪教育.南京:江苏教育出版社.
乔建中,(1998).课堂教学心理学.南京:江苏人民出版社.

编 者 笔 记

素质教育的关键因素是在关注智力因素的同时,强调非智力因素的作用。进行素质教育的核心途径在于遵循学生内在的、出自个人不同的动机条件和禀赋基础而进行。非智力因素的关键是调动学生的学习动力条件：一是兴趣，二是个人禀赋。兴趣是禀赋的催化剂，也是学习的动力。兴趣状态永远与正性情绪相联系，它使个体的认知-学习过程充予感情，诱导个体进入执着入迷状态，为智力加工提供最优的操作背景。作者详述了情绪在学习中的作用和在教学中的意义，兴趣导致情绪充予于教学之中对学习效果的影响，以及学习焦虑对学习态度——成功与失败的归因——的影响。这些对教师与学生均会有所教益。

15

情绪与艺术

可能是出于对艺术的社会性特征的考虑，在一般的艺术概论和美学概论中，"情感"一词的出现频率甚高，并常常专章专节地予以论述；而"情绪"一词较少被提及。其实，情感与情绪同属感情性心理活动的范畴，代表着同一过程的两个方面：情感是对感情性过程的体验和感受，情绪则是这一体验和感受状态的活动过程。二者均可发生在社会性反应之中。情绪与艺术的关系极其密切，不但在艺术创作和艺术接受的过程中始终有情绪相伴随，而且在艺术作品中也总是依样式、体裁的不同而发散、表现出或单纯或丰富的情绪。本章拟对情绪与三者的关系分别进行探讨。

一、情绪与艺术创作

（一）情绪与创作动机

在有关情绪的理论中，汤姆金斯和伊扎德都把动机性视为情绪的重要功能。汤姆金斯不同意将动机归结为内驱力，认为内驱力只有经过情绪的放大，才能对有机体的行为起激发作用。而伊扎德认为整个人格系统包含内稳态、内驱力、情绪、知觉、认知、动作等六个子系统，由此组合成4种类型的动机结构。其中情绪是动机系统的核心，而体验作为情绪的主观成分，乃是驱策有机体采取行动的动机力量（见孟昭兰，1994）。

情绪作为一个基本的动机系统，其对人的心理活动和行为所起的激发作用，在艺术创作过程中也表现得十分明显。不论是语言艺术、造型艺术、表演艺术、综合艺术，其创作者都必然是在生活中有所遭逢，有所见闻，有所体验，有所认识，产生某种特定的情绪，需要倾诉，需要表达，这才进入创作状态。对此，古今中外的艺术理论都有涉及。传为战国时期公孙尼子所作的《礼记·乐记》就已指出："凡音之起，由人心生也。人心之动，物使之然也。感于物而动，故形于声。"这就是说，音乐是在主体情绪（人心）被外界事物（物）所触动的情况下创作出来的。东汉何休《春秋公羊传宣公十五年解诂》则提出："男女有所怨恨，相从而歌。饥者歌其食，劳者歌其事。"他结合先秦民歌的实际，一方面突出了"怨恨"这一特定的情绪，另一方面说出了诱因、情绪、歌咏三者之间的关系，即饥饿和劳动诱发了情绪,而伴随着情绪的创作则以饥饿和劳动为题材。《毛诗序》更将情绪的强度与不同的艺术种类相联系:"情动于中而形于言,言之不足故嗟叹之,嗟叹之不足故永歌之,永歌之不足,不知手之舞之,足之蹈之也。"作者认为,在激情的表达方面,歌咏胜过语言,舞蹈又胜过歌咏。在国外,类似的说法也很多,如古罗马诗人尤维利斯的诗句"愤怒出诗人",又如19世纪俄罗斯文艺理论家别林斯基曾说过:"感情是诗情天性的最主要的动力之一;没有感情,就没有诗人,也没有诗歌。"

从具体的创作来看,但凡成功的作品,无不是在情绪被激发的前提下开始创作。譬如屈原的《离骚》,就是有感于"王听之不聪也,谗谄之蔽明也,邪曲之害公也,方正之不容也",而在"忧愁幽思"的情绪状态下创作出来的(见《史记·屈原贾生列传》)。而曹雪芹写《红楼梦》,有"漫言红袖啼痕重,更有情痴抱恨长。字字看来皆是血,十年辛苦不寻常"之句,也真实地道出了创作时深切的悲伤。同样的情形也出现在戏剧、绘画、书法、音乐等各个门类的创作中。譬如宋末元初的画家郑思肖,由于对宋朝的覆灭怀有深深的悲痛,这才创作出了别具一格的有根无土的兰花,以寄托失土亡国的哀思。又如唐代大书法家颜真卿的名帖《祭侄季明文稿》,乃是怀着对安史叛军的义愤、对从兄颜杲卿一家"孤城围逼,父陷子死,巢倾卵覆"的哀痛,于激情奔涌中挥笔书成,表现出特别的豪迈、苍劲之美。再如人民音乐家冼星海的《黄河大合唱》等一批抗战题材的作品,显然也是在抗日爱国的激情驱使下一气呵成的。

(二) 移情与创作

移情,指的是个体对他人的情感产生的情绪性反应。霍夫曼将它定义为"被共鸣地引起的感情反应",又认为它可在六种情况中产生,即:新生儿的反应性啼哭;条件作用;直接联想;模仿;代表性联想;充任角色。除第一种外,后五种似在人生的任何阶段、任何时候均可发生。而在艺术创作中,移情更是必定会出现的情绪反应。

譬如朱自清的散文名篇《背影》,写的是他二十岁时在浦口车站与父亲分手的情景。只见老人一会儿忙着照看行李,一会儿忙着和脚夫讲价钱,一会儿又嘱托茶房好好照应儿子。而"我"呢,"总觉他说话不大漂亮",在"心里暗笑他的迂";可是,当父亲去对面月台为"我"购买桔子时,情况发生了变化——

> ……走到那边月台,须穿过铁道,须跳下去又爬上去。父亲是一个胖子,走过去自然要费事些。我本来要去的,他不肯,只好让他去。我看见他戴着黑布小帽,穿着黑布大马褂,深青布棉衫,蹒跚地走到铁道边,慢慢探身下去,尚不大难。可是他穿过铁道,要爬上那边月台,就不容易了。他用两手攀着上面,两脚再向上缩;他肥胖的身子向左微倾,显出努力的样子。这时我看见他的背影。我的泪很快地流下来了。我赶紧拭干了泪,怕他看见,也怕别人看见……

这里,背影引起的反应正属于霍夫曼所说的"条件作用"。观察表明,一个被紧张而焦虑的母亲抱着的婴儿,能通过身体的接触,感觉到母亲的情绪而产生痛苦。稍长以后,则仅仅母亲的痛苦表情和声音都能成为引起儿童移情的条件性刺激。这一反应方式一直延续到人的成年时代,延伸到广泛的人际关系中。《背影》中父亲最初的忙碌,在儿子眼中没有留下痛苦的印象,不构成移情的条件;而攀爬月台的姿势却使"我"立刻感觉到年纪老迈的父亲艰难的动作,立刻意识到这份亲情的爱,移情很快就发生了。很显然,没有移情也就没有《背影》这篇散文。

又如白居易的《琵琶行》,叙述的是,荻花瑟瑟的秋夜,作者于浔阳江头聆听商人妇的一曲琵琶,品味着种种幽愁暗恨;复听她自叙坎坷身世,联想到自身的被贬遭际,恬然自安的心态突然失衡。于是当琵琶再度响起时,他禁不住泪湿青衫。他所产生的移情反应,属于霍夫曼说的"直接联想",指的是由对方的情绪引起自己对过去某种经验的联想。因为正是琵琶女由"名属教坊第一部"到"门前冷落鞍马稀"的不幸,触动了诗人心怀,体验到自身由京官而"谪居卧病浔阳城"的悲剧,引发了"同是天涯沦落人"的感喟。如果没有这种"直接联想",当然《琵琶行》也不会产生。

关于霍夫曼所说的其他几种移情情况,在创作中也都经常出现。譬如演员在表情训练中,往往要通过动觉内导反馈去体察自己的表情是否符合角色的要求,这就是"模仿"。又如作家的创作热情可以由照片、信件或他人转述的事实等间接信息所诱发,这就是所谓"代表性联想"。至于"充任角色",即设想自身处于对象(艺术形象)遭逢的情境中,设身处地地为"他"或"她"想一想,这在创作中就更是极常见的移情表现了。

艺术创作和艺术欣赏都离不开移情,但移情并不一定与艺术相联系,上述几种移情在人们生活中都可能发生,但人们不一定因此就处于审美情境中,更不一定因此就去从事创作。美学史上,立普斯等专门研究过审美的移情,对此,本章拟于第三节加以介绍。

(三) 情绪记忆的唤起

记忆是人脑积累知识经验的一种功能。从内容区分,可以将记忆分为形象记忆、情景记忆、语义记忆、情绪记忆和运动记忆。从记忆与其他心理功能的关系看,则与理智相联系的是理解记忆,与意志相联系的是机械记忆,与情感相联系的是情绪记忆。

情绪记忆是以体验过的情绪或情感为内容的记忆。当某种情境或事件引起个体较强较深的情绪、情感体验时,对情境、事件的感知,同由此引发的情绪、情感结合在一起,可以储存在人的头脑中。一旦相关的表象重新浮现,相应的情绪、情感就会出现。情绪记忆人所皆有,而在艺术创作中显得尤为重要。它的鲜明特征表现在:

1. 形象性 情绪记忆不同于形象记忆和情景记忆,却通常伴随着形象或情景一起出现。这是因为它不是对某些概念、公式、数字的记忆,而是对特定情景或事件引发的情绪的记忆。它的再现总是与相关或相似的情事相联系。艺术家的创作离不开对往事、往日经历的回忆,这种回忆大都借助于富于感性色彩的、形象化的情绪记忆而呈现出来。杜甫《后游》诗云:"寺忆曾游处,桥怜再渡时。江山如有待,花柳更无私。野润烟光薄,沙暄日色迟。客愁全为减,舍此复何之。"这是故地重游时对于以往游历所生欣悦心情的回忆。它由当前美好的景致所引发,而伴随着情绪一并呈现的则有当年游过的寺院、渡过的桥梁。姚雪垠的长篇小说《长夜》以早年被土匪绑架的一段生活为题材。从事件发生到动笔写作,20年过去了,但整个过程包括被土匪头目认为义子的传奇经历以及匪群中各色人物的音容举止仍清晰地保存在头脑里,当时有过的时而恐怖、时而惊奇、时而悲伤、时而兴奋的情绪也都储存在记忆中。于是一旦动笔,尘封的往事与沉睡的情绪就同时被唤起,生动的形象与饱满的情绪交织在一起。尽管作者并没有直接说明自己的情绪,但透过荒寒肃杀的画面,我们自然能感受到作者情绪的沉重悲凉。

2.偶然性 这是情绪记忆与语义记忆很不相同之处。后者是对各种有组织的知识的记忆,它是个体为了某种目的而有意通过理解、默诵等方式形成的,记忆对象也是事先确定的,所以通常不具偶然性。而前者的形成往往是无意的、突发的,它的重新被唤起也常常是突如其来的。俗话说,"一朝被蛇咬,三年怕草绳。"不但"被蛇咬"是个偶发事件,而且"草绳"多半也是意外出现的,这才让人不及细辨而产生惧怕之情。情绪记忆的这种偶然性特征也体现在艺术创作中。古人作诗,常以《偶感》为题,就是抒发偶然的感想、感触,中间自然也伴随着相应的情绪。音乐中有所谓即兴曲,原意为"即兴创作"或"一时的兴致",表现的也是即时产生的情绪。此外,艺术家大都有这样的体会,即饱含着情绪的创作灵感并非招之即来,有时枯坐终日而一无所得;有时并未准备创作却突然思如潮涌。古人所谓"文章本天成,妙手偶得之","尽日觅不得,有时还自来",既是对灵感特征的形容,也含有对情绪偶然性的认识。

3.可变性 理解记忆和机械记忆总是力图准确、稳定、不作改变,因为改变就意味着错误。而情绪记忆的内容是由某种情境或事件引发的情绪、情感体验,它不可能非常精确,也不可能一成不变。苏联作家巴乌斯托夫斯基在《金蔷薇》中说过:"在童年时代和少年时代,世界对我们说来,和成年时代不同。在童年时代阳光更温暖,草木更茂密,雨更霡霂,天更苍蔚,而且每个人都有趣得要命。"这就是说,儿童对周围事物的兴趣要浓于成人,而童年时留下的情绪记忆与对象的实际情形是有出入的。只须翻翻鲁迅的《从百草园到三味书屋》,就知道那个"只有一些野草"的后园在童年鲁迅的记忆中有着"无限趣味",以至于许多年后还能将种种玩耍的细节复述出来,只是所记者"与实际内容或有些不同"。

(四)创作者的生理反应

情绪的产生有一定的生理基础,它涉及中枢神经系统、躯体神经系统、自主神经系统和内分泌系统的整合活动。不同的情绪在呼吸、循环、表情、声音等生理现象方面有不同的反应,可以被测量。情绪的这一特性也表现在创作过程中。譬如《包法利夫人》是法国作家福楼拜以黛尔芬为原型写成的长篇名著。当写到女主人公爱玛于绝望中悄悄自杀的情景时,作者自己也出现了剧烈的生理反应——

> 我想像的人物感动我、追逐我，倒像我在他们的内心活动着。描写爱玛·包法利服毒的时候，我自己的口里仿佛有了砒霜的气味，我自己仿佛服了毒，我一连两次消化不良，两次真正消化不良，当时连饭我全吐了。（李健吾著：《福楼拜评传》，湖南人民出版社1980年版，第82页）

因为作者并未服毒，所以他的种种生理反应，从口中的感觉到呕吐，都是由创作时的情绪所引发。如果对他进行生理测量，一定能从交感神经系统与副交感神经系统共同控制与调节的内脏器官如胃、肠、心脏以及外部腺体和内分泌腺的活动中测出明显的变化。

又如巴尔扎克创作《人间喜剧》时，总是全身心地投入虚拟的小说世界中，与笔下人物同忧乐，共安危。当他创作《高老头》，写到主人公高里奥老头孤独地死在伏盖公寓时，作家因过分难受而脉搏减弱，脸色苍白，并昏厥过去。显然这时他的循环系统的活动包括心跳节律、外周血管的舒张与收缩都发生了改变。

表情是情绪的外部表现，它是受躯体神经系统支配的骨骼肌运动，同情绪的内在体验有着不可分割的关系。不同的情绪会带有不同的表情，这在婴幼儿时期最易分辨。而随着人的社会阅历的增多，对表情会有意加以抑制、掩饰或夸张；不过当人独处时则往往会将真实的表情显露出来。《晋书·谢安传》有则记载，写的是东晋丞相谢安初闻淝水之战的捷报时正在下棋，当着宾客的面他表现得十分平淡，只说"小儿辈遂已破贼"；下完棋独自回到住宅，因为难抑心中狂喜，过门槛时，竟不觉把鞋子的木齿碰断。这个事例生动地显示了人在不同场合对表情举止的控制与放松。而艺术家除表演艺术需要直接面对公众外，其创作通常是在独处环境中进行的，因此随着创作时情绪的起伏变化，内心的体验也总是不自觉地形诸表情。许多作家、艺术家都谈过创作时因悲哀而哭泣、因欣悦而欢笑、因愤怒而狂吼的表现。只是，在抒情诗一类作品中，表情通常反映的是作者的情绪；而在叙事类作品中，表情会随着人物、情节的转换而变化。老舍就说过："我是一人，独自分扮许多人物，手舞足蹈，忽男忽女。"而苏联作家阿·托尔斯泰为了获知自己写作时的表情是否与所塑造的人物相似，还特地在书桌上放了一面镜子，以对自身进行观察。

（五）主体情绪与对象情绪

当老舍、阿·托尔斯泰等设身处地体验着小说人物的遭遇时，已经面对一个问题，就是如何处理作家自身和写作对象即艺术形象之间的不同情绪。依据沙赫特的认知-激活理论，在生理唤醒、环境影响、认知过程等三种制约情绪的因素中，认知的作用最为关键。作家也主要是通过认知，时而体验笔下人物的情绪，时而恢复自身的情绪。清初戏剧理论家、剧作家李渔有过一段比老舍更为具体的表述。他说自己生于忧患之中，处于落魄之境，自幼至老，总无一刻舒眉。惟独进入创作状态时，可以郁闷顿消。这时——

我欲做官,则项刻之间便臻荣贵;我欲致仕,则转盼之际又入山林;我欲作人间才子,即为杜甫、李白之后身;我欲娶绝代佳人,即作王嫱、西施之元配;我欲成仙作佛,则西天蓬岛即在砚池笔架之前……欲代此一人立言,先宜代此一人立心……立心端正者,我当设身处地,代生端正之想;即遇立心邪辟者,我亦当舍经从权,暂为邪辟之思。(李渔:《闲情偶记》,浙江古籍出版社 1985 年版,第 43 页)

如果说,作为剧作家的李渔创作时可以通过认知活动,暂时抛开自身的烦恼,深入对象内心,那么,对于从事表演艺术的演员来说,能否在演出中将自身的情绪转换成角色情绪,则是决定演出的优劣成败的必要条件;而这一转换同样主要是在认知作用下实现的。有关表演艺术与情绪的关系,下一节还要继续探讨。

(六) 创作激情与创作心境

任何情绪都有不同的强度。艺术创作中,当主体产生一种爆发性的、强烈而短暂的冲动时,情绪处于高强度的状态,也就是有了创作激情。而当主体情绪比较微弱、平和,却又比较持久,并带有渲染性时,可以说是处在一种创作心境中。

激情对于创作是非常重要的,它可以调动个体的巨大潜能,创作出激动人心的作品来。柏拉图说过:"若是没有这种诗神的迷狂,无论是谁去敲诗歌的门,他和他的作品都永远站在诗歌的门外,尽管他自己妄想单凭诗的艺术就可以成为一个诗人。柏拉图说的"迷狂",是对激情状态的一种形容;它在许多诗人、艺术家那里均可找到印证。譬如柴科夫斯基在与梅克夫人的通信中,不止一次地谈到音乐决非"一项冷漠的、理性的工作……只有从艺术家受灵感所激发的精神深处流露出来的音乐才能感动、震动和触动人";又说当主要的乐思出现时,自己会"忘掉了一切,像疯狂似地,内心在颤栗,匆忙地写下草稿,一个乐思紧追着另一个乐思"。

由于激情的爆发性、短暂性特征,它只能对短篇作品或长篇作品中的某个片段、某个高潮的创作发生影响,而不可能在一个较长的创作过程中持续存在。一方面,人对高强度情绪激起的生理反应如颤栗等不可能长时间忍受,如柴科夫斯基所说,"如果被称做灵感的……那种艺术家的精神状态不断持续存在,那是一天也活不成的。弦将绷断,乐器将碎成片片!"另一方面,激情爆发时大脑皮层对情绪中枢的抑制机能被兴奋机能所遏制,个体的理性分析能力会急剧减弱,而这对于较长、较复杂作品的创作是不利的。这时候个体需要的是一种微弱而持久的创作心境,需要进入的是一种艺术沉思的境界,以便运用匠心来梳理、解决创作中面临的各种问题。

激情与心境并不矛盾。在持续的心境中可能突发激情,随后又回复到心境。而在不同作者、不同样式作品的创作中,情绪的强度表现也不一样。相传唐代画家李思训、吴道子都曾在大同殿画过嘉陵江山水,前者费时几个月,后者只用了一天时间。唐玄宗观后称赞:"李思训数月之功,吴道子一日之迹,皆极其妙!"可以想像,吴道子是凭着激情一气呵成的,而李思训则是在一种创作心境中从整体到细部对作品作了反复的推敲。

虽然"皆极其妙",但两幅壁画的风格是绝不相同的。

(七) 创作情绪与注意

注意是各种心理过程的共同特性,指的是心理活动对一定对象的指向和集中。对创作主体来说,无论处于激情状态还是心境状态,都需要集中注意,需要将情绪指向与创作相关的对象。如果正当创作之时,出现与对象无关的刺激,形成一种干扰,情绪就会被破坏,从而影响创作的继续进行。此类事例甚多。譬如鲁迅的小说《幸福的家庭》生动地描写了一个创作心境遭破坏的故事。主人公"他"拟写一篇以"幸福的家庭"为题的作品,可是他自己的家境非常窘迫,正当他为小说中"幸福的"夫妇设想衣服、发式以及所读的书籍、所吃的美食时,窗外却传来妻子与卖劈柴的男人讨价还价的声音,接着又是往他背后的书架旁堆白菜,又是往床底下塞劈柴,一会儿又是三岁的女儿泼翻了油灯挨打啼哭,终于使他的注意不断转移,创作心境完全被破坏,稿纸也在替女儿揩拭眼泪鼻涕后丢进了纸篓。

不同的人对干扰的感受习惯可以各异,却并不意味某些人的情绪可以全然不受他种刺激的影响。譬如北宋诗人陈师道与秦观的创作习惯颇不相同。前者写诗时容不得半点声响;后者则可以当众构思,所以有两句诗专写他们的区别:"闭门索句陈无己,对客挥毫秦少游"。又如法国诗人贝朗瑞和苏联作家爱伦堡也都能在嘈杂的咖啡馆里写作。但无论秦观还是贝朗瑞和爱伦堡,其不受干扰都是因为已经习惯了一种环境,实际上众人的旁观、咖啡馆的嘈杂都未能形成新异的刺激,不足以引起他们的注意。如果换一种与他们切身相关而与创作对象无关的刺激,那么他们的创作情绪也势必会受到影响。

二、情绪与艺术作品

艺术作品是创作的成果体现。所有的艺术作品都包含一定的情绪。在抒情类作品中,表现的主要是创作主体的情绪;在叙事类作品中,表现的主要是人物形象的情绪;对此我们将分别予以探讨。此外,由于表演艺术的特殊性(即其作品须通过表演呈示出来),我们对它将单独作一探讨。

(一) 抒情类艺术的情绪

一切艺术都是主体表现与客体再现的统一,但在不同的艺术门类、样式,不同的风格、流派中,侧重点有所不同。重主体表现的艺术,一般也比较重抒情,重写意。从情绪与艺术的关系出发,我们姑且将此类艺术称为抒情类艺术。

在各种艺术门类中,音乐最富于抒情的特征。如黑格尔在《美学》3卷上册中所反复论述的:"在音乐中,外在的客观性消失了,作品与欣赏者的分离也消失了。音乐作品于是透入人心与主体合而为一,就是这个原因,音乐是最情绪化的艺术。"音乐不以再现客体世界,特别是不以塑造人物性格、铺叙具体情节为目的,它表现的是作曲者的内心生活,直接抒发的是作曲者的情绪情感。虽然各种文艺都能打动人心,但相比之下音乐具有更直接地作用于人的心灵的功能。它能表达丰富的情绪,并迅速直接地把情绪传给听众,从而使听众愉悦、悲伤、使听众振奋、忧郁、使听众手舞足蹈、使听众潸然泪下……

以"**钢琴诗人**"肖邦为例,其作品情绪的表现就极其浓郁而丰富。譬如《革命练习曲》是他在前往巴黎的途中得知波兰人民暴动失败的消息后谱写的,失败的消息使这位爱国主义音乐家震惊、悲愤,于是这首著名的左手练习曲一开始就以一连串急剧下行的音调表现出自己愤怒的呼声。在其后的乐曲进行中,时而表现英雄性的激越慷慨、热血沸腾,时而表现对祖国命运的长叹和恸哭,最后,刚毅、英武的形象重又出现,表达出对于民族解放的坚定的信念。又如肖邦写过50余首以波兰民间舞曲"玛祖卡"为体裁的钢琴曲,这些乐曲宛如一位流寓他乡的波兰赤子心灵的袒露,情绪色彩斑斓。其中《a小调玛祖卡》是肖邦遵医嘱和乔治·桑一起到玛佐尔岛养病时所作。初到陌生住所,天气冷,患病的肖邦与乔治·桑又吵了嘴。这首乐曲就反映了长期漂泊异乡的游子抑郁的心情。其主旋律没有欢快的舞蹈节奏,而是一种带有迷茫、疑惑色彩的乐句,如同排解不了的满腹愁绪在胸中萦回。而其他各首则或欣悦,或忧伤,或甜蜜,或酸楚,或清澈,或梦幻,或欢腾,或凄凉,无不是作曲者真情的流露。

在他种文艺门类、样式中,同样也有侧重抒情、侧重表现内心世界的作品。中国画历来重视主体表现,强调的是富于感情色彩的"神韵"、"笔法"和与画家人格相关的"品",追求的是写意之美,而写意必然抒情。如生活在元朝统治下的倪云林,常以寂寥、清苦的心境观察自然,所绘山水林木总是秋色荒寒,一派萧疏。他自称"余之画,不过逸笔草草,聊以写胸中逸气耳"。这"逸气"其实就是他的情感情绪。又如清初的八大山人朱耷,作为明宗室的后裔,对清朝统治怀有强烈的抵触情绪。他笔下的八哥、鸭子乃至鱼、猫等动物都有一副倔强的表情,眼睛尤为夸张,让人觉得凛凛然不可侵犯。显然,这些形象表现的都是画家本人的情绪。

西方绘画原先重视对客体的模仿和再现,画家的情绪灌注在所描绘的物像中,透过风景、静物、人体、肖像等各种形象流露出来。而现代派出来后,情况发生改变;在画面变得抽象的同时,情绪的宣泄变得更加直接而浓烈,注重内心,强调主观。后期印象派代表凡高更主张:"艺术家应该从他的内心去观察。"野兽派代表马蒂斯宣称,要"不停止地寻找忠实临写以外的表现的可能性"。立体派创始者毕加索也说:"绘画有自身的价值,不在于对事物的描写……而必须首先要画出他对事物的认识。"从他们的作品来看,也的确具有浓郁的自我表现特征。譬如毕加索的名作《格尔尼卡》是画家在惊悉德国法西斯狂轰西班牙小镇格尔尼卡、炸死两千多无辜平民的罪行后,满怀爱国激情和对法西斯匪徒的仇恨,在很短的时间内画成的。如他自己所说:"当我描绘那幅将被称之为《格尔尼卡》的画时,我清楚地表明了对那把西班牙沉浸在痛苦与死亡的海洋中的好战集团的厌恶和鄙视。"虽然作品的超现实风格使人们对画面的理解颇有歧见,但透过那灰暗阴冷的色彩、极度变形的造型、怪异夸张的构图,还是不难感觉到一股阴惨、恐怖、狂乱的气氛,看出画家创作时的憎恨激愤之情。

语言艺术中,最接近音乐、最浓于情愫的是诗歌,尤其是抒情诗。前一节所举屈原、杜甫、白居易、郭沫若等古往今来诗人的作品无不洋溢着作者的情绪。这种情绪的表达有时非常直接,所谓直抒胸臆;有时则比较含蓄,或通过写景、咏物等种种手法婉转地表达出来。以杜甫为例,他的诗作以沉郁为基调,而又散发出多样的情绪。在同一情绪的表达方面,又有强度和手法的不同,譬如——

剑外忽传收蓟北,初闻涕泪满衣裳。却看妻子愁何在,漫卷诗书喜欲狂。白日放歌须纵酒,青春作伴好还乡,即从巴峡穿巫峡,便下襄阳向洛阳。(《闻官军收河南河北》)

两个黄鹂鸣翠柳,一行白鹭上青天。窗含西岭千秋雪,门泊东吴万里船。(《绝句》)

这两首诗所抒发的都是正性情绪——欢愉,而强度区别甚大。前一首是在获知前线捷报时所写,情绪达到兴奋、狂喜的程度,而在表现手法上也是毫无保留地尽情抒发。后一首的情绪显得轻松愉悦,但并不强烈,表现手法上也是通过对美好景致的描写自然地流露出来。

抒情类艺术以表现创作主体的情绪为主,但其中有些体裁样式也会涉及所塑造的人物情绪,如音乐中的歌剧、舞蹈中的舞剧、诗歌中的叙事诗,既然有人物形象出现,当然也会伴有一定的人物情绪。但在总体上抒发的仍是作者的情绪,而且两者并不矛盾,因为在对人物情绪的刻画中必然会显示出作者的情绪来。至于作品人物的情绪,我们将在有关叙事类艺术的论述中一并加以探讨。

(二) 叙事类艺术的情绪

叙事类艺术指的是有人物、有情节的艺术,如语言艺术中的小说,综合艺术中的戏剧、电影、电视剧,造型艺术中的连环画以及富于情节性的组画、单幅人物画,等等。这类作品的共同特点是,其情绪主要通过所描述的各种人物形象展露出来,而在人物、事件的描述中又折射出作者的情绪。尽管艺术家多数并不研究心理学,但一个善于观察和体验、又善于描写和刻画的作家,其笔下人物的情绪生成和表现往往能与科学研究的结论相符,也为读者所接受;反之,则与科研的结论相悖,并为读者所拒斥。

一般来说,刻画人物情绪都要面对如下问题:诱因、言行表现、表情与气质、性格的关系。

1. 诱因 情绪不会无缘无故地发生,任何情绪的生成都有一定的原因。譬如,焦虑作为一种负性情绪,是在个体预感到不幸将要降临而又无从避免时引发的。艺术作品要描写焦虑,就必须写出行将来临的危险、威胁和灾难,写出人物的无助感。又如忧郁也是一种负性情绪,它是由"丢失"引起的失落感。要表现人物的忧郁,就得写出"他"或"她"究竟失去了什么。再如愤怒通常发生在强烈的愿望受到阻挠和限制时,要描绘人物的愤怒情绪,就应当写出其所遭受的迫害、侮辱、欺骗,或失败、挫折、干扰。

《梅杜萨之筏》是19世纪法国画家席里柯的油画名作。该画以真实事件为题材,描绘梅杜萨号军舰沉没后,幸存的船员乘筏飘海的情景。由于焦虑是一种由多种成分合成的综合性的负情绪,故而船员的举止表情并不完全相同。如那以手按额者,显然痛苦的成分较多;白布包头者,分明眼神中透着愤怒;挥舞破衣者,则似乎还在做最后的挣扎;然而共同之处是,所有的人都充满焦虑。为什么?因为这架临时绑扎的木筏,漂流在汪洋大海中,水手们正经受着恶浪的侵袭、饥饿的煎熬、死亡的威胁。正是这种令人绝望的处境,正是这种明知死神将至而束手无策的局面,引发了画中人物的一派焦虑。

忧郁在叙事类作品的人物身上是经常出现的情绪。歌德的名著《少年维特之烦恼》中,主人公维特的"烦恼"其实就是忧郁情绪,而造成忧郁的原因是他初识夏绿蒂并很快爱上她时并不知道她有未婚夫,而一旦知道后便陷入失恋的痛苦之中,终于愈陷愈深而开枪自杀。郁达夫的成名作《沉沦》中,主人公的主要情绪也是忧郁,而忧郁的成因也可归为"丢失":身处异国的"他",没有祖国可以依靠,没有家庭的温暖,没有同学的友情,也没有正常的恋爱生活。一无所有导致心灵的失落,于是忧郁成为经常萌发的情绪。

较之忧郁,愤怒可能是艺术作品中更常见的情绪。这是因为一切叙事类作品都要设置矛盾、设置冲突,而在矛盾、冲突中愤怒是最易被激发的情绪之一。巴尔扎克的《高老头》中,伏脱冷被捕时曾爆发愤怒,"全身的血都涌上了他的脸,眼睛像野猫一般的发亮。他使出那股旷野的力抖擞一下,大吼一声,把所有的房客吓得叫起来。"而他大怒的原因是,当时他正策划、实行一个夺取银行家泰伊番巨大财产的阴谋;而被捕发生在计划行将实现的时候,他的愤怒显然与这一美梦的突遭挫折相关。此外,由于意识到自己是被同伙所出卖,他的假发又被警长当众打落,使他在遭受挫折的同时又体验到被暗算、被侮辱的痛苦,于是怒火一下子点燃起来。

2. 言行表现 情绪会影响一个人的言行,所以当艺术家表现人物情绪时,总是力图把特定情绪所导致的言行生动地刻画出来。譬如焦虑有常态与病态之分,常态下的焦虑是向自身发出的信号,它促使个体采取某种应付措施,去改变处境,化险为夷。前述油画《梅杜萨之筏》中,有人向着远去的孤帆挥动破衣,频频呼救,便是一种危境中的努力、生死关头的挣扎。又如愤怒常常会引发攻击性的言行。当伏脱冷"大吼一声"之时,实际上已准备发动攻击,只是因为对方有几支枪正对着自己,才使他放弃了这一念头。

情绪在社会化过程中,要受生活经历的锤炼、文化传统的熏染、道德规范的影响,因此它所引发的言行表现也是复杂多样的。在优秀的文艺作品中,可以把人物的情绪性言行刻画得极其生动细致。譬如个体产生厌恶情绪时最常见的反应是躲避,但因生活中人际关系的复杂微妙,其躲避的具体表现可以千差万别。钱钟书的《围城》,有一节专写汪氏夫妇为赵辛楣和范小姐做媒。赵实际上一见面就对范"失望得要笑",范的过于主动更增强了他的厌恶之情,可是出于礼貌,他不能直接把自己的情绪表露出来,只能一而再、再而三地用巧妙的方式来"突围"。第一次是突然与他人搭腔,以摆脱与范的单独对话;第二次是给迟到者让出座位,从而与范不再连席;第三次是与方鸿渐约好同行,以避免单独送范回家;第四次是过板桥时,没有去河底搀扶故意尖叫的范,而是劝她还是上桥走;第五次是当方鸿渐替范取回手提袋,从而使她的愿望落空时,于"黑暗中感激地紧拉鸿渐的手"。所有这些表现,都说明他已把与范独处视为绝对无法忍受的事,但同时又顾及"咱们是留学生,好像这一点社交礼节总应该知道",所以尽管内心厌烦透顶,外表还是竭力维持着应有的礼貌。在对厌恶情绪的刻画方面,这是一个成功的例子。

3. 表情 情绪在内心体验的同时,也会外显为表情。由于不同的情绪具有不同的表情,而不同年龄、气质、性格的人对于表情会有不同的抑制,因此如何描绘表情是叙事类艺术必须面对的课题。譬如19世纪俄罗斯现实主义画家列宾的作品对于人物表情的把握就非常准确。他的油画《伏尔加纤夫》所表现的痛苦,《萨布罗什人写信给土耳其苏丹》表现的欢愉,都符合心理学研究的结论。再看他的名作《伊凡雷帝和他的儿子》,对于恐惧的描绘也极其逼真。

1581年的一天,沙皇伊凡雷帝一时盛怒,挥杖击毙了长子伊凡。画面表现的是伊凡临终前的一瞬。由于父子间原本感情深厚,儿子的目光中并无仇恨,他准备原谅父亲;而父亲则以疯狂的力量把儿子抱在胸前,竭力用手捂住伤口流出的鲜血。他的表情不是一般的后悔,而是恐惧和绝望。心理学观察发现,恐惧的外显表情为额眉平直,额上有些抬高或平行的皱纹,眉头微锁,眼睛张大,上眼睑上抬,下眼睑紧张。恐惧严重时,面孔各部肌肉都较为紧张,口角后拉,双唇紧贴牙齿。而画中伊凡的眼睛、眼睑、额头和整个面部肌肉都与上述观察相一致。嘴部虽被儿子的头颅遮住,但从脸部其他部位的表情可以揣测出它一定也呈紧张状态。只是,他的眼神远比单纯的恐惧来得丰富,因为其中还包含着绝望和作为绝望核心的悲哀与痛苦。此外,由于对自己失手造成的后果缺乏心理准备,他的情绪中还含有惊愕的成分。这时恐惧已经发生,而惊愕尚未完全消失,所以眼神透露的也可以说是惊恐。

4. 与气质、性格的关系 叙事类艺术所塑造的形象如同生活中的人一样,具有各个不同的气质和性格,情绪在各人身上的表现也不相同。《红楼梦》中的林黛玉和史湘云,境遇颇为相似:都是孤儿,都过着寄人篱下的生活,然而情绪反应完全不同。林黛玉身上抑郁质的成分居多,对于自身处境的感受性强而耐受性低,故悲哀、忧郁的时候较多,她对生活的体验是,"一年三百六十日,风刀霜剑严相逼",并因经常出现愁眉不展的表情而被称为颦儿。而史湘云似属多血质,从最初出场时的"大说大笑",到后来"醉眠芍药裀"时梦中发出的"泉香酒咧醉扶归",她似乎从未哭过,也没有长时间地烦恼过,却经常萌发欢快之情。

按照人格特质理论的研究,情绪既可能以状态的形式存在,也可能以特质的形式存在。从这一观点出发,林黛玉和史湘云原本就属于不同人格特质的个体,其情绪反应之差别正与其人格特质的不同相一致。

此外,同一种情绪在不同气质、性格的人身上表现也有差异。仍以愤怒为例,在一个胆汁质、性格较易冲动的人身上可能很快导致攻击或反击行为,而在一个黏液质、性格较沉稳的人身上则可能会得到克制。文艺作品中,常可读到一方故意激怒另一方的情节,能否奏效则往往与对方的气质、性格相关。《三国演义》中,在诸葛亮的心理战术下,周瑜、王朗也先后被气死,而惟一不中其激怒之计的是司马懿。那是在他屯兵渭北、坚守不出之时,诸葛亮派人前往赠送妇人衣服,并修书一封,略谓:"……今遣人送巾帼素衣,至如不出战,可再拜而受之;倘耻未泯,犹有男子胸襟,早与批回,依期赴敌。"司马懿受此侮辱,心中大怒;但他深知这是对方的计策,不愿上当,于是佯笑一声,竟把礼物收了下来。这是书中最精彩的斗智场面之一,显示了作者对愤怒情绪的性质、特点有相当深切的了解。

(三) 表演艺术与情绪

表演艺术与其他艺术的一大区别在于,其他艺术呈现给接受对象的是完成式,而表演艺术呈现给接受对象的是进行式。

表演艺术也可分为抒情与叙事两类。单纯的表演艺术如音乐、舞蹈等都侧重于抒情;而在戏剧、影视剧等综合艺术中,表演更侧重于叙事。不论抒情类还是叙事类表演艺术,都需要通过演员或乐手的演出才能将作品呈现出来。这样,情绪与表演艺术的关系也就明显地具有特殊性。

在抒情类表演艺术中,演员应当努力去理解作曲者、编舞者的意图,体验他们灌注于作品中的情绪,同时又要在此基础上融入他自己的创造,倾注他自己的情感。一个有造诣的演员总是既忠于原作,又能驰骋自己的想像,抒发自己的情绪,从而在表演中形成对作品的独特解读。为什么同一种舞蹈、同一首歌曲和器乐曲,经过不同的表演者的处理,会有不同的风格、不同的效果? 就因为他们的认知有异,修养各别。

当代著名钢琴大师克劳迪欧·阿劳曾经联系钢琴演奏的实际,强调演奏者必须既忠实于作曲家的原意,又要有自己的"幻觉"和"理解":"如果作曲家注明这一段应该弹奏得强有力,那它就应该被弹奏得强有力,而不是被弹奏得极其微弱。另一方面,这种对作曲家原意的忠实又仅仅是一个基础,在此基础上,钢琴艺术家建立起他自己的幻觉和他对作品的理解。"如果演奏者毫无自己的想像,那么,"他们不是在弹奏作品,而仅仅是在弹奏一个个音符。"(《世界钢琴大师自述》,中国民族摄影艺术出版社1997年版,第5页。)

另一位著名钢琴大师弗拉迪米尔·霍罗维兹曾以演奏拉赫玛尼诺夫的作品为例，说:"我以不同于拉赫玛尼诺夫的方式去弹奏他的第三协奏曲，而他也同意我对他作品所作的阐释，因为我完全沉浸在作品的灵感中，我从内心深处感觉到了他想要表达的一切。我当时感觉到了俄罗斯19世纪初的那种氛围，我感觉到了俄国人因心智和物质两方面所受到的剥夺而产生的悲观主义。我试图把所有这一切都溶入到我的演奏中去。"(同上，第143页。)这段话生动地说明了演奏是对作品的一次再阐释、再创造，而在这过程中，当然溶进了演奏者的情绪。

在叙事类表演艺术中，演员不是直接传达作者的情绪，而是要把剧本中的角色演好、演活、演逼真，从而间接地表达作者的喜怒忧惧、褒贬爱憎。角色在戏剧冲突中会形成各种各样的情绪，演员的使命就是要将这些情绪真切、生动、恰如其分地表现出来，这对于角色塑造是否成功具有关键的意义。演员是怎样进入角色的内心世界，把握角色情绪的呢？

1．认知作用 前文在论述创作主体与对象主体的关系时，曾谈到在生理唤醒、环境影响、认知过程等三种制约情绪的因素中，认知的作用最为关键。同样，对于演员来说，通过认知作用，将自身的情绪转换成角色情绪，也是决定演出的优劣成败的必要条件。演员在生活遭遇中有自己的情绪，除非巧合，这种情绪与他所扮演的角色情绪不会完全一致，甚至会全然相反，诸如一个家庭美满的演员偏要去表现丧失亲人的哀痛，一个心平气和的演员偏要去表现吵骂斗殴中的愤怒，等等，在演出中都是极常见的。而且，随着剧情的发展，同一角色在不同的年龄、际遇中，情绪也在起变化。演员要表现角色的情绪，就必须研究、理解剧情，把握角色的气质、性格，设身处地去揣摩、体验他或她在特定情境中的感受，否则表演很难获得成功。苏联戏剧家斯坦尼斯拉夫斯基曾以奥赛罗自杀所用的刀为例，谈到认知(对角色生活与内心的把握)在表演中的重要作用

> 重要的并不在于奥赛罗的刀是硬纸做的还是金属做的，而在于演员本人用来给奥赛罗的自杀提供根据的内心感情是否正确、诚挚和真实。重要的是，假使奥赛罗的生活条件和生活情况是真实的，假使他用来刺死自己的刀是真的，那么作为人的演员要怎样行动。

通过对剧情和角色的钻研，正确、真实地表现人物情绪，也为中国戏剧表演所重视。盖叫天曾称赞一位青年武生:"他打得很有感情。"实际上带着感情去表演，正是盖叫天艺术的重要特色。不单他的武打如此，甚至在他看似随便的站姿坐态中，也同样有感人的情绪流溢其间。而离开对剧情、角色的理解，是不可能做到这一步的。另有一个川剧演员彭海清回忆的例子，则简直是上述斯氏观点的中国翻版。那是在他少时学演《荆轲刺秦王》时，老师问他用什么"刺秦王"？他先说用刀，随后又说用棒棒(排演时的道具)。老师一再摇头，最后告诉他:必须用自己的心去刺秦王，而且上台之前就要一心想着谋

刺之事，这样才能演出情绪来。

认知对于情绪的制约不仅表现在一个具体的动作、具体的细节上，而且表现在对整个人物性格、气质的把握上。只有对角色有了全面深刻的了解，才能在表演中左右逢源，给人以完整的美感。譬如苏联饰演列宁的演员史楚金，最初所拍的《列宁在十月》，虽然很轰动，但他自己并不满意，认为对列宁的外表特征注意较多，而对内心挖掘不够，因此整个看来有拼凑的痕迹。于是他着重探索列宁的内在性格特征和气质，到演《列宁在1918年》时，"他已经不受姿势的制约性以及预先明文规定的语调所束缚。他的每一种动作、每一种语调自己就铸成为那些能使我们感觉到活生生的伊里奇的模型。"

认知在引导演员进入角色的同时，又提醒着演员不要把自己完全等同于生活中的真人，而要明白自己是在演戏，在从事高于生活的艺术创造。法国戏剧理论家狄德罗曾经说过，如果一个表演睡眠的演员真的在台上睡着了，戏也就演不下去了。斯坦尼斯拉夫斯基则认为演员在舞台上过的是"双重生活"，即既在表演，同时又在观察着自己的表演。梅兰芳也说过，如果演员忘了演戏，而在台上控制不住地真哭真笑，便会把戏演砸。

2．唤起情绪记忆　前一节论述情绪与创作主体的关系时，曾谈到情绪记忆对于创作的重要。在表演艺术中，为了真切地体验和表现角色的感情，演员也总是有意无意地运用情绪记忆。著名川剧演员周慕莲曾谈过他教一名学生演《刁窗》的经验。剧中人钱玉莲以死殉夫前，需要换上自己精心制作的一双绣鞋，本来她是要穿着这双新鞋与荣归的丈夫团圆的，现在却变成要去地下相见，其心情的沉痛可想而知。饰演钱氏的学生也丧偶，但开始并没有把自身遭遇与剧情联系起来，因此怎么也演不好拿鞋的动作。后来有一次，周慕莲在她家，当她拿丈夫的遗照给周看时，脸色抑郁，手变得笨而沉重。这马上让周联想到戏中拿鞋的表情和动作，便问她拿照片时是否觉得很沉？学生说："我就是怕看他的照片，看到他，心上就像压了块石头，手脚都笨了。"于是周启发她把拿照片时的心情、动作运用到戏中去，果然获得了成功。

斯坦尼斯拉夫斯基在他的名著《演员自我修养》中，有一章专门谈演员的情绪记忆。他举了很多例子，认为演员应当尽量去观察、揣摩、体验生活，这样，当饰演某个角色、某段剧情时，情绪记忆就会被唤起。他又以当众挨耳光和目击别人挨耳光为例，说目击者的感受虽不同于当事者，但同情是可以转化成直接体验的。演员不可能事事亲历，但所目击甚至只是听说或读到的事情也可在脑中留下深刻印象，化为情绪记忆，并在演出中突然呈现出来，为角色的情绪提供资源。

3．气氛感染　在叙事类表演艺术中，演员的表演不是孤立进行的。他受到由导演和服装、道具、美工人员营造的氛围的影响，更与同时登场的其他演员相互感染，这一切对于角色情绪的调动都非常重要。在中外演员的传记和回忆录中，有很多关于气氛感染引发情绪的记载。譬如，袁世海曾多次饰演《霸王别姬》中的项羽，然而在他首次与梅兰芳合作时却有新的收获——

> 最大的收获是在项羽九里山战败归来，梅先生饰演的虞姬不是一般的接驾，而

是关心地上下左右打量霸王，我身不由己也得上下打量虞姬。完戏后，回忆起来，我才理解，项羽九里山战败，虞姬这是关心项羽，项羽同时也应看虞姬是否受惊。

梅兰芳的举止表情是别的演员没有做过的，它生动地表现了虞姬对项羽的牵挂与疼惜。而受到这种情绪感染的袁世海也情不自禁地作出回应，说明他也进入了一种超乎以往演出的情绪状态。

又如，据英格丽·褒曼回忆，反映二次世界大战的名片《卡萨布兰卡》，拍摄时剧本还在不断修改，还不知道剧情将如何发展、怎样结束，因而演员也难以把握角色的性格。当褒曼问导演自己将会爱上谁时，导演的回答是："这一点还不清楚——演得好一些就算了……介于两者之间吧。"（英格丽·褒曼：《我的故事》，漓江出版社1983年版，第106页。）这使褒曼变得犹疑不决，可是出乎意料的是，正是褒曼迟疑的眼神及由此透露的举棋不定的情绪触发了导演的灵感，使他为角色性格找到了定位，为剧情的发展找到了依据。电影曾试拍过三种结尾。当大家看到第三种结尾中，褒曼用一种生离死别的眼光望着将要分手的饭店老板里克时，所有的人都被深深打动，而且相信这就是最好的结尾了。这个例子说明，不但演员的表演会受气氛的感染，而且导演也可能受角色情绪的感染，从而影响作品的情节与风格。

无论抒情类还是叙事类表演艺术，均涉及一个重要课题，即演员的表情。角色的情绪必须通过表情显现出来。表情包括面部表情、言语表情和身段表情。由于体裁不同，对表情的要求也不一样。戏曲中的表情较为夸张也较为程式化；影视剧中的表情较为自然也较为生活化；话剧则介乎二者之间。但不论何种体裁，角色的表情都应该是既源于生活又高于生活。戏曲中的表情虽较夸张，但从梅兰芳"上下左右打量霸王"来看，其表情显然符合生活的逻辑。而电影虽追求自然，英格丽·褒曼的眼神却决非生活的简单复制，而是一种经过提炼的、充分艺术化的眼神，因此才具有那样强烈的感染力。

上述二例以面部表情为主。而在有言词、歌词、戏词的表演艺术中，言语表情也极其重要。前文提过列宾的油画《伊凡雷帝和他的儿子》，实际上还有描写伊凡雷帝的话剧和电影。据说当年在话剧中扮演伊凡雷帝的演员契尔卡索夫演到打死儿子一节时，先低声地对着儿子细语："我自己都不知道，啊！就用这根拐杖，把你打死的吗？"接着，他把手放到儿子的额上，又吓得赶快缩回，随即冲到台前，大喊道："打死了！"由于他把角色的情绪变化表现得十分逼真，当他低声说话时，观众不禁前倾身子去听；而当他向前冲来大喊时，观众又都同时向后倾倒，以致剧场里发出了一种奇怪的声响。该剧演出二百多场，每场演到这里，都会从观众席里传来人向椅背倒去的声音。这可以说是话剧独白中运用言语表情的杰出范例。至于唱歌、唱戏中的言语表情，因为包含音乐的成分，其具体的要求又有不同，共同的追求则是声情并茂。

身段（动作）表情在一般表演中也都需要，契尔卡索夫的表演便已把面部、言语和身段表情融为一体；而在戏曲、舞蹈中，更把它上升到了重要甚至首要的位置。如梅兰芳演的《贵妃醉酒》，唱念之外，主要就是凭借优美的舞姿表达出人物醉后寂寞而抑郁的心情。又如芭蕾舞剧《天鹅湖》,据说最初演出时,因为只注意外形的机械模仿而忽略舞蹈动作的加工提炼,所以不受欢迎。若干年后重排时,去掉了那些外在的装饰,着重通过身段(动作)表情来塑造"天鹅"的美好形象,表达"天鹅"的细腻情绪,从而使演出大获成功,《天鹅湖》也从此成为世界芭蕾舞坛的经典之作。

三、情绪与艺术接受

接受主体指的是艺术作品的欣赏者、接受者。人们对艺术的欣赏、接受是一个审美过程,其间始终伴随着情绪。情绪与欣赏者的关系,较之情绪与创作者和作品的关系,有相同之处,也有相异之点。本节拟着重探讨其相异而显得独特的地方。

(一) 兴趣与接受

兴趣因具有独特的内在体验、外显表情和神经生理学基础而被视为人类的基本情绪之一。它具有适应性价值和动机性品质,表征为支配个体的选择性知觉和注意。在艺术接受的过程中,兴趣具有关键的作用。任何人只有对艺术作品萌发了兴趣,才可能进入欣赏和接受状态;也只有维持兴趣,才可能使注意一直指向某部作品,将欣赏和接受延续下去。如果在缺乏兴趣的情况下,被动地、非自愿地去观看、聆听某一作品,那么其注意会移向别处,仍然达不到欣赏和接受的目的。譬如电视天天在播各种各样的文艺节目,人们都是根据兴趣来做出选择的。

在情绪的强度和持续性特征方面,兴趣与惊奇划清了界限。人们欣赏艺术作品,最初也可能是被某种怪异的形象、离奇的情节所吸引,这时大脑受到突然而强烈的刺激,发生的是另一种基本情绪——惊奇。惊奇发生时,脑内出现极强的兴奋点,抑制了正在进行的其他活动,整个有机体转向并指向刺激来源。关于这一点,古代的作家、艺人早从实践中有所认识,因而往往刻意地追求新异,以引发接受者的惊奇之感。李渔在《闲情偶记》中说过:"开卷之初,当以奇句夺目,使人一见而惊,不敢弃去。"而《拍案惊奇》、《今古奇观》等书名本身就显示了作者的意图。但是惊奇的刺激强度虽大,持续的时间却很短。如果接受者被吸引后继续将注意集中于作品,那么这时他的情绪必定已由惊奇转化为兴趣。兴趣的神经激活处于中等强度水平,却能维持很长的时间。当然,在欣赏、接受过程中,随着作品情节的跌宕转折,人物命运的起伏变化,接受者还会相应地发生其他各种情绪,也可能因新的突然刺激而再度产生惊奇,但这都不影响兴趣所起的关键作用。没有兴趣,也就谈不上欣赏和接受。

兴趣是一种经常与快乐交替出现的正情绪。这一点在艺术接受的过程中也表现得十分明显。人们怀着兴趣去聆听音乐、观看戏剧、阅读小说,在聆听、观看、阅读的过程中获得审美愉悦。审美愉悦使兴趣所具有的中等强度的紧张得到释放,使智力加工得到休息,随后又进入新的兴趣状态,从而形成一种良性循环。

兴趣不会导致负性情绪。兴趣吸引人去接触和欣赏作品。但是在观赏作品时却可能产生愤怒、悲哀，或因主人公的不幸而激发同情，但这并不影响审美愉悦的发生；相反，人们常常是在流泪之余得到极大的审美满足。对此，朱光潜在其早年所撰博士论文《悲剧心理学》中曾专门作过探讨。对于"为什么表现痛苦事件的悲剧能给人以快感"这个问题，他从"距离化"的角度作了种种解释，认为"痛苦和灾难只有经过艺术的媒介'过滤'之后，才可能成为悲剧。悲剧使我们对生活采取'距离化'的观点。"他的解释是否正确，可以讨论；但毫无疑问，艺术欣赏中出现的"负情绪"是受到作品感染的结果。人们感兴趣的是作品对人生活的再现、提炼和升华以及它们的表现形式。

兴趣属于不学而能的基本情绪，同时又可以被培养和改变。由于年龄、性格、文化程度、艺术修养、生活环境的差异，不同的个体对于作品的兴趣往往也不相同。儿童对过于含蓄深奥的艺术通常不感兴趣，而乐于欣赏简单明快的作品。接受者文化、艺术的不同水准也直接影响兴趣的形成。如马克思在《1844年经济学-哲学手稿》中所说："对于不辨音律的耳朵说来，最美的音乐也毫无意义。"古代楚国的诗人宋玉则曾以《阳春白雪》和《下里巴人》两种雅俗有别的曲子为例，说明当时能够欣赏高雅乐曲的人很少，通俗歌曲更能引发大众的兴趣。至于生活环境包括民族、地域对兴趣的影响也很明显，拿戏曲来说，各种地方戏在当地拥有的观众总是远远超过外地。

(二) 移情与接受

本章第一节中，曾谈过移情与创作的关系。就欣赏、接受而言，条件作用、直接联想、模仿、代表性联想、充任角色等移情反应也同样可以存在。所不同的是，创作者的移情系由现实生活所诱发，而观众的移情系由艺术作品所诱发。譬如有些人从影视中看到恐怖的情节、受刑的场面，会顿生恐惧，这就是"条件作用"引发的移情。又如张乐平的连环画《三毛流浪记》中，有一幅描写三毛因看孤儿流浪的电影而大哭，虽系漫画，却很生动地说明了欣赏过程中的"直接联想"，即由作品中人的遭遇、情绪引发了自身对过去某种经验的联想，从而产生移情。

移情是人们生活中常有的情绪性反应，但不一定与艺术创作、艺术接受相关。美学家们将这种生活中的移情称为"实用的移情作用"，而将与创作和接受关系密切的移情称为"审美的移情作用"。朱光潜专门评介西方"审美的移情说"，重点介绍了德国美学家利普斯的"移情说"和格鲁斯的"内模仿说"。认为前者侧重由我及物的一方面，即把自身的生命灌注到对象中去；后者侧重由物及我的一方面，即对对象作一种内在而不外现的模仿。两种说法是对立的，而对于探讨情绪与艺术创作、艺术接受的关系则都不无裨益。有关创作中发生的"审美的移情"，本章第一节中已经有所涉及；这里只谈观众的移情反应。

利普斯在《空间美学》一书中以建筑为例，说希腊建筑中的道芮式石柱，本来是无生命的物质，可是人们观照时却觉得它是有生气、有力量、能活动的。下粗上细的石柱支撑着沉重的平顶,看去却并不压抑,反而给人以一种升腾与出力抵抗的感觉。原因就在于石柱的姿态引起了人们在类似情况下奋力上腾、抵抗的意向,并将这意向移到了石柱上。"在我的眼前,石柱仿佛自己在凝成整体和耸立上腾,就像我自己在镇定自持,昂然挺立,或是抗拒自己身体重量压力而继续维持这种挺立姿态时所做的一样。"利普斯的说法在欣赏中不难找到相似的例证。以绘画为例,早在晋人张华的《博物志》中就曾记载:"汉刘褒画《云汉图》,见者觉热;又画《北风图》,见者觉寒。"这一热一寒,可以说都是由欣赏者投射给画幅的。

格鲁斯认为移情作用是一种"内模仿",即认为人在审美时对于审美对象并没有进行真实的言行模仿,而是在内心进行模仿。他在名著《动物的游戏》中以观看跑马为例,说:"一个人在看跑马,真正的模仿当然不能实现,他不但不肯放弃座位,而且有许多理由使他不能去跟着马跑,所以只心领神会地模仿马的跑动,去享受这种内模仿所产生的快感。这就是一种最简单、最基本、最纯粹的审美的观赏了。""内模仿说"在艺术欣赏中也可找到许多例证。譬如梅兰芳有次请一位老太太看川剧《秋江》,剧中有划船的动作。老太太看后说:"很好,就是看了有点头晕,因为我有晕船的毛病……"显然她在观看时自己也仿佛乘在了船上,随着演员一起摇啊摇,而这正是内模仿的典型表现。又如解放战争时期,有的战士观看歌剧《白毛女》时,出于义愤,竟举起枪来要向台上的黄世仁射击,说明他已情不自禁地进入剧情。除了观剧,同样的"内模仿"在其他艺术领域也举不胜举。

不过"内模仿说"也引起质疑。这是因为人的性格千差万别,而从审美角度可以分为"分享型"和"旁观型"。上面所举各例均属于分享型。而旁观型的人,固然也欣赏艺术,却能始终理智地分清彼此,不会进入作品去硬充一个角色,在他们身上也不易发生内模仿。

(三) 情绪与"再创造"

艺术欣赏并不是纯粹被动的行为。在这一过程中,观众会联系自身的阅历,通过感受、想像、体验、理解等心理活动,把作品中的艺术形象"再创造"为自己头脑中的艺术形象。如同艺术创作离不开情绪,接受主体的"再创造"也始终有情绪相伴随。

"再创造"时的情绪必然会受作品的影响和制约。譬如读苏轼的"大江东去"一类的词,我们胸中会升腾起雄浑豪放之情;如陆游所说:"试取东坡诸词歌之,曲终,觉天风海雨逼人。"(陆游:《老学庵笔记》卷五)而读柳永的"杨柳岸,晓风残月"一类的词,心中萌生的乃是柔婉凄凉的离情别绪。虽然各个欣赏者的具体感受会有深浅之别,引发的情绪也有强弱之分,但读"大江东去",决不会感到柔婉凄凉,读"晓风残月",也决不会感到雄浑豪放。这是没有疑问的。

然而,由于观众经历、修养、品德以及性格、气质的差异,于"再创造"的过程中,其体验和想像在受作品制约的同时,又会各具特征,既不等同于原作者,彼此之间也有差别,甚至同一个人，在不同的年龄、不同的境遇中，对同一部作品也会有不同的解读，由此引发的情绪自然也不一样。但可以想见，人们在阅读中会因自身情况的不同而产生独特的情绪反应。

同一个人，在青少年时期和中老年时期，随着审美趣味发生变化，也会在欣赏同样的作品时萌发异样的情绪。一般来说，儿童时代都比较喜欢鲜艳华丽。童话中的"灰姑娘"，原来很不起眼，必定要披上华美的服装，穿上闪亮的水晶鞋，而后才觉姿色照人。这正是对少儿心理的迎合。可以想见，当孩子们欣赏这一童话，驰骋自己的想像之际，其始而不平、忧虑，终于欣慰、兴奋的情绪变化和起伏都会与主人公的服饰特别是水晶鞋相联系。而当人进入中年、阅世渐深之后，往往会更接受素朴的作品。清人黄景仁有两句诗："结束铅华归少作，屏除丝竹入中年。"（《绮怀十六首》）说明他是中年后才决然弃绝"铅华"（脂粉），走向素朴的。

"再创造"中的情绪反应，还与作品的体裁样式相关。欣赏写实的造型艺术、语言艺术、综合艺术，虽因观众主观条件的差异而有不同的评价与联想，并伴有不同的情绪发生，但一般不会脱离或不会完全脱离作品呈现的形象、叙述的情节。现代派作品则因其抽象、荒诞，而常使欣赏者的评价、联想都变得不确定；引发的情绪也可能各式各样。

至于音乐，由于不具有直接描述客观对象的功能，而是通过旋律、和声、节奏、强弱，通过乐音的运动，直接表达感情，因此，一方面，它对观众情绪情感的激发、感染格外直接和强烈，另一方面，欣赏者评价、联想的天地会更加开阔，情绪体验也更加丰富。这里又分两种情况：一种是音乐的表现形式、风格为观众所熟悉，这时其"再创造"也会与作曲者的原意比较接近；一种是音乐的表现形式、风格对观众来说十分陌生，则其"再创造"可能会与作曲者的原意相去甚远。中央音乐学院教授张前曾在不作任何说明的情况下为5名学生播放德沃夏克《大提琴协奏曲》中的一段录音，并让他们写下各自的感情体验。学生的回答分别是：(1) 回忆的、欲以挣脱某种纠缠；(2) 悲哀的、带有哭泣的主题音调；(3) 充满深沉的情绪；(4) 悲哀、哀怨；(5) 远方的倾诉。他又为学生们播放古琴曲《潇湘水云》。学生的回答是：(1) 叙述某种痛苦；(2) 忧郁而充满一种力量；(3) 典雅而明快的情绪；(4) 喜悦；(5) 酒狂。

张前认为，《大提琴协奏曲》抒发的是作者身在异国对祖国的深切思念和孤寂愁苦的情绪，5名学生的答案虽然措辞不同，但与原作的感情内涵是大体吻合的。这是因为他们对此类音乐较为熟悉的缘故。而对《潇湘水云》的5种答案则彼此差异较大，甚至截然相反。这是因为学生们对古琴音乐很少接触，"再创造"时也就离题较远。由于感觉到了的东西，并不能让人立刻理解，只有理解了的东西，才让人更深刻地感觉它，所以毫无疑问，当学生们聆听《大提琴协奏曲》时，引起的情绪反应、情感共鸣都会超过聆听《潇湘水云》。其实，在一切艺术门类的"再创造"活动中，观众理解的深度都会影响情绪的强度；音乐只是较为特殊罢了。

推荐参考书

孟昭兰,(1989).人类情绪.上海:上海人民出版社.
俞汝捷,(1993).人心可测——小说人物心理探索.北京:中国青年出版社.

编 者 笔 记

艺术是人类心灵的展现。艺术各门类以各自不同的形式描绘与再现、提炼与升华人们生活遇到的苦乐安危、成功失败。作家和艺术家以自身对人生的感悟创作角色的悲欢离合、喜怒哀乐,并以他们的作品和表演在读者和观众中产生感情上的体验与共鸣。这就在艺术家—作品—群众之间串起了一条互相影响、共同体验的感情线。

本章不仅为心理学家提供了理解本门学科在各门类艺术中应起的作用,而且为艺术家提供了从更深层次去理解人的心理、情绪的途径。在情绪心理学与艺术之间搭起了一架深化理解人本身思想感情的桥梁,去实现艺术家—作品—群众之间的感情联系。这就是本书编著者的出发点。

16

情绪与运动竞赛

一、运动员情绪与运动竞赛

(一) 运动竞赛的特点

运动竞赛是竞技体育的高潮和集中体现。重大的国际比赛更有进行国际间文化交流、增进团结和友谊的重大意义,当运动员获得优异成绩时,它能弘扬运动精神,为国家赢得巨大荣誉。这种震撼人心的作用是由于运动竞赛显示的魅力和生命力决定的,是由于比赛结果出其不意的不确定性、品评社会价值的功利性和紧张激烈竞争性等特点决定的。

1. 比赛结果的不确定性 运动竞赛的形式多种多样,有个人项目或集体项目,有格斗类或克服障碍类项目等,但都必须赛出结果。若最终结果出现平局,还必须以规定的方法,如用加时赛、单分决赛或次成绩的方法决出胜负、分出伯仲。比赛结果的出其不意使体育竞赛显示出无穷的魅力和无限的生命力。

尽管比赛之前人们极为关注比赛结果,并对其进行种种预测,但事实并不一定与预测相符。这是因为比赛结果取决于多种因素的较量,既有技术、战术,身体和心理因素的纵横交错,又有天时、地利、人和的复杂搭配。虽然它主要取决于实力,但"实力"却是动态的、变化的,所以,比赛结果可能与"预测"大相径庭,可能得于转瞬之间、失于一念之差。这种不确定性给运动竞赛带来勃勃生机,它鼓励参与者去争夺,去拼杀,勇于上进,夺取胜利,同时也能满足人们探索未知事物的心理,使运动竞赛迎来众多的观众,成为无数国家、民族、群体高度关注的热点,并给他们以无限乐趣和"运动美"的享受。

2. 突出的社会功利性 在国际大型比赛中,由于比赛结果直接产生于对抗,有严格的比赛规程和胜负标准,结果不容置辩。通过硬碰硬的较量,当场实践,立等可取,毫不含糊,马上排名次,升国旗,奏国歌,社会功利的显示既直接,波及的范围又大。它的强烈社会反响,牵动了亿万群众的心,激起人们浓烈的情感波澜,成为影响国家声誉,表达国家实力和民族感情的重大社会事件。

3. 紧张激烈的竞争性 竞争是体育运动的属性,但竞争的激烈程度却随着竞技运动技术水平的提高而日趋激烈。近年来，国际上各项运动成绩越来越高，在速度、难险度、准确度上越来越接近于人体生理机能的极限，为了增加竞争的激烈性和观赏性，某些项目修改了比赛规则和得分标准，使比赛越来越呈现紧张激烈的特点。加之运动员在比赛中承受巨大的社会压力，比赛对他们心理上的要求也必定越来越高。说明由于现代运动竞赛的激烈性，使运动员经受心理、技术、战术、体能等全方位的综合考验。

（二）运动员参赛的情绪体验

由于比赛的社会意义，竞争对手强弱及双方力量的对比、裁判员执法水平、教练员临场指挥能力及带有倾向性的观众表现，以及比赛不同阶段不同态势的变幻莫测，与运动员的多种需要之间形成多种关系，从而产生丰富、强烈、多变的情绪体验。运动竞赛的特点决定了参赛者情感的深刻性和情绪体验的丰富性。

1．紧张焦虑情绪体验 焦虑是运动员对当前或预料的潜在威胁所表现出的过分担忧和焦躁不安的情绪负倾向。运动员情绪紧张焦虑体验取决于他们面对比赛情境的紧迫性、个体心理的准备状态及应变能力。当他们面对大型而具有重大社会意义的比赛时，感到对手实力强大，本身的技战术水平有差距或赛前准备不足，比赛经验欠缺或应对能力较差，又特别想赢怕输时均可能产生情绪紧张焦虑。此时，他感受到自尊心和自信心受挫，失败感和内疚感增强，产生程度不等的紧张、担心、不安、惧怕、惊恐等体验，严重时会给比赛带来消极影响。

2．运动振奋情绪体验 运动员面对即将到来的比赛有积极参赛欲望而没有过多担忧和不安，往往表现为精神饱满、力量增强、乐观面对、身心协调。这是一种增力性情绪，它有助于运动员充分发挥运动潜力。运动振奋情绪的体验大多在运动竞赛规格较高，具有挑战性，或随竞赛形势的激化而对自己有利时产生的。运动员的体验是头脑清醒、判断准确、注意集中、反应及时，是坚信自己在比赛中能正常发挥并能获胜的一种良性情绪状态。

3．运动陶醉情绪体验 在比赛酣战状态下运动员着迷地投入到竞赛情境中而感受到的强烈情绪体验。如在球类比赛中，战术变化极快，在势均力敌、比分接近或交替上升时，运动员完全沉浸在比赛中，密切注视对手的一切活动，能适时果断地采取行动。正如一名健将级运动员所描述的："竞赛时有一种不可抑制的激情笼罩着我。我全神贯注，根本不知道疲劳和疼痛。"这种情绪体验经常伴随运动员夺取胜利。

4．运动激愤情绪体验 在比赛形势严峻、获胜欲望受阻时，运动员表现出爆发的、"被激惹的"强烈情绪体验。竞争对手过激的言词、表情或运动表现"刺痛"了我方，在进攻态势上对我方屡屡构成威胁、易产生对对手的激愤情绪；裁判不公、偏袒对方，使我方处于不利局势，可能产生指向裁判或相关方面的激愤情绪。激愤情绪的产生往往与自尊心受伤害相联系，如不适时调整和控制，易导致狂热情绪状态，诱发不当的攻击行为。

5．运动悔恨情绪体验 对个人在比赛中不应有的疏忽、失误或失败的结局感到懊悔时产生的情绪体验,与自责、自罪心理相联系,在大多情况下为消极的情绪感受。

6. 高级社会性情感体验 运动员参赛的多种心理需要中,包含着道德需要、求知需要和审美需要。比赛的过程和结果与这些需要形成不同的关系和联系,从而产生极为丰富、深刻的道德感,理智感和美感体验。(1)比赛中的得与失及比赛结果的成功与失败,会给运动员直接带来道德需要的满足与否,从而感受到对本人,对集体、国家、民族带来的荣辱,使其产生热爱、欣慰、尊严、荣誉或羞愧、内疚、难过、痛苦等丰富体验,对群体、国家萌发的义务感、责任感、认同感、友谊感等,也是运动员的道德感体验。(2)运动员参赛也伴有对认识活动成就的追求和兴趣需要的满足,他们关注自己已有的技术水平是否得到充分展现,对对手实力水平与战术打法的判断是否准确、对比赛中情境性、偶发性、挑战性问题是否得到适时恰当有效的解决,此时运动员产生与探索追求、问题解决相联系的情感体验,具体表现在对比赛场景、对手、规则利用的好奇心与新异感,对竞赛活动中初步成就的欣慰愉悦的体验,在不利局势下,对遇到问题的怀疑与惊讶,对比赛方案未能奏效的不安感,对自己打法的坚信不移,对错失良机的惋惜,对取得巨大成功的欢喜与自豪,都是竞赛活动中理性思维中的情感体验。(3)体育运动中运动员主要通过形体动作表达对运动成绩的追求,他们对美的追求主要表现在形体美和节律美等方面。在激烈竞争和激动人心的情景下,运动员若能通过技战术淋漓尽致地表达出形体美、韵律美、匀称美、谐调美,他们就会产生肯定、满意、愉悦、倾慕的情感和运动美的享受。

(三)竞赛情绪的效能

随着比赛临近,通过运动员的表情、行为变化和生理反应看到他们情绪的明显变化。这些强烈、多变的情绪对运动员的心理活动和比赛进程有着十分深刻的影响和重要的功能。

1. 适应功能 情绪和情感是有机体适应生存和发展的一种重要方式,与竞赛相联系的运动振奋情绪以及适度紧张焦虑,可引起一系列的生理反应、躯体反应和认知反应。生理反应如中枢神经兴奋性变化,物质代谢过程加强,心跳加快,血压升高,血糖水平的改变,躯体行为变化如肌肉紧张度的改变,运动反应和协调能力提高,认知反应如注意集中、思维敏捷等,均有利于比赛所需要的机体能量动员,促进能量释放从而提高竞赛活动效率,是情绪适应功能的积极反应;反之,运动员过度紧张焦虑或处于过分愤怒之中,也可能出现肌肉发硬或颤抖、思维紊乱、意识狭窄、注意分散、运动协调能力下降等不良适应状态,说明运动竞赛情绪是运动员心理活动的晴雨计,直接影响运动员的竞赛状态,使其提高或降低竞赛中的生理适应和社会适应水平。

2. 动机功能 情绪是基本的动机系统,起着动机的作用(Izard, 1977; Tomkins, 1962)。即情绪和情感的作用在于它的动力性。一个运动员,有了对体育运动由衷的热爱,有强烈的为国争光的爱国主义情感和集体荣誉感,不但能在比赛中顶住压力,更能做出极限努力去争取胜利。说明情感对人的行为有巨大的推动、控制和调节作用,是一种自我监督的力量,可使人保持良好行为,并制止过失行为。同时,运动员比赛中适度的情绪兴奋和积极增力的情绪体验,使其身心处于活动的最佳状态,进而激励其有效完成比赛任务。

3. 组织功能 情绪作为脑内的一个检测系统,对其他心理活动具有组织的作用。表现为积极情绪的协调作用,消极情绪的破坏、瓦解作用。中等强度的愉快情绪有利于提高认知活动的效果(孟昭兰,1985,1989; Sroufe, 1976, 1979)。

在与运动竞赛有关的运动员情绪反应中,明显看到运动振奋情绪、运动竞争情绪、运动陶醉情绪和适度体验能够帮助其组织良好的注意状态,全神贯注于比赛中,密切注意自己的运动表现,在对抗性项目中,能及时审视对手的一切活动,判断准确、果断决策、反应恰当。说明人的积极体验和感受对正在进行着的认识过程起了评价和监督的作用(Pribram, 1970)。

情绪的组织功能还表现在对行为的组织上。当运动员对比赛处于积极、乐观的情绪状态时,易发现和注意比赛情境中积极的方面,发现有利战机,其行为比较开放,技战术表现充分,表现了情绪对行为起协调、组织的作用。而当运动员产生懦弱、沮丧、怯场、悲观、愤怒的情绪体验时,他们的行为会明显地表现出技术动作拘谨、僵硬或失调,竞赛战术行为被破坏甚至产生过激的攻击性行为,体现出情绪对行为的瓦解作用。

4. 信号功能 情绪和情感在人际间具有传递信息,沟通思想的功能。信号功能是通过表情实现的,它通过面部肌肉的运动、身体姿态以及声调的变化来实现信息的传递。在体育比赛中,这种功能表现更为明显,作用十分突出。(1)教练员与运动员之间往往通过表情了解对方的态度和感受:教练员表情镇静自若或点头或微笑,运动员明白"教练员对我比赛有信心";运动员表情呆滞、动作拘谨,教练员知道"可叫暂停,调节放松一下队员情绪"。(2)通过表情(手势、语调变化)传递技战术配合的要求和信息,既包括场上运动员之间沟通,也包括教练员对运动员的要求,传递适当的运动指令。(3)竞赛中鲜明的情绪表达造成队员之间情绪的共鸣,直接影响比赛态势和场上氛围。足球运动员进球的一刹那,在场上狂奔跳跃,队友之间相拥相抱的热烈场面,是增强队员之间凝聚力、提高团体战斗力的第一心理力量。(4)通过情绪所传递的信息影响对手的心理和技术表现,我方镇定自信的表情,队员之间默契配合的手势、动作、相互鼓励的喊叫,都会增加对手的急躁情绪,给对手以心理负担,瓦解对方的战斗力。

二、竞赛情绪变化与运动表现

(一)唤醒与运动表现

1. 唤醒水平与比赛发挥的实验证据 由于竞赛情绪变化与唤醒水平的改变有密

切联系,唤醒水平改变又与运动员比赛发挥有重要影响,因此,对唤醒水平与运动操作关系的研究一直受到运动心理学的重视。唤醒水平是指机体总的生理性激活的不同状态(程度)。它与操作成绩的关系呈倒 U 形曲线型,即倒 U 形假说。这一理论是耶克斯和他的学生道森通过动物实验得出的。因此也称耶克斯-道森定律(Yerkes-Dodson law)。在竞技体育中,这一假说认为,运动成绩与运动员的情绪激活水平呈倒 U 形曲线关系。当运动员的情绪激活水平最低时,运动成绩也最低;随着情绪激活水平提高,运动成绩也提高,当情绪激活水平达到一定高度时,运动成绩最高;但激活水平继续升高,运动成绩则开始下降,当情绪激活水平最高时,运动成绩最低(见图 16-1)。

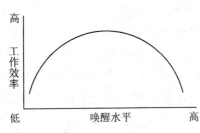

图 16-1 唤醒水平与运动效率的关系

为了更好地检验倒 U 形假说,在一项对跑步活动的研究中,将高、中、低焦虑特质的中学生分别置于高、中、低唤醒水平情况下,心率和手掌汗液的生理学测量以及问卷调查的数据证实了三种唤醒水平的确立(Martens & Landers, 1970)。研究结果支持了倒 U 形假说:中等唤醒水平下的被试,其运动表现显著优于低和高唤醒水平的被试。

在竞赛环境下,通过测试参加一个城市锦标赛的 145 名中学篮球队员,对倒 U 形假说进行了检验。研究者让被试在每场比赛即将开始之前填写状态-特质焦虑量表。每个队员的表现由教练员根据一般运动能力和处理各种情况的能力在赛后做出评价,由此获得了唤醒连续体的五个区分点。运动表现的结果给予倒 U 形假说以明确的支持:在适中的唤醒条件下,运动员的表现最佳,稍低或稍高唤醒条件下的表现一般,非常低或非常高唤醒条件下的表现最差(Klavora, 1978)。

还有的研究间接检验了倒 U 形假说。研究者评定了跳伞运动员从到达机场至准备跳离飞机这段时间里各个时期的心率和呼吸频率。结果表明,不管是新手还是老手,每次跳伞都能正确完成动作的运动员,在跳伞临近时唤醒水平升高,但在即将跳离飞机的最后几分钟,他们使自己的唤醒降低到一个更为适中的水平;与此相反,完成动作一直较差的运动员在跳离飞机前唤醒水平没有降低,反而继续增高直到跳离飞机。这些发现经多次重复实验验证,支持了适中唤醒水平比高唤醒水平更有利于操作的观点(Fenz, 1975;Fenz & Epstein, 1967; Fenz & Jones, 1972)。

倒 U 形假说的第二个理论预测,涉及任务难度对唤醒水平与运动成绩关系的重要作用。对比较复杂或比较困难的运动行为而言,最适宜的唤醒水平可能较低一些。

奥克斯汀(Oxendine, 1970)总结了有关唤醒水平与任务难度关系的研究,主要有以下几点:

第一,高唤醒水平是耐力、力量和速度性运动项目取得最佳成绩所必要的。

第二,高唤醒水平会对复杂运动技能活动、精细肌肉活动,要求协调性、稳定性以及一般注意力的运动活动产生干扰。

第三,对所有运动任务而言,稍高于平均水平的唤醒比平均水平或低于平均水平的唤醒更合适。

据此,我们可以进一步假设,完成简单任务时,最佳唤醒水平要求处于较高位置;任务越复杂,最佳唤醒水平应处于越低的位置。比如,以力量和速度为主的体能性项目,应有较高的唤醒水平;协调配合、小肌肉群精细调节占主要成分的运动项目,应有较低的唤醒水平(图16-2)。

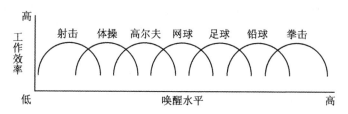

图16-2 不同体育项目的最佳唤醒水平参照点
引自马启伟、张力为,1996。

2. 综合因素的作用　尽管有不少实验总体上支持了倒U形假说,但数据材料的可靠性并不充分。这是由于唤醒本身受多种因素影响,唤醒水平也往往与其他因素同时起作用,共同影响了比赛的发挥。举例说明如下。

- 情绪体验的性质。倒U形假说一般是以生理唤醒为指标,而无法表示情绪体验的性质。在同等唤醒水平下,情绪体验性质不同,对运动比赛影响是不同的;同时,人们也可能将高唤醒体验为愉快的,在另一种情况下,则可能将低唤醒体验为快乐的,而倒U曲线却无法将这些情况包括进去。在实际的运动情境中,我们看到的情况是:在跳伞、登山、赛车这类危险的运动项目中,冒险行为与极高的唤醒水平相连,同时,运动员也从这种极高的唤醒水平中体验到乐趣。在马霍尼和梅耶斯(Mahoney & Meyers, 1989)的研究中也曾指出,有关运动焦虑类型的研究结果表明,决定性的影响因素不是唤醒水平的高低,而是运动员怎样感知造成焦虑的运动情境以及怎样运用各种方法和技术来处理比赛压力。

- 注意范围。一般研究承认唤醒水平与注意范围有密切关系。兰德斯(Landers, 1980)根据伊斯特布鲁克(Easterbrook, 1959)的信息利用理论提出了这样的假设:知觉选择性将随着操作焦虑的增大而提高,在最适宜的唤醒水平上,它会通过提高知觉选择性和消除无关任务的信息而有助于运动操作。但是,这是在注意范围没有过度缩小的情况下完成的。人在处于极高的唤醒水平时,注意的范围将缩得很小。在这种状态下,如果要完成的是信息加工量较大的任务(如围棋、足球等),高唤醒水平可能导致遗漏一些有关的重要信息,使决策失误。如果要完成的是信息加工量较小的任务(如百米跑、举重等),高唤醒水平则可能有助于运动员集中注意在少数重要信息上,充分动员机体能量。人在处于极低的唤醒水平时,有关和无关信息都可能纳入也都可能不纳入到意识之中,而且,注意无法高度集中于与任务有关的信息,这也会导致遗漏一些有关的重要信息,使决策失误。人在处于中等唤醒水平时,注意范围既不过大到使有关和无关信息都纳入意识之中,也不过小到遗漏某些重要信息,而是集中注意于做出正确决策所需要的最必要的信息(图16-3)。例如,同是篮球运动员的罚球,在训练课、比赛中和决定胜负的关键时刻,分别代表低、中、高三种唤醒水平。在训练课上罚球(即低唤醒)时,除了可能注意像篮圈和队员的站位这些有关信息外,还可能注意谁在看台上这样的无关信息。而在实际比赛中(最适宜唤醒水平),由于技术水平的发挥和比赛结果的重要,他将不顾那些无关信息,而只将注意集中于与罚球命中有关的信息上。到了离比赛结束仅剩5秒钟,本队还落后一分,靠罚2分球以决定胜负的关键时刻(即高唤醒),运动员可能变得过于担忧和不安,以至于不能将注意集中于与任务有关的信息。这时,运动员可能脑中一片空白,忘记了教练布置的战术,也无法考虑应当使用的技术。

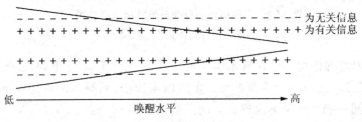

图16-3 注意范围与唤醒水平的关系
引自 Landers, 1980。

运动员掌握和控制注意过程的能力显然对其运动成绩至关重要。奈弗(Nideffer, 1976a)指出,每个运动项目对注意类型有特定的要求,个体的注意类型可能适应某一运动项目,也可能不适应。

注意指向对唤醒水平与操作成绩有很大影响。卡沃尔和谢尔(Carver & Scheier, 1981)指出,运动员对观众或同伴的感知、对获胜的要求或其他产生焦虑的刺激,与其说会导致注意狭窄,不如说会导致注意指向错误。注意的错误指向把与运动任务本身无关的以及运动任务中很小的部分作为注意的中心(如橄榄球的中卫只注意从中场向后投球而不注意防守和即将进行的进攻),进而对运动操作起了破坏作用。

- 技能水平和经验。个体的技能水平和经验的差异也可能会影响唤醒水平和运动成绩的关系,这在倒U形假说中并未得到说明。在一项比较新、老跳伞运动员的实验中发现,虽然焦虑是普遍存在的一种体验,但水平较高的运动员在马上要跳离飞机前,其焦虑水平下降;相比之下,新手在即将跳离飞机时,其焦虑水平仍继续升高。研究结果表明,与缺乏经验和技能不熟练的运动员相比,经验较丰富和技能较熟练的运动员能更有效地处理高压力下的任务,并在运动前和运动中表现出不同的一时性的焦虑形式(Fenz & Epstein, 1969)。

（二）焦虑与比赛发挥

"正如焦虑存在于生活的其他领域一样，焦虑也存在于运动当中……每当人们身临运动场时，他们不仅与焦虑同在，而且还要利用它。运动鼓励人们与焦虑为伍。"（霍沃德·S·斯拉舍）研究者也发现，焦虑，不论是特质焦虑还是状态焦虑，对于运动竞赛中技术水平的发挥都具有重要的影响。因此，运动心理学近二十多年来十分关注对运动焦虑的研究。

1. 状态焦虑与个人最佳功能区 以现场，即在赛前赛后对状态焦虑的测量为基础的研究提出：每个个体有一个自己的理想机能区段（zone of optimal function，简称ZOF）。当焦虑水平处于这一区段内时，可获得最佳操作。该理论否定中等唤醒水平较之低或高的唤醒水平更有利于操作，而是强调个体差异。它认为，不同的运动员有不同的最佳状态焦虑（S-Aopt），即运动员能最充分地发挥自己竞技水平的焦虑程度。

评估最佳状态焦虑主要有两种方法，第一，系统地测量每个人赛前的操作活动焦虑水平和赛中实际发挥的水平；第二，如果比赛发挥了水平，则在赛后测量运动员赛前或赛中体验到的焦虑，评价在最成功的比赛之前，最充分、最自然地发挥自己的竞技水平时的感受，即回顾式测量（retrospective measures）。

结果表明，最佳状态焦虑水平变动范围很大，250名优秀运动员的分值范围从26分到67分不等，不同样本的均值从39分到43分不等。如果确定了最佳焦虑水平个体差异的范围，则可建立最佳功能区（ZOF），这样，就可以评价比赛没有充分发挥水平之后运动员报告的状态焦虑水平距最佳功能区的误差。在运动员最佳赛前状态焦虑水平分值上加减5分（大致等于赛前分值的半个平均标准差），便确定了最佳功能区的上下限（Hanin，1989，1996）。

例如，图16-4显示了两名划船运动员赛前、赛中状态焦虑的分数。赛前状态焦虑的测量在比赛前一周进行，目的是将测得的分数与最佳的状态焦虑水平（ZOF）比较。尽管两名运动员的状态焦虑大致相同，但教练员却面临着完全不同的任务，即设法提高一个人的赛前焦虑水平，同时降低另一个人的焦虑水平。

另一项旨在检验最佳功能区理论的研究。他们采用状态焦虑量表（STAI 中的 SAI）和身体意识量表（body awareness scale，

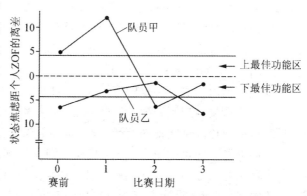

图 16-4 赛前、赛中的状态焦虑同最佳功能区的比较
引自 Hanin，1989。

BAS),请15名高中女子游泳运动员在正常安静时报告她们在平时、最佳比赛状态、一般比赛状态和最差比赛状态下的焦虑感受。然后,在一次容易的比赛和一次困难的比赛前一天,让被试预测比赛前1小时的焦虑感受。最后,在正式比赛前1小时,再让被试报告当时的焦虑感受。在该项研究中,运动成绩的确定采用了两种不同方法,一是根据运动员以往比赛的平均成绩作为标准;二是由教练员对运动员比赛发挥的情况进行评定。结果表明,在困难的比赛中,赛前焦虑和身体意识水平明显提高,且预测水平和实际水平高度相关(两对变量相关均为 $r=0.95$)。在困难的比赛中,主观评定为发挥较好的一类运动员较之发挥较差的运动员,比赛前1天预测赛前1小时的临赛焦虑和身体意识水平更为准确,赛前焦虑水平也更加接近最佳赛前焦虑水平。而对于客观评定的运动成绩和较容易的比赛导出的主、客观运动成绩,则没有发现运动成绩和赛前焦虑的此类关系(Raglin, Morgan & Wise, 1990)。

个人最佳功能区理论的特点一是定量化,二是生态学效度较好。它注重个体差异,从比赛实际出发,通过长期跟踪测试及对测试结果的相关分析,显得非常实用。它为教练员提供了一些实际的参照点,由此可确定控制赛前、赛中焦虑的方法,以便使运动员在比赛中更好地发挥自己的竞技水平。

2. 运动焦虑的多维度研究 运动成绩的影响因素过于复杂,要想更好地预测运动成绩,需要含有更多维度的理论。理论与实际的矛盾促使研究人员去寻找更好的预测变量。这种背景造成了20世纪80年代以后运动心理学在竞赛焦虑方向上的努力和进展,相继产生了突变模型(Hardy & Fazey, 1987)以及多维焦虑理论(Martens, 1982)等不同的焦虑理论。

● 突变模型。哈笛和法基移植了数学领域的研究成果,提出了解释生理唤醒、认知焦虑和操作成绩之间复杂关系的三维突变模型,它为竞赛焦虑的研究开辟了新的研究方向。认知焦虑是指由于个体对自己能力的消极评价而引起的焦虑。根据该模型,当认知焦虑较低时,操作成绩与生理唤醒的关系类似于平滑的倒 U 形曲线。当认知焦虑较高时,过高的生理唤醒将导致突变性反应,使操作成绩下降(图 16-5、16-6)。认知焦虑对操作成绩起决定性作用。哈笛本人曾以女子篮球运动员为被试对该模型进行检验,结果支持了根据该模型提出的假设。

突变模型指出了实际工作中应该注意的问题,其中首要的一点是必须认真对待认知焦虑。只有严格地控制和减少认知焦虑,才能保证有稳定的好成绩,但也不能忽视针对生理唤醒的放松。事实证明,善于调整认知焦虑和生理唤醒至适宜水平的人才可能成功。为降低过高的焦虑水平,必须掌握认知和生理两方面的应付策略和放松技术。这两个方面正是当前运动心理学研究者对运动员进行心理技能训练和心理咨询的关注重点。不过,该理论要得到普遍的认可,还需获得更多的实验性证据。

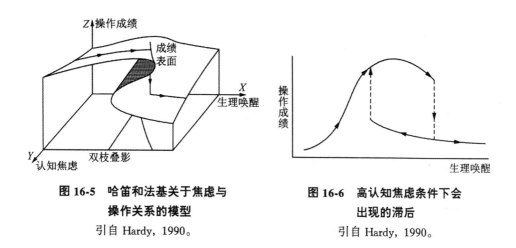

图 16-5 哈笛和法基关于焦虑与操作关系的模型
引自 Hardy, 1990。

图 16-6 高认知焦虑条件下会出现的滞后
引自 Hardy, 1990。

- 马腾斯的多维焦虑理论。马腾斯提出将运动竞赛焦虑分为认知状态焦虑、躯体状态焦虑和状态自信心3个方面。认知状态焦虑是指在竞赛时或竞赛前后即刻存在的主观上所认知到的某种危险,或对威胁情境的担忧。它是由对自己能力的消极评价或对比赛结果的消极期望引起的焦虑,主要以担忧失败,对自己讲一些消极的话,以及不愉快的视觉想像为特征。躯体状态焦虑是指在竞赛时或竞赛前后存在的对自主神经系统的激活或唤醒状态的情绪体验。它是直接由自主神经系统的唤醒所表现的焦虑。它通过心率加快、呼吸短促、手心冰凉而潮湿、胃部不舒服、头脑不清晰或者肌肉紧张感的提高而表现出来。状态自信心,是指在竞赛时或竞赛前后,运动员对自己的运动行为,所抱有的能否取得成功的信念。

根据这3个维度各自的性质,以及它们各自随时间而变化的模式,多维焦虑理论对每一个维度与操作活动的关系作出了不同的解释。首先,由于认知焦虑的特征是将自己的注意从对与任务有关的线索,转移到与任务无关的线索和社会评价上,因此当认知焦虑水平提高时,操作活动水平相应降低,两者呈负相关的线性关系。其次,研究已经发现,当提高积极的成功期望水平时,自信心增强,而且,积极的成功期望对操作活动有显著影响,故随着自信心的增强,操作活动水平提高,两者呈正相关的线性关系。最后,多维焦虑理论指出,以生理特征为主的躯体焦虑与操作活动的关系,是倒U形的曲线关系。

多维焦虑理论提示,认知焦虑和躯体焦虑可能会对运动成绩产生不同的影响,因此,在任何情况下教练员都应当尽量降低运动员的认知焦虑水平。采用认知焦虑水平和躯体焦虑水平预测运动成绩,比仅用生理唤醒水平来预测运动成绩会有更好的生态学效度。

一些研究也发现,躯体状态焦虑和认知状态焦虑对于各种干预措施有着不同的反应。例如,放松方法对降低躯体状态焦虑更为有效,思维控制则对降低认知状态焦虑更为有效。这提示,焦虑性质不同,调节方法亦应有所不同,才能达到最佳调节效果。

- 强度方向频率观点。由于仅仅通过测量焦虑水平的强度来研究焦虑与运动成绩之间的关系,各研究所得的结果不尽相同。于是,琼斯和斯万在多维焦虑理论的基础上,提出一种有关竞赛焦虑的强度、方向、频率的观点(Jones & Swain, 1992, 1993)。该观点主要认为,以往只测量竞赛焦虑的强度,不能全面了解竞赛焦虑的实际情况。应当重视运动员对竞赛时焦虑体验的方向性解释,即应当分析他们是将竞赛焦虑体验为积极的、对运动成绩具有促进作用的,还是将竞赛焦虑体验为消极的、对运动成绩具有阻碍作用的情况。同时,还应重视运动员焦虑体验的发生频率,即某种强度的焦虑体验是经常出现的,还是不经常出现的。琼斯和斯万假设,运动员不但在竞赛焦虑体验的强度上具有差异,而且在方向和频率上也具有差异,并认为后两种差异更为重要,与体育成绩和运动水平的关系更为密切。琼斯和斯万提出的强度、方向、频率的观点是新近提出的,所以实证研究数量有限。

三、运动应激与应对

(一) 运动应激的发生

比赛对运动员来说,是典型的应激情境。从青少年运动员到职业选手,运动员都必须面对激烈竞争的压力,即应激。过度应激往往是在某种较强的刺激作用下发生。如竞争激烈的大型比赛就是足以使较多运动员产生过度应激的外部因素——尽管在这种环境中也仍有一些人并不导致消极应激。过度应激实质上是一个人对环境认知的消极评价的结果。所以,认知因素在其中起着至关重要的作用。

应激形式 1　　环境刺激→过度唤醒→消极思维⇒应激
　　　　　　　　　(E)　　　(A)　　　(NT)　　(S)

应激形式 2　　环境刺激→消极思维→过度唤醒⇒应激
　　　　　　　　　(E)　　　(NT)　　(A)　　　(S)

应激形式 1 或 2,都是在环境因素作用下,主体的唤醒与消极认知相互作用所形成的常常起破坏作用的消极反馈环路导致的。

(二) 运动应激的应对方法

对运动应激的应对技术就是指对消极应激的控制技术,实质上就是对应激成因的积极恰当控制。以下从三方面简述应激控制的训练方法。

1. 环境刺激的控制

- 减少环境的不确定因素。明确训练条件与要求,可能出现的问题与处理方法;明确本人应达到的标准和注意事项等;通过让教练员更好地与运动员相处来增加交往、支持,降低应激,教练员对运动员的态度前后一致,避免贬抑,恰当表达期望,使运动员心情坦然,心中有数。

- 降低环境的重要性。如不定死比赛中的名次指标;正确解释训练与比赛的关系,此次比赛与以后比赛的关系,不以比赛名次来评价运动员的自身价值。
- 逐渐加大心理负荷的训练。使训练条件逐渐复杂化,逐步接近比赛条件,逐步加大训练难度,按比赛要求提出训练要求,增加训练中的干扰因素和对抗性等,提高运动员对难度情境的适应力。

专栏

逐渐加大心理负荷训练举例

在射击中逐渐加大训练难度,从难、从严、从比赛需要出发组织训练,促使运动员在应激情境中仍然表现出正常的技术,使训练条件逐渐向比赛环境靠近。可组织要求环数的练习,如单发、几发、单组、几组、标准练习和超标准大负荷练习。

采用的组织形式,从增加负荷的角度可安排个人自由体会(起点练习)、共同练习、单人考核、共同考核、表演赛、对抗赛、循环赛、打下台和决赛等。

采用的考核等级,有班考、队考、局(或校、或场)考和局考(选拔赛)等。

国内比赛有邀请赛、达标赛、冠军赛和锦标赛。

国际比赛有双边友谊比赛、多边邀请赛、单项和综合的亚洲锦标赛、世界杯赛、世界杯决赛、单项和综合的世界锦标赛、奥运会热身赛和奥运会比赛等。

上述情况的心理负荷显然各不相同。

在迎战第25届奥运会时,从加重心理负荷的要求出发,国家射击队安排的加强心理负荷形式有选拔赛(3次)、决赛练习(8次)、队考核(4次)、有奖有罚(与决赛练习、队考核结合)、任务射击(要求环数)、打下台(5次)、模拟比赛(2次)、派出参加国际比赛(6次)。

由于加重心理负荷训练是连接训练和比赛的桥梁,所以我们研究了其负荷的大小。采取特尔菲法对不同层次的负荷形式作了调查统计,其中,规定以自由体会一个标准练习的心理负荷指数为1,结果如表16-1所示。

表 16-1 不同训练与比赛的心理负荷

训练方式与比赛层次	人数	平均值	标准差
要求成绩和一般考核测验的心理负荷	178	1.60	0.28
重要考核、测验、小型比赛的心理负荷	179	2.19	0.32
全国重大比赛、选拔赛、国际邀请赛心理负荷	179	2.83	0.39
全运会、洲锦标赛心理负荷	159	3.40	0.47
亚运会、世界重大比赛心理负荷	113	4.02	0.69

引自赵国瑞,1999。

将上述统计结果图示出来,如图 16-7。

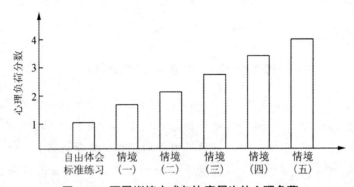

图 16-7 不同训练方式与比赛层次的心理负荷

说明:情境(一)代表要求成绩和一般考核;情境(二)代表重大考核、测验和小型比赛;情境(三)代表全国重大比赛、选拔赛和国际邀请赛;情境(四)为全运会和洲锦标赛;情境(五)为亚运会和奥运会等。

结果表明,加强心理负荷形式是递增的。在应用中,尽量考虑以渐进方式安排(但固定安排的国内外大赛不在控制之内),使运动员从接触强度较小的应激情境,克服"微弱"焦虑刺激开始,并使用心理调节技能去抑制应激情境带来的消极反应,经过几次重复,这种应激情境就会失去"作用",运动员就会对它产生"习惯化"反应。继而再引入进一步的焦虑诱发情境,运动员就要在一个新的"应付"起点上去接受它,继续努力使用原有心理技能,与情境刺激发生交互作用,"应付"水平可再次提高。

在实施中为提高实效性,强调四点:
- 循序渐进,讲究实效。依照从易到难的安排原则,注意量的合理。
- 要求成绩和要求动作标准结合。
- 抓好决赛练习。由于公布成绩并和资格赛成绩相加,所以对射手心理压力大、心理素质要求高。决赛已成为运动员获胜的有利因素。

- 结合咨询进行,逐渐形成正确的射击心理定向。加重心理负荷的训练形式是从外部增加了紧张刺激,但运动员的表现则取决于对紧张情境的认知。因此,在外部给予压力的同时,要将解决运动员的心理困惑和树立心理优势的咨询工作紧紧跟上。其中最重要的是宣传心理控制点理论,让运动员建立"你打你的,我打我的,以我为主;打一发甩一发,发发从零开始;多想动作,少想结果"的心理定向;在有压力之时,培养运动员去想"你要你的,我打我的;你压你的,我打我的;你看你的,我打我的;你激你的,我打我的;你罚你的,我打我的","旁若无人,无动于衷"、"心平气和、全神贯注、老老实实、抓好关键技术动作"和"两耳不闻身边事,一心把好动作关"的心理定向,在这种注意指向和心理准备状态下,才能得到功到自然成的效果。

2. 认知应激控制 消极性思维是产生破坏性应激的内部原因。取胜或失败的运动员,在强烈刺激情境下,均可能产生消极思维,区别在于前者能够以积极的认知克服消极认知。对于从认知上克服应激反应而言,大多数运动员都是要降低实际的焦虑水平,用调节运动员焦虑水平的方法控制应激,一般有助于促使运动员达到最佳竞技状态。消除消极思维破坏作用,降低焦虑的控制技术可包括以下程序:

- 识别和发现它,对消极自我谈话有察觉的能力。
- 学会思维中断技术。
- 进行合理思维;根据艾利斯的合理情绪疗法理论:第一步,识别产生的不合理思维的内容;第二步,对不合理想法进行"内部辩论";第三步,明确现在应该干什么,即明确行为的逐级目标;第四步,鼓动性语言的自我激励。
- 通过自我谈话使自己重新获得积极的自我形象。

应注意的是,运动活动的性质不同,产生焦虑的特点也会不同。焦虑的特异性随不同运动项目而转移。如体操项目更多产生受伤恐惧和动作失败恐惧,而对抗凶猛的球类运动可能产生竞争焦虑、耻辱焦虑,对比赛时间长的淘汰赛项目,表现突出的是未知事件焦虑。针对不同焦虑为主的项目,其控制应激的认知性指导所采用的理论也可能侧重点不同。

3. 身体应激控制 指对影响运动效能的消极身体应激进行调控,一般总习惯于理解为中等生理激活水平最适宜,对过高、过低的激活水平都需要控制。而事实上,由于身体应激反应的特异性十分明显,操作起来十分复杂。

- 必须学会识别应激征兆。由于身体应激反应有三个不能忽视的要素,即,个人特异反应原则,刺激特异反应原则和动机特异反应原则,所以,每人的应激反应各不相同。当能较好地意识到自己消极应激的最早信号时,就可当成及时调节、进行放松练习的提示。应激的征兆包括生理变化、心理反应和行为变化,具体症状如表16-2。

表 16-2 应激的征兆

生理变化	心理变化	行为变化
心率加快	忧虑	说话匆忙
血压升高	不安感	咬手指头
汗腺分泌增加	优柔寡断	手足无措
呼吸加快	心神不定	肌肉痉挛
脑电波活动加强	注意力不集中	踱来踱去
瞳孔放大	注意转移能力下降	眨眼
皮肤血流减少	自我控制能力下降	打呵欠
肌紧张增强	感到与平时不同	发抖
吸氧量增加	意识狭窄	声音嘶哑
血糖升高		饮食、睡眠习惯改变
尿频		
肾上腺素分泌增加		

- 学习、练习、运用放松技能。运用放松技能，使肌肉放松并影响心理放松。在平时训练时，就要经历从稍紧张到放松、从紧张到放松和从高度紧张到放松的历程，以使放松技能娴熟，随时可用。在具体运用时，要掌握适时适度原则，放松到最佳激活程度，而不是越放松越好。放松训练用于比赛时，要有一段间隔，否则，可能影响比赛的能量动员。

- 将身体应激控制与认知应激控制相联系。十分必要的是将认知应激与身体应激的性质联系起来加以考虑，尔后确定调节方案。因为同样的唤醒水平背后可能有不同的认知内容。如唤醒水平高时，有人是高焦虑，而有人是兴奋(没有高焦虑)；同样是低唤醒，有人是放松，有人却是厌倦。为此，对高焦虑的运动员必须选择降低唤醒水平和认知调整(向非目标状态逆转)的方法；而对于厌倦状态下的运动员，又必须提高唤醒水平和给予更严格的目标定向任务(向目标状态逆转)。

推荐参考书

刘淑慧，(1999)．中国体育教练员岗位培训教材(射击)，536~561，《高水平射击运动员的心理训练与心理咨询》．北京：人民体育出版社．

马启伟，张力为，(1996)．体育运动心理学．台北：东华书局．

祝蓓里，季浏，(2000)．体育心理学．北京：高等教育出版社．

编 者 笔 记

运动竞赛属于人在一种特殊状态下进行的一种特殊活动，它必然要求一定的心理能力去应对。在竞赛的过程和成功与失败中，也必然诱导特殊的心理状态发生。作者从运动竞赛的特殊性出发，系统地介绍了运动竞赛中所发生的突出的情绪体验和这些情绪体验对竞赛的作用，描述了运动中容易发生的唤醒水平特点、心理特性,焦虑的影响,应激的发生和控制等一系列心理活动。特别是为了对运动员心理应对能力的训练和心理素质的培养,提出了作者本人对运动员进行训练的实际经验,对运动员和教练有重要的启迪作用。不仅如此,运动竞赛仅仅是在一般体育运动中提炼的一种特殊活动形式。然而在普遍的体育运动教育中,特别是对儿童、青年心理素质的培养起着重要的作用。在竞赛中进行的情绪稳定性的训练,应激应付能力的锻炼,坚韧、毅力和体育道德的培养,对体育教育——除锻炼体能和运动技巧外——都是重要的任务。

17

情绪与犯罪

一、情绪型犯罪概述

(一) 情绪型犯罪的涵义

情绪型犯罪,又称情感型犯罪,是一种带有感情色彩,呈现出强烈的情绪性因素,由不良的情绪性动机引起的犯罪行为。这一类犯罪在司法实践中经常遇到,尤以青少年罪犯居多。

(二) 情绪型犯罪的严重性

在不良的情感和情绪的作用下,犯罪动机可以发生不同的指向目标,行为侵害客体不同,因而可能构成多种犯罪行为。情绪型犯罪的这一基本特征给该类犯罪的预防带来了较大的难度。与此同时,情绪型犯罪在当前我国刑事犯罪中占有一定的比例,特别是在青少年犯罪中该类犯罪数量较多(罗大华,2003)。根据某市公安局对审理的婚姻、恋爱杀人案件的调查表明,该类案件占杀人案总数的45.7%。这类杀人案绝大多数都是由男女之间的感情冲突所引起。某市第一中级人民法院统计,2002年该院受理的亲情犯罪案件共有26件,其中因为感情纠纷引起的故意杀人案件占绝大多数。由于我国情绪型犯罪多由人际纠纷和冲突引起,随着社会的日益多元化与复杂化,出现矛盾和冲突的可能性不断增多,因此,情绪型犯罪在我国也呈现出增长趋势。某市中级人民法院曾对117名青少年犯进行了分析,发现其中因赌气而导致犯罪的有28名,因霸气而导致犯罪的有28名,因出气而导致犯罪的有30名,因义气而导致犯罪的有26名,其他情形的有5名。而某市第一中级人民法院2002年受理的26件亲情犯罪案件中,因为非婚同居发生纠纷或不正当两性关系杀人的有11件,因为夫妻家庭矛盾杀人的有6件,因恋爱发生纠纷杀人的有6件,因为钱财纠纷杀人的有3件,因为学习成绩不好杀人的有1件。

目前,情绪型犯罪的严重性已经引起了我国司法界和有关专家的重视,对情绪型犯罪的研究业已展开,并成为我国犯罪心理学的一个重要研究内容。

专栏

根据福建省闽西监狱2001年1月至2002年1月对该监狱内2934名罪犯进行的个性心理测验显示：有282人表现为情绪易变，起伏不定，通常性情暴躁，易生烦恼；有353人表现为冲动、鲁莽、情绪易激动，精力旺盛充沛，富有激情；有141人表现出不安守本分，恃强霸道，渴望冒险，不甘于现状；有305人表现有较强的报复欲；有450人表现为缺乏同情心；有353人表现为焦虑不安，是自残自杀的高危人群；有353人表现有较强的自卑感，缺乏信心（周苏东、罗盈杰、林淼，2003）。

北京市监狱于2002年3月对狱内1553名罪犯进行了16PF个性心理测试。发现：有72.40%的罪犯表现为缄默孤独；有72.40%的罪犯表现出情绪激动的个性特征；有65.00%的罪犯表现为矛盾冲突的个性特征；此外，还有66.90%的人表现为忧虑抑郁，烦恼多端（曹广健，2003）。

二、有关情绪型犯罪的论述

（一）国外学者关于情绪型犯罪的论述

意大利精神病学家、犯罪学家龙勃梭（Lombroso）根据人类学观点对犯罪人进行了分类。其中，激情犯罪人这一犯罪人类别主要是在情绪影响下导致其犯罪行为的发生。龙氏指出，激情犯罪人（criminal by passion）是由于过度的激情而引起犯罪的人。他在研究早期曾认为，犯罪人除了生来犯罪人，就是激情犯罪人。激情犯罪人具有残忍、鲁莽和突然实施犯罪行为的特点，多为女性，通常都是年轻人。后来，龙勃梭还认识到，这种人具有自杀倾向，有的或许还有容易后悔的倾向。所有的激情犯罪人都有暴力行为倾向，他们的暴力行为往往由于狂怒或政治热情所引起（罗大华，2003）。

在龙勃梭之后的一些犯罪学者主张发生犯罪行为的原因或决定犯罪形态的因素应当从犯罪人身体、生理中去寻找，并认为气质是决定犯罪性质的基础。其中，德国精神病学家克雷奇默尔（Kretschmer）1921年在其著作《体型与性格》一书中，将人体分为三种体型，并与性格特征相联系。一是瘦长型，这种人性格文静，沉默寡言，孤僻；二是斗士型，这种人性格固执，表现认真，举动粗暴豪放，情绪急躁；三是矮胖型，这种人性格喜怒无常，易动感情，友好，愉快。在该书1955年德文版中，又设立了"体型与犯罪"专章，认为斗士型主要与暴力犯罪有关；瘦长型主要与轻微盗窃犯罪和诈骗犯罪有关；矮胖型在犯罪发生数量上多为暴力犯罪，其次为一般诈骗犯罪（罗大华，2003）。克氏对犯罪人的描述,其实都与情绪特征有关。

美国精神病学家希利(W. Healy)认为情绪障碍有可能导致犯罪。所谓情绪障碍,指的是由于本人的素质、家庭、环境等原因,而处于情绪不正常的状态。希利在对少年违法犯罪行为进行了多年研究调查之后,提出:违法犯罪正是来源于"不能得到满足的愿望与需要的表现"。尤其在下列各种愿望和需要受到妨碍的时候,年轻人容易产生不满的情绪——在家庭或者其他社会关系的安全感(安全的需要)、希望得到某一特定集团承认的感情(承认的需要)、完成自我的满足(完成目标的需要)、新的经验(新的活动)及冒险行为(对新的经验的需要)、从家庭的束缚中解放出来(独立和自由的需要)、占有财产的愿望等等。他认为,青少年如果存在长期的深刻的情绪问题,就有可能通过违法犯罪来求得代偿性满足(森武夫著,邵道生等译,1982)。

日本犯罪心理学家平尾靖认为情绪障碍是驱使犯罪的动力之一。他提出与犯罪特别有关联的情绪有愤怒、恐惧与怨恨等。愤怒——主要是在外界对自己或者与自己有亲密关系的人的侵害时产生的情绪,由于愤怒是在急剧而又强烈的情况下产生的,所以难以控制,很易于表现为冲动的行为。当这种情绪变得激昂,就会对侵害者及相关人员施加暴力、伤害等攻击性犯罪行为。恐惧——对来自外部的侵害用逃避的方法维护自己而产生的情绪,当恐惧的情绪极度高涨的时候,为了从外界侵害者的势力之下逃脱出来,有时也会不假思索地施行暴力。怨恨——与愤怒和恐惧等暂时性情绪相比,怨恨是具有持续性的情绪,怨恨并不一时完全表露出来,而是逐渐地高涨起来的并导致犯罪行为的产生。平尾靖指出,当上述各种情绪达到高潮状态时,几乎可以认为是一种病态,因此研究犯罪者生活史,并细致地分析从中得到的情绪体验,对于揭示犯罪是必不可少的(平尾靖著,金鞍译,1984)。

奥地利的精神病学家阿德勒(Adler)认为一个人在生理上有缺陷,社会经济地位低下,或在人生早期接受了不良的教育影响(如娇生惯养或受到忽视等),就会在人的一生中染上不适应感和自卑感。自卑感一旦形成,就会对环境采取敌对态度,从而推动人去追求优越目标以获得补偿。因此,一个人犯罪不是由于感到自尊而是由于自卑引起了追求优越而采取的过度补偿行为。根据这一理论,人的犯罪心理形成的过程是:生理缺陷、社会经济地位低下,或不良的教育影响→自卑感→努力追求优越→过度补偿→犯罪(罗大华,何为民,1999)。

(二) 我国学者关于情绪型犯罪的论述

台湾著名法学家、犯罪心理学家蔡墩铭认为,社会上有很多犯罪是由于行为人情绪的急剧变化,不能自我控制而导致的。情绪失控者的犯罪颇具特征,即犯罪人所实施的行为完全受强烈的情绪支配,致其平时具有的自我控制力失去作用。在这种情况下,犯罪人的行为由其感情的变化而决定,有的甚至会不顾原有的犯罪意图,行为失去理智。

有犯罪心理学意义的强烈情绪包括恐惧、愤怒、震惊与嫉妒等。在情绪对于犯罪实施的作用方面，他认为犯罪人的行为动机大多附带出现恐惧、愤怒或者嫉妒等强烈情绪，因此，犯罪的发生除了行为动机是主要原因，附随的强烈情绪也起着重要的驱动作用。完全由情绪导致的犯罪虽不多见，但是也时有发生，蔡氏将它们分为激情犯罪和乡愁犯罪。激情犯罪是指由于一时的高昂情绪达到极点，产生忘我状态下实施的犯罪行为。乡愁犯罪是指离乡背井的人由于对家乡特别思念，但是因为其有职在身不能脱离工作服务之场所，于是在极度思乡的情况下导致的烧毁工作服务场所等犯罪（蔡墩铭，1979）。

台湾学者杨士隆在论述心境异常与犯罪时，对情绪型犯罪进行了一定的论述。他认为，心境异常的患者常常因为情感障碍的出现，其感情过于高昂或者过于低落，也可能同时伴随着思考、生理与行为方面的变化，因此衍生犯罪行为。但是他同时也指出，心境异常与犯罪的关联并不容易确定，犯罪者可能在躁狂或者心情郁闷之下犯罪，也可能是在犯罪后因罪责感或遭监禁的结果导致情绪的不愉快变化（杨士隆，2002）。

我国著名的心理学先驱张耀翔曾在其著作中论述了愤怒心理对犯罪的影响。他认为愤怒是一切情绪中最富有冲动性的，盛怒可杀人，并可杀稍涉关系的一切人。愤怒也是一切情绪中最容易走入极端而变态的。他曾引用德国犯罪学家弗里德里克（Friedrich）的话来说明愤怒是最可怕的情绪："假如愤怒的刺激充足，几乎可使人人犯杀人罪，那些从来不犯这种罪行的人，并非自制力过人，实在是没有遇见过相当境遇。"同时，他认为狂怒会使行为者产生不可制止的破坏冲动，而导致伤人、杀人、放火、自杀、破坏眼前一切物品等行为（张耀翔，1986）。

当代犯罪心理学家邱国梁认为，情感型犯罪是由于不良的情感或者情绪导致的犯罪。这种犯罪在司法实践中以年轻犯罪人居多。一些情感和情绪可以直接影响犯罪行为，以犯罪动机的形式出现，或者在一些犯罪动机中包含着某些情感和情绪因素，如嫉妒、憎恨、戏谑、好奇心、自尊心、自卑感、友情、愤怒、恐惧等都可能成为犯罪动机，或影响犯罪动机的产生、变化。由于情绪型犯罪既可能出现在平素表现不好，已有不良情感和情绪的人身上，也可能由平素表现好无劣迹的人在外界强烈诱因的作用下，不良情感和情绪爆发出来，产生愤怒、憎恨、恐惧等，导致犯罪行为，因此这类犯罪的预防是比较困难的。他同时指出，情感性犯罪的整个过程带有鲜明的情感色彩。消极的情感和情绪既是犯罪行为的动力性因素，又影响着犯罪行为的指向目标，在某种程度上决定着犯罪危害性的大小。邱国梁将情绪型犯罪分为反社会情感的犯罪、挫折状态的犯罪、激情犯罪、应激状态的犯罪、消极心境的犯罪等五类（邱国梁，1998）。

三、情绪、情感与犯罪

(一) 反社会情感与犯罪

反社会情绪主要是指相对于与正常的社会性需要相联系的高级情感(如道德、信仰、价值等)性质相反的情感。行为人在强烈而持久的反社会性情感的作用下会导致犯罪行为的发生。例如,由于思想、信仰、价值观与社会发生冲突,从而进行扰乱社会秩序或危害社会安全的犯罪行为;在极端自私自利思想的影响下为寻求快乐和兴奋而实施危害社会的犯罪行为等。

反社会情感犯罪人的特点主要表现为:

1. 情感的反社会性 行为人情感的性质与情感的满足方式与社会相对立,体现出情感品质的不受理性控制的反常性。

2. 情感的固着性 这类犯罪人的情感具有顽固的信念与意志作为支持力量,这种反社会性情感一旦形成便难以改变,犯罪人在实施犯罪行为的过程中往往精心计划,预谋已久并具有较强的克服困难的决心。

3. 情绪的狂暴性 犯罪人在反社会性情感作为主要犯罪动机的时候,其犯罪行为具有狂暴、残忍的特点,犯罪行为一旦实施,往往造成较大的危害(罗大华,刘邦惠,2002)。

4. 犯罪人反社会性人格倾向显著 这类犯罪人的人格一般表现为情感麻木,冷酷无情,刻薄残忍,缺乏基本的同情心;对社会极端不负责任,缺乏道德自律,对自己的行为往往不会产生悔恨羞愧感;挫折耐受力很差,激惹性高,易冲动,无畏惧感等。

专栏

犯罪人张仕强,38岁,从小性格倔强,好吃懒做。在13岁时因偷窃被父亲砍下一根手指,落下终身残废。从此,张仕强认为社会上所有的人都瞧不起他,连自己的亲生父亲都剁掉了自己的手指,走上了报复社会的犯罪道路。他先后因为抢劫进入少管所,因犯盗窃罪、流氓罪、抢劫罪被判处无期徒刑。张仕强在2002年被释放重归社会后更加仇视社会,疯狂杀害被害人张某某,并嫁祸给被害人当警察的丈夫以发泄自己对公安人员的仇恨。随后,张仕强制定了一系列的杀人计划,终于在杀害了17岁的被害人王某后落入法网。张仕强疯狂报复社会,被当地人称为"九指狂魔"。(2003年6月2日《重庆法制报》刘亚东、唐正平)

西北某地池某夫妇,年约40岁,却生有6个女儿,而且发誓一定要生个儿子。生产组、村、乡领导人上门说服教育、劝其节育不下百次,但池某夫妇执迷不悟,一意孤行。后村支书带领计划生育小分队强行将其妻带到医院引产时,池某用刀砍伤村支书和3名计生人员,被拘留15天。当池某听说引出的第七胎是男婴时,认为村支书是有意断其"香火",心中恶狠狠地说:"你断我香火,我也要让你断子绝孙!"两天后,池某将村支书8岁的儿子从学校骗出到无人处,用尖刀残忍地杀害。(引自刘建清主编《犯罪心理学教学案例评析》,中国政法大学教务处1999年印,p.168)

(二) 爱、恨与犯罪

爱是人类情感中非常重要的一部分,爱的类别可分为很多种。张耀翔将爱的类别归纳为儿爱、母爱、父爱、孝爱、报恩之爱、友爱、仁爱、性爱等(张耀翔,1986)。单纯因为爱引起的犯罪数量虽然不多,但是司法实践中也屡有发生。例如,为筹措钱财给亲人治病或孝敬父母而导致某些财产型犯罪;为了避免自己至亲至爱的人在实施犯罪行为后被追究刑事责任,从而实施包庇、窝藏等犯罪行为;有的女性犯人,因不堪丈夫长期暴力虐待而被逼自杀,为避免死后儿女遭到不幸,先把儿女杀死而犯下故意杀人罪,等等。这一类犯罪行为多数都因为行为人在强烈的爱的情感的支配下,无法正确地把握情与法之间界限,从而导致犯罪行为的发生。

恨引起的犯罪在情绪型犯罪中占有相当的比例。由于引起仇恨的原因不同,这类犯罪可分为政治宗教信仰仇恨犯罪、封建迷信仇恨犯罪、情爱仇恨犯罪、心理挫伤仇恨犯罪等。政治宗教信仰仇恨犯罪目前在国际社会呈现出多发态势,主要以形形色色的恐怖主义犯罪出现,并成了全球关注的焦点。封建迷信仇恨犯罪多因行为人在迷信及邪教教义的诱导下,产生错误认识,激发其对政府或社会的仇恨而导致各种危害国家安全和危害社会安全的犯罪。情爱仇恨犯罪表现形式多为由于恋爱不成因爱生恨等。心理挫伤仇恨犯罪则是因为行为人各种物质或精神的需要不能得到满足,自尊受到伤害,从而引起仇恨导致犯罪。一般来说,很多种类的情绪情感都会以恨这一形式为中介引起报复性犯罪,比如嫉妒、自卑、义愤、自尊受到挫伤、因爱生恨等,因此,我们在研究如何预防情绪型犯罪时对恨这种情绪表现应当尤为关注。

专栏

2003月5月3日,广东一男子许某报称兴宁籍女子黄某患有非典型肺炎,经兴宁市公安局会同卫生、疾控部门检验,证实黄某并未患上非典。经查明,许某由于和黄某谈恋爱分手,心存怨恨,遂谎报黄某患有非典意图报复。许某于5月4日在深圳市宝安

区被民警抓获。(引自:2003年5月6日《北京晚报》)

苗某,因怀疑自己的丈夫黎某有外遇,两人经常争吵。案发前,黎某频频外出,更引起苗某的不满,便怀恨在心要报复丈夫。2003年1月16日,苗某从街上买回来两包老鼠药,放入用红枣煮的糖水中,并让自己的两个孩子喝下,使自己的两个亲生骨肉中毒身亡。使无辜的孩子成了"替罪羊"。(引自:2003年1月30日《都市快报》)

(三) 自卑、挫折与犯罪

自卑感是一种自我评价偏低,自觉低人一等的惭愧、羞怯、萎缩甚至灰心的复杂情绪。引起自卑感的原因较多,奥地利心理学家阿德勒将引起自卑感的主要因素归结为三种,即生理缺陷、社会经济地位低下以及早期接受的错误教育。同时阿德勒还指出,每个人潜意识中都有自卑感存在,自卑感是导致个体挫折心理的重要因素之一。人的自卑感的产生与自尊心有密切的关系,一般来说自卑感容易在两种情况下产生:一种情况是个体太敏感,使过强的自尊需要无法得到满足而转化为成自卑感;另一种情感是他人的负强化,使个体正常的自尊需要得不到满足而形成自卑感(张雅凤,1998)。自卑感往往不会直接引发犯罪,它总是在转化为挫折感后才成为引起犯罪的一种情感因素。当自卑感在成为个体实现特定目标的心理障碍时,这一情感就会引发挫折感或转化为挫折感;或者当真实的自我与理想的自我之间距离太大时,自尊转化成自卑进而产生挫折感。

挫折感是指人们在某种动机支配下达到一定目的的行动过程中受到阻碍而无法克服时产生的紧张状态和情绪反应(宋小明,2000)。在挫折的状态下,行为人往往有烦恼、愤怒、不满、怨恨以及敌视等消极情绪体验。如果这些消极情绪体验不能得到有效的排解和宣泄,当它们积累到一定程度时,为了消除由此产生的极度紧张、焦虑和压抑,行为人往往会出现情绪冲动,爆发攻击性犯罪行为。这种攻击性犯罪行为可能直接指向阻碍目的实现的人或事物,也有可能转向攻击社会中其他无辜的对象。

专栏

姜某,男,27岁。姜某因其性功能障碍一直自卑,妻子与其离婚后精神上遭受重创。2003年2月14日,姜某从东北老家孤身一人来到北京,希望在歌厅找到一位小姐"快活"一番后自杀,结果其无理要求遭到歌厅小姐的拒绝。姜某于2月15日下午身带一把单刃匕首再次来到这家歌舞厅,并找到昨晚拒绝他的歌厅小姐,向其背部、胸部捅

了十余刀,当场将其杀死,同时还刺伤多名服务人员。(引自:2003年2月18日《北京晚报》)

(四) 希望、失望和妒忌与犯罪

希望与失望是一对对立的情感。希望是个体对自己要实现的目的要达到的理想状态所形成的一种情感;而失望则是在希望没有得到满足的情况下转化成的失落、沮丧等不快的情感体验。在司法实践中因为失望引起的犯罪通常表现为,一是在升学、就业、加薪等要求没有达到个体追求的理想状态,使行为人产生愤怒、怨恨等情绪,如果行为人本身的挫折耐受能力较差,在极度失望的情绪状态下,容易引发报复性犯罪。这种报复性犯罪可能直接指向给行为人带来失望结果的相关人员,也可能指向社会或其他无辜第三者。二是由对亲人的希望转为失望而导致的犯罪,如有的父母因子女堕落犯罪又屡教不改致极度绝望而不得不杀死忤逆子女。

专栏

周某,男,浙江某大学学生。2003年1月,周某参加了浙江某市公务员考试,但因体检不合格,未被录取。由于对自己的前途过分焦虑,以至于近乎绝望,周某冒出报复杀人的念头。2003年4月3日,周某持刀将负责公务员考试的两名科长刺伤,其中一人因抢救无效死亡。(引自:2003年4月6日《京华时报》)

嫉妒这一情感主要产生在年龄、地位、文化、社会背景等方面大体相同,彼此有许多社会联系的个体之间。它是个体对他人才能、地位、成就、境遇等状况的一种怨恨,对他人所具有的这些优势的不服气的表现,伴随着嫉妒心理的产生,人们产生一种不愉快的情感体验,从而使自己陷入消极的情绪状态之中。

嫉妒通常表现为两种情况:一种情况是如果一个人对于他所嫉妒对象的重视和关心比较淡薄,那么个体一般只会陷入一种焦虑不安或者悲哀的情绪状态中;另一种情况是一个人对其所嫉妒的对象越是强烈地重视和关心,就越可能被绝望感和恐惧感所占据,于是他会发展为憎恨、敌意、怨恨和复仇这样一些恶劣的情绪,在行为上可能对对方加以恶意中伤(孙昌龄,1987)。在极端的情况下,会导致伤害、杀人等攻击性犯罪。因嫉妒引起的犯罪多是预谋性犯罪,常有较为周密的策划,也有一部分嫉妒性犯罪属于激情犯罪。

一般来说，可以将嫉妒引起的犯罪分为以下三种：
- 财产嫉妒。嫉妒他人拥有的财产，而自己又不愿意诚实劳动和合法经营致富，导致以盗窃、抢劫、敲诈勒索、图财害命等手段或毁坏他人的财产。
- 才能、名誉、地位嫉妒。因他人的才能、名誉、地位高于自己，自我表现的欲望得不到满足，导致对他人的侮辱、诽谤、诬告、陷害等犯罪行为。
- 性嫉妒。因他人貌美，受人青睐，或因婚姻、恋爱中的矛盾纠纷，使爱或被爱的心理需要得不到满足，导致杀人、伤害、侮辱、诽谤等犯罪行为（罗大华、何为民，1999）。

专栏

陈某与张某于2001年分别从老家到北京一家饭馆打工，两人因志趣相投结为好姐妹。后来饭馆生意不好两人各自开始发展。2003年元旦两人再次相遇，陈某得知张某在一家夜总会当招待收入颇丰，嫉妒之心顿生。1月24日，陈某带着男友刘某一起去找张某借钱。在遭到张某婉拒后，陈及其男友将张某捆绑起来，并在张住处翻找钱财，恰好张某的男友李某外出归来。刘某拿着事先预备的铁棍向李某头部猛击，将其打翻在地，为了灭口刘某又用菜刀砍断张某喉部的气管，导致2人死亡。（引自：2003年3月24日《北京晚报》）

（五）激情和应激与犯罪

激情是一种持续时间短、表现剧烈、自我控制力减弱的情绪。激情通常由一个人生活中具有重大意义的事件所引起的。当个体处于激情状态的时候，往往会改变自己原来的观点，把发生的很多事情看得不同寻常，使自身习惯的行为方式完全遭到破坏，与此同时，个体的认识活动范围一般会缩小，只指向引起激情体验的对象，而较少考虑其他因素（梅传强，2003）。

按照激情的性质，可以把激情分为积极的激情和消极的激情。消极的激情，往往由重大事件或严重挫折引起，在某些个性倾向不良的人身上，有时还会由生活琐事引起。激情犯罪人大多心胸狭窄，斤斤计较，认知水平低下，稍有不如意之事便勃然大怒或痛不欲生悲观绝望。在强烈的情绪支配下，犯罪人的行为失去理智，往往做出毫无理智、肆无忌惮、不顾后果的突发性犯罪行为。从激情爆发到违法犯罪行为的实施，仅仅是一步之遥，这是因为在激情状态下行为人确定目的、方法和评价行为的心理过程变得极其短暂，几乎是无暇顾及，一旦有了目标，就立即转化为行为，因此激情犯罪一般没有犯罪预谋、没有预先确定的犯罪动机,也没有事先选择好的犯罪目的和目标,而只是在偶然的、强烈的冲突过程中突然发生。该类犯罪行为表现出明显的盲目性、冲动性、无预谋性和疯狂性的特点,其侵犯手段往往残酷、涉及面广、危害性严重。

应激是出乎意料的紧张情况引起的高度紧张和带有压力性的情绪。在不同寻常的紧张状态下,个体会出现一系列复杂的生理心理变化,以应对自身面临的紧张局面。此时,人的生理变化表现为:下丘脑发生兴奋,肾上腺素分泌增多,通向脑、心脏、骨骼肌等的血流量增加,提高机体对紧张刺激的警戒能力和感受能力,增强自身能量,做出适应性反应(梅传强,2003)。在生理变化出现的同时,还伴有焦虑、烦躁、恐惧、情绪波动、好激动、易怒等情绪体验。应激状态往往使人的知觉狭窄、行动刻板、注意范围缩小、记忆失误、思维不灵等,因而人在应激状态下要么手足无措、行为混乱、无法应对;要么急中生智,措施有效,转危为安。

在司法实践中,在应激状态下实施的犯罪行为比较常见的一种是在自身受到侵害和袭击时产生的防卫行为、紧急避险行为,在应激的状态下所采取的行为有时会超过限度造成不应有的危害,从而构成防卫过当或避险过当的犯罪。除此之外,应激引起的犯罪还较多发生在过失犯罪中,行为人在紧急状态下,产生强烈的恐惧和惊慌,失去正常应变能力,从而发生过失杀人或过失伤害等犯罪行为。这些犯罪行为特点表现为行为在出乎意料的紧迫情况下做出,带有仓促应付、举止失措、目的不明确等特征。

(六) 消极心境和情绪障碍与犯罪

心境是一种深入的、比较微弱而又持久的情绪状态。心境不一定有具体对象,而是作为情绪的背景来起作用。在心境产生的全部时间里,它能影响人的整个行为。积极心境会使人生机勃勃,意气风发,消极心境使人悲观失望,意志消沉。

消极心境引起的犯罪主要是指行为人长期处于一种比较微弱、持久的抑郁、忧愁与不满的心理状态下,以致在某种外界的刺激下,长期积累的消极的情绪能量转化为直接的犯罪动机而出现的犯罪行为(罗大华,刘邦惠,2000)。该类犯罪行为人主要表现为心理受到其消极情绪的弥散性影响,具有消极情绪化的显著特征;他们在日常生活中总是悲观失望、忧愁烦恼、意志消沉、情绪低落,但是犯罪人在为改变自我命运而着手实施犯罪时,也会出现短暂性的情绪高涨,表现出顽固的意志力量。此外,行为人在消极的心境下,也较容易被其他犯罪人引诱,参加一些团伙犯罪行为。

情绪性障碍与犯罪的关系非常密切,许多情绪性障碍都会引起严重的危害社会的行为,如情绪高涨、欣快症、易激惹、情感爆发、病理性激情、极度抑郁等。

一般来说,在不同的情绪障碍状态下的犯罪行为各有其特点,情绪高涨、欣快症会引起个体的人际冲突及危害社会的言行,无事生非,毁物伤人,个别情况下也会由于性欲亢进引发性方面的违法犯罪行为;极度抑郁的情绪会使人产生绝望自杀的想法,具有这种情绪障碍的人往往自我感觉不好,常有自责自罪观念,自杀的危险率较高,有时候可因此诱发扩大性自杀行为,即在本人自杀之前先杀死自己的子女或亲属,以避免他们承受失去自己的巨大痛苦;具有易激惹、情绪爆发以及病理性激情等情绪障碍的行为人,都较多爆发攻击性伤害行为,有的甚至会导致恶性伤害、杀人案件。处于这几种情绪障碍的人比较容易对轻微的刺激产生剧烈的情感反应,甚至会暴怒发作,导致严重的危害结果(梅传强,2003)。

具有情绪型障碍的个体往往有高度的焦虑、恐怖情绪,在他们内心不安与矛盾达到一定程度的时候,通常选择冲动性的行为来发泄紧张与焦虑情绪,以恢复内心平衡,而这种冲动性行为往往造成危害社会的严重后果,受到国家法律的制裁。

四、情绪型犯罪的心理特点与行为特征

(一)情绪型犯罪的心理特点

1. 偏激的认知特点 在情绪型犯罪行为中,消极的、错误的情绪、情感是其主要的决定力量,而其情绪、情感的产生与行为人自身的认知过程有着非常密切的关系。情绪、情感的产生是以认知过程中的行为人对于现象或事件的评价、判断为基础的,评价的难度与方向直接决定着情绪和情感的性质。也就是说,认知过程的品质、特点在很大程度上决定了情绪、情感的利他性、亲社会性或利己性、排他性及侵犯性等品质。而情绪型犯罪人之所以实施犯罪行为,从根本上说,与行为人的偏激性、片面性、狭隘性等消极品质紧密相联系。行为人从自我中心的角度出发,不能客观实际而灵活地看待自己遇到的各种困难、挫折,对于周围事件、自我不幸经历更可能进行片面而偏激的评价、判断,决定了他们生活之中必然消极成分占主导地位,心理必然要持续承受着较多的焦虑、压抑或恐惧;当他们心理负担达到一定程度,心理不胜负荷之时,行为主体在某些外界事件的刺激下,相关的由失败而来的挫折感就变得非常严重,从而最终导致消极心理能量的发泄及对他人与社会的侵犯与破坏、攻击。这类情绪性动机犯罪人受到广泛而深刻的情绪、情感的影响,他们一般执迷不悟,难以矫治。

2. 消极的情绪、情感品质 从情绪、情感本身的特点而言,情绪型犯罪的产生,与行为人情绪、情感所具有的品质有直接的关联。一般而言,这类犯罪人的情绪、情感具有以下的消极特点:

- 低稳定性。行为人的情绪、情感经常处于不稳定状态,很容易为外界事物、事件的变化而左右,对自己的感情较难以调节与控制,从而时常被情绪、情感所困扰或感情用事。这种不稳定性还表现在情绪、情感在短时间内的迅速变化,容易兴奋、容易被激惹,情绪的爆发性特别强烈。这种情绪、情感的不稳定性决定了行为人遇到外界强烈刺激与挫折时,难以面对生活中的各种困难,容易产生越轨、违法犯罪行为。
- 表面性、肤浅性。情绪型犯罪人容易出现酒肉朋友的"哥们义气"、婚恋中迷恋、

狂热以及失败、挫折时暴怒等,这些情绪、情感都是在某种亚文化因素影响下表面的、肤浅的表现,而表面、肤浅的情绪情感无节制、放纵性的发展往往会最终导致破坏规范及越轨行为的发生。

● **非原则性**。情绪型犯罪人受到自我中心倾向的影响,他们在利己主义心理的支配下,个人情绪、情感总是倾向于那些与自己个人利益密切相关的生活琐事、个人事件,使情绪、情感的范围变得非常狭隘,从而很容易在社会人际交往中与他人发生利害冲突。相应地,他们容易因为过于顾及亲情、友情,丧失基本的原则,导致包庇、参与亲友违法犯罪。

● **高强度性**。所有的情绪型犯罪人在情绪、情感品质方面的另一重要特点是,其消极的情绪、情感具有较高的强度,行为人常常经历着消极的、痛苦的体验。这种特点在激情型与非激情型的犯罪人身上表现为不同的方式:激情型犯罪人在经历消极而强烈的情绪、情感时,难以忍受,会迅速地做出侵犯性、攻击性反应,而非激情型犯罪人对待消极而强烈的情绪、情感则要忍受相当长的一段时间,当其积累到一定程度时才会爆发出来。

3. 异常的自尊心理水平　情绪型犯罪人自尊心理常常存在偏激的情况,或是有不切实际的过高的自尊心水平,或自尊心过低,内心深处非常自卑。其结果是,自尊心过高的人,常常自恃甚高,而在实际生活中并不能事事如意,有怀才不遇之感,主观愿望、能力与客观实际相脱节,愈是达不到目的,其自尊及成就需要反而愈增强,形成恶性循环,最后走上以非法手段来满足畸形自尊心与成就感的犯罪道路。而自尊心水平过低的人,则可能以一种过于主观的态度看待问题,如在人际交往中,对他人的言行、态度过于敏感,怀疑对方是不尊重自己或故意挑衅,从而可能发生口角纠纷,以致怀恨在心、伺机报复伤害。

4. 较低的挫折承受力　无论是激情型或非激情型的情绪型犯罪,多数因为行为在受到失败、挫折之后,自我对失败与挫折的心理承受能力较差,不能找到以积极的方式摆脱挫折、重新奋起的途径,而最后以直接攻击、报复的方式解决问题,从而导致违法犯罪行为的发生。具体而言,激情型的情绪型犯罪表现为遇到强烈刺激后就突然爆发剧烈的消极情绪、情感,迅速采取越轨行为;非激情型的情绪型犯罪表现为因某种消极的情绪、情感得不到及时、有效的化解、解决,当其积累到一定程度时,产生不良的动机,以违法犯罪的方式进行解决。

(一) 情绪型犯罪的行为特征

1. 盲目性　情绪型犯罪中,有相当一部分人是因认知范围狭窄,缺少法律知识而犯罪,因此,在行为特征上有很大盲目性。如包庇、窝赃及某些团伙犯罪者,总以为自己没有偷、没有抢,不过是知情不举、隐匿不报,或帮助别人寄放一些东西,仅是讲义气、够朋友,不构成犯罪。

2．冲动性　许多情绪型犯罪案例表明,犯罪主体多是在激情状态下实施犯罪的。他们因人际冲突引起情绪上的极大变化,怒气冲天,难以自控,导致肆无忌惮的暴力犯罪行为。失去理智监督的冲动性行为,是暴力犯罪的重要特征。由于没有预先选择好犯罪目的与侵害目的,只是在偶然的强烈冲突过程中发生侵害行为。所以,往往伴随着行为的残暴性,除指向直接的攻击目标外,有时还会连累其他无关的人和事物。

3．戏谑性　在青少年好奇动机支配下的犯罪行为,有些带有游戏性质。如买了气枪从楼上往下射击行人,欺负、凌辱他人取乐等。这种行为特征,往往和青少年的无知、社会责任感薄弱、对他人缺少爱心与同情心有关。

4．隐蔽性　少数因成就动机和自尊动机进行侵权、诽谤、诬陷或其他欺诈行为导致犯罪的人,其行为具有隐蔽性。如某战士谎称歹徒要炸大桥,自己因保卫大桥与歹徒搏斗受伤(实则自伤);某文学讲习班学员为了达到个人目的,谎称救助了一个身患绝症的女青年,写成一篇通讯报道寄给某电视台,当电视台去采访时,他又雇佣一名女青年冒充当事人,进行欺诈活动。这种类型的犯罪行为具有预谋性、欺诈性和手法上的隐蔽性。

5．情绪性　在情绪型犯罪人实施犯罪的整个过程中,其行为带有鲜明的情绪和情感色彩。消极的情绪和情感作为犯罪行为的动力性因素,不仅伴随着生理状况的变化,影响着内在意识、意志的活动,而且表现在外部的表情、言语、动作和行为方面。

6．残暴性　情绪型犯罪的后果是比较严重的。其犯罪主要是杀人、伤害、投毒、纵火、爆炸等暴力性犯罪行为,作案手段凶狠、残暴,对社会具有很大的危害性和破坏性,反映出仇视社会、无视道德和法律规范、个人至上、惟我独尊、冷酷无情、凶狠残忍、阴险狡诈等特点。

五、情绪型犯罪的预防

1．树立正确的人生观　人们的情绪活动是建立在一定人生态度之上的。只有认清人生的意义,确立正确的人生态度,才不会沉湎于生活琐事,从而减少许多烦恼。只有在科学的人生观的指导下,才能恰当地处理生活中的各种矛盾,才能经受生活中可能遇到的各种挫折。

2．恰当评价自我　一个人不仅要充分了解自己,更要恰当地评价自己,并坦然接受。只有这样,才能保持平和的心态,避免剧烈的心理冲突;只有这样,才能根据社会和时代的需要,并结合自己的实际情况,确定合适的人生目标;只有这样,才能实现自己的目标,避免不必要的挫折。

3．培养积极的自我体验　培养积极的自我体验,应从以下几方面着手:一是增强自尊感、自信感、责任感、义务感、荣誉感等积极的自我体验;二是提高自我体验的水平,加强稳定的自我体验;三是努力克服孤独感、苦闷感、自卑感、惶惑感、失落感和挫折感等消极的自我体验。

4. 增强自我控制能力,维持健康的情绪状态 心理学的研究和实践表明,一个人的情绪并不是不能控制的。只有努力提高自我监督、自我反省、自我强化、自我批评、自我调节等自我控制方面的能力,才能使情绪听从于理智和意志的节制,保持情绪的平静和稳定,维持健康的情绪状态。

5. 完善法律制度,加强法制宣传教育 首先,要完善调解等民间纠纷解决机制,使矛盾尽可能地解决在初级阶段。其次,要进一步完善民事、刑事诉讼程序,使其操作更加简便易行。最后,应加强法制宣传教育,一方面要通过普法活动,使群众对法律更加了解,能够运用法律武器保护自己;另一方面要利用典型案件进行宣传,加强法制教育。

6. 充分发挥基层单位的作用,促使矛盾及时解决 企事业单位要恰当地处理领导和职工之间、职工个人之间的人际矛盾,防止矛盾激化;居民委员会、村民委员会应当关心居民、村民的生产、生活,及时解决家庭、邻里之间的纠纷,防止因矛盾扩大导致违法犯罪行为的发生。

推 荐 参 考 书

罗大华,(2003). 犯罪心理学. 北京:中国政法大学出版社,第 169 页.

罗大华,何为民,(1999). 犯罪心理学. 台北:东华书局,56~57.

邱国梁,(1998). 犯罪与司法心理学. 北京:中国检察出版社,145~157.

杨士隆,(2002). 犯罪心理学. 北京:教育科学出版社,81~82.

编 者 笔 记

消极情绪是导致犯罪的重要心理原因。本章系统地阐述了情绪型犯罪的各种负性情绪类别导致犯罪的影响。本章以多种案例描述了消极情绪犯罪的心理行为特点,如偏执认知、异常自尊心、承受挫折能力差等心理品质,盲目、冲动、残暴等行为特征,以及内向、隐蔽等人格特性在犯罪中所起的作用。说明了从儿童时期起,培养健康的心理素质、精心培育自我,以及训练良好的人际交往和乐观开朗的情绪是多么重要。在社会矛盾充斥的环境里,社会对人的关怀,民主法制的建立和普及,是规范人的行为、满足人的期望和营造人们安宁、欢乐生活,应当是更根本的、社会生活所必须的条件。

18

情绪与健康

一、疾病发生的情绪基础

情绪是一个生理、心理、社会诸因素相互作用的动态过程。它们的相互影响是情绪基本属性起作用的体现。它包括:(1) 情绪的适应性和动机品质决定了存在着正性与负性的根本差异;(2) 情绪的等级结构与情境认知存在着一致性与矛盾;(3) 情绪的监测功能导致情绪对自身系统的放大或削弱的影响;(4) 神经系统中枢与边缘自主系统的相互作用导致情绪的不可控性。这些系统之间相互作用的每一环节都是可逆的;不但情绪同生理活动之间的相互影响是可逆的,在情绪与个体的预期、目的和行动之间也是可逆的。它们之间的每一次活动均可达到协调而产生正性情绪并有益于健康;也可以发生分裂而导致有害的负性情绪而影响健康。这些系统之间的动态关系是身、心疾病发生的重要原因。具体来说:

1. 情绪的动机性功能在各系统中的相互作用,决定了情绪经常是主导因素 这种主导性并非每次都起正性的作用,时常也有负性影响。即情绪唤醒有时起良好的适应作用,有时则起适应不良的作用。在精神疾病中,情绪的障碍或失调是诊断的重要依据,它既可引起情绪本身的异常,也可以是身体其他系统致病的诱发原因。

情绪每次同个体生理、认知、人格特性和行为均可能处于不同的水平上。然而每次所涉及的各个系统之间均产生相互影响。诸如,情绪经常激活有机体的器官活动和腺体分泌,如心血管活动或肾上腺、汗腺等的分泌,器官和腺体的超常变化在某种程度上将不可避免地导致疾病;情绪的生理激活的过度干扰可以不顾个体的愿望或计划而影响认知加工和行为反应,如情绪过激使思维紊乱和行为反常;认知和行为在意识不同水平上的觉知均可进一步影响情绪体验。认知和行为的改变通过情绪又影响机体器官和腺体的活动,这也是导致身体疾病的原因。

2. 情绪的监测功能首先在于监测情绪系统本身 不同的情绪可以互相影响和转化。例如,痛苦或恐惧的延续均可转化为愤怒;愤怒同厌恶结合可构成敌意;痛苦被压抑可导致郁闷;痛苦同悲伤并发可产生忧愁……。凡此种种,它们之间的相互转化或合并、相互加强或补充、相互削弱或抑制、均以体验为心理载体而发生。体验对自身情绪过程的监测,可能有两个并列的"加工器"。一个是对激活程度进行加工,制约情绪强度的变化和转化;另一个是对体验色调进行加工,制约着具体情绪性质的变化和转化。两个加工器之间可以相通。情绪还监测认知与行为,它认定、加强、改变和破坏认知加工和行为表现。

3. 情绪的激活效应导致情绪的不可控制的性质 脑干的弥散性激活在受到皮层和意识的调节方面是有限度的。这一特性决定情绪在一定程度上不可能完全受语词意识的支配。从这个意义上说,情绪是超理性的,在一定程度上不受有机体内因的决定,也不受社会和自然环境的外来影响。但是更直接的原因,其产生的机制往往在于情绪本身,也就是,在复合情绪诸成分中,某种或多种成分成为不可控因素而导致某种类型的疾病,如忧郁或焦虑。或者某些不可控因素干扰免疫系统或内分泌系统,从而导致身体疾病。这些论断可以从忧郁或焦虑的多种情绪复合与交织的情况得到证明,也可以从糖尿病和癌症等疾病得到证明(参阅孟昭兰《人类情绪》,第361—363页)。

二、情绪与疾病的因果联系

心理和情绪与疾病的相互关系集中在两点。一是原因趋向:情绪是疾病的诱因。二是后果趋向:情绪是疾病的产物。二者是一件事的两个方面。情绪与疾病的复杂关系是双向的(Leventhal et al., 1997)。

(一) 情绪作为疾病的诱因

情绪可以作为致病的前提条件而起作用。它与疾病的关联可以是直接的,也可以是间接的。冠心病是直接影响的例子。人的认知过程对社会竞争、敌意关系或外来威胁的解释,或敌意诱发、竞争反应的外显行为(被标定为A型性格——一种易于发生冠心病的人格特征),以及经常的敌意状态会加剧神经内分泌反应而影响心血管系统活动、血压和心率上升,并导致动脉损伤或动脉硬化(Friedman & Rosenman, 1994)。这些心理性改变所导致的血压升高会进一步使动脉壁增厚和发生心肌梗死或中风。这种严重病症可被生活中突发的负性事件(如地震)所激活,从而危及心血管系统(Leor, 1996)。

情绪与疾病的关联也可以是间接的。如情绪过程的激活导致行为改变而引发疾病。例如,抑郁能从多方面导致自我刺激和风险行为。像酗酒和吸烟被看做是产生生理改变而导致严重慢性病的病源(Lerman, et al., 1997)。例如酗酒破坏肝脏,吸烟导致细胞变异,随之而来的可能是肝硬化和肺癌。来自这些病源的风险因人而异,可能有基因的影响,也可能是吸烟和酗酒的后果,这些间接的途径是致病的重要因素。

(二) 情绪作为疾病的结果

与致病的前提途径一样,同疾病有关的直接的生理联系或间接的认知或行为联系所引起的情绪有可能成为疾病延续的原因。这个结果的重要性在于:(1) 为减少对自身疾病的怀疑,个体在生病前,那些潜伏着疾病的生理状况会导致负性情绪,对这些负性情绪应当保持清醒,过度的担忧或焦虑常常对疾病有潜在的负性后果。(2) 疾病导致身体机能下降并打乱日常生活的情况可能使压抑的心境增长,例如,癌症患者、心脏搭桥或关节损伤病人对症状的解释和控制过程感受痛苦和失去自信,而失去信心对慢性病很不利。(3) 疾病过程,特别是受神经内分泌系统影响的免疫系统疾病患者的情绪更容易恶化,从而他们的认知、行为和心情继续受到负性情绪的影响(Wood and Van der Zee, 1997)。这让我们清楚地看到疾病与情绪的双向联系的途径。

情绪过程对广泛范围的刺激发生敏感,但并不必然引起疾病。情绪作为消耗身体资源的因素是与年龄、经济、环境或人际压力等原因相联系的;而且随着与病源的接触,身体能量消耗和功能损伤而预示着疾病的增加。慢性的压抑情绪削弱抵抗传染病的资源,经常的对抗性情绪也是心血管系统风险的指标。可见,强烈的负性情绪能对已发生的疾病(如伤残性创伤)或慢性疾病(如癌症),能产生持续的高度威慑力。同时,敌对情绪对突然发生的应激情境引起的疾病(如心脏病)也会削弱应付能力而起后效作用。那么,情绪引起疾病的机制是什么呢?

三、情绪的等级结构与疾病

(一) 情绪的等级结构概念

情绪是一个等级结构的组织。这个观点有助于了解情绪与疾病双向关联的性质,说明情绪如何成为疾病过程的功能性指标。情绪是一个复杂的、分等级的过程,不能把生理、心理、社会因素放在单一水平上来分析,而应该把生理和心理分开去认识情绪在其中的作用。

本书前半部阐述了情绪从神经生理学划分的三级机构,又在另一些章节中分别叙述了情绪发展的三级水平,即:(1) 种族发生水平上的原始情绪,即在人类也具有的原始感情反应;(2) 人类个体分化和发展的基本情绪,即有意义的、分化的基本情绪体验;(3) 社会化复合情绪,即有语言规范的,包含社会价值的情感体验(参考 Johnson & Multhaup, 1992)。

生理、心理、社会因素是相对独立的系统,在不同的情境影响下,情绪的各个等级又分别与生理的和认知的不同等级相联系而发生,构成形形色色的、各式各样的生理-心理状态,有的状态对有机体是适宜的,有的则不一定适宜。生理-心理状态决定着有机体对环境适应良好或适应不良,从而决定机体的健康。

(二) 生理-心理等级的平衡/分裂与疾病

诚如上述,生理、心理、社会因素是相对独立的系统。考虑到情绪在其中的作用,在人的社会生活中,生理、心理的结构功能,如果经常在一定程度上达到平衡,中枢神经系统活动即成为有意识的情绪体验的正常基础,它们经常以中等强度水平的正性情绪表达,而较少发生过度激烈的自主性激活。人们生活在生理-心理动态平衡状况下,情绪将是平和而愉悦的(Panksepp, 1998)。在另外的情境下,则有可能促使疾病发生。下面是生理、情绪、认知发生分裂的主要方面:

1. 神经中枢与自主系活动的分裂 中枢神经系统活动可以停止并结束相关情绪体验的神经过程。然而此时余留的自主性活动与中枢过程已不处在同一水平上,持续余留着的自主性活动就可能放大随后的情绪体验和行为反应。这些持续的自主性激活以及由它所保留的情绪就能反过来使器官结构受到伤害(如免疫系统或消化系统,其他系统亦然)以致发生疾病(如癌症或胃溃疡,其他疾病亦然)(Phelps, LaBar & Spencer, 1997)。

2. 情绪与理性思维的分裂 情绪品种与概念或反应的分裂是经常发生的。语言表征着人的思想和意图;语言本来并不需要、也不必然激活情绪,但是情绪的过度激活与由语言代表的意图或期望之间可能发生分裂,也就是说,在理性思维水平上对某种情绪的发生并不一定能起到制约的作用,从而过度激活的和长期存在的负性情绪就成为某些疾病发生的温床。

3. 对情绪的控制愿望与神经过程之间的分裂 个体企图控制情绪体验的愿望之所以不能起作用,很大程度上是由于自主系活动的过度激活与中枢过程的割裂。一项实验证明,具有高控制特征的人(低焦虑-高社会性特征的人)自然而然地使用正性想像去控制由威胁性影片诱发的负性情绪(尽管它对激活的自主性反应并未发生影响)。对低控制特征的人来说,导致发生负性情绪的刺激事件从注意中转移(不去控制它),对过度的自主性反应肯定不能发生影响。这时发生了控制愿望与自主性激活不能协调一致。而自主系激活得不到抑制,是由于控制反馈的下降(交感系统的过度激活压倒副交感系统起作用)使得上述的分裂不可避免(Boden & Baumeister, 1997)。可见从生理-心理的分裂过程去认识情绪对疾病发生的原因和诱导功能是很重要的。

四、情绪的复合成分与疾病

(一) 情绪的复合成分

情绪是一个复合成分加工系统。从情绪与疾病的关联方面看,有两个重要系统:

(1) 整体上的复合系统。这个系统包括认知、情绪体验、外显表现、运动反应和有机体生理系统反应。(2) 认知,情绪和有机体本身分别是相对独立的、多水平的整合系统,情绪在复合成分的整合中,每种具体情绪都是某些不同成分的独特组合。情绪既可以以具体的单一情绪起作用,也可以以组合起来的复合情绪发挥影响。同时,当整体系统活动发生分裂,机体系统的某些成分(如内分泌或免疫系统的改变)首先被卷进而成为疾病的诱发者。还有,情绪反应又是从知觉水平到抽象概念水平整合活动的产物,受认知的制约,歪曲的认知对情绪有负性的影响。认知与情绪的相互影响,以及附加的生理成分的改变,就成为疾病发生的完整的生理-心理机制。

由此可见,痛苦、愤怒、恐惧等多种情绪的复合及其与生理不同水平的激活和不同水平的认知之间的分裂,可产生情绪的异常(如焦虑或敌意),生理异常(如食欲减退,失眠等),和过度或歪曲的认知(夸大或任意的联系),就构成了生理疾病或精神疾病产生的生理-心理条件(孟昭兰,1989;Leventhal,1984)。

研究表明,人的整体复合系统具有三种组织类型与疾病有关:(1) 与行为相整合的"工作-努力"模式;(2) 与恐慌、激动相联系的"应激-痛苦"模式;(3) 与消沉、压抑相联系的"抑郁-活动"模式(Gray,1990)。这些情绪色彩浓厚的整体特征对疾病的发生起着不同的作用。

(二)"工作-努力"模式与"应激-痛苦"模式对疾病影响的差异

这是产生高能量激活的两种模式。"工作-努力"模式表征为现成地进行整体性活动,如身体锻炼运动。"应激-痛苦"模式可分为两种模式:(1) 攻击;(2) 回避或逃避。一项研究表明,在机体水平上,"应激-痛苦"模式被试显示了肾上腺素增加300%,而去甲肾上腺素增加50%。这个比率与"工作-努力"模式被试所显示的正相反。自主系统活动的这类差别依赖于个体按照情境采取的应付行为的不同。其不同在于,趋向逃避的激活与单纯的能量消耗激活二者的作用不同,甚至对立。结果在缺乏整体性协调活动的情况下,"应激-痛苦"模式形成一种强烈的自主系反应的特殊模式-高肾上腺素和低去甲肾上腺素,这就是罹患心脏病的罪魁祸首;这种情况通常被确定为,从敌意情绪到生理改变(如心率加速,血压升高)是诱发动脉硬化的直接通道(Dimsdale & Moss,1986)。

然而,情绪的和运动的模式触发急性冠心病和由动脉硬化促发的冠心病(请注意,这是病源不同的两种冠心病)所依赖的基础是不同的。急性心脏病发作或称中风可能来自激烈的外部运动激活和自主系统过度反应,或产生于从威胁情境发生的应激-痛苦成分,或是从挑战情境而来的高强度工作模式。而动脉硬化心血管病则是由长期的高血压、心率不正常,及类似的激活触发心室颤抖而发生的(Kamarck & Jennings,1991)。(自然,已经具有动脉硬化症而遭遇强烈情绪或剧烈运动的情况,导致急性冠心病的几率将更大)。应该指出,强烈的负性或甚至正性的激动情绪或剧烈的高强度工作突然停止,会威胁机体系统的安全,确实有增加急性心脏病的更大风险,甚至导致突然死亡。因此,在剧烈运动停止时,应逐渐减少其后的运动量,以达到有效地避免高水平肾上腺素的产生和缓解风险的发生(Dimsdale et al.,1986)。

(三)"抑郁-活动"模式来自运动系统活动的抑制

实验证明,动物以停止活动的方式去应付不可逃避的和无法控制的应激源,或遇到的某种免疫系统的挑战(如传染病)。前者是抑郁情绪和终止行为导致身体改变(身体全面抑制);后者是疾病(抑郁症)导致抑郁情绪和抑制行为的改变(加强)。当模式由不可控制的应激源所诱发时,脑的去甲肾上腺素下降可能是导致从胃溃疡,或导致死亡的原因。这种后果的多样性依动物种属的功能和应激源的不同而异。皮质类固醇循环增加了使去甲肾上腺素下降的可能,并激活下丘脑-垂体-肾上腺素系统;下丘脑-垂体-肾上腺素系统能改变许多免疫功能,并使去甲肾上腺素进一步受到抑制。这就是"抑郁-活动"模式起作用而导致抑郁情绪发生的过程,以及其对疾病发生影响的机制。

专栏

免疫系统细胞在体内的供给减少,导致免疫系统功能下降,是致癌的机制之一。如果这种情况得到改变,尤其是那些被皮质类固醇循环(产生抑郁)所影响的免疫细胞供给减少的情况得到改变,就产生一种破坏那些已被细菌和致瘤病毒所传染的血液细胞的能力,并产生一种破坏那些最初产生的瘤体发生细胞突变的能力。这其中,尤其是天然杀菌细胞(NK)被设想为防御那些最初的瘤体和瘤体转移发展的第一道防线(Levy,1985)。NK细胞的减少通常被认为是与某种癌症(Type C-cancer model)的发生联系着。这就是在情绪影响下,免疫系统与抑郁导致肿瘤发生的互相制约过程。

当免疫系统的细胞供给发生改变,它就对下丘脑-垂体-肾上腺系统构成影响。这时,下丘脑-垂体-肾上腺系统就被免疫信号所促发,而自主神经系统又被促肾上腺皮质激素释放因子(CRF)所促发。结果,皮质类固醇循环操作的反向反馈循环会抑制几种类型的免疫细胞的活动。此时,在不可控制的应激源被主体解释为无望(情绪)而启动时,就产生具有潜在的危险后果(如肿瘤发作或转移),但是,当免疫对传染的挑战处于最高点时,它可能能有成效地(1)限制可溶性免疫因子对组织的破坏,(2)阻止自身抗体和自身免疫失调的发展,(3)保存能量,从而避免肿瘤发作或转移(Asnis & Miller,1989)。

五、认知对情绪与疾病的影响

(一) 认知对情绪与疾病在两个水平上操作

情绪与认知之间的相互影响和制约是经常的、每时每刻协调一致或矛盾、分裂的。在机体生理过程正常情况下是如此,在病理潜存和疾病已经发生的情况下更是如此。一般来说,认知至少在两个水平上涉及情绪:(1) 认知的知觉和表象水平,自发地和无须努力地产生短时的情绪反应;(2) 认知在概念水平,情绪在一定程度上是被认知规定的。但是,认知也在这两个水平上与情绪状态发生交互影响,从而对疾病的发生起作用。

1. 认知的两个水平与严重疾病　一项对知觉和概念想像的研究,比较了自我-生成(即自己想像出来的)对健康危机("心脏病发作"或"发现肿瘤")(实验组)的映象所产生的自发激活(心率上升),与自我-生成映象的控制组("身体运动"或"平静的一天")(控制组)作比较。对"健康-警觉"组被试(即实验组)测量了自我监视疾病的体征与自我对疾病解释的指标与控制组相比得到高分,即通过对健康威胁情景的想像解释过程和对身体症状的自我监视知觉维持了心率的上升;控制组则没有发生类似情况。另外,控制组被试在威胁情景中的自发激活与实验组被试一样;而实验组被试在非威胁情景中的自发激活则与控制组被试一样(Brownlee, Leventhal & Balaban, 1992)。这个实验结果说明,与控制组被试不同,被疾病威胁着的被试的想像解释和对症状的自我知觉,导致自主系和应激情绪的激活。这正像早期对蛇的恐怖研究显示的一样,知觉对即时诱发的情绪是关键的。重要的是,只有把身体知觉放置在疾病威胁的概念框架之内,这种情绪激活才能得到维持并发生负性的影响。

另一项研究是对两组忧虑患癌症妇女进行的。一组是在2~5年前成功地治愈了乳腺癌患者,另一组是第一组患者的健康的好友,疾病表征为一种抽象的概念想像和一种具体的身体症状感觉。实验假设为认知的两种类型——知觉和概念想像——对诱发疾病忧虑都是必要的。两组中那些标定自己对癌症是敏感的被试,如果她们知觉到自己体验着很多身体症状,就标定自己(概念水平上)为对癌症是脆弱的,并报告了忧虑增加。如果她们没有体验到症状,就未报告有对癌症的忧虑。然而,凡是没有报告产生忧虑的被试,无论她们体验到多少症状,她们从理性概念上都认为复发的机会极低(对癌症低敏感性)。自然,相对而言,病愈的患者比她们的朋友报告更多的忧虑。由此可见,信念和症状体验二者对每日心境(情绪)的自我报告没有必然的联系。而两种水平的认知活动——对症状的知觉和自我脆弱性理性概念解释——对诱发忧虑都是必要的(Easterling & Leventhal, 1989)。

2. 认知的两个水平与慢性疾病　认知分化为自发的、知觉驱动加工和概念控制加工的两过程提示我们,从另一方面理解情绪(如敌意对抗性)如何能长时期维持而产生像动脉硬化或高血压这样的慢性病。已知A型性格者的攻击性和敌意情绪可能造成一种应激环境并削弱正性的社会支持。为什么A型性格者在特定的认知过程中,他们的情绪很容易变成敌意状态?对这个问题,认知两种水平的划分可给出解释。由自发的、感性认知引起、与敌意攻击性相联系的情绪外显行为,是知觉"线索"引发的。由于这些情绪传递着敌意,反过来引起一种退缩和攻击相结合的对社会环境的逆向、负性反应。从而巩固着敌意者对他们的人际关系的概念。这样,由知觉图式而来的自发的、快速引起的情绪反应就建立一种对社会情境的概念,即认识到这种情境是敌对性的和具有威胁性的。于是,这样的概念就给A型性格者造成一种自我保护性的抑制,即抑制攻击行为。这就为饱含敌意攻击性情绪而无攻击行为提供了解释和证明。结果是长期的愤愤不平和理性的抑制就成为罹患高血压和心脏病的情绪-认知原因(Leventhal, 1984)。

(二) 认知对疾病与情绪控制

长期对威胁生命疾病适应性的研究表明,认知系统从另一面涉及情绪行为的产生和控制。人生活在威胁生命的慢性疾病之中意味着生活在不可避免的、普遍弥漫着的、对自我的内在威胁之中,亦即处于塞莱格曼提出的习得性无助状态。这种无助状态是导致抑郁的原因。当个人的处境使他们乐意对社会去执行应付程序,如看重自己的事业或责任,就能使他们不把疾病看得过分严重,或对疾病有所认识和分析,从而并不把疾病看为与自身那么紧密相连,他们就能在自身的生活中产生相对地控制疾病的自我认同和体验。对那些设想为严重的或自己无能为力的疾病,以及顾虑会重复出现或复发的慢性病,将严重地影响自我系统(涉及复杂的认知和自我评价的各个系统)(Leventhal, 1992)。因此,保持自我认同感,或参加某种社会组织的支持网以处于良好的人际关系中,可能会改变人们的抑郁状态或十分敏感的情绪状态。

六、情绪疾病——抑郁症

(一) 抑郁概念

抑郁比任何单一负性情绪的体验更为强烈和持久。抑郁是一种复杂的复合情绪,主要包含着痛苦,并依着不同情况而合并诱发愤怒、悲伤、忧愁、自罪感、羞愧等情绪(Izard, 1977, 1991)。

抑郁有正常与异常之分。每个人都体验过抑郁,轻则为郁闷、担忧、烦闷,重则为忧愁和忧郁,但均可属于正常情绪。在严重的情况下,抑郁能转化为病态情绪。抑郁正常与异常之间的界线虽然难以截然区分,一般来说,抑郁体验者对自身处境与身体状况有恰当的认识,对自身行为控制与调节符合社会常规,并有足够的自信和自尊,即属于正常的哪怕是一时的忧心忡忡。但由于过度压力而情绪低落或绝望,失去兴趣而不能胜任正常工作,甚至产生自杀企图等极端意念和行为,就可能向异常情绪转化而成为抑郁症。

抑郁症可分为神经性抑郁症和精神性抑郁症。神经性抑郁主要是外源性的,是由环境压力引起的应激所导致。当人对自身的处境不能加以改变或控制时,焦虑就转化为抑郁而成为神经性抑郁症。此时患者感到失助,失去自信和自我肯定,情绪消沉而沮丧,产生偏离认知和偏离社会行为。

精神性抑郁症一般均有内源性发病因素。主要是有机体生化因素引起的生理异常及其导致的遗传后果。为区分神经性和精神性抑郁,要确定患者精神的基本心理症状是否包括以下因素:(1) 极端认知反应:妄想、幻觉;(2) 异常情绪:感情迟钝、低沉、冷漠;(3) 异常知觉定向:失去时间、空间定向能力;(4) 异常行为:失去对自身行为的理解和控制;(5) 人格瓦解:失去责任和道德意识,失去对人的感情交流,罪疚自责,悲观失望,茫然无主。所有这些精神病的典型症状在神经性异常者身上是不会出现的。后者在思维和知觉定向方面基本是正常的,在社会行为上有轻度或中度适应不良现象,但与精神病患者完全失去理性的状态有根本的不同。

(二) 抑郁症的心理机制

1. 复合情绪论及其致病因素

● 抑郁症的核心情绪是痛苦和忧伤。痛苦是能够长期存在的负性情绪;痛苦和忧伤的根本原因是"丢失";任何引起严重"失落感"的事件,都有可能导致痛苦和忧郁。失去亲人,失去已有的荣誉和尊严,失去他人和社会的承认,都是构成痛苦和忧郁的可能原因。由精神分析学派所提出的,儿童早期丢失、挫折感的再现是抑郁潜在原因的观点,已为大多数研究者所接受。精神分析学认为,早期挫折所产生的过分地依赖得不到满足,在以后的生活中遇到失去他人或外界支持就会陷入抑郁。

● 敌意在抑郁中占较大的比重。敌意含有愤怒、厌恶和轻蔑三种情绪成分。愤怒使个体情绪指向外界,它本来是产生攻击行为的激活器。但由于害怕愤怒和攻击行为加重"丢失",会对"丢失"事件产生厌恶和轻蔑的情绪。对愤怒起抑制作用,厌恶引起脱离倾向,轻蔑引起拒绝行为。当厌恶和轻蔑与愤怒同时发生时,对愤怒起抑制作用。愤怒和攻击对方转化为"伤害意向"而无实际的伤害行为。敌意使个体心存恶意,但又忍受着痛苦。

● 抑郁包含着愤怒与恐惧的结合。在丢失情境中,个体对受到他人的抛弃而产生愤怒,又由于怕失去对方而压抑愤怒情绪,并归因于自己的无能而自责,这也导致愤怒内化而转化为恐惧与焦虑。这时个体遭受威胁或预期危及自身安全,而感到无力应付。恐惧和焦虑成分在抑郁中起着退缩和回避的作用,从而削弱面对威胁和改善自身处境

- 抑郁可能包含着悔恨和自罪感。在失去亲人的患者中有过这样的病例：牵萦在患者内心的是对失去的亲人心存歉疚,甚至认为自己的过失是构成对方死亡的原因。于是加重了失去亲人的悲痛而陷入忧郁之中。
- 抑郁可能失去自尊和自信而诱发羞愧感。个体的注意顽固地指向自身,认为自己无能而无法面对现实。这种羞愧感使自尊和自信进一步低落,导致抑郁加重的恶性循环。

所有这些负情绪由于互相影响而加强。每种负情绪成分固着于自我而无力挣脱,从而使患者陷入对他人、对自己的态度产生过度疑虑。由于不能正确的认识和对待,就会产生社会行为的适应不良。最终集中在压抑、郁闷和回避倾向的自我束缚之中(Izard,1991)。

上述在抑郁中可伴随而产生的多种情绪成分是因情境而异的。刺激性抑郁可含有较多愤怒成分;而反应性抑郁则可能含有较多的恐惧或内疚感,也可能含有较多的厌恶或轻蔑。这些不同的情绪组合决定了忧郁的一个基本性质,那就是人处在某种不适宜情境下,可以长期地经受忧郁的痛苦,而且还可能在某种程度上向病态抑郁转化。一般来说,忧郁不会导致极端行为和人格解体,也不致发生思维的严重障碍。但严重的抑郁使整个人处于消沉、沮丧、失望、无助、愿望丧失、无所作为的状态之中。

专栏

伊扎德的分化情绪量表(DES)对忧郁个体的具体情绪进行分析(见表18-1)。作法是让被试回忆忧郁事件发生时所引起的情绪类别和程度填表,意在了解被试的情绪结构中,哪些具体情绪起作用,以及它们同情境因素的因果关系,以便分析忧郁产生的直接原因,情绪—认知间的相互影响,以及各情绪间的相互影响。按照这种办法进行具体情绪的结构分析能对被试的忧郁状态和程度具体化,这种作法类似于一般治疗中的诊断学。

表 18-1 回忆忧郁情境的 DES 分析及两个治疗案例分析

	平均分数 大学生 $N=332$	一个遭遇意外婚姻变故的家庭妇女(29岁)	一个丧父和自觉适应不良的男大学生(20岁)
痛苦	4.24	15	15
厌恶	3.14		13
轻蔑	2.86		10
愤怒	2.85	7	8
恐惧	2.80	7	14

(续表)

	平均分数大学生 N=332	一个遭遇意外婚姻变故的家庭妇女（29岁）	一个丧父和自觉适应不良的男大学生（20岁）
疲劳	2.64	5	9
内疚	2.41	7	13
惊奇	2.23	7	
兴趣	2.20	5	
羞愧	2.05		11
快乐	1.14		

第一例为332名大学生的一般的忧郁状态复合情绪的各具体情绪成分：痛苦占第一位，敌意占第二位，恐惧第三位。第二例，除痛苦较强外，愤怒、恐惧、惊奇和疲疲感均较强。第三例比第二例更严重些，除痛苦外，愤怒和恐惧居其次，内疚和羞愧也起作用。（转引自孟昭兰，1989，pp.373~374）

2. 认知论及其致病因素

认知论对情绪的核心思想是：认知是心境和行为的决定性因素。贝克（Beck）早于1967年提出了一个复合认知模式来解释抑郁。他认为，在人的信息加工图式中，有一个由认知所决定的如何看待自己、看待别人和世界的复合"图式"。人们经常按照这一图式去判断自身和周围世界。当某人从一个侧面把自己看做不适宜的、无价值的、有很多缺陷的时候，就会产生自责、失望和痛苦。这往往是通常情况下发生忧郁的原因。因而，如果个人歪曲和偏颇地判断自己，个体的"图式"就会过度偏离事实和实际情况，把本来微不足道的小事视为自己失败和无能的结果，从而产生自我低估和自我责备。他的"图式"使他在预料自己的前途时，充满无望和无能的预感，从而导致意愿和愿望丧失。这样的认知图式一旦概念化，就会在思维中产生逻辑判断错误，形成对自己的反面观和消极性期望。其后果是产生无穷的痛苦并导致抑郁。

专栏

贝克的认知图式逻辑错误类型：

1. **任意推断**。推断是无根据的，例如，"我真无能，我去买笔记本时商店已关门了。"这是失去自信的反映。

2. **选择性抽象**。不是众多同类具体中抽出一般，而是选择一种可能性并作出一般的抽象。例如,"我是不受重视的,他们俩谈话而没有理我。"这是自卑的反映。

3. 超概括化。只就一点作出不恰当的概括性结论。例如,"考试失败了,我是完全没有资格进大学学习的。"这是失去信念的反映。

4. 判断操作扩大化。推断过程中一步步地言过其实,从而导致夸大的结论。例如,"我曾经同他发生过争吵,他摔断了腿完全是那次争吵造成的。我一辈子对不起他。"这是内疚和自责的反映。(转引自孟昭兰,1989,pp.367~368)

3. 习得无助论及其致病因素

塞利格曼(Seligman, 1975)提出一个包括学习和认知理论对抑郁的解释,并建立一种很有影响的"习得性无助"(learned helplessness)理论。其要点在于:抑郁是习得性无助的结果。当人认识到(习得)自己的所处的情境是自己所不能加以控制时,产生一种无助感,从而被动地接受这一情境的压力而陷入抑郁。

塞利格曼的系列实验证实了这样的假设:给实验动物(狗)施以不可避免的电击。由于电击是不可逃离的,狗就学到一种"无适应反应":被动地接受和经受着电击而无逃避反应。这种"无适应反应"即"习得性无助"。对尚未产生无助现象的动物施以电击,只要在它能跳过木棚栏而逃避电击时,就不发生无助反应和抑郁。

塞利格曼根据"习得性无助"现象,提出一种"对立过程理论"来解释抑郁的发生:动物在受到不可控制的电击时,首先产生恐惧和焦虑。恐惧和焦虑可解释为试图逃跑的反应。当逃跑不成功而电击持续发生时,无助感和抑郁即随之增长。先前发生的恐惧和焦虑被抑郁所取代,逃跑为"忍受"所取代。塞利格曼这两种情绪的转化解释为对立过程的转化。即当有害刺激(电击)最终结束时,恐惧即得到释放,然而忧郁却仍然存在。塞利格曼认为,习得性无助现象可用来解释人类的"反应性(嗜睡性)抑郁症。"

反应性抑郁症是常见的。一般来说,人在预料到对所处情境可能加以控制时,才产生期望或期待。然而,当预料到对情境无法左右时,就产生失望和沮丧。在此过程中,对情境的分析和预料有认知过程参与。而当不期望的情境无可避免时,所产生的习得性无助感,导致抑郁的产生。

塞利格曼的理论只适用于解释反应性抑郁。但是人们观察到还有一种刺激性抑郁。刺激性抑郁表现为在抑郁产生之前存在一段人为了达到目标而产生强烈激动的反应时期。克林格就此现象提出抑郁的刺激理论。这一理论认为,当人意识到其所争取实现的目标不可能实现的时候,会产生一种"刺激-解脱循环过程"(incentive-disengagement cycle)。这个过程包括三个阶段:(1)人强烈地把精神集中于达不到的目标或失去的对象上,并努力争取实现目标或得到失去的对象;(2)产生强烈的愤怒情绪和攻击行为;(3)如果前两个阶段未得到强化,人就从刺激状态中脱离而导致抑郁。

七、基因是致病因素

20世纪80到90年代以来,基因研究大量涌现,近10年基因图谱的揭示,生理心理学家已涉足基因-心理-疾病之间联系的研究。有研究设想基因变量是从情绪到疾病的直接通道。例如,基因可能对敌意攻击与动脉硬化的联系起作用;敌意本身是复合情绪,动脉硬化是由动脉壁细胞损伤的移植和社会情境诱发的敌意二者所促成的。这个假设尚未得到广泛的论证和认可。例如,众所周知,抑郁个体很可能是严重的吸烟者。这个间接的因果通道极大地增长了抑郁个体罹患心血管疾病和多种癌症的风险。然而,近来的研究确定了基因变量是介入这种(吸烟与心血管疾病和多种癌症)联系的基础(Lerman et al, 1998)。它的机制是:多巴胺(诱导愉快的神经化学物质)的某个受体基因(如,DRD4S等位基因)促使抑郁者倾向于去吸烟以控制负性情绪。这种基因与有效的多巴胺受体的联系在脑中的奖励中枢起作用。多巴胺的奖励作用使抑郁者的负性情绪得到缓解。这样,抑郁个体的基因结构提供大量的受体通过吸烟去"治疗"他们的抑郁心境。同时,基因被确定为有对多巴胺再吸收的效果。

有这样一种现象,即相对来说,很少人到老年才开始吸烟,而且他们更容易戒烟。这可能是因为,某种多巴胺的再提取机制使他们的奖励中枢产生更多的多巴胺,从而可能不需要用吸烟去激活这个中枢。更多的多巴胺使这些年长者减少负性情绪发生。另一些等位基因(如SLC6A3-9),可能使很少吸烟的个体在更年长时开始吸烟,但他们更容易戒烟。这后一点是因为,研究提示,某些等位基因与容易戒烟的联系是由寻找新异性环境的机制(如转移兴趣或注意)所调解的(Sabol et al., 1999)。这些资料表明了在情绪与疾病的关系上,在它们对风险行为的效应中,基因起着重要的作用。这些效果充分显示在跨年龄和跨种族的研究之中(Lerman et al., 1999)。

总之,情绪在动物进化中有利于群体交流和规范社会行为,建立起为生存行为提供身体资源的基本神经生物系统。在人类,不但使人进行社会交流和规范社会行为,而且在人与自身内部的"沟通"中也是重要的,它让人们知道自己的身体行为状态(如,准备攻击、逃跑、休息、性活动等)。从而我们认为情绪是实在的、有效的社会行为系统状态的指标。但是这并不意味着情绪可以或应当预示疾病的后果。情绪的多水平系统在内部和外部意义事件的广泛范围内发生反应。它们作为特定疾病的后果、认知活动和社会行为有效的指标,依赖于人及其情境关系。已有研究让人们认为,控制人们的思想、情绪和活动,有助于减少疾病发生的危险,有助于避免被错误的希望所驱使和被误导。研究已知情绪与疾病联系的双向影响,心理与生理的连结,使我们确认心理因素对机体的重要作用。它鼓励我们建立"单项因果关系"模型,从情绪的模糊不清的作用中,开展对遍及世界的威胁生命疾病的发生、发展和后果的研究。

八、自我调节与健康

本章开始说,情绪是一个生理、心理、社会诸因素相互作用的动态过程。无论正性或负性情绪均以其适应性而有益于人类;但过度的正性情绪、尤其是负性情绪以及多种负性情绪相叠加与混合而发生紊乱,则导致情绪失调和适应不良。人的理性认识与情绪之间、理性控制与自主神经系统激活之间的不协调导致情绪在一定程度上的不可控性;情绪的自我监控加工又可导致情绪激活度和强度的变化;中枢神经调节与边缘系统和自主系统的相互影响是情绪不可控性的生理基础。上述各种因素之间的活动,应当说,在大多数情况下可达到协调而诱发正性情绪并有益于健康;然而在人们生活情境不适宜的情况下,可导致人们的心理生活发生紊乱,以至情绪各成分之间发生分裂而诱发严重的或持续的负性情绪而发生疾病。这些系统之间的动态关系是身、心疾病发生的心理原因。鉴于情绪的这些根本特性,人们在遭遇到情绪紊乱、情绪病症或心身疾病时,自我调节和心理治疗都是必需的。因此,普及情绪心理学知识,提高对心理治疗的认识,增强对心理治疗的信赖程度是当务之急。

(一) 提高情绪心理对疾病发生影响的认识

长期以来,人们并不重视甚至割裂心理和生理在疾病上的联系。许多人仍然不懂得情绪对疾病的发生和延缓的影响,而有人错误地把情绪与疾病的密切关联的认同看为是一种"幻觉"的作用。甚至许多医生对心理治疗学也持怀疑的态度,这就要求我们急需向社会通报情绪-疾病关系的科学知识。

情绪对疾病的影响有其发生的物质过程。本书在现有科学水平上基本说明,情绪的适应性经常处于人的心理活动的前沿,对人的生活活动起动机的作用。在生活情境严重或持续不适宜的情况下,情绪是致病的因子。其核心的机制在于,人脑的神经过程双环路通道的往复联系与相互影响(详见第3章)。例如,首先,内导输入通过"捷径"到达杏仁核的信息在通过"绕行路"到达前额叶皮层之前,已经发出了潜在威胁的信号,自发而快速地诱导警觉或恐惧情绪。随后才是达到前额叶的信息认知加工并在意识里确认情境刺激的性质。然而杏仁核环路的加工所引起的边缘系和自主系兴奋的自体循环,并不能完全接受经过"绕行路"到达前额叶皮层信息的认知加工的控制而服从理性思维的支配。这时产生的恐惧或焦虑的持续存在或反复出现,反过来加重边缘系统和自主系的激活、包括神经化学物质的持续作用。这就是由紧张而引起的高血压和心脏病的情绪来源。其次,边缘系统的反复激活还会引起过去曾经遭遇过的失败(如医生手术失败)、危险(如车祸)或创伤(如运动竞赛创伤)的记忆不断出现,增加遭遇者无可忘怀的痛苦和忧虑,应激性痛苦或忧虑使人在类似情境下感受威胁和紧张,退缩或失去自信,每当情况严重时,诱发悲观、情绪消沉或疲劳感,以致干扰生活和工作的质量。再有,杏仁核环路引起的自主系统和内分泌系统激活使患者在患严重疾病的应激中被困扰而难以忘怀、反复思虑。忧郁与焦虑情绪的沉重负担削弱免疫系统的正常功能,导致加速疾病进程。严重的焦虑和忧郁会加重那些与免疫系统有关的疾病,如癌症。必须指出,科学研究虽然还没有把分门别类的各种疾病与心理-情绪影响的神经路径描绘出明确的图谱,但是原理和一般机制已经被揭示。我们的任务应当是,按照现有的了解倡导缓解情绪对疾病影响的方法。

(二) 重视疾病发生的社会原因

1. 心理疲劳 不久前,世界卫生组织在一份报告中指出,工作紧张是影响员工健康的危险因素。随着经济快速发展,生活节奏不断加快,身体和心理疲劳现象日渐增多。心理疲劳是由于长期精神紧张、心理压力和反复出现不良情绪刺激的积累而形成的。一旦超过了心理的承受力和警戒线,疾病就会乘虚而入。这时心理上表现为精神不振、心情不安、注意涣散、记忆减退;生理上出现失眠障碍、消化不良,工作效率下降。心理疲劳旷日持久,会产生偏头痛、高血压、心脏病、溃疡病、月经不调或性欲减退等慢性病。有人在没有身体过累的情况下,却说"我真的过得很累"!这也是一种心理疲劳,即持续受到忧郁与焦虑的困扰,也会发生上述这些心理、生理和疾病。

心理疲劳是身体和心理疾病的信号。现代"经理综合症"是心理疲劳的典型例证。工作要注意劳逸结合,利用工作间隙转换活动内容,改变一下环境,做点有兴趣的事、锻炼一下身体、补充一些睡眠。让疲劳的脑细胞得到转换和休息,避免脑细胞损伤,使脑功能得到调整。用大量吸烟、使用兴奋剂等以刺激活力、勉强工作,都是不可取的。

2. 社会环境变迁与社会支持不足 研究现代复杂生活的学者指出,近 50 年来,西方社会物质财富极大丰富,人们享受先进的医疗保健,计算机数字技术的应用给生活带来极大方便,更安全和更自由。但是并没有给人们带来更大的快乐。虽然生活富裕,但工作紧张的脚步却不能停歇;高科技社会使越来越多的人感到焦虑不安。在近 10 年的情绪沮丧、精神紧张的英国人,从 5% 增加到 9%。人们对高科技设备的复杂功能感到困扰。同一领域的工作分工太细,几乎在同一岗位上却不知道其他人在干什么。男女角色的传统界限的改变导致一些家庭发生麻烦。社会进步的步伐快得使人不知所措。

发展中国家部分城市中的部分人所处的环境与上述类似,工作机会、升职竞争、夫妻关系紧张,包括儿童、学生学习的压力等,在他们获得财富享受快乐的同时,负性的精神压力就随之而来。在这些国家里,这种现象只不过不如西方社会那么普遍而已。

另一方面与上述情况相反的是,贫困覆盖着更大的人群。经济的窘迫、疾病的威胁、就业的挑战,以及社会地位和价值分配不公,人们过着压抑和不快乐的生活。加之社会保障不健全,疫病流行、天灾人祸一旦发生,人们就挣扎在死亡线上和处在恐慌、痛苦的情绪之中。汤姆金斯说,使人民生活于痛苦之中的社会是落后的社会。处于弱势的社会群体要改变这种局面需要长期努力。然而,将来发达了的国家将如何避免今日西方社会给人心理带来的困惑呢？国家与社会是人民的依靠,来自社会的支持和保障应当在经济上和精神上并举；共同富裕与平等和自由、理解和尊重、亲和与认同应当并存。

专栏

"SARS对经济的最大危害是心理恐慌"一文指出,2003春发生的SARS对中国这样大的经济实体来说,实际上引起的不是社会和经济危机而是心理危机。心理恐慌主要是因为对SARS的知识和信息的不完全。当人们突然处于"不可预定性"的巨大变化情境中时产生不知所措和无所适从。人们在危险和威胁中打乱了日常生活,削弱了日常的正当活动和消费,也影响了国内外投资和开发。然而当社会职能部门及时通报和正确处理疫情后,人们的认识乃趋理性,对疫情控制更为乐观,人们的恐惧心理也逐渐消失,社会经济生活才得以恢复。（参引自："新华每日电讯",2003年5月13日）

（三）环境与目标

要认识现代社会环境在改变。高科技的发展增加了失业的几率和转业的难度。一个突出的例子是,女性的崛起和社会地位的提高,使男性面临更大的考验。根据台北2001年的调查表明,男性对生活的满意度为58.3%,比女性低8个百分点。男性的自杀率比女性高两倍,其中以壮年男子居多。这种社会环境的变化不以个人意志为转移。男性最怕的是"不被他人认同"。传统对男子的期望与现实环境的落差,是男性焦虑的根源。在这种情况下,男性最需要的是：(1) 认清社会的变化,顺应时代的潮流；(2) 确认自己的优势,补充自己的不足；(3) 把握自己的目标,实现自己的价值；(4) 调动自己的意志,调节自身的情绪；(5) 避免情绪激动,宽容对待他人；(6) 保持自己的至少一种爱好,培养有益的兴趣；(7) 保持平常心,重视亲情和友情。

上述7点包含在人们需要达到的三个目标里：(1) 生存目标。当前面临的情况所触及个人的目标程度是情绪发生的首要条件。目标是人追求的生活境界,表现为个人的愿望和理想,以及对未来生活的期盼。当外在条件或经过自我努力达到目标时,就会激起积极的情绪。为了生存和发展,个人具有克服困难的毅力是避免负性情绪干扰和实现目标的力量源泉。(2) 关系目标。人无论处在什么岗位上,都要与他人相处。良好的人际关系与清洁的空气、卫生的食品一样重要。无论对亲人、朋友、同事、下级,都要"与人为善"。宽容、谦和、乐群、助人是重要的交往品性；语言交流是情绪疏导的最通畅的渠道,是缓解压力的最佳方法。(3) 自我目标。人的个性不同,志趣各异。但在性格与人格上要力图做一个全面、完善的人。努力塑造自身成为坚强勇敢、乐观豁达、宽容大度、刻苦无私的人。一个人的社会地位越高、知识越广、财富越多,越要做一个严以律己、扶弱济贫、竭力奉献的人。

(四) 情绪调节

生活中的困难和冲突首先反映在情绪中。思虑和痛苦是不可避免的。因此人需要自觉地、经常地调节情绪。须知,负性情绪并非完全无益,痛苦表明个体处于不良状态,恐惧和焦虑表明个体陷入被动地、难以战胜的境遇中。情绪的这类信息让人们意识到所处情境应当予以改变,而改变情境的前提是情绪的调整。越是情绪调整得及时,情境的改变越自觉、越容易实现。

快乐是人的生活和心理的第一需要和需要满足的标志。然而快乐不能自发地产生。人们社会性需要的满足是由多方面条件决定的。在类似的情境下,有人能得到快乐,有人却不能。这与个人的情绪"恒常性"、个人情绪特征以及个人情绪转换的灵活性有关。所谓情绪恒常性是指个体从小表现和养成的经常出现的情绪色调。例如,有人从儿童时期起就是欢快的,有人则是沉闷的;有人爱反应激动,有人则表现平淡;有人总是喜怒形于色,有人的感情含而不露;有人容易爆怒,有人似乎总是无动于衷。凡此种种,在遇到某种情境时,我们常常能预料熟悉的人的情绪反应如何表现。这种情绪恒常性往往镶嵌在成长中的人的个性之中,成为一个人个性的情绪特征;而情绪特征是构成个性的主要成分。"刚正不阿"的个性喜怒分明,"城府深沉"者不露声色;乐观自信者常乐,脆弱悲观者多虑;外向者爱激动,内向者善恬淡。情绪特性构成人的反应的多样性。

快乐的特征包括:
- 使人心胸开阔,拥抱外部世界;容易接受新鲜事物,勇于开阔思路,创新、百折不挠。
- 善于与人交往,既打开自己的心扉,得到他人的启迪;又帮助他人解脱思想困扰。
- 使人处于松缓状态,得到享受与人和谐相处和享受自己成果的机会。
- 有益于健康;松缓状态使人得到休息,从紧张中解脱出来。

为了得到快乐要做到:
- 建立人生追求的目标,目标的实现是快乐最主要的来源;但要"知足常乐",不求完美;
- 面对现实,尽可能地创造自身优越小环境;
- 诚实地对待自己和他人,对自己不放纵,不苛求;对他人不嫉妒,不疏离;
- 帮助弱者,心存善良,利他是快乐之本;宽恕自己的"敌人"是最难得的美德;
- 广交朋友,营造良好的人际关系,重视培养爱好与兴趣(音乐、美术具有神奇的调节情绪甚至治疗疾病的功能。艺术欣赏有助于舒缓紧张和压力,平静的心态有助于有益化学物质的释放,有利于免疫系统、内分泌和自主系的正常工作,消除忧郁和焦虑),保持生活多样化,是舒缓紧张的重要方法。

(注:本节比较多的属于常识性描述,较多属于作者本人在撰写本书中思考的结果和从媒体上吸取的材料,而并非取自科研的直接成果,但是作者认为它们都是很重要的。)

推荐参考书

Borden, J.M., & Baumeister, R.F. (1997). Repressive coping: Distraction using pleasant thoughts and memories. *J. of Personality and Society psychology*. 73, 45~62.

Brownlee, S., Leventhal, H. & Balaban, M., (1992). Autonomics correlates of illness imagery. *Psychophysiology*, 29, 142~153.

Lerman, C., et al. (1998). Depression self-medication with nicotin: the modifying influence of the dopamine D4 receptor gene. *Health psychology*, 17, 56~62.

Leventhal, H., & Patrick-Miller, L. (2000). Emotion and physical illness: causes and indicators of vulnerability. In M. Lewis, J.M. Haviland-Jones (Eds.), *Hangbook of Emotions*, 2nd. New York The Guilford Press.

编者笔记

情绪对疾病的影响尚未被大众所认识。情绪对疾病的意义并非指情绪是生病的惟一原因,也不是说保持良好情绪就能免除或治疗一切疾病。本章旨在揭示情绪的特性及其与疾病的因果联系。生理(如中枢与自主系)与心理(如认知与情绪)的各方面的分裂是导致疾病的重要原因。说明有机体的生理-心理工作方式、应激、忧郁和压抑状态、认知在自我监测中对自身健康、疾病过度敏感、个性脆弱,或加重对疾病的自我暗示,以及由此引起的焦虑均对疾病发生重大影响。

作者试图指出,人们对社会以及自然环境迅速改变要有心理准备,对日常心理负荷加剧要保持清醒的认识,改善和强化自身的心理素质,以及营造舒适、愉快的自身小环境,是避免情绪对疾病的发生和干扰的关键。

主要参考文献

蔡墩铭,(1979).犯罪心理学.台北:黎明文化事业公司.
曹广健,(2003).抑郁症与个案分析,犯罪心理与矫治新论.北京:中国政法大学出版社.
达尔文,(1982版).人类的由来及性选择.北京:科学出版社.
达尔文,(1959版).物种起源.北京:科学出版社.
邓惠,孟昭兰,(2000).爆发怒与潜在怒及其在认知操作中的功能.心理学报,32(1).
邓惠,孟昭兰,(1987).情绪的社会参照作用及其与动作发展的关系.未发表论文.
胡平,孟昭兰,(2003).城市婴儿依恋类型分析及判别函数的建立.心理学报,35(2).
高觉敷,(1982).西方近代心理学史.北京:人民教育出版社.
龙协涛,(1984).艺苑趣谈录.北京:北京大学出版社.
罗大华,何为民,(1999).犯罪心理学.台北:东华书局.
罗大华,刘邦惠,(2000).犯罪心理学新编.北京:群众出版社.
罗大华(2003).犯罪心理学.北京:中国政法大学出版社.
马启伟（编译),(1983).和教练员运动员谈谈心理学(六).北京体育学院学报,第4期.
马启伟,张力为,(1996).体育运动心理学.台北:东华书局.
梅传强,(2003).犯罪心理学.北京:法律出版社.
刘淑慧,(1999).中国体育教练员岗位培训教材(射击).北京:人民体育出版.
刘淑慧,(2003).论运动员比赛中心理的内适应.首都体育学院学报,第3期.
孟昭兰等,(1984).幼儿不同情绪状态对其智力操作的影响.心理学报,16(3).
孟昭兰等,(1985).确定婴儿面部表情的初步尝试.心理学报,17(1).
孟昭兰,(1985).当代情绪理论的发展.心理学报,17(2).
孟昭兰,(1988).情绪的组织功能.心理学报,20(2).
孟昭兰,(1987).不同情绪状态对智力操作的影响——三个实验研究的总报告.心理科学通讯,第4期.
孟昭兰,(1987).为什么面部表情可以作为情绪研究的客观指标.心理学报,19(2).
孟昭兰,(1989).人类情绪.上海:上海人民出版社.
孟昭兰,(1992).母-婴交往的涵义.中国儿童发展,第7卷,第2期.
孟昭兰,(1994).普通心理学.北京:北京大学出版社.
孟昭兰,(1997).婴儿心理学.北京:北京大学出版社.
孟昭兰,(2000).体验是情绪的心理实体.应用心理学,第6卷,第2期.
鼓聘龄,(2001).普通心理学.北京:北京师范大学出版社.
平尾靖著,金鞍译,(1984).违法犯罪的心理.北京:群众出版社.
乔建中等,(1994).课程性质和授课水平对学生的认知行为和情绪感受的影响.南京师大学报,第3期.
乔建中等,(1995).情绪充予和情绪调节在学习过程中的动机作用及其机制.南京师大学报,第3期.

乔建中等,(1997).学习焦虑水平与成败归因倾向关系的研究.南京师大学报,第1期.

乔建中,(1998).课堂教学心理学.南京:江苏人民出版社.

乔建中,朱小蔓,(1999).吸引教育——一种新型的教育模式.上海教育科研,第二期.

乔建中,(2000).情绪追求:教学中值得重视的动机问题.教育理论与实践,第八期.

乔建中,(2000).论自我观念及其教育问题.南京师大学报,第2期.

乔建中,(2001).情绪心理与情绪教育.南京:江苏教育出版社.

乔建中,(2002).论情绪体验在道德教育中的作用,道德教育论丛(2).南京:南京师大出版社.

邱国梁,(1998).犯罪与司法心理学.北京:中国检察出版社.

罗大华,胡一丁主编,(2003).犯罪心理与矫治新论.北京:中国政法大学出版社.

任未多,(1991).唤醒水平对手臂快速动作准确性的影响及其与特质焦虑的关系.福建体育科技,3,12~19.

森武夫著,邵道生等译,(1982).犯罪心理学.北京:知识出版社.

斯托曼著,张燕云译,(1986).情绪心理学.沈阳:辽宁人民出版社.

斯坦尼斯拉夫斯基,(1956).演员自我修养.北京:艺术出版社.

宋小明,(2000).大案要案犯罪心理分析.北京:中国人民公安大学出版社.

孙昌龄,(1987).青少年心理健康顾问.北京:中国青年出版社.

孙淑英,鲍秀兰等,(1992).新生儿行为与气质的关系(摘要).中国儿童发展,第1期.

王惠民等,(1992). 心理技能训练指南.北京:人民体育出版社.

王垒,孟昭兰,(1986).成人面部表情及其判断的初步探讨.心理学报,18(4).

杨士隆,(2002).犯罪心理学.北京:教育科学出版社.

叶平,(1987).关于赛前心理状态的研究(文献综述).体育科学,第1期.

俞汝捷,(1993).人心可测——小说人物心理探索.北京:中国青年出版社.

张力为,(1995).运动心理学焦虑研究中理论和实践的发展趋势.体育科学,第1期.

张力为,任未多,(2000).体育运动心理学研究进展.北京:高等教育出版社.

张前,(1987).音乐欣赏心理分析.北京:人民音乐出版社.

张耀翔,(1986).感觉、情绪及其他.上海:上海人民出版社.

张雅凤,(1998).挫折心理及调适.北京:中国劳动出版社.

周苏东,罗盈杰,林淼,(2003).福建省闽西监狱2934名罪犯COPA心理测验综合报告.

庄锦彪,(1992).应激的灾难模型.山西体育科技,第2期.

朱光潜,(1983).悲剧心理学.北京:人民文学出版社.

朱光潜,(1979).西方美学史.北京:人民文学出版社.

祝蓓里,季浏,(2000).体育心理学.北京:高等教育出版社.

Adelman, P., & Zajonc, R. (1989). Facial efference and the experience of emotion. *Annual Review of Psychology*, 40, 249~280.

Adolphs, et al. (1994). Impaired recognition of emotion in facial expressions following bilateral amygdala damage to the human amygdala. *Nature*, 372, 669~672.

Ainsworth, M., Blehar, M., Waters, E., & Wall, S. (1978). *Patterns of attachment*. Hillsdale, NJ: Erlbaum.

Ainsworth, M., (1989). Attachment beyond infancy. *American psychologist*, 44, 709~716.
Angier, N., (1901, January 22). A potent peptide prompts an urge to cuddle. *The New Yore Times*, pp. B5~B8.
Allport, F. (1924). *Social Psychology*. Boston: Houghton Mifflin.
Anderson, A. et al. (1996). Facial affect abilities following unilateral temporal lobectomy. *Society for neural Science abstract*. 22, 1866.
Anderson, A., & Phelps, E. (1998). Intact recognition of vocal expressions of fear following bilateral lesions of the human amygdala. *Neuroreport*, 9 (16), 3607~3613.
Armon-Jones, C. (1986). The thesis of constructionism, In R. Harre (Ed.), *The social construction of emotions*. Oxford: Blackwell.
Arnold, M.(1960). *Emotion and Personality*. Columbia University press.
Asnis, G., & Miller, A. (1989). Phenomenology and biology of depression: Potential machanisms for neuro-madulation of immunity. In A. H. Miller (Ed.), *Depression disorders of immunity*. Washington DC: American Psychiatry Press.
Aspinwell, L., & Taylor, S. (1997). A stitch in time: Self-regulation and proaction coping. *Psychological Buletin*, 121, 417~436.
Averill, J. (1980). A constructivist view of emotion. In R. Plutchik (Ed), *Emotion: Theory, Research and Experience*. Vol. I.
Averill, J. (1985). The social construction of emotion. In K. J. Gergen & K. E. Davis (Eds.), *The social construction of the person*. New York: Springer, Verlag.
Averill, J. (1996). An analysis of psycho-physiological symbolism and its influence on theories of emotion. In R. Harre & W. Parrott (Eds.). *The Emotions*. 205~228. London: Sage.
Baddeley, A. et al. (1996). Working memory and executive control. Philosophical Transactions of the Royal Society of London. *Biological Science*, 351, 1397~1404.
Bandler, et al. (1996). Columnar organization in the midbrain periaqueductal gray and the integration of emotional expression. *Progress on Brain Research*. 107, 287~300.
Bandura, A.(1977). A Social learning theory. 2nd. Englewood Cliffs. NJ: Prentice-Hall.
Baumeister, R., Stillwell, A., & Heatherton, T. (1995). Interpersonal aspects of guilt. In K. Fischer, J Tangney(Eds.). *Self-conscious emotions: Shame, guilt, embarrassment, and pride*. New York: Guilford Press.
Bartholomew, K., & Horowitz, L. (1991). Attachment styles among young adults: A test of a four-category model. *J. of Personality and Social Psychology*. 6, 226~244.
Beach, S. R. N., & Sandeen, E. (1990). *Depression on marriage*. New York: Guilford Press.
Beane, J. (1997). Sorting out the self-esteem controversy. *Educational Leadership*, (49).
Bechara, A., et al. (1994). Insensitivity to future consequences following damage to human prefrontal cortex. *Cognition*, 50, 7~12.
Bechara, A. (1995). Double dissociation of conditioning and declarative knowledge relative to the amygdala and Hippocampus in humans. *Science*, 269, 1115~1118.

Bechara, A., et al (1996). Food reward: Brain substrates of wanting and liking. *Neuroscience and behavioral review*, 20(1), 1~25.

Bechara, A., et al, (1997). Deciding advantageously before knowing the advantageously strategy. *Science*, 275 (5304), 1293~1295.

Bechara, A., et al. (2000). Emotion, decision making and the orbitalfrontal cortex. *Cerebral Cortex*, 10 (3), 295~307.

Beck, A.T., et al (1979). *Cognitive therapy of depression*. New York: Guilford Press.

Beridge, K.C. (1998). What is the role of dopamine in reward. *Brain Research-Brain Research Reviews* 28(3), 309~369.

Beridge, K. (2003). Comparing the emotional brains of human and other animals. In J. Richard, K. Scherer & H. Goldsmith (Eds.), *Handbook of Affective Sciences*. New York: Oxford University Press.

Berlyne, D. (1950). Novelty and curiosity as determinants of exploratory behavior. *British Journal of Psychology*, 41.

Bertenthal, B., & Campos, J. (1990). A systems approach to the organizing effects of self-produced locomotion during infancy. In C. Rovee-Collier & L. Lipsitt (Eds.). *Advances in Infancy Research* (pp. 2~60). Hillsdale, NJ: Erlbaum.

Bindra, D. (1969). A unified interpretation of emotion and motivation. *Annual New York Academic of Sciences*. 159.

Blair, R. J., et al (1999). Dissociable neural responses to facial expressions of sadness and anger. *Brain*, 122, 883~893.

Borden, J., & Baumeister, R. (1997). Repressive coping: Distraction using pleasant thoughts and memories. *J. of Personality and Society psychology*, 73, 45~62.

Bouvard, et al. (1995). Low-dose naltrexone effects on plasma chemistries and clinical symptoms in autism. *Psychiatry research*, 58, 191~201.

Bower, G. (1981). Mood and memory. *American Psychologist*. 36, 2, 1981.

Bowlby, J. (1969). *Attachment and loss: Vol. 1. Attachment*. New York: Basic Books.

Bowlby, J. (1972). *Attachment and loss: Vol. 2. Separation*. New York: Basic Books.

Bowlby, J. (1980). *Attachment and Loss. Vol. 3, Loss: sadness and depression*. New York: Basic Books.

Brambilla, F., et al. (1988). Vasopressin therapy in chronic schizophrenia: Effects on negative symptoms. *Neuropsychobiology*, 20, 113~119.

Bremner et al. (1995). MRI based measurement of hippocampal volume in patients with combat-related posttraumatic stress disorder. *American J. of Psychiatry*, 152, 973~981.

Briggs, J.L. (1970). *Never in anger: Portrait of an Eskimo family*. Cambridge, MA: Harvard University press.

Brownlee, S., Leventhal, H., & Balaban, M. (1992). Autonomic correlates of illness imagery. *Psychophysiology*, 29, 142~153.

Cahill, L., et al (1995). The Amygdala and emotional memory. *Science*, 377, 295~296.

Calder, A. J. (1996). Facial reaction recognition after bilateral amygdala damage: Differentially severe impairment of fear. *Cognitive Neuropsychology*, 13, 699~745.

Campos, J. (1994, spring). The new functionalism in emotion. *SRCD Newsletter*, pp. 2, 4, 7.

Camras, L. (1992). Expressive development and basic emotions. *Cognition and Emotion*, 6, 267~283.

Carmas, L. (1993). Facial expression. In M. Lewis & J. Havalland (Ed.), *Handbook of emotion* Chapter 15. New York: The Guilford press.

Camras, L., et al. (1998). Production of emotional facial expressions on European American, Japanese and Chinese infants. *Developmental Psychology*, 34 (4), 616~628.

Campos, J. (1983). Sicioemotional Development. In Mussen, P. (Ed.), *Handbook of Child Development*, 4th. Vol. 2.

Cannon, W. (1915). *Bodily Changes in Pain, Hunger, Fear and Rage*. Cambridge, MA: Harvard University Press.

Carmichael, L. (1970). The onset and early development of behavior. In P. Mussen (Ed.), *Handbook of Carmicheal's Manual of Child Psychology*, 3rd, Vol. I. New York: John Wiley.

Carpendale, L. (1997). An explication of Piaget's constructivism. In S. Hala (Ed.), *The development of social cognition* (pp. 35~64). Hove, England: Psychology Press.

Caspi, A. (2000). Personality development across the life course. In W. Daemon and N. Eisenberg (Eds.), *Handbook of Child Development* (Vol. III), Fifth Edition. pp. 336~338. New York: John Wiley & sons, Inc.

Cassidy J. (1994). Emotion regulation: Influences of attachment relationships. In N. Fox (Ed.). The development of emotion regulation: Biological and behavioral considerations. *Monographs of the Society for Research in Child Development*, 59(2/3, Serial No. 240), 228~249.

Catanzaro, S., & Mearns, J. (1990). Measuring generalized expectancies for negative mood regulation: Initial scale development and implications. *Journal of Personality Assessment*, 54, 546~563.

Chovil, N. (1991). Social determinants of facial displays. *J. of Nonverbal behavior*, 15(3), 141~154.

Christianson, S. A., & Loftus, E. (1991). Remembering emotional events: The fate of detailed information. *Cognition and Emotion*, 5, 81~108.

Christianson, S. A. (1992). *The handbook of emotion and memory: Research and theory.*. Hillsdale, NJ: Erlbaum.

Cicchetti, D., Ganiban, J., & Barnett, D. (1991). Contributions from the study of high-risk populations to understanding the development of emotion regulation. In J. Garber & K. A. Dodge (Eds.), *The development of emotion regulation and dysregulation*. New York: Cambridge University Press.

Cohn, J. & Tronick, E. (1987). Mother-infant face-to-face interaction: The sequence of dyadic states at 3, 6, and 9 months. *Developmental Psychology*, 23, 68~77.

Cole, P., Michel, M. & Teti, L. (1994). The development of emotion regulation and dys-regulation. In Fox, N. A. (Ed), The development of emotion regulation: Biological and behavioral considerations. *Monographs of the Society for Research in Child Development*, 59(2~3, Serial No. 240). 73~

100.

Conway, M. (1990). Conceptual representation of emotion: The role of autobiographical memories. In K. Gilhooly et al (Eds.), *Lines of thinking. Vol. 2. Skills, emotion, creative processes, individual differences and teaching thinking*. Chichester: Wiley.

Damasio, A. (1994). *Descarts' error: Emotion, reason and the human brain*. Yew York: Putnam.

Damasio, A. (1998). Emotion in the perspective of an integrated nervous system. *Brain Research-Brain Research Review*, 26 (2~3), 83~86.

Daniels, D., & Kagan, G. (1985). Origins of individual differences in infant shyness. *Developmental psychology*, 2 (1), 118~121.

Darwin, C. (1872). *The expression of the emotions in man and animals*. London: Murray.

Davidson, R. (1992). A prolegomenon to the structure of emotion: Gleanings from neuropsychology. *Cognition and Emotion*, 6(3/4)245~268.

Davidson, R., Jackson D., & Kalin, N. (2000). Emotion, plasticity, context, and regulation: Perspectives from affective neuroscience. *Psychological Bulletin*, 126 (6): 890~909.

Deci, E. (1975). *Intrinsic Motivation*. New York: Plenum Press.

Deckers, L., et al. (1987). The effects of spontaneous and voluntary facial reactions on surprise and humor. *Motivation and Emotion*, 11(4), 403~412.

Dember, W. (1957). Analysis of exploratory, manipulatory, and curiosity behaviors. *Psychological Review*. 64.

Depue, R., & Iacono, W. (1989). Neurobehavioral aspects of affective disorders. *Annual Review of psychology*, 40, 457~492.

Dimberg, U., & Ohman, A. (1996). Behold the wrath: Psycho-physiological responses to facial stimuli. *Motivation and Emotion*, 20149~182.

Dimsdale, J., & Moss, J. (1984). Plasma catecholamines in stress and exercise. *J. of the American Medical Association*, 243, 340~342.

Dimsdale, et al. (1986). Exercise as a modulator of cardiovascular reactivity. In K. A. Matthews, E. M. Weiss, et al. (Eds.), *Handbook of stress, reactivity, and cardiovascular disease* (pp. 365~384), New York: Wiley.

Dodge, K., & Garder, J. (1991). Domains of emotion regulation. In J. Garder and K. A. Dodge (Eds.), *The Development of Emotion Regulation and Dysregulation*. Cambridge, England: Cambridge University Press.

Duclos, S., et al. (1989). Emotion-specific effects of facial expressions and postures on emotion experience. *J. of Personality and Social Behavior*, 57(1), 100~108.

Duffy, E. (1962). *Motivation and Behavior*. New York: Wiley.

Dunn, A., & Berridge, B. (1990). Is CRF a mediator of anxiety or stress responses? *Brain Research Reviews*, 15, 71~100.

Dunn, J. et al. (1991). Family talk about feeling states and children's later understand of other's emotions. *Developmental Psychology*, 27, 448~455.

Dweck, C., & Leggett, E. (1998). A social-cognitive approach to motivation and personality. *Psychological Review*, 95, 256~273.

Easterling, D., & Leventhal, H. (1989). The contribution of concrete cognition to emotion. Neutral symptoms as elicitors of worry about cancer. *J. of applied Psychology*, 74, 787~796.

Eisenberg, N., et al. (1997). Contemporaneous and longitudinal prediction of children's social functioning from regulation and emotionality. *Child Development*, 68, 647~664.

Ekman, P. (1972). Universals and cultural differences in facial expressions of emotion. In J. Cole (Ed.), *Nebraska Symposium on Motivation* (Vol. 19), Lindon: University of Nebraska Press.

Ekman, P. (Ed.), (1982). *Emotion in the Human face*. (2nd ed.) Cambridge, England: Cambridge University Press.

Ekman, P. (1989). An argument and evidence about universals in expressions on emotion. In H, Wagner & A. Manstead (Ed.), *Handbook of Social Psychophysiology*. Chichester, England: Wiley.

Ekman, P., et al. (1990). *The Duchenne smile: Emotional expression and brain psychology*, 58, 342~353.

Emde, R., Gaensbauer, T., & Harmon, R. (1976). Emotional expression in infancy: A bio-behavioral study. *Psychological Issues* (Vol.10, No., 37). New York: International Universities Press.

Epstein, S. (1972). The nature of anxiety with emphasis upon its relationship to expectancy. In C. Seilberger (Ed.), *Anxiety: Contemporary theory of research*. New York: Academic Press.

Fei, J., & Berscheid, E. (1977). Perceived dependency, insecurity, and love in heterosexual relationships: The eternal triangle. Unpublished manuscript.

Felm-Wolfsdorf, G. et al. (1991). Vasopressin but not oxytocin enhances brain arousal. *Psychopharmacology*, 94, 495~500.

Fogel, A. et al. (1992). Social process theory of emotion: A dynamic systems approach. *Social Development*, 1, 122~142.

Fraiberg, S. (1971). *Insights from the blind*: New York: Basic Books.

Freedman, R. et al. (1985). Ambulatory monitoring of panic disorder. *Archieves of General Psychiatry*. 42, 244~255.

Freeman, W. (1995). Effects neonatal decortication on the social play of juvenile rats. *Physiology and behavior*, 56, 429~443.

Freud, S. (1916). *New Introduction lectures on Psychoanalysis* (1st. ed). Translated in English, 1965.

Fridlund, A. (1996). Facial expression s of emotion' and the delusion of the hermetic self. In R. Harre & W. Parrott (Eds.). *The Emotions*, 259~284. London: Sage.

Friedman, M., & Rosenman, R. (1994). *Type A behavior and your heart*. New York: Knop.

Frijda, N. (1986). *The emotions*. Cambridge, England: Cambridge University Press.

Gibson, E. (1969). *Principles of Perceptual Learning and Development*. New York: Appleton-Century-Crofts.

Gonzaga, G., et al. (2000). Encoding and decoding evidence for distinct display of love and desire. *Manuscript submitted for publication*.

Gray, J. (1990). Brain systems that mediate both emotion and cognition. *Cognition and Emotion*, 4 (3), 269~288.

Gross, J. (2000). Emotion and emotion regulation. In L. A. Pervin & O. P. John (Eds.). *Handbook of Personality*. (2nd. Ed.) New York: Guilford.

Gross, J. (2001). Emotion regulation in adulthood: Timing is everything. *Current Directions in Psychological Science*, 10, 214~219.

Grossman, S. (1967). *Physiological Psychology*. New York: Wiley.

Haefely, W. (1990). The GABA receptor: Biology and pharmacology. In C. D. Burrows, M. Roth & Noyes, Jr. (Eds). *Handbook of Anxiety*, Vol. 3. (pp. 165~188).

Hall, M., & Stewart, J. (1992). The sustance P fragment SP91-7 stimulates motor behavior and nigral dopamine release. *Pharmacology, Biochemistry and Behavior*, 41, 75~78.

Harlow, H. (1959). Affectional response in the infant monkey. *Science*, 130.

Hatfield, E. et al. (1989). Passionate love and anxiety in young adolescents. *Motivation and Emotion*. 13, 271~289.

Hatfield, E., & Rapson, R. (1993). *Love, sex and intimacy: Their psychology, biology and history*. New York: Harper Collins.

Hatfield, E., Cacioppo, J., & Rapson R. (1994). *Emotional contagion*. Cambridge, England: Cambridge University Press.

Hatfield, E., & Rapson, R. (2000). Love and Processes. In M. Lewis & J. Haviland (Eds.), *Handbook of Emotion*. New York: Guilford Press.

Heath, R. (1972). Pleasure and brain activity in man. *J. of Nerious and mintal desease*. 15 4(1).3~18.

Hoffman, M. (1977). Empathy: Its development and pro-social implications. *Nebraska Symposium on Motivation*. Lincoln: University of Nebraska Press.

Hoffman, M. (1983). Affective and cognitive processes moral internalization. In E. Higgins (Ed.), *Social Cognition and Social Development*. Cambridge, England: Cambridge University Press.

Hoffman, M. (1986). Affect, cognition and Motivation. In Sorrentino, R. (Ed.), *Handbook of motivation and cognition*. New York: Guilford Press.

Hoffman, M. (1990). Empathy and justice motivation. *Motivation and Emotion*, (4).

Hoffman, M. (2000). *Empathy and Moral Development*, Cambridge, England: Cambridge University Press.

Hunt, J. (1965). *Princilpes of Behavior*. New York: Appleton-Century-Crofts.

Isen, A. et al. (1987). Positive affect facilitates creative problem solving. *J. Of Personality and Social psychology*, 52, 1122~1131.

Izard, C. (1971). *The face of emotion*. New York: Appleton-Century-Crofts.

Izard, C. (1977). *Human Emotions*. New York: Plenum press.

Izard, C. (1987). Emotion as motivation. In C. Izard (Ed.), *Nebraska Symposium on Motivation*. 163~200.

Izard, C. (1991). *The Psychology of Emotion*. New York: Plenum Press.
Izard, C. (1992). Basic emotions, relations among emotions, and emotion-cognition relations. *Psychological Review*, 99, 561~565.
Izard, C.(1993). Organizational and motivational functions of discrets emotions. In M. Lewis & J. Haviland (Eds.), *Handbook of Emotions*. Chapter 44. New York: Guilford Press.
James, W. (1890). *Psychology*. Cambridge, MA: Harvard University Press.
Johnson, M., & Multhaup, K. (1992). Emotion and Men. In A. Cgristianson (Ed.), *The handbook of emotion and memory* pp.33~66, Hillsdale, NJ: Erlbaum.
Isen, A. M. et al. (1987). Positive affect facilitates creative problem solving. *J. of Personality and Social psychology*, 52, 1122~1131.
Johnson-Laird, P. (1988). *The computer and the mind: An introduction to cognitive science*. Cambridge, MA: Harvard university Press.
Johnson-Laird, P., & Oatley, K. (2000). Cognitive and social construction in emotions. In M. Lewis & J. Haviland-Jones (Eds.), *Handbook of Emotions*, 2nd. pp.458~475. New York: Guilford Press.
Kagan, J. et al. (1988). Biological bases of childhood shyness. *Science*, 240, 167~171.
Kagan, J. (1988,1994). On the nature of emotion. In N. Fox (Ed.), The development of emotion regulation: Biological and behavioral considerations. *Monographs of the Society for Research in Child Development*. 59(2/3, Serial No., 240), 7~24.
Kamarck, T., & Jennings, J. R.(1991). Biobehavioral factors in sudden cardiac death. *Psychologal Bulletin*, 109, 42~75.
Katz, L., & Gottman, J. (1991). Marital discord and child outcomes: A social psycho-physiological approach. In J. Garder and K. Dodge, (Eds.). *The Development of Emotion Regulation and Dysregulation*. Cambridge, England: Cambridge University Press.
Keltner, D. (1995). The signs of appearsment: Evidence for the distinct displays of ambarrassment, amusement, and shame. *J. of Personality and Social Psychology*, 68, 441~454.
Kelner, D., et al. (1997). A study of laughter of dissociation: The distinct correlations of laughter and smiling during bereavement. *J. of Personality and Social Psychology*, 73, 687~702.
Kim, J.J. et al. (1992). Modality-specific retrograde amnesia of fear. *Science*, 256, 675~677.
Kluver, H., & Bucy, P. (1937). "Psychic blindness" and other symptoms following bilateral temporal lobectomy in rhesus monkeys. *American J. of Physiology*, 119, 352~353.
Knutson, B. et al. (1998). Serogertonergic intervention selectivrly alters aspects of personality and social behavior in normal humans. *American J. of psychiatry*. 155, 373~379.
Kondziolka, D. (1999). Functional surgery. *Neurosurgery*, 44(1), 12~20. discussion, 20~22.
Koob, G., & LeMoal, M. (1997). Drug abuse: Hedonic homeostatic dysregulation. *Science*, 278 (5335), 52~58.
Kramer, M. et al. (1998). Distinction mechanism for anti-depression activity by blockade of central substance Preceptors. *Science*, 281, 1640~1645.

Kraut, R. (1982). Social presence, facial feedback, and emotion. *J. of Personality and Social Psychology*, 42(5), 853~863.

Lazarus, R., & Folkman, S. (1984). *Stress, appraisal, and coping*. New York: Springer.

Lazarus, R. (1991). *Emotion and adaptation*. New York: Oxford University Press.

LeDoux, J. (1992). Emotion and the Amygdala. In J. Aggleton (Ed.). *The Amagdala*. 339~351. New York: Wiley-Liss.

LeDoux, J. (1995). In Michael Gazzaniga, Editor-in-Chief, *The Cognitive Neuroscience*.

LeDoux, J. (1996). *The emotion brain*. New York: Simon & Schuster.

LeDoux, J. (2000). Emotional networks in the Brain. In M. Lewis and J Haviland (Eds.), *Handbook of Emotions*. 2nd. The Guilford Press.

Leeper, R. (1973). The motivational and perceptual properties of emotions as indicating their fundamental character and role. In M. Arnold (Ed.), *Feelings and Emotions*. New York: Academic Press.

Leor, J. (1996). Sudden cardiac death triggered by an earthquake. *New England J. of Medicine*, 334, 413~419.

Lerman, H., et al. (1997). Incorporating biomarkers of exposure and genetic susceptibility into smoking-cessation treatment effects on smoking-related cognition, emotion and behavior. *Health Psychology*, 16, 87~99.

Lerman, C., et al. (1998). Depression self-medication with nicotin: the modifying influence of the dopamine D4 receptor gene. *Health psychology*, 17, 56~62.

Lerman, C., et al. (1999). Evidence suggesting the role of specific genetic factors in cigarette smoking. *Health Pcychology*, 18, 14~20.

Levant, B., & Nemeroff, C. (1988). The psychobiology of neurotensin. In D. Ganten & D. Pfaff, (1988), *Cirrent topic in Neuroendocrinology*: Vol.8. (pp232~262). Berlin: Springer-verlag.

Leventhal, H. (1984). A perceptual-motor theory of emotion. In L. Berkowitz (Ed.), *Advances in experimental social psychology* (Vol.17, pp.117~182). New York: Academic Press.

Leventhal, H., et al. (1992). Illness cognition: Using common sense to understand treatment adherence and affect cognition interactions. *Cognitive Therapy and Research*, 16, 143~163.

Leventhal, H. et al. (1997). Does stress-emotion cause illness in elderly people? *Annual Review of Gerontology and Geriatrics*, 17, 138~184.

Leventhal, H., & Patrick-Miller, L. (2000). Emotion and physical illness: causes and indicators of vulnerability. In M. Lewis, J. Haviland-Jones (Eds.), *Handbook of Emotions*, 2nd. New York: Guilford Press.

Levy, S. et al. (1985). Prognostic risk assessment in primary breast cancer be behavioral and immunological parameters. *Health psychology*. 4, 99~113.

Lewis, M., & Michalson, L. (1983). *Children's emotions and moods: Developmental theory and measurement*. New York: Plenum Press.

Lewis, M., & Miller, S. (1990). *Handbook of developmental psychopathology*. New York: Plenum Press.

Lewis, M. (1992a) *Shame: the exposed self*. New York: Free press.
Lewis, M. (1992b). The self in self-conscious emotion. In D. Stipek, S. Recchia & S. McClintic (Eds.), Self-evaluation in young children. *Monographs of the Society for the Research in Child development*. 57(1 serial No.226), 85~95.
Lewis, M. (1995). Embarrassment: The emotion of self-exposure and evaluation. In J. Tangney & K. Fischer (Eds.), *Self-conscious emotions: The psychology of shame, guilt, embarrassment and pride* (pp.198~218). New York: Guilford Press.
Lewis, M. (1997). *Altering fate: Why the past does not predict the future*. New York: Guilford Press.
Lewis, M. (2000). Self Conscious Emotions: Embarrassment, Pride, Shame and Guilt. In M. Lewis & J. Haviland (Eds.), *Handbook of Emotion*, (2nd). New York: Guilford Press.
Lindsley, D. (1951). Emotion. In S. S. Stevens (Ed.), *Handbook of Experimental Psychology*. New York: Wiley.
Linton, M. (1982). Transformations of memory and everyday life. In U. Neisser (Ed.), *Memory observed: Remembering in natural contexts* (pp.79~91). San Francisco: Freeman.
Lutz, C. (1988). *Unnatural emotions: Everyday sentiments on a Micronesian atoll and their challenge on Western theory*. Chicago: University of Chicago Press.
MacLeod, C., Mathews, A., & Tata, P. (1986). Attentional bias in emotional disorder. *J. of Abnormal Psychology*, 95, 15~20.
MacLeod, C., & Mathews, A. (1988). Anxiety and the allocation of attention to thread. *Quarterly J. of Experimental Psychology*, 40A, 653~670.
MacLeod, C., & Ruterord, E. (1992). Anxiety and the selective processing of emotional information: mediating roles of awareness, trait and state variables, and personal relevance of stimulus materials. *Behavior Research and therapy*, 30, 479~491.
Maren, S., & Fanselow, M. (1996). The amygdala and fear conditioning. *Neuron*, 16, 237~240.
Marsella, A. (1980). Depressive disorder and experience across cultures. In H. Triandis & J. Draguns (Eds.), *Handbook of Cross-culture Psychology* (Vol. 6.). Boston: Allyn and Bacon.
Maslow, A. (1971). *The Further research of Human Nature*. New York: Viking.
Mathews, A. (1993). Biases in emotional processing. *The Psychologist: Bulletin of the British Psychological Society*, 6, 493~499.
Matsomoto, D. (1987). The role of facial response in the experience of emotion: more methodological problems and a meta-analysis. *J. of personality and Social psychology*, 52(4), 769~774.
Mayer, J., & Salovey, P. (1997). What is emotional intelligence? In P. Salovey and D. Sluyter (Eds.), *Emotional Development and Emotion Intelligence, Educational Implications*. BasicBooks, A Division of Harper Collins Publishers.
McGhee, P. (1997). Children's humour: A review of current research trents. In A. Chapman and H. Foot (Ed.), *It's a funny thing, humour* (pp.199~209). Oxford: Pergamon Press.
McLean, P. (1990). *The triune brine in evolution: Role in paleocerebral functions*. New York: Plenum Press.

Mellers, E. et al. (1998). Judgment and decision-making. *Annual Review of Psychology*, 49, 447~477.

Meng, Z. (1988—1989). The organizational function of emotion on cognitive task performance in infancy. *Research and Clinical Center for Child Development*. No.12. Sapporo, Japan.

Messinger, D., Fogel, A., & Dickson, L. (1997). In J. Russell & J. Fernandez-Dols (Eds.), New directions in the study of facial expression. New York: Cambridge University Press.

Miyawaki, E. (2000). The behavioral complications of pallidal stimulation: A case report. *Brain and Cognition*, 42 (3), 417~434.

Morrise, D. (1971). *Intimate behavior*. London: Triad/Grafton Books.

Morris, J. et al. (1996). A differential neural response in the human amygdala to fearful and happy facial expressions. *Nature*, 383, 812~815.

Nash, M. (1997, May 8). Why do people get hooked? Mounting evidence points to a powerful brain chemical called dopamine. *Time*, 68~76.

Nelson, et al. (1998). Brain substrates of mother-infant attachment: Contributions of opioids, oxytocin, and norepinephring. *Neirosciences and Behavioral Review*. 22, 237~452.

Niedenthal, P., & Settelund, M. (1994). Emotion congruence in perception. *Personality and Social Psychology Bulletin*, 20, 401~411.

Nygren, T., et al. (1996). The influence of positive affect on the decision rule in risk situation. *Organizational Behavior and Human Decision Processes*, 66, (1), 59~72.

Oatley, K., & Jenkins, J. (1996). *Understanding Emotions*. Cambridge: Blackwell Publishers.

Oatley, K. (1996). Emotions, rationality, and inform reasoning In J. Oakhill & A. Garnham (Eds.), *Mental models in cognitive science* (pp.175~196). Hove, England: Psychology Press.

Oatley, K., & Johnson-Laird, P. (1996). The communicative theory of emotions. In L. Martin & A. Tesser (Eds.), *Striving and feeling: Interactions among goals, affect and self-regulation* (pp.363~393). Hillsdale, NJ: Erlbaum.

Ofshe, R., & Watters, E. (1994). *Making monsters: False memories, psychotherapy, and sexual bysteria*. New York: Scribners.

Ohman, A., & Soares, J.J.F. (1994). "Unconscious anxiety": Phobic responses to masked stimuli. *J. of Abnormal Psychology*, 103, 231~240.

Ohman, A., & Soares, J.J.F. (1998). Emotional conditioning to masked stimuli: Expectancies for aversive outcomes following non-recognized fear-relevant stimuli. *J. of Experimental psychology: General*, 127, 69~82.

Ohman, A., et al. (2000). Unconscious emotion: Evolutionary perspective, psycho-physiological data, and neuropsychological mechanisms. In R. Lane & L. Nadel (Eds.), *The cognitive neuroscience of emotion* (pp.269~327). New York: Oxford University Press.

Ongur, D., & Price, J. (2000). The organization and networks within the orbital and medial prefrontal cortex of rats, monkeys and humans. *Cereb Cortex*, 10 (3), 206~219.

Panagis, D. et al. (1997). Ventral pallium self-stimulation induces stimulus dependent increase in c-Fos expression in reward-related brain regions. *Neuroscience*, 77 (1), 175~186.

Panksepp, J. et al. (1993). Neurochemical control of mood and emotions: Amino acids to neuropeptides. In M. Lewis and J. Haviland (Eds.). *Handbook of Emotion* (pp.87~107). New York: Guilford Press.

Panksepp, J. (1996b). Modern approaches to understanding fear. In J. Panksepp (Ed.), *Advances in biologocal psychiatry*, Vol.2 (pp.209~230). Greewich, CT: JAI Press.

Panksepp, J., et al. (1997). The affective cerebral consequence of music: happy vs. sad effects on the EEG and clinical implications. *International J. of arts medicine*. 5, 18~27.

Panksepp, J. (1998a). *Affect neuroscience: The foundations of human and animal emotions*. New York: Oxford University Press.

Panksepp, J. et al. (1999). Laughing rats: Playful tickling arouses 50KHz ultrasonic chirping in rats. *Society for Neuroscience Abstracts*, 24, 691.

Panksepp, J. (2000). Emotions as Natural Kinds within the Mammalian Brain. In M. Lewis & J. Haviland (Ed), *Handbook of Emotions*, 2nd. Ed., Chapter 9. New York: Guilford Press.

Parducci, A. (1995). *Happiness, pleasure, and judgement: The contextual theory and its applications*. Mahwah, NJ: Erlbaum.

Pecukonis, E.V. (1990). Cognitive/Affective Empathy Training Program. As a function of ego development in aggressive adolescent females. *Adolescence*, Spring, No l. 25.1.

Petersen, et al. (1992). Oxytocin in maternal, sexual, and social behavior. *Annals of the New York Academy of Science*. 652.

Phelps, E., LaBar, K., et al. (1998). Specifying the contributions of the human amygdala to emotion memory: A case study. *Neurocase*, 4, 527~540.

Phelps, E., O'Connor, K., et al (1998). Activation of the human amygdala by a cognitive representation of fear. *Society for Neuroscience Abstracts*. 24, 1524.

Phelps, E., LaBar, K. & Spencer, D. (1999). Memory for emotion words following unilateral temporal lobectomy. *Brain and Cognition*, 35, 85~109.

Phillips, M. et al. (1997). A specific neural substrate for perceiving facial expressions of disgust. *Nature*, 389, 495~498.

Piaget, J. (1967). *Six psychological studies*. New York: Random House.

Pitkanen, A. et al. (1997). Organization of intra-amygdala circuitries: An emerging framework for understanding function of Amygdala Trends. *Neurosciences*. 20, 517~523.

Plomin, R., DeFries, J. & Fulker, D (1988). *Nature and nurture during infancy and early childhood*. New York: Cambridge University Press.

Plutchik, R. (1970). *Emotion: A psychoevolutionary Synthesis*. New York: Academic Press.

Pribram, R. (1970). Feelings as monitors. In M. Arnold (Ed.), *Feelings and Emotions*. New York: Academic Press.

Porges, S., Doussard-Roosevelt, J., Portales, L., & Suess, P. (1994). Cardiac vagal tone: Stability and relation to difficultness in infants and 3-year-olds. *Developmental Psychobiology*, 27, 289~300.

Porges, S. et al. (1996). Infant regulation of the vagal "brake" predicts child behavior problems: A psychobiological model of social behavior. *Developmental Psychobiology*, 29, 697~712.

Pribram, R. (1970). Feeling as monitors. In M. Arnold (Ed.), *Feelings and Emotions*. New York: Academic Press.

Purkey, W., & Novak, J. (1996). *Inviting School Success* (3rd. ed.). Wadsworth Publish Company.

Pynoos, R., & Nader, K. (1989). Children's memory and proximity to violence. *J. of the American Academy of Child and Adolescent Psychiatry*. 28, 236~241.

Rapaport, D. (1953). On the psychoanalytic theory of affect. *International J. of psychoanalysis* 34.

Rapee, R. (1991). Generalized anxiety disorder: A review of clinical features and theoretical concepts. *Clinical Psychological Review*, 11, 419~440.

Rapee, R., & Sanderson, W. (1992). Differences in reported symptom profile between panic disorder and other DSM-III-R anxiety disorders. *Behavior Research and therapy*, 30, 45~52.

Rapee, R. (1993). Psychological factors in panic disorder. *Advances in Behavior and therapy*, 15, 85~102.

Ratner, H., & Stettner, L. (1991). Thinking and feeling: putting humpty dumpty together again. *Merrill-Palmer Quarterly*, 37, 1~26.

Risch, S. (1991). *Central nervous system peptide mechanisms in stress and depression*. Washangton, DC: American Psychiatry press.

Ross, E. et al. (1994). Differential hemispheric lateralization of primary and social emotions. *Neuorpsychiatry and Behavioral Neurology*, 7, 1~19.

Robinson, L. et al. (1990). Psychotherapy for the treatment of depression. *Psychological Bulletin*, 108, 30~49.

Roger, D., & Najarian, B. (1989). The construction and validation of a new scale for measuring emotion control. *Personality and Individual Differences*, 10, 845~853.

Rolls, E. (1999). *The brain and emotion*. Oxford, England: Oxford University Press.

Rosenberg, E., & Ekman, P. (1994). Coherence between expressive and experiential systems in emotion. *Cognition and Emotion*, 8, 201~229.

Rosenblum, L., & plimpton, L. (1981). The infant's effort to cope with separation. In M. Lewis & L. Rosemblum (Eds.), *The uncommon child* (pp. 225~257). New York: Plenum Press.

Russell, J. (1991). In defense of a prototype approach to emotion concepts. *J. of Personality and Social Psychology*. 60, 37~47.

Russell, J. (1997). Reading emotions from and into faces: Resurrecting a dimensional-contextual perspective. In J. Russel & J. Fernandez-Dols (Eds.), *The psychology of facial expression* (pp. 295~320). Cambridge, England: Cambridge University Press.

Sabol, S. et al. (1999). A genetic association for cigarette smoking behavior. *Health psychology*, 18, 7~13.

Salovey, P. et al. (1995). Emotional attention, clarity, and repair: Exploring emotional intelligence using the trait meta-mood scale. In J. Pennebaker (Ed.), *Emotion, disclosure, and health* (pp. 125~

154). Washington, D.C.: American Psychological Association.

Sanderson, W. et al. (1989). The influence of illusion of control on panic attacks induced via inhalation of 5.5% carbon dioxide-enriched air. *Archives of General Psychiatry*, 46, 157~162.

Sarrni, C., Numine, D. & Campos, J. (1998). Emotion development: Action, communication, and understanding. In W. Damon (Series Ed.) & Eisenberg (Vol. Ed.), *Handbook of child psychology*, Vol. 3. (5th ed., pp.255~256, 237~310). New York: Wiley.

Schneider, F. et al. (1999). Subcortical correlates of differential classical conditioning of aversive emotional reactions in emotional phobia. *Biological Psychiatry*. 45(7), 863~871.

Scott, S. et al. (1997). Impaired auditory recognition of fear and anger following bilateral amygdala lesions. *Nature*. 385, 254~257.

Shaver, P., & Hazan, C. (1988). A biased overview of the study of love. *J. of Social and Personal relationships*, 5, 474~501.

Schutz, W. (1967). *Expanding Human Awareness*. New York: Grove Press.

Siegel, A., & Shaikh, M. (1992). Neurotransmitters and aggressive behavior. In K. Strongman (Ed.), *International reviews of studies on emotion* (Vol. pp 5~22). Chichester, England: Wiley.

Simner, M. (1971). Newborn's response to the cry of another infant. *Developmental psychology*, 5, 136~150.

Simon, H. (1982). *Models of bounded rationality*. (2 vols.). Cambridge, MA: MIT Press.

Solomon, R. (1984). Getting angry: The Jamesian theory of emotion in Anthropology. In R. Shweder & R. LeVine (Eds.), *Culture theory: Essays on mind, self, and emotion*. (pp.238~254). Cambridge, England: Cambridge University Press.

Sprengelmeyer, R., et al. (1996). Loss disgust: perceptions of faces and emotions in Huntinton's disease. *Brain*, 119, 1647~1665.

Sroufe, L. (1979). Socioemotional development. In D. Osofsky (Ed.) *Handbook of Infant Development*. New York: Wiley.

Stein, N., & Levine, L. (1989). The causal organization of emotion knowledge. *Cognition and Emotion*, 3, 343~378.

Stern, D. (1985). *The interpersonal world of the infant*. New York: Basic Books.

Stifter, C., & Jain, A. (1996). Psychological correlates of infant temperament. *Developmental Psychobiology*, 29, 379~391.

Tennov, D. (1979). *Love and limerence*. New York: Stein & Day.

Thompson, R. (1990). Emotion and self-regulation. In Thompson, R. A. (Ed), *Socio-emotional development*, Vol. 36: Nebraska Symposium on Motivation. Lincoln: University of Nebraska Press. 1990; 367~467.

Thompson, R. (1991). Emotional regulation and emotional development. *Educational Psychology Review*, 3, 269~307.

Thompson, R. (1994). Emotion regulation: A theme in search of definition. In Fox, N. A. (Ed) *The development of emotion regulation*. *Monographs of the Society for Research in Child Development*,

58 (2~3, Serial No. 240). 25~52.

Tomkins, S. (1970). Affect as the primary motional system. In M. Arnold, (Ed.), *Feelings and Emotions*. New York: Academic Press.

Trope, Y. & Pomerontz, E. (1998). Resolving conflicts among self-evalutiove motives: Positive experiences as a resource for overcoming defensiveness. *Motivation and Emotion*, 22, 53~72.

Vanderschuren, et al (1997). The neurobiology of social play behavior in rats. *Neuroscience and Biobehavioral Reviews*. 21, 309~326.

Waganaar, W. (1986). My memory: A study of autobiographical memory over six years. *Cognitive Psychology*, 18, 225~252.

Tennov, D. (1979). *Love and limerence*. New York: Stein & Day.

Weinr, B. (1986). *An attributional theory of motivation and emotion*. New York: Springer-Verlag.

Welford, A. (1974). Man Under Stress. Australia, pp.1~6.

Wessman, A. (1966). *Mood and Personality*. New York: Holt, Rinehart and Winston. 66.

Whits, R. (1959). Motivation reconsidered: the concept of competence. *Psychological Review*, 66.

Winton, W. (1986). The role of social response in self-reports of emotion. *J. of Personality and Social Psychology*, 50(4), 808~812.

Wood, J., & Van der Zee, K., (1997). Social comparison among cancer patients. In B. P. Bunnk & F. X. Gibbons (Eds.), *Health, coping and well-being*. Nahwah, NJ: Erlbanm.

Wundt, W., *Outline of Psychology*. Translated by C. H. Jadd (1907).

Young, P. (1973). Feeling and Emotion. In B. Wolman, (Ed.), *Handbook of General Psychology*.

Zahn-Waxler, C., & Robinson, J. (1995). Empathy and guilt: Early origins of feelings of responsibility. In J. Tangney & K. Fischer (Eds.), *Self-conscious emotions*, 143 ~ 173. New York: Guilford Press.

Zajonc, R. (1980). Feeling and Thinking: Preferences need no inferences. *American Psychologist*. 35, 151~175.

Zajonc, R. (1984). *Emotions, cognition and Behavior*. Cambridge: Cambridge University Press.

Zimmerman, I., & Allebrand, G. (1965). Personality characteristics and attitudes toward achievement of good and poor readers. *The Journal of Educational Research*, (59).

Zuckeramn, M. (1974). The sensation seeking motive. *Progress in Experimental Personality Research*, 7.

后 记

经过各位作者一年多笔耕不辍,终于完成了初稿,还有几点需要说明的:

第一,本书设想为既是一本专著,又可作为教材使用。这其中原则上可以统一,也有难以达到之处。现在看来,作为一本教材,为本科和研究生使用,在文献的帮助下,应当是适合的。编者认为,目前高等院校教师在课堂上并不需要对着课本照本宣科,各校系和教师均可各取所需,不必逐章讲解;学生也可随兴趣所致而选读。对于那些对情绪感兴趣的研究生或从事情绪研究的学者们来说,尽管一些章节有一定的深度,但只能算是重点提示,还需要辅以大量文献。对于一般读者,尽可凭兴趣选读。为学生阅读方便起见,每章后面加了"推荐参考书"和简单的"编者笔记"。

第二,本书与1989年出版的《人类情绪》相比,在情绪的神经学基础和情绪社会化两方面增加了相当的篇幅。应当说补充的这些部分是近十年来的研究成果。但是这样做,从"神经学"跳到"社会化"显得距离大了一些。其实,这一现象正反映了情绪心理的性质,因为我们永远不能期望情绪的社会性应由神经科学来说明。然而,人类社会文化淀积在人们的精神活动中,是通过人的认识、语言系统传递的,而这一点却是人脑内的情绪中枢与大脑皮层的整合系统的神经联系网所实现的。我们将进一步完成这项研究任务,而不应对情绪的社会文化内涵要求更多的神经学说明。这正是情绪心理学的特点之一。

第三,本书以三分之一的篇幅叙述情绪在社会各领域的应用方面。而加盟本书的作者均为情绪问题各专门领域的专家。他们有系统的相关理论和实践经验。然而由于篇幅所限,不可能尽情发挥。以致有的章节偏于理论,有的则着重于应用而不尽一致,因此本书第三部分被命名为情绪与社会生活方面,特此说明。

孟昭兰
2005 年 1 月 30 日